物联网工程技术及其应用系列规划教材

物联网技术案例教程

崔逊学　左从菊　高浩珉　编　著

内 容 简 介

本书根据物联网/传感网工程本科专业的发展方向和教学需要，结合物联网技术的最新发展及其应用现状编写而成。本书主要介绍物联网的基本概念、自动识别技术、传感器技术、自组网通信技术、支撑技术、应用开发基础、物联网安全机制以及典型应用案例和实验。每章都配有大量的习题，用以检查教学与学习的进度和效果。

本书的特色在于以浅显易懂、简单明了的案例方式介绍物联网技术和应用，侧重基本知识和基础技能。通过本书的学习，可形成物联网工程技术的知识体系，具备基本的物联网专业背景。本书适宜作为高等院校物联网/传感网工程本科专业的教学用书，以及各类培训机构相关课程的参考用书，也可作为初学者的入门辅导用书。

本书主要针对以下使用对象：①物联网/传感网课程的本科专业学生，涉及的专业包括物联网/传感网工程、计算机科学与技术、自动化、信息工程等信息技术类专业，物流专业，探测与控制专业，精密仪器专业等；②高等院校的硕士研究生、博士研究生，可作为物联网/传感网的入门辅导用书；③工程技术开发人员和物联网行业企业人员，可作为参考用书。

图书在版编目(CIP)数据

物联网技术案例教程/崔逊学，左从菊，高浩珉编著. —北京：北京大学出版社，2013.6

(物联网工程技术及其应用系列规划教材)

ISBN 978-7-301-22436-6

Ⅰ. ①物… Ⅱ. ①崔…②左…③高… Ⅲ. ①互联网络—应用—高等学校—教材②智能技术—应用—高等学校—教材 Ⅳ. ①TP393.4②TP18

中国版本图书馆 CIP 数据核字(2013)第 081342 号

书　　名：物联网技术案例教程

著作责任者：崔逊学　左从菊　高浩珉　编著

策 划 编 辑：郑　双　程志强

责 任 编 辑：郑　双

标 准 书 号：ISBN 978-7-301-22436-6/TP・1281

出 版 发 行：北京大学出版社

地　　址：北京市海淀区成府路 205 号　100871

网　　址：http://www.pup.cn　新浪官方微博：@北京大学出版社

电 子 信 箱：pup_6@163.com

电　　话：邮购部 62752015　发行部 62750672　编辑部 62750667　出版部 62754962

印　刷　者：北京世知印务有限公司

经　销　者：新华书店

787 毫米×1092 毫米　16 开本　21.5 印张　498 千字

2013 年 6 月第 1 版　2013 年 6 月第 1 次印刷

定　　价：40.00 元

前　言

物联网已成为各国竞争的焦点，是未来社会经济发展、社会进步和科技创新的重要基础设施。目前美国、英国、日本和意大利等国家的一些大学和科研机构纷纷开展了相关研究工作，制订出卓有成效的教学计划。物联网的概念被提出之后，经过各国首脑、行业巨头和企业总裁们的不同诠释，或许还需要若干年的时间，才会全面进入人们的生活，但这并不妨碍目前来自世界范围内的研究和应用热潮。

随着“感知中国”战略构想的提出，我国政府已经充分意识到这是信息技术变革的重大机遇。2009 年 9 月全国高校首家物联网研究院、物联网学院在南京邮电大学成立，一些大学也相继调整科研机构和专业设置，成立传感网和物联网学院。

根据我国教育部 2010 年 4 月的通知，国家针对互联网、传感网、低碳经济、环保技术等决定大力发展的重要战略性新兴产业，在高校本科教育阶段设立相关专业。我国这一重大举措是为了加大战略性新兴产业人才的培养力度，支持和鼓励有条件的高等学校从本科教育入手，积极培养这些产业相关专业的人才。为了适应我国物联网产业的发展，为各级政府和行业输送优秀的物联网技术应用型人才，教育部教育管理信息中心于 2010 年 6 月启动了全国物联网技术应用人才培养认证。

物联网作为一项战略性新兴产业，对高素质专业人才有着迫切的需求。由于物联网涉及的学科领域比较广泛，从技术角度来看，主要涉及的现有高校院系和专业包括计算机科学与工程、电子与电气工程、电子信息与通信、自动控制、遥感与遥测、精密仪器、物流和电子商务等。根据物联网的产业特征，职业岗位主要包括感知设备或芯片设计、物联网网络管理和应用、系统集成与开发、物联网系统管理和运营等。

物联网需要实现从对物理对象的感知、数据传输，到数据处理和控制，每一环节都需要不同的知识和技能。根据物联网人才需求和高校的培养宗旨，物联网初级和中级人员的学习目标通常包括如下内容：掌握物联网工程和技术的基本理论；具有一定的开发物联网终端设备软硬件的基本能力；具有构建、运行和维护物联网的操作技能；具有与行业领域专家合作、对物联网后端信息系统进行管理和辅助决策的能力；掌握物联网有关的法规，具有运营管理的能力。

学习物联网技术需要根据自己的基础，选择好一本入门教材。目前国内出版的物联网书籍较多，主要包括如下常见类型：①理论类。这类书籍介绍物联网的理论概念和前沿性的技术内容，有些属于最新科研成果的总结，具有理论探索性质。②技术介绍类。这类书籍主要介绍物联网技术的原理和技术实现细节，包括一些实验类的辅助用书，内容比较深奥，适合高等院校的研究生层次人员参考和学习。③开发经验类。这类书籍针对某些国民经济建设和国防军事上的应用领域，专门介绍相应的技术开发经验。④翻译类。这类书籍主要将国外最新的技术内容翻译成中文形式，供国内读者学习和参考。⑤科普类。这类书籍主要是采用通俗的语言，甚至以故事的形式向人们展示物联网的技术原理和应用情况。

总体来看，目前市面上的物联网书籍内容偏难、偏深，难以被本科层次的学生所接受，

学习效果难以保证，适宜作为普通本科学生的教学用书需要具有浅显易懂和简单明了的特点。

基于以上原因我们编写了本书。本书主要介绍物联网的关键技术和典型应用，尽量以简单明了的案例方式阐述物联网的技术内容，侧重于基本概念和基础技能的介绍，并尽量切合当前教学的学时分配。本书的编写着眼于相关专业学生就业所需的专业知识和操作技能，强化案例式教学，适宜作为高等院校物联网/传感网工程本科专业的教学用书，以及各类培训机构的参考书，也可作为初学者的入门辅导书籍。

本书在《无线传感器网络简明教程》(清华大学出版社)的基础上进行了大量修改和扩充，使之更加适合物联网专业教学和自学的需要。

全书共分12章，第1—7章介绍物联网的基本知识和技术原理。第1章是物联网概述，介绍物联网的概念、体系结构、核心技术和应用前景，并简明阐述了M2M、云计算和信息物理融合系统的基本知识及其与物联网的关系。第2章介绍了自动识别领域的主要技术，包括条形码、RFID、磁卡和IC卡识别等内容。第3章介绍了传感器的技术原理和一个使用案例。第4章介绍了无线自组网技术和无线传感器网络的基本内容。第5章介绍了物联网的支撑技术，主要包括时间同步、数据融合和能量管理技术。第6章介绍了定位技术，涉及定位技术原理、当前常见的地面无线定位技术和物联网定位技术的典型应用情况。第7章介绍了物联网的安全机制和隐私保护问题。

本书的第8—12章是物联网的应用和实践内容。第8章介绍了物联网的硬件设计、操作系统、软件设计和后台管理，并介绍了一个ZigBee网络系统的设计案例。第9章介绍如何采用模拟仿真的方法来分析和设计物联网。第10章介绍了物联网在现代交通、现代农业和国防军事三个领域的应用案例。第11章是演示技术原理的实验内容，第12章是生产实践中常用的应用实验内容，通过实验可提高动手实践能力和加深理解相关技术的原理。

为了便于学习，本书在编写过程中尽量做到结合实际案例，着重介绍物理概念，以图文结合的方式来阐述问题，文字力求通俗易懂。为了适合教学需要，各章后面均附有习题，附录中提供了所有填空题和选择题的标准答案。

本书的电子教学课件可从配套的教学网站www.pup6.com下载，或者通过与本书编者左从菊(zcj20061001@126.com)联系获取。本书课件仅供课堂教学使用，未经允许不得另作他用。

本书编者的工作得到了国家自然科学基金项目(No. 61170252)的支持和资助，在此表示谢意！

本书编写过程中参考了大量文献和资料，恕不一一列举，在此对原作者深表谢意。另外，互联网是本书成文的另一个重要参考来源。由于网上许多资料无法找到出处，所以书中如有内容涉及相关人士的知识产权，请给予谅解并及时与我们联系。

感谢读者选择使用本书，欢迎您对本书内容提出批评和修改建议，我们将不胜感激。

编　者

2013年2月于合肥

目　录

第1章 物联网概述

1.1 物联网的概念与发展

物联网是我国战略性新兴产业的重要组成部分，物联网的发展对于实现经济社会全面协调可持续发展，对全面建成小康社会、加快推进社会主义现代化具有重要战略意义。目前，物联网已成为全球关注的热点问题，世界各主要国家均把物联网的发展提到了国家战略的高度，物联网被公认为是继计算机、互联网之后信息技术在各行各业更深入应用的新一轮信息化浪潮。

1.1.1 物联网定义

不同学科之间的交叉和渗透是当代科学发展的一个显著特征。一个学科获得的成果、形成的思维方式和思路等均可能为其他学科的发展提供借鉴；同时，现实世界中的一些挑战性的问题往往难以用单一学科的知识和技术来解决，需要不同学科的交叉和综合。这种方式不但有益于具体科学和技术问题的解决，而且往往催生崭新的学科门类。物联网就是当前国际上备受关注的、由多学科交叉的一个前沿热点领域。

当今世界网络技术深刻地影响着人们的生产和生活方式。从早期的电子邮件沟通地球两端的用户，到超文本标记语言(HTML)和万维网(WWW)技术引发的信息爆炸，再到如今多媒体数据的大量涌现，互联网已不仅仅是一项通信技术，更成就了人类历史上最庞大的信息世界。

进入 21 世纪以来，随着感知识别技术的快速发展，信息从传统的人工生成单通道模式，转变为人工生成和自动生成的双通道模式。以廉价的传感器和智能识别终端为代表的信息自动生成设备，可以实时和准确地完成对物理世界的感知、测量和监控。低成本的芯片制造使得可以联网终端的数目激增，而网络技术的发展使得综合利用来自物理世界的信息成为可能。与此同时，互联网的触角即网络终端和接入技术也不断延伸，深入到社会的各个方面。

我们可以看到，一方面是物理世界的联网需求；另一方面是信息世界的扩展需求，来自上述两方面的应用催生了一类新型网络——物联网(Internet of Thing，IoT)。综观网络技术的发展史，应用需求始终是推动和左右全球网络技术进步的动力与源泉。物联网最初被描述为物品通过射频识别等信息传感设备与互联网连接起来，实现智能化识别和管理，其要点在于物与物之间广泛而普遍的互联。

目前业界对物联网的通用理解如下：从技术角度来看，物联网是指物体通过智能感应装置，经过传输网络，到达指定的信息处理中心，最终实现物与物、人与物之间的自动化信息交互和处理的智能网络；从应用角度来看，物联网是指将物理世界的物体连接到一个网络中，然后又与现有的互联网结合，实现人类社会与物理系统的整合，从而更加精细和动态地管理生产和生活。

本书定义的物联网概念如下：物联网是一个基于互联网、传统电信网等信息承载体，使所有能够被独立寻址的普通物理对象实现互联互通的网络。简而言之，物联网就是将多种信息传感识别设备与互联网结合起来而形成的一个网络系统。如图 1.1 所示为物联网的基本模型。

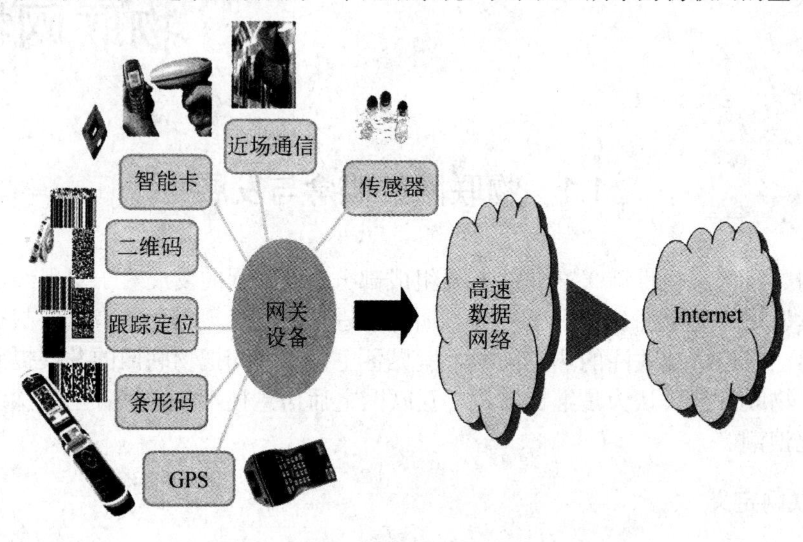

图 1.1　物联网的基本模型

中国通信标准化协会泛在网工作组对物联网的解释认为，物联网作为一种互联的网络形式，是通过部署具有一定感知、计算、执行和通信能力的多种设备，来获得物理世界的信息，并利用网络实现信息的传输、协同和处理，从而实现人与物、物与物之间的信息交换。

1.1.2　物联网的起源

1995 年比尔·盖茨在《未来之路》一书中首次提出“物－物”相连的雏形。美国麻省理工学院(MIT)著名的自动识别(Auto-ID)实验室建立于 1999 年，物联网的概念最早来源于这个实验室的科研人员提出的网络无线射频识别(Radio Frequency Identification，RFID)系统，即把物品通过 RFID 等信息传感设备与互联网连接起来，实现智能化识别和管理。

早期的物联网是以物流系统为应用背景，以 RFID 技术作为条码识别的替代品，实现对物流系统进行智能化的管理。随着技术和应用的发展，物联网的内涵已发生了较大变化。

2005 年信息社会世界峰会(WSIS)在突尼斯举行，国际电信联盟(ITU)在会上正式确定了“物联网”的概念，随后发布“*ITU Internet reports* 2005——*the Internet of things*”报告。该报告指出，我们正站在一个新的通信时代边缘，信息与通信技术(ICT)的目标已经从满足人与人之间的沟通，发展到人与物、物与物之间的连接，无所不在的物联网通信时代即将来临。

2009 年 8 月，温家宝总理视察无锡时提出“感知中国”的理念，由此推动了物联网概念在国内的重视，成为继计算机、互联网和移动通信之后引发新一轮信息产业浪潮的核心领域。2010 年 3 月，温家宝在《政府工作报告》将“加快物联网的研发应用”明确纳入重点产业振兴计划。国务院、发改委、工信部、科技部和教育部等部门都制定了促进物联网

产业发展和教育的扶持政策，推动了中国物联网建设从概念推广、政策制定、配套建设到技术研发的快速发展。

物联网的产生源于以下背景。

(1) 全球经济危机的原因。根据经济发展的理论，每一次的经济低谷必定会催生出某些新技术，而这些技术一定可以为大多数工业产业提供一种全新的使用价值，从而带动新一轮的消费增长和产业投资，形成新的经济周期。在过去的 10 年间，互联网技术取得了巨大成功。目前的经济危机使人们又不得不面临紧迫的选择，物联网技术成为推动下一个经济增长的重要手段。

(2) 传感识别技术的成熟。随着微电子技术的发展，涉及人类生活、生产和管理等方方面面的各种传感器已经比较成熟。例如，常见的无线传感器、RFID 和电子标签等设备，它们的技术越来越先进，而生产成本越来越低，正大量进入各种领域。

(3) 网络接入和信息处理能力大幅提高。目前随着网络接入多样化、IP 宽带化和计算机软件技术的飞跃发展，基于海量信息收集和分类处理的能力大大增强，从而提升了物联网的应用水平。

根据技术演进的情况，物联网的发展可以分为四个阶段。

(1) 第一阶段主要是实现大型计算机、主机的联网。

(2) 第二阶段主要是实现台式计算机、笔记本电脑与互联网相连接。

(3) 第三阶段实现一些移动设备如手机、PDA 等的互联。

(4) 第四阶段属于嵌入式互联网的兴起阶段。越来越多的与人们日常生活紧密相关的应用设备，包括洗衣机、冰箱、电视和微波炉等都将加入互联互通的行列。

“物联网”被称为继计算机、互联网之后的世界信息产业第三次浪潮。业内专家认为，物联网一方面可以提高经济效益，节约成本；另一方面可以为全球经济的复苏提供技术动力。目前美国、欧盟等都在投入巨资深入研究和探索物联网。我国也正在高度关注和重视物联网的建设，工信部会同有关部门在新一代信息技术方面正在开展研究，以形成支持新一代信息技术发展的政策措施。

1.1.3　物联网发展现状

1. 国外现状

从 2009 年 IBM 公司推出“智慧地球”的概念后，“智慧地球”框架下的多种智能解决方案已经在全球开始推广。智慧地球有时也称为智能地球，就是将感应器嵌入和装备到电网、铁路、桥梁、隧道、公路、建筑、供水系统、大坝和油气管道等各种物体中，物品之间广泛连接起来形成物联网，然后将物联网与现有的互联网整合起来，实现人类社会与物理系统的融合。在这个理想的整合网络中，存在能力超级强大的中心计算机群，可对网络内的人员、机器、设备和基础设施实现管理和控制。在此基础上，人类可以以更加精细和动态的方式管理生产和生活，达到“智慧”状态，从而提高资源利用率和生产力水平，改善人与自然之间的关系。

美国特别重视物联网技术的研究，尤其在标准、体系架构、安全和管理等方面，希望

借助于核心技术的突破能占有物联网领域的主导权。另外，美国众多科技企业也积极加入物联网的产业链，希望通过技术和应用创新，促进物联网的快速发展，为摆脱经济危机找到突破口。

“物联网”概念在欧洲受到了欧盟委员会的高度重视和大力支持，正式确立为欧洲信息通信技术的战略发展计划。2009年欧盟委员会正式出台了《欧盟物联网行动计划》，作为全球首个物联网发展战略的规划，该计划标志着欧盟已经从国家层面将“物联网”提上日程。欧洲各大运营商和企业在物联网领域也纷纷采取行动，加强物联网应用领域的部署。

韩国通信委员会于2009年出台了《物联网基础设施构建基本规划》，该规划是在韩国政府之前的一系列RFID/USN(传感器网络)相关计划的基础上提出的，目标是在现有基础上构建世界上最先进的物联网基础设施，并发展物联网报务、研发物联网技术和营造物联网推广环境。

2009年日本政府IT(信息技术)战略本部制定了日本新一代的信息化战略《i-Japan战略2015》，该计划希望到2015年使数字信息技术如同空气和水一样，融入生活的每个角落，并确定重点发展电子政务、医疗保健和教育人才三个领域。

此外，新加坡公布了“智慧国2015”蓝图计划，澳大利亚、法国和德国等国家都在纷纷加快物联网基础设施的建设步伐。

2. 国内现状

自从温家宝总理提出“感知中国”后，“物联网”迅速成为国内的热点，得到了广泛关注。我国政府高层一系列的重要讲话、报告和相关政策措施表明：大力发展物联网产业将成为今后一项具有国家战略意义的重要决策，加快物联网技术研发、促进物联网产业的快速发展已成为国家战略需求。

我国政府为物联网的发展营造了良好的政策环境，国家重点基础研究发展计划(973计划)在信息领域设立了“物联网体系、理论建模与软件设计方法”重大项目。国家自然科学基金委员会、中国工程院“中国工程科技中长期发展战略研究”联合基金项目都将物联网相关技术列入重点研究和支持对象。

物联网的发展受到了国家各大部委和地方政府的大力支持。各部委从不同的角度进行分工协作，推动我国物联网产业的发展。例如，国家科技部主要支持物联网的共性基础技术研发和理论研究，工信部主要负责支持物联网产业在工业领域和工信融合领域的应用，发改委主要负责我国物联网产业发展规划和重大工程示范项目。

我国各地地方政府的行动非常积极，如无锡市组建物联网技术研究院，积极打造物联网产业基地；北京市将物联网技术纳入北京市发展规划，大力推进“感知北京”示范工程的建设；广东省启动了南方物联网的框架性设计，加快试点工程建设。

国内企业界和普通民众也对物联网抱以很大兴趣，与RFID、物联网相关联的上市企业被称为“物联网板块”，受到证券市场的关注，物联网概念在资本市场甚至受到追捧。物联网在上海世博会、深圳大运会等的成功应用，吸引了民众的眼球。物联网的应用遍及公共服务、物流零售、智能交通、安全、家居生活、环境监控、医疗护理和航空航天等多行业多领域，基本涵盖了我们身边的工业、环境和社会的各个领域。

1.2　物联网的组成与特征

1.2.1　物联网的组成

物联网的组成架构包括采集控制层(主要是末梢节点)、接入层(主要是末梢网络)、承载网络层、应用控制层和用户层，如图 1.2 所示。

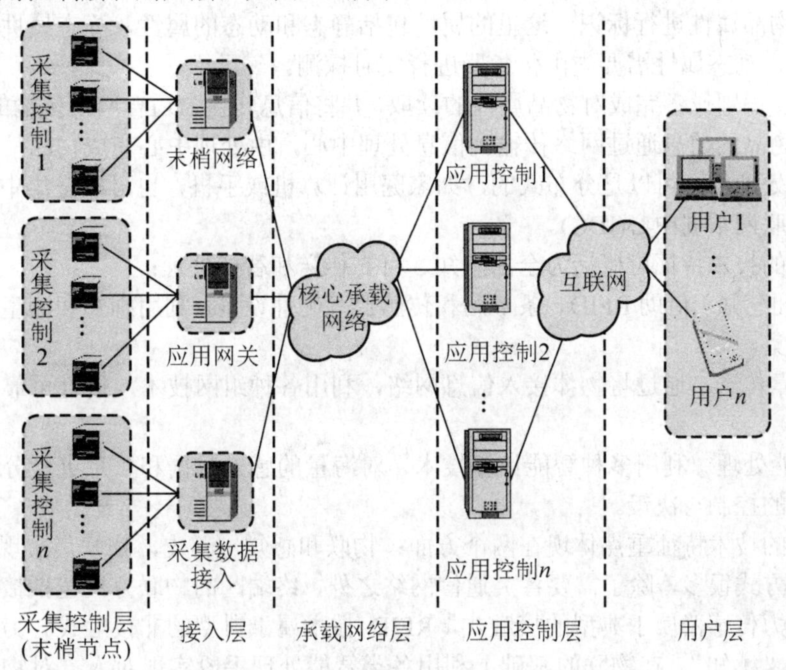

图 1.2　物联网的组成

采集控制层由各种类型的采集和控制模块组成，如温度传感器、声音传感器、振动传感器、红外传感器、RFID 读写器和条形码等，它们提供物联网应用的数据采集、识别和设备控制功能。其中的 RFID 正是能够让物品“开口说话”的一种技术，RFID 标签可以存储规范而具有互用性的信息，通过无线数据通信网络将它们自动采集到中央信息系统，实现物品的识别，进而通过开放性的计算机网络实现信息交换和共享，实现对物品的透明管理。

接入层由基站(Base Station)节点、信宿汇聚(sink)节点或接入网关(Access Gateway)组成，完成应用末梢各节点信息的组网控制和信息汇集任务，或提供向末梢节点下传信息的转发功能。

承载网络层是指现行的通信网络，包括因特网、移动通信网和企业网等，它提供物联网接入层与应用控制层之间的信息通信功能。

应用控制层由各种应用服务器组成，主要功能包括对采集数据的汇集、转换和分析。从末梢节点获取的大量原始数据，对于用户来说只有经过转换、筛选处理后才有实际价值，应用控制层就承担了这项任务。另外，在需要对末梢节点进行控制时，应用控制层将提供控制指令的生成和下发功能。

用户层为用户提供物联网应用的用户界面接口，包括用户设备(如计算机、手机)、客户端等。

1.2.2 物联网的技术特征

从实质上来说，物联网就是利用传感器和 RFID 技术，通过计算机互联网实现物品的自动识别和信息的互联共享。

物联网运行通常遵循如下步骤：

(1) 对物品属性进行标识。这里的属性包括静态和动态的属性，静态属性可以直接存储在标签中，动态属性需要先由传感器进行实时探测。

(2) 需要识别设备完成对物品属性的读取，并将信息转换为适合网络传输的数据格式。

(3) 将物品的信息通过网络传输到信息处理中心，由处理中心完成物品信息的相关计算。这里的处理中心可以是分布式的，如家庭用计算机或手机，也可以是集中式的，如中国移动的互联网数据中心(IDC)。

物联网的技术特征可概括为全面感知、可靠传送和智能处理：

(1) 全面感知。借助 RFID、条形码和传感器等硬件设备，利用感知和测量技术对物品进行信息采集。

(2) 可靠传送。通过将物体接入信息网络，利用各种组网技术，进行可靠的信息交互和共享。

(3) 智能处理。利用多种智能计算技术，对海量的感知数据和信息进行分析和处理，实现智能化的控制与决策。

物联网的技术特征重点体现在两个方面：物联和感知。首先，物联是实现物物互联，其中互联的方式很多，除了需要各类通信网络之外，终端区的物联方式包括接触式和非接触式，如压力传感器属于典型的接触式，RFID 技术属于典型的非接触式。另外，物联网的精髓在于“感知”，在物联的基础上利用各类智能处理手段实现对人、对物、对物理世界和虚拟世界的感知和控制。

1.2.3 与传感网的关系

传感器网络即传感网(Sensor Networks)，与物联网的关系比较密切。狭义的“传感网”就是由传感器构成的网络，利用大量的微型传感节点通过自组网技术以协作方式进行实时监测、感知和采集各类环境或监测对象的信息。目前，传感网主要是以微型传感模块和组网模块共同构成网络，不要求提供接入互联网的功能，探测信号多为感知信号，并不强调对物品的标识。因此从这种分析来看，“物联网”的概念比“传感网”要大，物联网在感知物体的手段和途径方面，除了传感器以外，还有条形码、RFID 和 GPS 等。

通常可以认为，物联网的目标是物品，实现物物相连；传感网的目标是环境或物品的物理参量，主要用于监测区域和获取目标信息。

随着互联网技术的进步和多种接入网络及智能计算技术的发展，“传感网”的内涵和外延也逐渐发生了变化。广义的“传感网”是指以物理世界的信息采集和信息处理为主要任务，以网络为信息传递载体，实现物与物、物与人之间的信息交互，提供信息服务的智能网络系统。扩展后的传感网概念与物联网的区别不是很大。

1.3 物联网核心技术

物联网技术涉及多个领域，这些技术在不同的行业往往具有不同的技术形态。对物联网涉及的核心技术进行归类和梳理，可以形成如图 1.3 所示的物联网技术体系模型。根据信息生成、传输、处理和应用的过程，物联网的核心技术主要分为感知识别技术、网络构建技术、管理服务技术和综合应用技术。

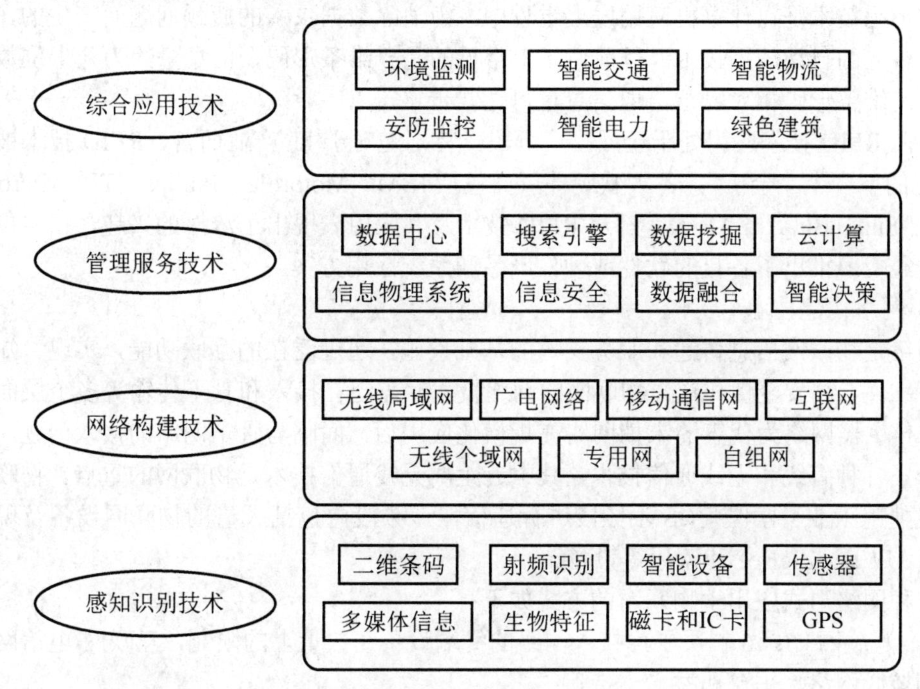

图 1.3 物联网的核心技术

1) 感知识别技术

通过感知识别技术，让物品"开口说话、发布信息"是融合物理世界和信息世界的重要环节，是物联网区别于其他网络的最独特部分。感知和识别技术是物联网的基础，负责采集物理世界中发生的物理事件和数据。

物联网的"触手"是大量的信息生成设备，既包括采用自动生成方式的 RFID、传感器和定位系统等，也包括采用人工生成方式的各种智能设备，如智能手机、PDA、笔记本电脑等。通过定位系统获取位置信息也是物联网时代的重要研究课题。信息生成方式多样化是物联网的重要特征。总体来说，感知识别技术分为传感技术和识别技术。

① 传感技术。传感技术利用传感器和多跳自组织传感器网络，协作感知、采集网络覆盖区域内被感知对象的信息。传感器技术的发展依赖于敏感材料、工艺设备和测量技术的进步，对基础技术和综合技术要求高。

传统传感器的局限性在于网络化、智能化的程度受限，缺少有效的数据处理与信息共享能力。现代传感器的特点是微型化、智能化和网络化，典型的代表就是无线传感节点。

无线传　节点由电池、传　器、微处理器、无线通信芯片组成，相比于传统传　器而言，无线传　节点不仅包括传　器部件，还集成了微型处理器和无线通信芯片，能够对　知信息进行分析处理和网络传输。

② 识别技术。识别技术涵盖物品身份识别、位置识别和地理识别。对物理世界的识别是实现全面　知的基础。物联网识别技术是以条形码、电子标签为基础的。识别技术解决了对象的全局标识问题，根据物联网的标准化物品标识体系，可以融合和适当兼容现有各种传　器和识别方法。

条形码技术是在计算机应用发展过程中，为消除数据录入的瓶颈问题而产生的，可以说是最古老的自动识别技术。目前市场上常见的是一维条形码，信息量约为几十位数据和字符；二维条形码相对复杂，但信息量可达几千字符。

目前 RFID 技术应用处于全面推广阶段。特别是对于 IT 产业而言，RFID 技术被视为 IT 产业的下一个“金矿”。各大软硬件厂商包括 IBM、Motorola、Philips、TI、Microsoft、Oracle、Sun、BEA、SAP 等，都对 RFID 技术及其应用表现出了浓厚的兴趣，相继投入大量研发经费，推出了各自的软件或硬件产品和系统应用方案。

2) 网络构建技术

网络是物联网信息传递和服务支撑的基础设施，通过泛在的互联功能，实现　知信息的高可靠性、高安全性传送。物联网的网络技术涵盖泛在接入和骨干传输等多个层面的内容。以传　器网络为代表的末梢网络在规模化应用后，面临与骨干网络的接入问题。物联网综合了各种有线和无线通信技术，其中近距离无线通信技术是物联网的重点。物联网终端一般使用工业科学医疗(ISM)频段进行通信，该频段内包括大量的物联网设备及现有的 Wi-Fi、UWB、ZigBee 和蓝牙等设备。

各种网络形式应用于物联网的方式如下：

(1) 互联网。IPv6 解决了可接入网络的终端设备在数量上的限制，互联网/电信网是物联网的核心网络、平台和技术支持。

(2) 无线宽带网。传统的宽带网络定义为：带宽超过 1.54Mb/s 的网络可称为宽带网络。按照这种定义，无线宽带网络包括 Wi-Fi(无线局域网)、WiMAX(无线城域网)、3G(无线广域网)、UWB(超宽带无线个域网)。无线宽带技术覆盖范围较广，传输速度较快，为物联网提供了高速、可靠、廉价且不受接入设备位置限制的互联手段。无线宽带技术可为家庭、校园/企业、城市甚至全球范围内的用户提供泛在的互联互通，物联网所需的互联互通势必缺少不了无线宽带技术的支持。

(3) Wi-Fi(Wireless Fidelity)。这是由 Wi-Fi 联盟所持有的一种无线网络通信技术，目的是改善基于 IEEE 802.11 标准的无线网络产品之间的互通性。随着 IEEE 802.11a 和 IEEE 802.11g 等标准的出现，现在 IEEE 802.11 这个标准可以被统称为 Wi-Fi。

(4) IEEE 802.11。这是美国电气和电子工程师协会(IEEE)制定的一个无线局域网标准，用于解决办公室局域网和校园网中用户与用户终端的无线接入问题。由于 802.11 在速率和传输距离上都不能满足人们的需要，IEEE 小组相继推出了一系列 802.11 标准。不同 802.11 协议的差异体现在使用频段、调制模式和信道差分等物理层技术上。尽管物理层使用技术差异很大，但这些 IEEE 802.11 系列协议的上层架构和链路访问协议是相同的。例如，MAC

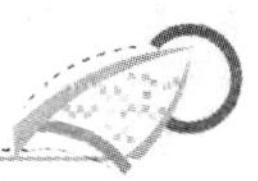

层都采用了带冲突检测的载波监听多路访问(CSMA/CA)技术，数据链路层的数据帧结构相同，并都支持基站和自组网两种建网模式。

(5) WiMAX(Worldwide Interoperability for Microwave Access)。WiMAX 旨在为广阔区域内的网络用户提供高速无线数据传输业务，视距覆盖范围可达 112.6km，非视距覆盖范围可达 40km，带宽为 70Mb/s，与之对应的是一系列 IEEE 802.16 协议。WiMAX 技术的带宽足以取代传统的有线连接，为企业或家庭提供互联网接入业务，可取代部分互联网有线骨干网络，提供更人性化、多样化的服务。

(6) 无线低速网。ZigBee/蓝牙/红外等低速网络协议能够适应物联网中功率较低的节点，满足低速率、低通信半径、低计算能力和低能量供应的要求。

(7) 移动通信网。移动通信网络将成为物联网“全面、随时、随地”传输信息的有效平台。这类网络可以高速、实时、高覆盖率和多元化地处理各类数据，为“物品触网”创造条件。

3) 管理服务技术

人们通常把物联网应用冠以“智能”或“智慧”的名称，如智能电网、智能交通、智能物流和智慧城市等，其中的“智能”或“智慧”的内涵就来源于管理报务技术。

随着物联网网络规模的扩大、承载业务的多元化、服务质量要求的提高及影响网络正常运行因素的增多，管理服务技术是保证物联网实现“可运行—可管理—可控制”的关键。管理服务技术着重解决数据如何存储(数据库与海量存储技术)、如何检索(搜索引擎)、如何使用(数据挖掘与机器学习)、如何不被滥用(数据安全与隐私保护)等问题。

关系数据库系统作为一项有着近半个世纪历史的数据处理技术，仍可在物联网中大展拳脚，为物联网的运行提供支撑。与此同时，结合物联网应用提出的新需求，数据库技术也在进行不断地更新，发展出新的方向。例如，新型数据库系统 NoSQL 数据库针对非关系型、分布式的数据存储，并不要求数据库具有确定的表模式，而是通过避免连接操作来提升数据库的性能。采用云计算技术实现信息存储资源和计算能力的分布式共享，为海量信息的高效利用提供支撑。

物联网的智能决策需要深入的智能化数据搜索和检索服务，能对海量数据进行多维度整合与分析。数据挖掘技术是从大量数据中获取潜在有用的和可被人理解的模式，它的基本类型包括关联分析、聚类分析和演化分析等。

安全是基于网络的各种系统运行的重要基础之一，物联网的开放性、包容性和匿名性也决定了不可避免地存在信息安全隐患。物联网安全要满足机密性、真实性、完整性和抗抵赖性的四种要求，同时还需要解决好物联网中的用户隐私保护与信任管理问题。

4) 综合应用技术

传统互联网经历了以数据为中心到以人为中心的转化，典型应用包括文件传输、电子邮件、万维网、电子商务、视频点播、在线游戏和社交网络等；而物联网应用是以“物”或者物理世界为中心，涉及物品追踪、环境感知、智能物流、智能交通和智能电网等。物联网应用目前正处于快速增长期，具有多样化、规模化和行业化的特点。

物联网的发展以应用为导向，不断涌现的新型应用将使物联网的应用开发受到巨大挑战，如果继续沿用传统的技术路线必定束缚物联网应用的创新。从适应未来应用环境变化的角度出发，我们需要考虑面向物联网在典型行业中的应用需求，提炼行业普遍存在或要求的共性技术，设计针对不同应用需求的规范化、通用化服务体系结构，研究针对应用支撑环境和面向服务的计算技术。

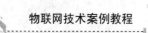

1.4 物联网的M2M实现形式

M2M是物联网的主要实现和应用形式。从狭义上来理解，M2M是将数据从一台终端传送到另一台终端，也就是机器与机器(Machine to Machine)的通信和对话。从广义上来理解，M2M可代表机器对机器(Machine to Machine)、人对机器(Man to Machine)、机器对人(Machine to Man)、移动网络对机器(Mobile to Machine)之间的连接与通信，它包括了在人、机器、系统之间建立通信连接的实现技术和所有手段，属于以机器智能交互为核心的网络化应用和服务。目前业界提到M2M时，更多的是指非IT机器设备通过移动通信网络与其他设备或IT系统的通信。

我们可以将M2M理解为是一种理念，也是所有增强机器设备的通信和网络功能的技术总称。M2M使机器、设备、应用处理过程和后台系统共享信息，并与操作者互换信息。尽管通信网络技术的发展使人与人之间的沟通更加快捷，信息交流更加顺畅，但目前除了计算机和其他一些IT类设备之外，众多的普通机器设备几乎不具备联网和通信的能力，如家电、车辆、工厂设备等一般并不能联网通信。M2M的目标就是使各种机器设备拥有这种能力，它的核心理念就是“网络一切”(Network Everything)。

M2M本质上就是机器的互联网络，它的实现手段包括各种联网的技术，它的实现形式包括人对机器、机器对人、机器对机器的通信。泛在网络和物联网是比M2M更广泛的概念，M2M主要是实现泛在网络和物联网的第一步。相对而言，物联网侧重于信息感知和信息传送，而M2M主要强调机器与机器之间的通信。M2M偏重于实际应用，得到了工业界的重点关注，是现阶段物联网最普遍的应用形式。

通常M2M系统的结构是由三层组成的，即设备终端层、网络传输层和应用层，如图1.4所示。这里应用层通过中间件与网络传输层相连接，通过无线网络传输数据到设备终端层。当机器设备具有通信需求的任务时，利用通信模块和外部硬件来发送数据信号，借助通信网络传输到相应的M2M网关，然后进行业务分析和处理，最终到达用户界面。

下面具体介绍M2M的三层结构内容。

1) 设备终端层

设备终端层包括通信模块和控制系统等外部硬件。通信模块广义上包括RFID移动通信、GSM、CDMA、ZigBee、Wi-Fi、蓝牙和有线网络等模块。外部硬件包括从传感器收集数据的I/O设备、完成协议转换功能将数据发送到通信网络的连接终端、控制系统、传感器、调制解调器、天线和线缆等设备。

设备终端层的作用是利用无线通信技术，将机器设备的数据发送到通信网络，最终传送给服务器和用户。因此，用户可以利用通信网络将控制指令传送到目标通信终端，然后通过控制系统对设备进行远程控制和操作。

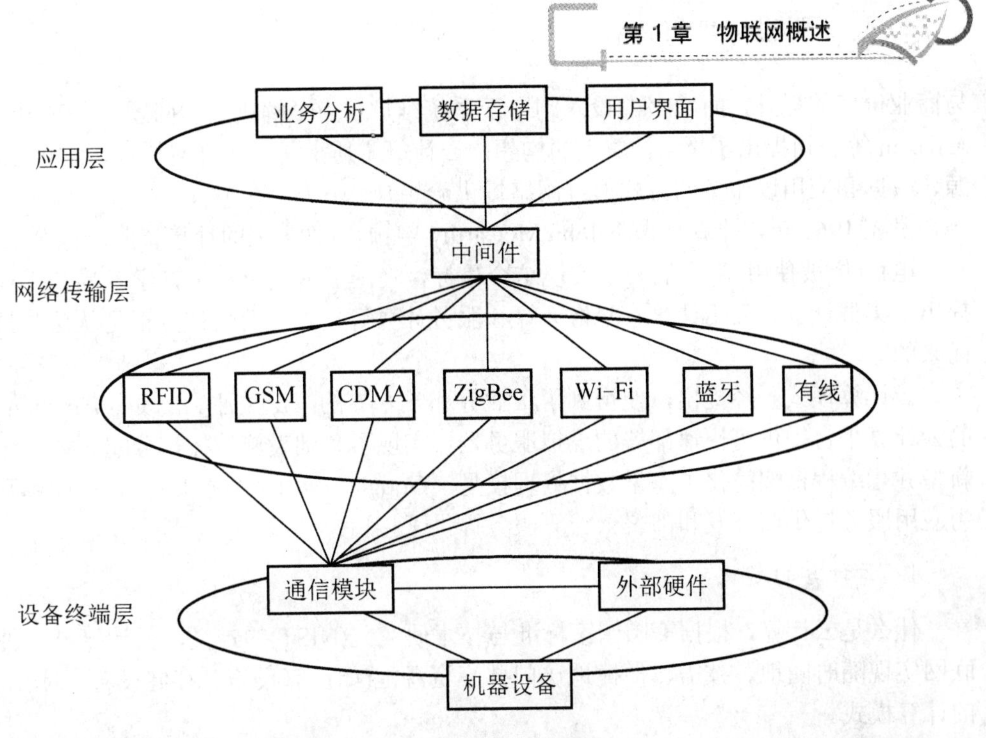

图 1.4　M2M 系统的结构组成

2) 网络传输层

网络传输层是用于传输数据，这里的通信网络主要包括广域网(无线移动通信网络、卫星通信网络、因特网、公众电话网)、局域网(以太网、WLAN、蓝牙)和个域网(ZigBee、传感器网络)等。

3) 应用层

应用层提供各种应用平台、用户界面和数据存储的功能。应用层主要包括中间件、业务分析、数据存储和用户界面等部分。这里的数据存储用于临时或永久存储应用系统内部的数据；业务分析提供信息的处理和决策功能；用户界面提供用户远程监测和管理的交互工具。

应用层的中间件包括两个部分：M2M 网关、数据收集/集成部件。M2M 网关充当系统中的“翻译员”，它获取来自通信网络中的数据，然后将数据发送给信息处理系统，并要完成不同通信协议之间的转换。数据收集/集成部件用于将数据变成有价值的信息，对原始数据进行加工和处理，并将结果提交给需要这些信息的监测人员和决策者。

1.5　云计算技术

1.5.1　云计算概述

近年来社交网络、电子商务、数字城市、在线视频等新一代大规模互联网应用发展迅速。这些新兴的应用具有数据存储量大、业务增长速度快的特点。与此同时统计数据表明，传统企业的软硬件维护成本高昂：在企业的 IT 投入中，仅有 20%的投入用于软硬件更新

与商业价值的提升，而80%的投入则用于系统维护。为了解决上述问题，2006年Google、Amazon等公司提出了“云计算”的构想。云计算本质上是一种计算模式，它可以将IT资源、数据和应用以服务的方式通过网络提供给用户。

早在1961年，计算机先驱John McCarthy曾预言：“未来的计算资源能像公共设施(如水、电)一样被使用。”人们为了实现这个目标，在随后的几十年里，学术界和工业界陆续提出了集群计算、效用计算、网格计算和服务计算等技术，而云计算正是从这些技术发展而来的。

云计算模式一经提出，便得到了工业界和学术界的广泛关注。例如，Amazon等公司的云计算平台提供可快速部署的虚拟服务器，实现了基础设施的按需分配。MapReduce等新型并行编程框架简化了海量数据处理模型。Google公司的App Engine云计算开发平台为应用服务提供商开发和部署云计算服务提供了接口。

1. 云计算的定义

什么是云计算？根据美国国家标准与技术研究院(NIST)的定义，云计算是一种利用互联网实现随时随地、按需、便捷地访问共享资源池(如计算设施、存储设备、应用程序等)的计算模式。

计算机资源的服务化是云计算的重要表现形式，它为用户屏蔽了数据中心管理、大规模数据处理、应用程序部署等现实问题。用户根据自身的业务负载情况，通过云计算可以快速地申请或释放资源，并以按需支付的方式对所使用的资源进行付费，在提高服务质量的同时降低运维成本。

图1.5所示为云计算系统的运行示意图，可以看出云计算通过互联网进行数据传输，其中提供资源的网络被称为“云”。云计算实质上是一种动态的、易扩展的，且通常是利用互联网来提供虚拟化资源的计算模式，也就是说，云计算是指IT基础设施的交付和使用模式，通过网络以按需、易扩展的方式来获得所需的资源(硬件、平台、软件)。我们可以认为云计算就是将数据存储在云端，应用和服务也存储在云端，充分利用数据中心的强大计算能力，实现用户业务系统的自适应。

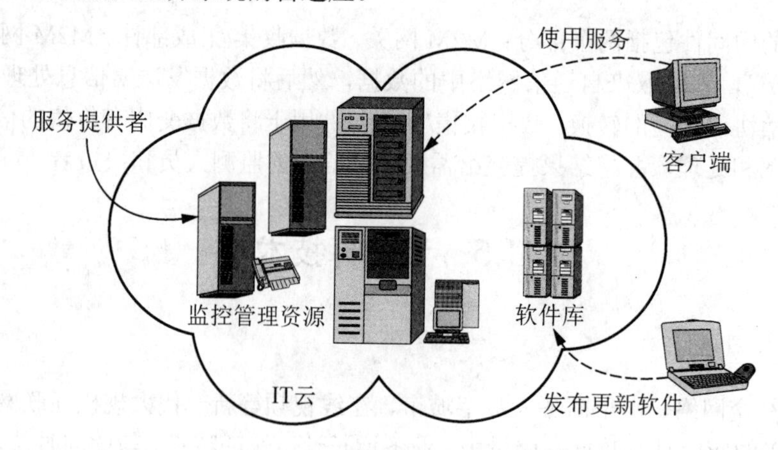

图1.5 云计算系统的运行示意

2. 云计算的应用案例

云计算应用模式包括集中式和泛在式两种。集中式就是现在流行的超算中心模式，大企业如 Amazon、Google、Facebook 和政府投资的云计算建设项目都属于这种模式。泛在模式是云计算技术兴起之初的主流模式，它不同于分布式计算。在分布式计算中，用户只能获得服务，服务器负责向用户提供服务；泛在模式是分布式的拓展，它不区分用户和服务器，是一种“我为人人，人人为我”的互相服务模式。

BitTorrent(BT)下载是一种典型的云计算泛在式应用模式例子。BT 协议被广泛应用于因特网文件分发系统。对于任何一个 BT 下载任务，参与的计算机越多越好，分布的区域越大越有利，而且随时都可能有不知数量的新计算机加入，同时也有不知数量的计算机退出和再重入。

对于 BT 下载的用户来说，BT 协议提供了一种完全虚拟化和动态的服务，用户不必担心下载的实现过程，只需要选择一个“种子(Seeds)”和“同时下载用户”最多的种子文件进行下载即可。下载者既使用了他人提供的资源服务，同时自己也为他人下载提供被下载服务。在这种协作式下载过程中，参与的人越多，那么下载的速度就越快，用户的满意度也就越高，实现了真正意义上的“多多益善”式协作。

1.5.2 云计算技术原理

1. 云计算的类型

根据部署方式和服务对象的不同，云计算可分为公共云、私有云和混合云三种类型，如图 1.6 所示。

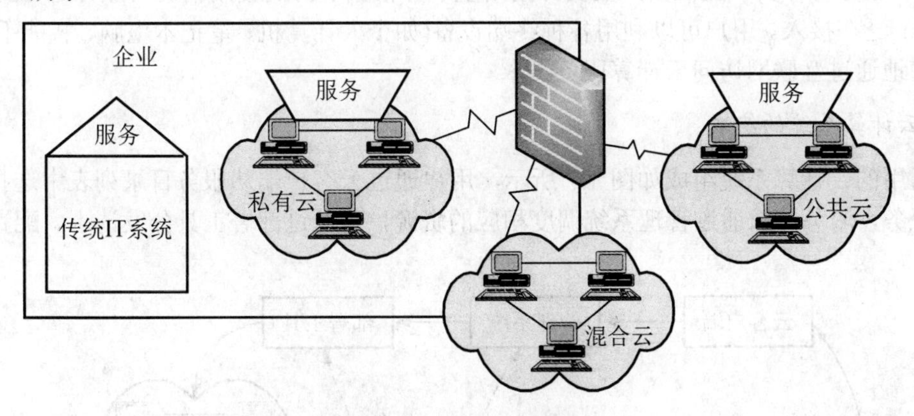

图 1.6 三种云计算类型

1) 公共云

当云计算的服务提供给公众用户时，称为公共云。公共云是由第三方供应商提供的云计算服务，它为用户提供的服务通常是无后顾之忧的各种 IT 资源。公共云提供商负责安装、管理、部署和维护，用户只要为其使用的资源进行付费即可。公共云的典型代表包括 Google App Engine、Amazon EC2 和 IBM Developer Cloud。

2) 私有云

私有云也称为专属云，它为企业内部提供云服务的数据中心，位于企业和单位组织的防火墙内部，不对外开放。私有云的特点在于云数据中心可以支持动态灵活的基础设施，能减少公共云中必须考虑的很多限制，如带宽、安全因素。我国的“中化云计算”就是典型的支持云计算服务的私有云。

3) 混合云

混合云是公共云和私有云的混合，一般由企业创建，而管理由企业和公共云提供商共同负责。混合云结合了公共云和私有云的特点：用户的关键数据存放在私有云，以保护数据隐私；当私有云工作负载过重时，可临时购买公共云的资源，以保证服务质量。部署混合云需要公共云和私有云具有统一的接口标准，以保证服务无缝迁移。目前混合云的一个典型例子是运行在荷兰的 iTricity 云计算中心。

2. 云计算的特点

云计算的特点如下：

(1) 按需自助服务(On-demand self-service)。以服务的形式为用户提供应用程序、数据存储和基础设施等资源，并根据用户需求自动分配资源，而不需要系统管理员的干预。

(2) 资源池化(Resource pooling)。利用虚拟化技术将资源分享给不同用户，资源的放置、管理与分配策略对用户是透明的，即以共享资源池的方式统一管理资源。

(3) 弹性服务。服务的规模可快速伸缩，以自动适应业务负载的动态变化。用户使用的资源同业务的需求相一致，避免了因为服务器过载或冗余而导致服务质量下降或资源浪费。

(4) 服务可计费。监控用户的资源使用量，并根据资源的使用情况对服务进行计费。

(5) 泛在接入。用户可以利用各种终端设备(如个人计算机、笔记本电脑、智能手机等)随时随地通过互联网访问云计算服务。

3. 云计算系统的组成

通用的云计算系统组成如图 1.7 所示，用户通过云客户端从服务目录列表中选择所需要的服务，服务请求通过管理系统调度相应的资源，并通过部署工具分发请求、配置 Web 应用。

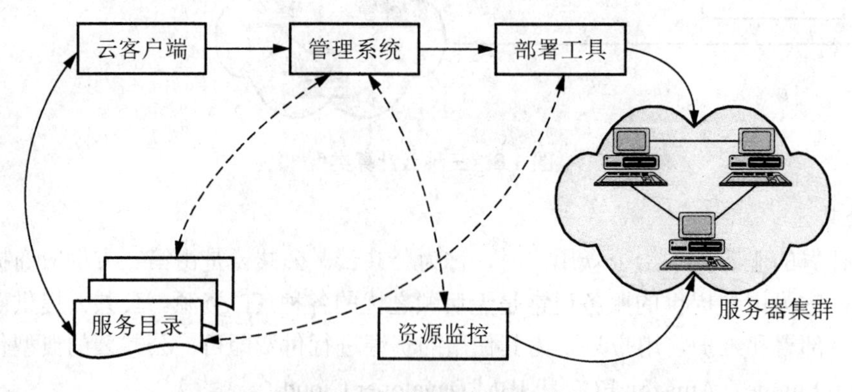

图 1.7 云计算系统的组成

云计算系统的各部分组成具体介绍如下：

(1) 云客户端。云客户端是提供请求云计算服务的交互界面，也是用户使用云计算的入口。用户通过 Web 浏览器可以注册、登录、定制服务、配置、管理和访问在线应用。

(2) 服务目录。服务目录是指云计算用户在取得相应权限(如付费、注册成功)之后可以选择和定制的服务列表。云客户端界面生成服务列表，展示相关的云计算服务内容，用户也可以退定已定制的服务。

(3) 管理系统和部署工具。它们的功能主要包括：①对用户授权、认证和登录的过程进行管理；②接收云客户端的请求，并转发给相应的应用程序；③对计算资源和服务进行管理，动态地部署、配置和回收计算资源。

(4) 资源监控。它的功能是监控和计量云系统资源的使用情况，以便进一步优化节点的同步配置、负载均衡配置等，确保计算资源能顺利地分配给合适的客户端。

(5) 服务器集群。它是指虚拟的或物理的服务器集合，由管理系统来实施管理。服务器集群负责处理高并发量的客户端请求、大运算量的计算和 Web 应用服务，以并行方式完成上传、下载和存储大容量的云端数据。

4. 云计算系统的服务层次

根据云计算系统的服务类型，可以将云计算系统提供的服务看做一组有层次结构的集合，依次分别为“硬件即服务”(Hardware as a Service，HaaS)、“基础设施即服务”(Infrastructure as a Service，IaaS)、“平台即服务”(Platform as a Service，PaaS)、“软件即服务”(Software as a Service，SaaS)和云客户端五种类型，如图 1.8 所示。

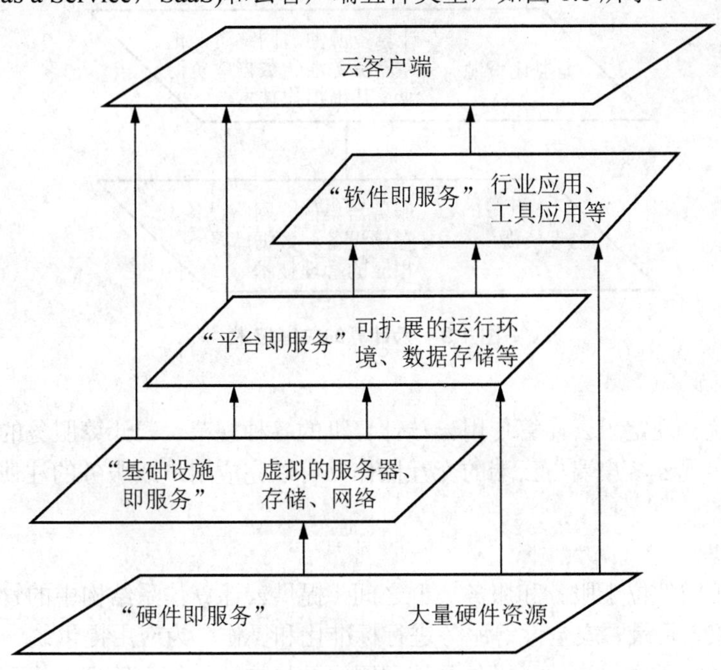

图 1.8　云计算系统的服务层次结构

“硬件即服务”层由大量的硬件资源构成，包括高性能、可扩展的硬件设备，形成对其他层次服务内容的硬件支撑平台。“基础设施即服务”层包括计算资源和存储资源，通常是虚拟化的平台环境。“平台即服务”是云计算应用程序的运行环境，提供应用程序部署与管理的服务，通过该层的软件工具和开发语言，应用程序开发者只需上传程序代码和数据即可使用服务，而不必关注底层的网络、存储和操作系统的管理问题。“软件即服务”是基于云计算基础平台所开发的应用程序，企业可以通过租用该层的服务解决企业信息化问题，如企业通过 GMail 建立属于该企业的电子邮件服务。云客户端包括专门提供云服务的计算机硬件和软件及提供云计算服务的方式，如产品、服务和解决方案。

5. 云计算的关键技术

由于云计算是以数据为中心的一种数据密集型的超级计算，它对应的并不是一种单纯的技术，而是多种技术的组合。云计算的关键技术包括物理资源、虚拟化资源、服务管理和访问接口，如图 1.9 所示。

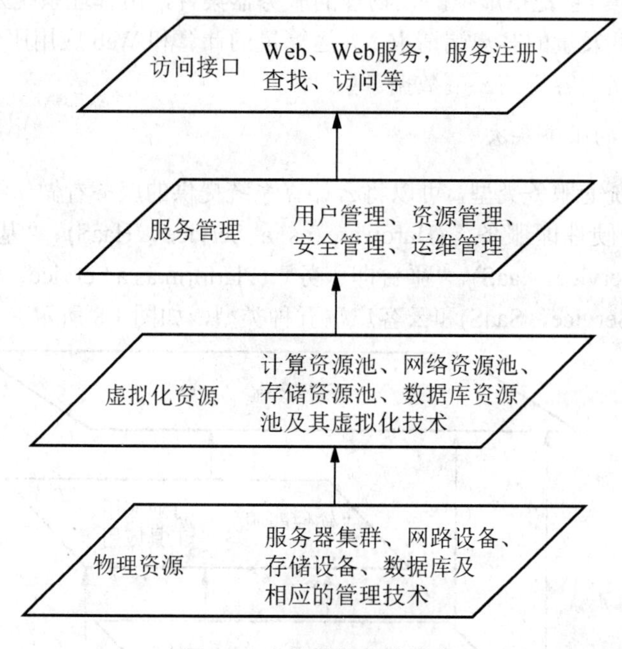

图 1.9 云计算的关键技术

1) 访问接口

访问接口统一规定了云计算使用云端计算机的各种规范、云计算服务的各种标准。利用访问接口来实现云客户端与云端的交互操作，可以完成用户或服务的注册、服务查询、定制和使用服务。

2) 服务管理

服务管理中间件位于服务和服务集群之间，提供云计算体系结构中的管理系统，对标识、认证、授权、目录、安全性等服务进行标准化和操作，为应用提供统一的标准化程序接口和协议，隐藏了底层硬件、操作系统和网络的异构性，统一管理网络资源。

3) 虚拟化资源

虚拟化资源是指一些可以实现一定操作功能，但其本身是虚拟的，而不是真实的资源。

需要通过软件技术来实现相关的虚拟化功能，包括虚拟环境、虚拟系统和虚拟平台。支撑虚拟化资源的关键技术主要包括虚拟化技术、并行编程技术和分布式存储技术等。

(1) 虚拟化技术。虚拟化是云计算的最重要特点，虚拟化技术是实现云计算的重点。单个服务器利用虚拟化技术可以支持多个虚拟机，运行多个操作系统和应用。虚拟化技术的核心是虚拟机监控程序(Hypervisor)，Hypervisor 在虚拟机和底层硬件之间建立一个抽象层，它可以拦截操作系统对硬件的调用，为驻留在其上的操作系统提供虚拟的 CPU 和内存。

当前的云计算系统如 Scientific Cloud、Amazon EC2 等通常都以虚拟机的形式来满足用户对计算资源的需求，但用户要根据自己的需求，将这些虚拟机配置成一个工作集群。虚拟专用网络 VPN 的发展可以为用户在访问云计算资源时，提供一个可以定制的网络环境。

(2) 并行编程模式。为了高效利用云计算的资源，让用户充分享受云计算提供的服务，需要向用户提供一些分布式系统和并行编程模型，来支持大规模的数据处理。目前云计算大多采用 MapReduce 并行编程模型。这种模型是 Google 为发挥其文件系统(Google File System，GFS)集群的计算能力而提出的一种并行编程模型。

MapReduce 作为一种编程模型，用于大规模数据集(大于 1TB*)的并行运算。“Map(映射)”、“Reduce(化简)”及其主要思想　鉴了函数式编程语言，或者采用了矢量编程语言的特性。采用 MapReduce 开发出来的程序，可在大量商用计算机集群上并行执行、处理计算机的失效及调度计算机之间的通信。MapReduce 模型将任务自动分成多个子任务，实现任务在大规模计算节点中的调度和分配。一个 MapReduce 作业由大量 Map 和 Reduce 任务组成，根据两类任务的特点，可以把数据处理过程划分成 Map 和 Reduce 两个阶段。

(3) 分布式数据存储和管理技术。云计算采用分布式存储的方式来存储数据，采用冗余存储的方式来保证存储数据的可靠性，以高可靠软件来弥补硬件的不可靠性，从而提供廉价的可靠系统。目前云计算的数据存储系统主要包括 GFS 和 Hadoop 开发团队研制的开源系统 HDFS(Hadoop Distributed File System)。

在 GFS 系统中，一个大文件划分成若干个固定大小(如 64MB)的数据块，并分布在计算节点的本地硬盘，为了保证数据可靠性，每一个数据块都保存有多个副本，所有文件和数据块副本的元数据都由元数据管理节点来管理。GFS 的优点在于：由于文件的分块粒度大，GFS 可以存取 PB 级的超大文件；通过文件的分布式存储，GFS 可并行读取文件，提供高 I/O 吞吐率；GFS 可以简化数据块副本间的数据同步问题；文件块副本策略保证了文件的可靠性。

4) 物理资源

这里的物理资源是指支持计算机正常运行的硬件设备和管理技术，硬件设备包括价格低廉的个人计算机和价格昂贵的服务器及磁盘阵列等。通过现有的网络技术、并行技术、分布式技术，将分散的计算机组成一个能提供超强功能的集群，用于计算和存储等云计算操作。

数据中心是云计算的核心，其资源规模与可靠性对上层的云计算服务有着重要影响。

---

* 度量大数据信息的单位，它们之间的换算关系如下：1PB=1024TB, 1TB=1024GB, 1GB=1024MB。

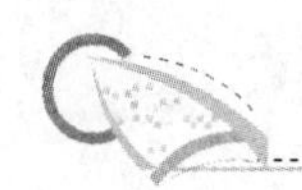

还包含冗余的数据通信连接、环境控制设备、监控设备和各种安全装置。Google、Facebook等公司十分重视数据中心的建设。

例如，Google 公司在全球共建有近 40 个大规模数据中心，单个数据中心至少需要50MW 功率，约等于一个小型城市所有家庭的用电量。Google 数据中心采用独特的硬件设备，如定制的以太网交换机和能源系统，另外使用自行研发的软件技术，如 Google File System、MapReduce、BigTable 等。

与传统的企业数据中心不同，云计算的数据中心具有以下特点：①自治性。相比传统的数据中心需要人工维护，云计算数据中心的大规模性要求系统在发生异常时能自动重新配置，并从异常中恢复，而不影响服务的正常使用。②规模经济。通过对大规模集群的标准化管理，使单位设备的管理成本大幅降低。③规模可扩展。考虑到建设成本和设备的更新换代，云计算数据中心往往采用大规模高性价比的设备组成硬件资源，并提供扩展规模的空间。

云计算数据中心的规模庞大，为了保证设备正常工作，需要消耗大量的电能。据估计，一个拥有5万个计算节点的数据中心每年耗电量超过1亿kWh，电费达到930万美元。Google公司的分析表明，云计算数据中心的能源开销主要来自计算机设备、不间断电源、供电单元、冷却装置、新风系统、增湿设备和附属设施(如照明、电动门等)。实施绿色节能技术，不仅可以降低数据中心的运行开销，而且能减少二氧化碳的排放，有助于环境保护。

例如，Google 公司为了节省能源，在比利时的数据中心降温系统并没有采用冷却剂降温的方法，而是采取了所谓的自然降温策略。也就是说，一旦比利时的当地气温太热，这里的数据中心降温设施无须人工干预就能自动进行响应，实时地将该数据中心的计算负载任务转移到其他地方的数据中心，就如同在服务器之间移动数据一样，从而实现节能减排和系统优化。

1.5.3 云计算与物联网的关系

物联网的普及又迎来一个信息大爆炸的时代，这些信息将以海量来计算。如何有效地管理和存储这些海量信息是一个非常重要的问题，云计算的特点正好迎合了这种需求，因为它具备适合大规模信息处理和存储的新型计算基础设施。

物联网的信息收集、传输和存储量是非常巨大的，物联网将连接越来越多的设备，产生的数据量可能大大超过互联网的数据量，它的规模是互联网的成千上万倍。这种规模的数据存储和计算处理恰恰需要云计算技术的支撑。云计算可以作为物联网发展的基石，满足物联网后端的计算需求。

云计算的众多优点使得物联网的很多应用可以建立在云计算平台上。物联网终端设备(如传感器、手机、GPS、PDA、笔记本电脑)的计算能力和存储空间有限，但却具有很强的联网能力。另外，云计算拥有强大的计算能力和接近无限的存储空间，并提供各种各样的软件和信息服务，能与物联网进行很好的结合。物联网采集的海量数据，最终汇聚到某些具有巨大存储和处理能力的设施，而采用云计算来承载这项任务具有明显的性价比优势。云计算可以对这些海量数据进行处理、分析、挖掘和存储，做到更加快速、准确和智能化地管理与控制物理世界。

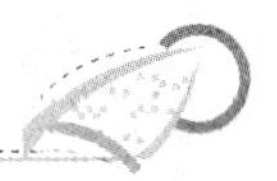

1.6 信息物理融合系统

1.6.1 信息物理融合系统概述

嵌入式技术、计算机技术和网络技术的发展，为人类的生活带来了极大便利。随着硬件产品性能和数据处理能力的不断提高，人们对于各种工程系统和计算设备的需求已不仅仅局限于系统功能的扩充，而是更关注系统资源的合理分配和系统效能的优化，从而提升服务个性化程度和用户的满意度。在这种需求的引导下，信息物理融合系统(Cyber-physical systems，CPS)作为一种新型智能系统应运而生，引起各国政府、学术界和产业界的高度重视。

信息物理融合系统是一种融合计算、通信与控制的新型嵌入式系统，其中计算过程和物理过程在开放环境下持续交互、深度融合，实现一体化的嵌入式计算、网络化实时通信和远程精确控制等先进功能。CPS 可以理解为基于嵌入式设备的网络化智能信息系统，它通过一系列计算单元和物理对象在网络环境下的高度集成与交互，来提高系统在信息处理、实时通信、远程精准控制和组件自主协调等方面的能力。

CPS 在国际上是一个新兴领域，该领域的创建工作是由北美和欧洲的知名科学家联合美国国家科学基金(National Science Foundation，NSF)委员会共同发起的。CPS 的研究目标是寻求新科学技术使网络基础设施和物理基础设施的融合得到更加快速和可靠的发展，建立新一代工程系统。

2010 年我国 863 计划信息技术领域围绕国家新型工业化和信息化对 CPS 关键技术的迫切需求，设立了“面向信息-物理融合的系统平台”主题项目。CPS 在我国被定义为一个综合计算、网络和物理环境的多维复杂系统，通过 3C(Computation，Communication，Control)技术的有机融合与深度协作，实现工程系统的实时感知、动态控制和信息服务。CPS 可以实现计算、通信与物理系统的一体化设计，使得系统更加可靠、高效和实时协同。开展 CPS 的研究与应用，对于加快推进我国工业化与信息化融合具有重要意义。

1.6.2 信息物理融合系统应用案例

CPS 虽然是一个新名词，但是这类系统早已在军事和生活中有所应用，包括航天航空、医疗器械、军事侦察、铁路运输和石油勘探等领域。我国目前在世界领先的高速列车就可以说是一个 CPS。病人自控镇痛(Patient-Controlled Analgesia，PCA)是一个著名的 CPS 应用案例，下面介绍它的具体应用过程。

PCA 是指病人在接受手术治疗之后，在痛苦中管理自己的止痛方法。病人可以根据自己的感受来控制输液泵中麻醉剂的输液速度，当病人疼痛感加强的时候，病人可以增加麻醉剂的摄取量；当病人疼痛缓解的时候，可以减少麻醉剂的摄取量。

在这个案例中，病人身体体征和各项生理参数都是非常重要的信息，而人体、输液泵等属于物理设施。PCA 可以有效地减轻病人的病痛，加速病人的康复过程。但由于病人本身处在身体较差的状态，甚至有时候是神志不清的，对输液泵的控制难免会出现差错，因为过量的麻醉剂可能会导致病人陷入重度昏迷或出现生命危险。如何能够保证安全和精确地使用麻醉剂，是一个极其重要的问题。

PCA 的设计目标是要求实现如下问题：当病人体征发出异常预警时，将该系统从高效安全状态(即药物能很好地镇痛，且病人身体状况正常)，转化为低效安全状态(即药物不能很好地镇痛，但病人身体状况正常)。通过设计有效的 CPS，可以使得其中的控制模块实现安全和自动的控制，确保病人的体征发生异常预警时，仍能实现对输液泵的有效控制，从而确保病人的人身安全。

1.6.3 信息物理融合系统技术原理

1. CPS 结构

CPS 的概念最早是由美国国家基金委员会在 2006 年提出的，其核心是 3C(Computation、Communication、Control)的融合。CPS 通过计算、通信和控制技术的有机融合，实现计算资源与物理资源的紧密结合和协调。

CPS 的逻辑结构和组成如图 1.10 所示。CPS 中的“Cyber”和“Physical”可以视为两个具有节点交互能力的网络：“Physical”网络包含了多个相互联系的物理实体，“Cyber”网络包括众多的智能监控节点(包括人员、服务器、信息站点和各种移动设备)及它们之间的通信联系。在“Physical”网络和“Cyber”网络的相互作用下，系统通过计算、通信和控制的所谓 3C 技术实现信息的交互和决策。

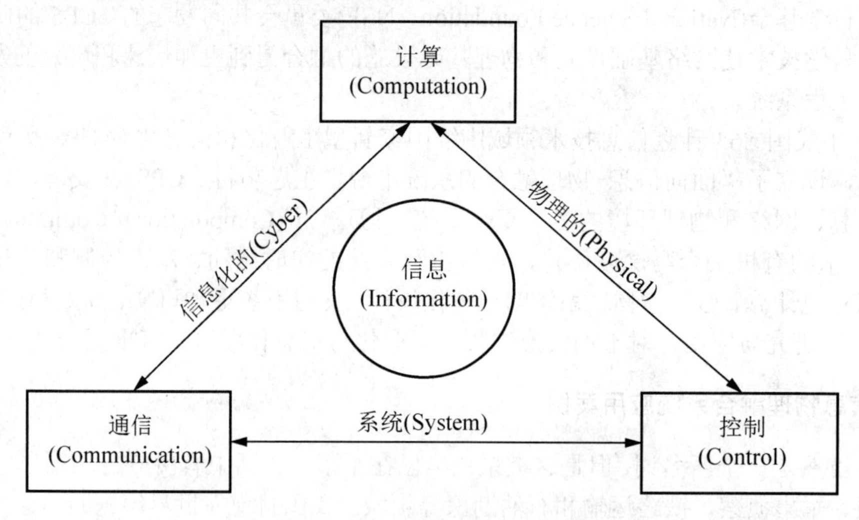

图 1.10 信息物理融合系统的组成

CPS 的基本组件包括传感器(Sensor)、执行器(Actuator)和决策控制单元(Decision-making Control Unit)。CPS 的基本组件可以形成一种反馈循环控制机制，如图 1.11 所示，执行最基本的监测和控制功能。这里的传感器能监测和感知外界的信号、物理条件(如光、热)或化学组成(如烟雾)；执行器能接收控制指令，并对受控对象施加控制作用；决策控制单元能根据用户定义的语义规则生成控制逻辑。

图 1.12 所示为 CPS 的基本功能逻辑单元，它基于上述的反馈循环控制机制。这里传感器与执行器是物理系统和计算系统的接口，决策控制单元根据控制规则来实施监测任务；传感器将感知信息反馈给决策控制单元，作为控制规则算法的输入，并经过计算得到控制指令；执行器根据控制指令操控物理对象。

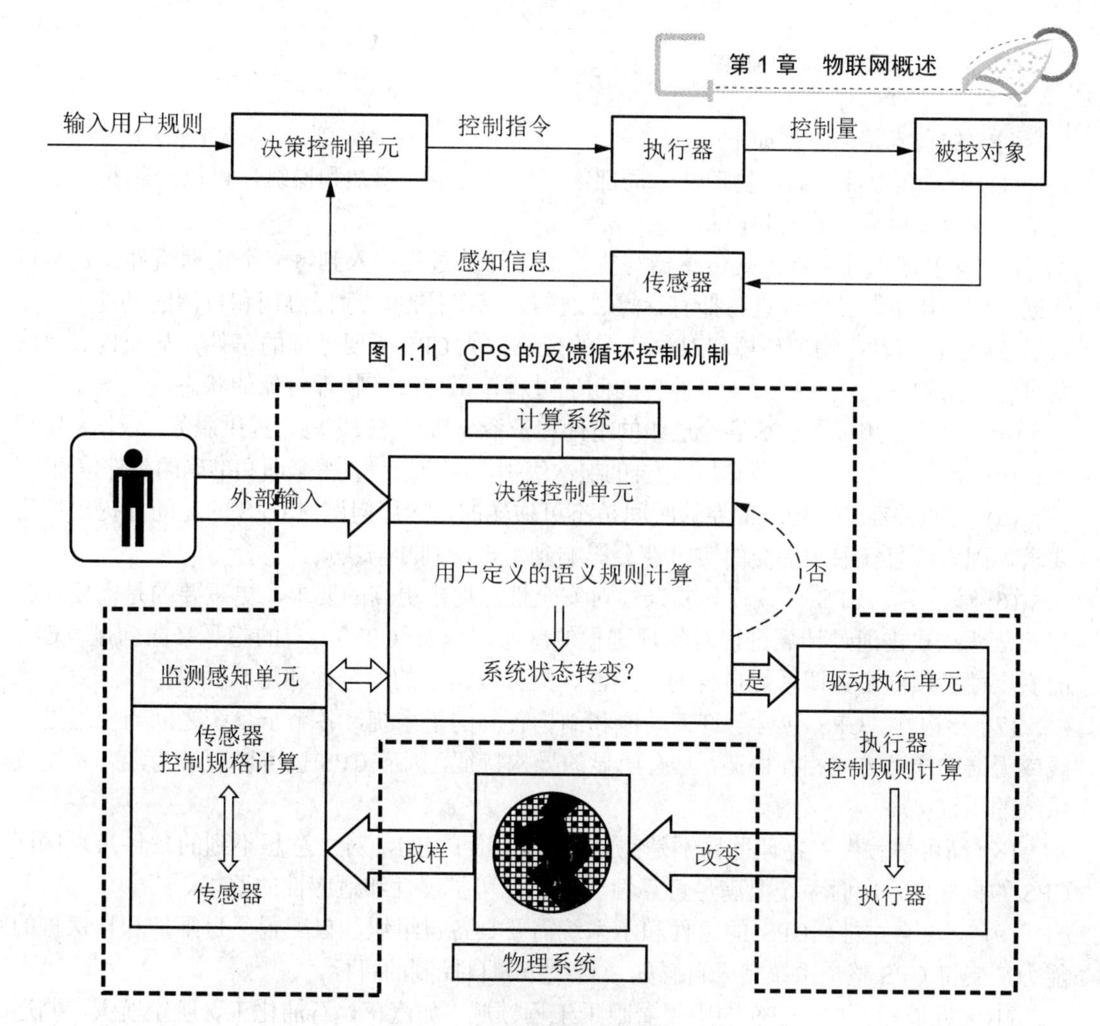

图 1.11　CPS 的反馈循环控制机制

图 1.12　CPS 的基本功能逻辑单元

CPS 通常是运行在不同空间范围的闭环系统，而且感知、决策和控制执行子系统大多不在同一位置。CPS 的体系结构可以认为由决策层、网络层和物理层组成。决策层通过语义逻辑来实现用户、感知系统和控制系统之间的逻辑耦合；网络层通过网络传输技术来连接位于不同空间的 CPS 子系统；物理层是 CPS 与物理世界的接口。也就是说，在现实环境中，传感器网络对感知数据做进一步的数据融合处理，将得到的信息通过网络基础设施传递给决策控制单元；决策控制单元与执行器通过网络化技术分别实现协同决策和控制。

2. CPS 技术特点

CPS 作为计算资源与物理资源紧密结合的产物，将改变人类与物理世界的交互方式。作为物联网的推动技术，CPS 已经引起国内外相关科研机构、政府部门和社会的关注。

从微观上来看，CPS 通过在物理系统中嵌入计算与通信内核，实现计算进程与物理进程的一体化。计算进程与物理进程通过反馈循环方式相互影响，实现嵌入式子系统与网络子系统对物理进程的高效监测、协调和控制。

从宏观上来看，CPS 是由运行在不同空间范围的分布式异构系统组成的动态混合系统，包括感知、决策和控制等不同类型的资源和可编程组件。各个子系统之间通过有线或无线通信方式，依托网络基础设施进行相互协调。

CPS 的技术特点总结如下：

(1) 全局虚拟性、局部物理性。局部物理世界发生的感知和操纵，可以跨越整个虚拟网络被安全、可靠地监测和控制。

(2) 深度嵌入性。嵌入式传感器与执行器使计算过程嵌入到每一个物理组件，甚至可能嵌入到物质里，使物理设备拥有计算、通信、精确控制、远程协调和自治的功能。

(3) 事件驱动。物理环境和对象状态的变化构成 CPS 所要处理的事件，从而构成“触发事件→感知→决策→控制→事件”的闭环过程，最终改变物理对象的状态。

(4) 以数据为中心。CPS 各个层级的组件和子系统都围绕数据融合提供服务，数据从物理世界接口到用户的路径上不断提升融合的层次级别，用户最终获得全面和准确的事件信息。

(5) 时间关键性。物理世界的时间是不可逆转的，应用问题对 CPS 的时间性提出严格要求，因为信息获取和提交的实时性会影响到用户的判断与决策。

(6) 安全性。CPS 的规模与复杂性对安全性能提出更高的要求，更重要的是需要理解与防范恶意攻击通过计算进程对物理进程的威胁，以及 CPS 用户的隐私暴露问题。CPS 的安全性必须同时强调系统自身的保障性、外部攻击下的安全性和隐私。

(7) 异构性。CPS 包含了许多功能和结构各异的子系统，各个子系统之间需要通过有线或无线的通信方式相互协调，具有明显的异构特征，因而 CPS 也可以理解为混合系统或系统的系统。

(8) 高可信赖性。物理世界不是完全可预测和可控的，对于意想不到的条件必须保证 CPS 的鲁棒性，同时系统要满足可靠性、效率、可扩展性和适应性的要求。

(9) 高度自主性。CPS 的组件和子系统需要具备自组织、自配置、自维护和自保护的能力，支持 CPS 整个系统完成自感知、自决策和自控制的目标。

(10) 领域相关性。CPS 的应用着眼于工程领域，如汽车、石油化工、航空航天、制造业和民用基础设施等，需要考虑这些系统的容错问题、安全问题、集中控制问题和社会问题，分析这些问题对系统设计可能产生的影响。

3. CPS 与现场总线的区别

在自动化领域现场总线控制系统(Fieldbus Control System，FCS)正在逐步取代一般的分布式控制系统(Distributed Control System，DCS)，各种基于现场总线的智能传感器/执行器技术得到迅速发展。现场总线是应用在生产现场和微机化测量控制设备之间，实现双向串行多节点数字通信的系统，也被称为开放式、数字化、多点通信的底层控制网络。

现场总线技术将专用微处理器植入传统的测量控制仪表，使它们各自具有了数字计算和数字通信能力，采用可进行简单连接的双绞线等作为总线，把多个测量控制仪表连接成网络系统，并按公开、规范的通信协议，在位于现场的多个微机化测量控制设备之间和现场仪表与远程监控计算机之间，实现数据传输与信息交换，形成各种适应实际需要的自动控制系统。

现场总线是 20 世纪 80 年代中期在国际上发展起来的。随着微处理器与计算机功能的不断增强和价格的降低，计算机与计算机网络系统得到迅速发展。现场总线可实现整个企业的信息集成，实施综合自动化，形成工厂底层网络，完成现场自动化设备之间的多点数字通信，实现底层现场设备之间、生产现场与外界之间的信息交换。

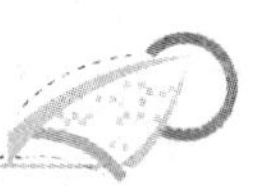

现场总线作为一种网络形式，是专门为实现在严格的实时约束下工作而特别设计的。目前市场上较为流行的现场总线有 CAN(控制局域网络)、Lonworks(局部操作网络)、Profibus(过程现场总线)、HART(可寻址远程传感器数据通信)和 FF(基金现场总线)等。

由于严格的实时性要求，这些现场总线的网络构成通常是有线的。在 OSI 参考模型中，它利用的只有第一层(物理层)、第二层(链路层)和第七层(应用层)，避开了多跳通信和中间节点的关联队列延迟。然而，尽管固有有限差错率不利于实时，人们仍然致力于在无线通信上实现现场总线的构想。

现场总线系统与信息物理融合系统的共同点在于它们都是利用通信方式来传递物理信息，最重要的是它们具有执行器机构，且采用控制反馈机制。

但是两者的区别是明显的，CPS 的物理实体节点之间具有交互能力，而现场总线系统的节点没有这种要求；CPS 中的感知、决策和控制各子系统的空间跨度可以很大，甚至相隔距离很远，而现场总线系统的网络控制范围限定在一定区域。

4. CPS 与其他类似系统的区别

本质上 CPS 是计算过程和物理过程的融合系统，与它类似的其他系统主要包括嵌入式系统、物联网和传感网。下面阐述 CPS 与这三种系统的区别。

嵌入式系统(Embedded System)是一种对功能、可靠性、成本、体积、功耗严格要求的专用计算机系统，具有对其他设备进行监视、控制或管理的功能。它是软件和硬件的综合体，在某些情况下还可以包括机械装置。传统的物理设备通过嵌入式系统可以扩展或增加新的功能，所形成的系统基本上是封闭的系统。在一些工控网络中，也可以采用工业控制总线进行通信，但它的通信功能不强，网络内部难以通过开放总线或互联网进行互联。

物联网是“物物相连的互联网”，它通过 RFID、传感器、GPS 等传感识别设备，将物品连接起来进行信息交换和通信，实现智能化识别、定位、跟踪、监控和管理。物联网的核心和基础仍然是互联网，是互联网的延伸和扩展，在物联网中用户端延伸和扩展到了物品与物品之间，进行物理信息的交换和网络通信。

传感网的节点是传感器，它们通过自组织的方式构成无线网络，感知的对象是温度、湿度、噪声、光强度、压力、土壤成分、移动物体的大小、速度和方向等物理属性，实现特定区域的监测。通常传感网可以不提供控制和操纵物理对象的功能。

相对而言，CPS 是开放的嵌入式系统加上网络和控制功能，其核心是 3C 融合、自主适应物理环境的变化，它构建网络的最终目的是实现控制，这与一般意义上的网络只传输信息的用途有所区别。物联网、传感网的基本功能在于感知，这对于 CPS 来说显得有点简单，CPS 需要实现的是感控。也就是说，CPS 不仅要提供感知功能，还需要实现控制，因而对设备的要求超过了其他类似系统。显然，CPS 的技术复杂性和实现条件超出了其他类似系统，这给它的应用带来了一定的难度。

从更高的角度来看，物联网更关注产业化和可推广的实际应用，物联网和 CPS 的关系类似于云计算和网格计算的关系，CPS 主要是一些科研课题的研究对象，而物联网是 CPS 的产业化和商业化延伸。我们可以认为，CPS 是物联网产业的科学前沿，CPS 的研究是物联网产业发展的基础和后盾，它的研究成果将推动物联网产业取得长足的进步。

1.7 物联网应用前景

物联网的应用领域广泛，图 1.13 所示为物联网在各领域的应用情况。物联网产业链可以细分为四个环节：识别、感知、处理、信息传送，每个环节对应的硬件设备为 RFID、传感器、智能芯片、无线传输网络。

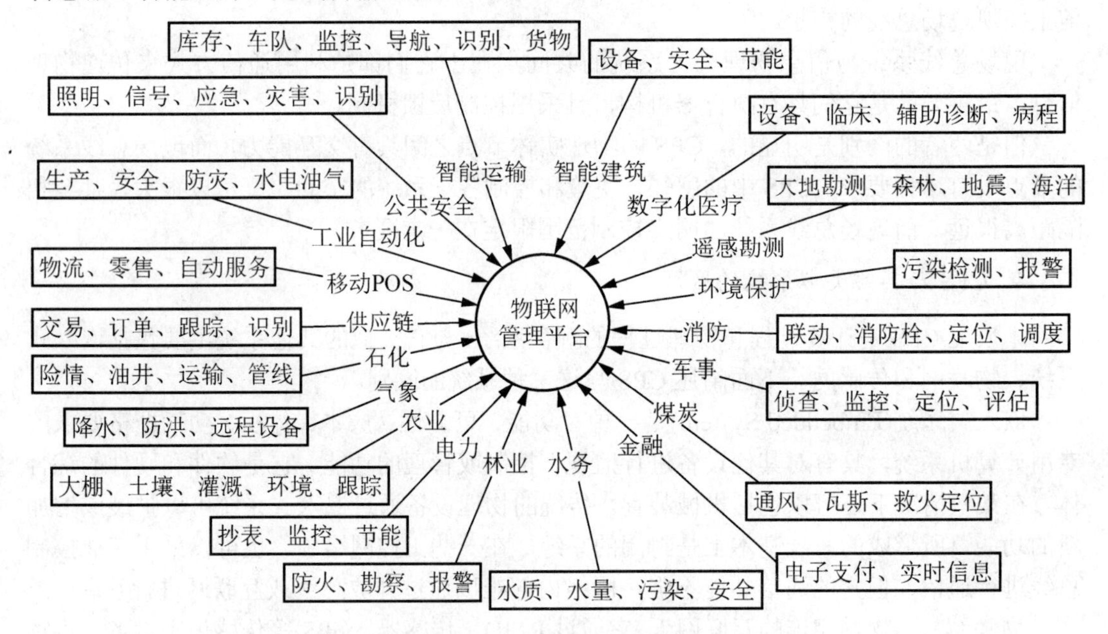

图 1.13 物联网的应用领域

物联网在多个领域具有发展潜力，下面是一些典型的应用领域例子。

(1) 智能物流。现代物流系统希望利用信息生成设备，如 RFID 设备、感应器或 GPS 等装置与互联网结合起来，形成一个巨大网络，并能够在这种物流网络中实现智能化的物流管理。

(2) 智能交通。通过在基础设施和交通工具中广泛应用信息、通信技术来提高交通运输系统的安全性、可管理性、运输效能，同时降低能源消耗，减少对地球环境的负面影响。

(3) 绿色建筑。物联网技术为绿色建筑带来了新的力量。通过建立以节能为目的的建筑设备监控网络，将各种设备和系统融合在一起，形成以智能处理为中心的物联网应用系统，有效地为建筑节能减排提供帮助。

(4) 智能电网。以先进的通信技术、传感器技术和信息技术为基础，以电网设备间的信息交互为手段，以实现电网运行的可靠、安全、经济、高效、环境友好和使用安全为目的的现代化电力系统。

(5) 环境监测。通过对人类和环境有影响的各种物质的含量、排放量及各种环境状态参数的检测，跟踪环境质量的变化，确定环境质量水平，为环境管理、污染治理、防灾减灾等工作提供基础信息、方法指导和质量保证。

物联网产业无论是企业发展，还是技术进步，最稀缺的资源还是物联网领域的各种人才，这也是物联网产业快速发展的关键因素。物联网产业的发展，离不开优秀的教学、系

统设计、软件开发等中高级工程技术型人才和管理型人才。

陈火旺院士曾经指出："教学与科研相结合是培养实践能力的有效途径。高水平人才的培养是通过被培养者的高水平学术成果来体现的，而高水平的学术成果主要来源于大量高水平的科研。高水平的科研还为教学活动提供了最先进的高新技术平台和创造性的工作环境，使学生得以接触最先进的计算机理论、技术和环境。"

因此，在大学阶段掌握一些前沿性的知识，并辅以一定的实验、科研工作，可以极大地提高学生们的实践能力，同时加深对基础知识和关键技术的理解和掌握，为将来适应社会发展和胜任工作打下牢靠的基础。物联网就是这样的一个具有前瞻性和实用性的技术领域，学习这门课程具有非常重要的意义。

小　结

本章是物联网基本知识的概略介绍，主要阐述物联网的概念、起源和发展现状，介绍了物联网的组成和技术特征，重点阐述了物联网的核心技术内容。作为与物联网具有直接关系的 M2M、云计算技术和信息物理融合系统，本章也介绍了它们的基本原理，最后展望了物联网的应用前景。通过本章内容的学习，需要初步掌握物联网的基本概念，对物联网有一个全局认识，激发探索物联网世界的兴趣。

习　题　1

一、选择题

1．物联网的末梢网络属于物联网组成架构中的(　　)层。

A．采集控制　　B．接入　　C．承载网络　　D．应用控制

2．信息安全属于物联网核心技术中的(　　)技术。

A．综合应用　　B．管理服务　　C．网络构建　　D．感知识别

3．通过(　　)技术，让物品"开口说话、发布信息"是融合物理世界和信息世界的重要环节，是物联网区别于其他网络的最独特部分。

A．云计算　　B．感知识别　　C．信息物理融合系统 D．网络构建

4．下面的(　　)不属于无线宽带网络的范畴。

A．Wi-Fi　　B．WiMAX　　C．3G　　D．ZigBee

5．WiMAX 技术负责为广阔区域内的网络用户提供高速无线数据传输业务，与它相对应的是 IEEE(　　)协议标准。

A．802.11　　B．802.15.4　　C．802.16　　D．1451

6．在 M2M 系统的结构组成中，M2M 网关属于(　　)。

A．设备终端层　　B．网络传输层

C．应用层的中间件部分　　D．应用层的数据存储部分

7．当云计算的服务提供给公众用户时，称为(　　)，它是由第三方供应商提供云计算服务。

A．公共云　　　B．私有云　　　C．专属云　　　D．混合云

8．(　　)是提供请求云计算服务的交互界面，也是用户使用云计算的入口。

A．资源监控　　B．服务器集群　C．云客户端　　D．服务目录

9．(　　)能自主适应物理环境的变化，它构建网络的最终目的是实现控制，这与一般意义上的网络只传输信息的用途有所区别。

A．物联网　　　B．传感网　　　C．CPS　　　　D．云计算

二、填空题

1．物联网的组成架构包括采集控制层、______层、______层、______层和______层。

2．物联网的技术特征可以概括为______、______和智能处理。

3．根据信息生成、传输、处理和应用的过程，物联网的核心技术主要包括______技术、______技术、______技术和综合应用技术。

4．______是物联网的主要实现和应用形式。

5．通常 M2M 系统的结构是由三层组成的，即______层、______层和应用层。

6．云计算为用户屏蔽了数据中心管理等现实问题，______的服务化是它的重要表现形式。

7．根据部署方式和服务对象的不同，云计算可以分为______、______和混合云三种类型。

8．根据云计算系统的组成，用户通过______从______列表中选择所需要的服务，服务请求通过管理系统调度相应的资源。

9．目前云计算大多采用______并行编程模型。

三、问答题

1．如何理解物联网的概念？

2．试述物联网产生的背景。

3．什么是智慧地球？

4．通常物联网运行包括哪些步骤？

5．如何理解物联网的技术特征？

6．物联网与传感网的关系是怎样的？

7．物联网的管理服务技术着重解决哪些问题？

8．如何理解 M2M 的概念？

9．什么是云计算？

10．云计算具有哪些特点？

11．试述云计算系统的服务层次。

12．实现云计算需要哪些关键技术？

13．云计算的数据中心具有哪些特点？

14．试述物联网与云计算之间的关系。

15．试述 CPS 的结构组成。

16．CPS 具有哪些技术特点？

第 2 章 自动识别技术

物联网可以实现物理世界的互联与信息的传递。如果要实现人人互联、物物互联及人与物的互联，首先需要对入网的人或物进行识别，然后进行信息采集。物联网的终端系统和设备包含两大类，一类是自动识别系统和设备即识别器；另一类是信息传感系统和设备即传感器。本章介绍识别器的自动识别技术，下一章介绍传感器采集技术。

自动识别技术是对信息数据进行自动采集与传输的方法和手段。经过多年的发展，自动识别技术已初具规模，特别是条形码识别技术已经广泛应用，RFID 技术飞速发展，卡识别技术正走进千家万户，而生物识别技术也正悄然兴起。本章介绍自动识别领域的主流技术，包括 RFID、卡识别和条形码等内容。

2.1 自动识别技术概述

2.1.1 自动识别技术的分类

自动识别技术近年来在货物销售、后勤管理、物流等行业得到快速发展和普及，其用途是提供人员和物品的信息。自动识别技术包括 RFID 技术、磁卡与 IC 卡技术、条形码技术、光学符号识别(OCR)技术和生物识别技术等，它的分类体系如图 2.1 所示。下面先对这些技术进行概略介绍。

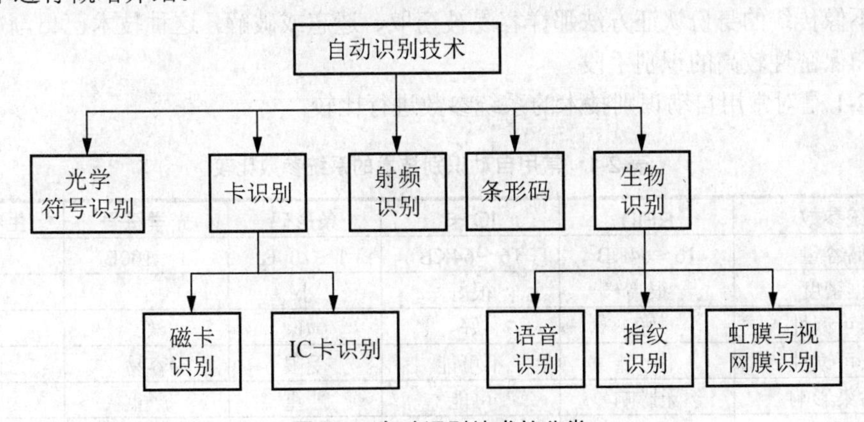

图 2.1 自动识别技术的分类

1) 条形码识别技术

多年前条形码在自动识别领域引起了一场革命并得到广泛应用。条形码是由一组规则排列的条、空和相应的数字组成的识别系统，条和空的不同组合代表了不同的符号，以供条形码识别器读出其中的信息。条形码系统广泛应用于商品和图书管理等领域。

2) RFID 技术

RFID 的定义如下：利用射频信号通过空间耦合(交变磁场或电磁场)实现无接触信息传递，并通过所传递的信息达到自动识别的目的。通常把这种非接触式的识别系统称为 RFID 系统。在很多情况下，机械触电的接通是不可靠的，或者是无法使用的，如高温、高腐蚀性的环境。在数据载体与阅读器之间进行非接触式的数据传输，显然更为灵活和方便。非接触式识别方法综合了不同专业领域的技术，如高频技术、电磁兼容、半导体技术、数据保密和密码学、电信、制造技术等。

3) 卡识别技术

卡识别技术包括磁卡和 IC 卡两种识别技术。磁卡是用磁性材料掺以粘合剂而制成的，它借助于磁性材料的磁极趋向来实现数据的读写操作。磁卡内部有数据存储器，克服了条形码系统存储量小、不易改写的问题。IC 卡多指接触式的 IC 芯片卡，它比磁卡的存储容量更大，抗干扰能力更强，使用寿命也更长。磁卡和 IC 卡已经广泛应用于公共交通、银行和学校等行业或机构，如公交乘车卡、银行信用卡、会员卡等。

4) 光学符号识别技术

光学符号识别(Optical Character Recognition，OCR)是通过计算机等设备自动辨别出纸张或其他介质上的文字或图像。光学符号识别技术出现于 20 世纪 50 年代中期，是随着模式识别和人工智能技术的发展而出现的，在计算机录入、票据识别、信函和资料分析等领域得到了应用。

5) 生物特征识别技术

生物特征识别技术是随着计算机图像处理和模式识别技术的发展而逐步形成的一种独特技术，它是利用生物的身体特征或行为特征的差异性来进行识别的。根据识别技术采取的生物特征的不同，生物识别技术可以分为语音识别、指纹识别、虹膜识别等。由于生物特征不像传统的身份认证方法那样容易被窃取、遗忘或破解，这种技术已日渐成为一种安全性和保密性较高的识别手段。

表 2-1 是对常用自动识别技术的系统参数进行比较。

表 2-1 常用自动识别技术的系统参数比较

系统参数	RFID	IC 卡	条形码	光学符号	生物特征
存储容量	16～64KB	16～64KB	1～100B	1～100B	—
数据密度	很高	很好	小	小	高
机器可读性	好	好	好	好	费时
个人可读性	不可能	不可能	受限	容易	困难
受污染影响	无影响	可能	严重	严重	—
光遮影响	无影响	—	失效	失效	可能
方向位置影响	无影响	一个方向	很小	很小	—

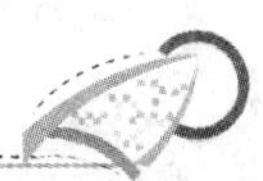

续表

系统参数	RFID	IC 卡	条形码	光学符号	生物特征
磨损	无影响	接触	有条件	有条件	—
购置费	一般	很少	很小	一般	很高
非允许篡改	不可能	不可能	容易	容易	不可能
阅读速度	0.5s	4s	4s	3s	>5s
使用距离	0～5m	接触	0～50cm	<1cm	接触
智能化	有	有	无	无	—
读写性能	可读写	可读写	可读	可读	可读
多标签同时识别	不能	不能	不能	不能	不能

2.1.2　自动识别系统的特征

自动识别系统具有信息获取和信息录入的功能，通过自动方式获取人员或物品的标识信息，且不使用键盘即可将数据实时录入计算机、逻辑程序控制器或其他的微处理器系统。

按照识别对象的特征不同，自动识别技术分为两大类，即数据采集技术和特征提取技术，它们的基本功能是分别完成数据采集和自动识别。数据采集技术的基本特征是需要被识别对象具有不同于其他事物的独特标识，如唯一性的标签、光学符号等；而特征提取技术则是根据被识别对象的生理或行为特征，来完成数据的自动采集与分析，如语音识别、指纹识别等。

自动识别系统通常具有如下特征：

(1) 具有较高的识别准确度，抗干扰性能好。

(2) 识别效率高，信息可以进行实时交换与处理。

(3) 兼容性好，可以与计算机系统或其他管理系统实现无缝连接。

2.2　条　形　码

2.2.1　条形码概述

当我们走进大型超市时，可以看到收银员手持一个设备，对着客户选中的商品一扫，计算机屏幕就显示出所选商品的品名和价格。这是怎么一回事呢？原来在这些商品上面，都有一组粗细不同、间隔不等的竖条，上面还有一组数字，其实这种标识就是我们要介绍的条形码，收银员操作的设备叫做条形码阅读器。

条形码系统是随着计算机与信息技术的发展而诞生的，它是集编码、印刷、识别、数据采集和处理于一身的综合技术。条形码的出现极大地方便了商品流通，现代社会已经离不开商品条形码。据统计，目前我国已有 50 万种产品使用了国际通用的商品条形码。

条形码(Bar Code)是一种产品代码(Product Code)，由一组宽窄不同且间隔不等的平行线条和相应的数字组成。条形码可以表示商品的多种信息，通过光电扫描输入计算机，从而判断出这件商品的产地、制造企业名称、品名规格、价格等一系列产品信息，大大提高了商品管理的效率。

例如，我们正在阅读的这本书的封底上也有一组条形码，它并不是什么“防伪标志”，只是为了便于管理。条形码阅读器是一种特殊的信息输入设备，可以通过键盘接口或串行口与计算机相连接。条形码的信息在读入条形码阅读器之后，可以转化为计算机能够识别的数据，供进一步处理之用。条形码也可以印制在卡片上，制作成为条码卡，通过刷卡的方式读出信息。例如，条形码可以记录员工的个人信息，通过刷卡机就能记录考勤情况。

1. 条形码的扫描原理

从技术原理来看，条形码(这里未加区分时默认为一维条形码)是一种二进制代码，由一组规则排列的“条”、“空”及其对应字符组成，用于表示一定的物品信息。条形码中的“条”指对光线反射率较低的部分，“空”指对光线反射率较高的部分，它们的组合供条形码识读设备进行扫描识读，其对应字符由一组阿拉伯数字组成，供人们直接识读或通过键盘向计算机输入数据时使用。这一组条、空和相应的数字所表示的信息内容是相同的。

条形码的扫描需要扫描器，扫描器利用自身的光源来照射条形码，再利用光电转换器来接收反射的光线，将反射光线的明暗转换为数字信号。

条形码的译码原理如下：激光扫描器通过一个激光二极管发出一束光线，照射到一个旋转的棱镜或来回摆动的镜子上，反射后的光线穿过阅读窗口照射到条码表面，光线经过条或空的反射后返回阅读器，由一个镜子进行采集、聚焦，通过光电转换器转换成电信号，该信号将通过扫描器或终端上的译码软件进行译码，如图 2.2 所示。

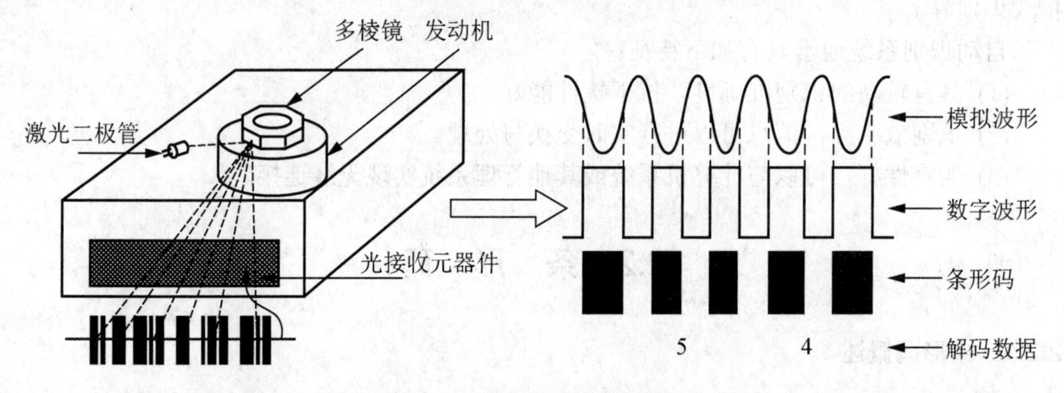

图 2.2 条形码的译码原理示意

无论采取哪种规则印制的条形码，它们都是由静区、起始字符、数据字符和终止字符组成，有的条形码在数据字符和终止字符之间可能还有校验字符。

条形码各组成部分的含义如下：

(1) 静区。顾名思义，这是不携带任何信息的空白区域，起提示作用，位于条形码起始和终止部分的边缘的外侧。

(2) 起始字符。这是条形码的第一位字符，具有特殊的结构，当扫描器读取该字符时，便开始正式读取代码了。

(3) 数据字符。这是条形码的主要信息内容。

(4) 校验字符。它用于检验读取的数据是否正确，不同的编码规则可能会使用不同的校验规则。

(5) 终止字符。这是条形码的最后一位字符，也具有特殊的结构，用于告知代码扫描完毕，同时还起到检验计算的作用。

一个完整的条形码组成序列依次为：静区(前)、起始符、数据符、(中间分割符，主要用于 EAN 码)、(校验符)、终止符、静区(后)，如图 2.3 所示。

图 2.3　条形码的组成序列

2. 条形码的特征

条形码具有如下特征：

(1) 唯一性。同种规格、同种产品对应同一个产品代码，同种产品、不同规格应对应不同的产品代码。根据产品的不同性质，如重量、包装、规格、气味、颜色和形状等，需要赋予不同的商品代码。

(2) 永久性。产品代码一经分配，就不再更改，并且是终身的。如果这种产品不再生产，那么它对应的产品代码只能搁置起来，不得再分配给其他的商品。

(3) 无含义。为了保证代码有足够的容量，以适应产品频繁更新换代的需要，最好采用无含义的顺序码。无含义性原则指商品代码中的每一位数字不表示任何与商品有关的特定信息。有含义的编码通常会导致条形码编码容量的损失。厂商在编制商品项目代码时，通常使用无含义的流水号。

商品条形码的标准尺寸是 37.29mm×26.26mm，放大倍率是 0.8～2.0。如果印刷面积允许，应选择 1.0 倍率以上的条形码以满足识读要求。放大倍数越小的条形码，印刷精度要求越高，当印刷精度不能满足要求时，容易造成条形码识读困难。

由于条形码的识读利用了条形码的条和空的颜色对比度，通常采用浅色作为“空”的颜色，如白色、橙色和黄色，采用深色作为“条”的颜色，如黑色、暗绿色和深棕色。最好的颜色搭配是黑“条”、白“空”。根据条形码检测的实践经验表明，红色、金色和浅黄色不宜作为“条”的颜色，透明色、金色不能作为“空”的颜色。

3. 条形码的码制

条形码的编码方法称为码制。目前世界上常用的码制包括 EAN 条形码、UPC(统一产品代码)条形码、交叉二五条形码(Interleaved 2/5 Bar Code)、三九条形码、库德巴(Codabar)条形码和 128 条形码(Code 128)等，最常使用的是 EAN 商品条形码。

1) EAN 条形码

EAN 条形码也被称为通用商品条形码，由国际物品编码协会制定，是目前国际上使用最广泛的一种商品条形码。我国目前在国内推广使用的也是这种商品条形码。EAN 商品条

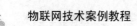

形码分为 EAN-13(标准版)和 EAN-8(缩短版)两种类型。

EAN-13 通用商品条形码一般由前缀部分、制造厂商代码、商品代码和校验码组成，图 2.4 所示是 EAN-13 条形码编码结构的一个实际例子。商品条形码中的前缀码是用于标识国家或地区的代码，只有国际物品编码协会组织才具有这种前缀码的赋码权，如规定 00～09 代表美国、加拿大，45～49 代表日本，690～692 代表中国大陆，471 代表我国台湾地区，489 代表我国香港特别行政区。

国家标记			企业编号				商品编号					校验码
6	9	0	7	9	9	2	5	0	7	0	9	5	8
中国大陆			产地及地址：宁夏吴忠市金积工业园区				全脂灭菌纯牛乳250mL					

图 2.4　EAN-13 条形码的编码结构示例

EAN-13 条形码的制造厂商代码由各个国家或地区的物品编码组织确定，我国由国家物品编码中心分配制造厂商的代码。EAN-13 条形码的商品代码是用于标识具体商品的编码，具体产品的生产企业具有商品代码的赋码权。按照规定要求，生产企业自己决定在何种商品上、使用哪些阿拉伯数字作为商品条形码。商品条形码最后采用 1 位校验码，来校验商品条形码中左起第 1～12 位数字代码的正确性。

EAN-8 条形码是指用于标识的数字代码为 8 位的商品条形码，由 7 位数字表示的商品项目代码和 1 位数字表示的校验符组成。

2) UPC 条形码

1973 年美国统一编码协会(简称 UCC)在 IBM 公司的条形码系统基础上创建了 UPC 码系统。这种条形码只能表示数字，主要用于美国和加拿大地区的工业、医药、仓库等部门。它具有 A、B、C、D、E 共五个版本，版本 A 包括 12 位数字，版本 E 包括 7 位数字。

UPC 条形码 A 版的编码方案如下：第 1 位是数字标识，已经由 UCC(统一代码委员会)建立；第 2～6 位是生产厂家的标识号(包括第 1 位)；第 7～11 位是唯一的厂家产品代码；第 12 位是校验位。

3) 交叉二五条形码

这种码制是由美国 Intermec 公司在 1972 年发明的，初期主要用于仓储和重工业领域，1987 年日本将引入的交叉二五条形码标准化后用于储运方面的识别与管理。

这种条形码是不定长的，每个字符是由 5 个单元(2 宽 3 窄)组成的条码。它的所有“条”和“空”都表示代码，第 1 个数字由“条”开始，第 2 个数字由“空”组成，空白区比窄条宽 10 倍，如图 2.5 所示。这种条形码目前主要用于商品批发、仓库、机场、生产/包装识别等场合。交叉二五条形码的识读率高，可用于固定扫描器的扫描，在所有一维条形码中的密度最高。

4) 三九条形码

这种条形码是在 1974 年由美国 Intermec 公司的戴维·利尔博士研制，能表示字母、数字和其他一些符号，共 43 个字符：A～Z，0～9，-、.、$、/、+、%。三九条形码的长度是可以变化的，通常用“*”号作为起始/终止符，校验码不用代码，密度介于每英

寸 3～9.4 个字符，空白区是窄条的 10 倍，主要用于工业、图书和票证自动化管理。1980 年美国国防部将三九条形码确定为军事编码。

图 2.5 交叉二五条形码

5) 库德巴条形码

1972 年美国人蒙纳奇・马金研制出库德巴码。这种条形码可表示数字 0～9、字符$、+、-，还有只能用做起始/终止符的 a、b、c、d 四个字符。库德巴条形码的长度可变，没有校验位，每个字符表示为 4“条”、3“空”。这种条形码主要用于物料管理、图书馆、血站和当前的机场包裹派送。

6) 128 条形码

在 20 世纪 80 年代初，人们围绕提高条形码符号的信息密度，开展了多项研究，128 条形码就是其中的研究成果。这种条形码可用于表示高密度的数据，字符串可变长，内含校验码。128 条形码由 106 个不同的条形码字符组成，每个条形码字符具有三种含义不同的字符集，分别为 A、B、C。128 条形码就是利用这三个交替的字符集，实现对 128 个 ASCII 码的编码，主要用于工业、仓库和零售批发。

2.2.2 一维条形码

上述介绍的条形码属于一维条形码，简称一维码。一维码是由一组规则排列的条、空及对应的字符组成的标记。普通的一维码在使用过程中仅作为识别信息，它的具体内容和含义是要通过计算机系统的数据库来提取相应的信息。一维码通常只在水平方向表达信息，而在垂直方向则不提供任何信息。

一维码是迄今为止最经济和实用的一种自动识别技术，它具有如下优点：

(1) 输入速度快。条形码输入的速度是键盘输入的 5 倍，并且能实现即时数据输入。

(2) 可靠性高。键盘输入数据的出错率为 1/300，利用光学字符识别技术的出错率为 $1/10^4$，而采用条形码技术的误码率低于 $1/10^6$，表明它输入数据的出错概率非常低。

(3) 灵活实用。条形码标识既可以作为一种识别手段单独使用，也可以与相关识别设备组成一个联合系统，提供自动化程度更高的识别功能，还可以与其他控制设备连接起来实现自动化管理。

(4) 制作简单。条形码标签易于制作，对设备和材料没有特殊要求。识别设备操作简便，不需要特殊培训，且设备的价格也相对便宜。

一维码可以提高信息录入的速度、减少差错率，但是传统的一维码也存在如下问题：数据容量较小，存储容量通常仅为 30 个字符左右；存储数据类型比较单一，一维码只能表示字母和数字；空间利用率较低，一维码只利用了一个空间方向来表达信息，且条形码尺寸相对较大；安全性能低、使用寿命短，一维码容易受到磨损，且在受到损坏后不能正确地被阅读。根据应用的需要，为了避免一维码的上述不足，人们研制并开发了二维条形码。

2.2.3　二维条形码

在水平和垂直方向的二维空间存储信息的条形码，称为二维条形码(2D bar code)，简称二维码。二维码是根据某种特定的几何图形和规律，在二维平面上利用黑白相间的图形来记录数据信息。在代码编制上它巧妙地利用了构成计算机内部逻辑基础的“0”、“1”比特流的概念，使用了若干个与二进制相对应的几何形体来表示文字和数据信息。二维码能在横向和纵向两个方位同时表达信息，因而可以在很小的面积内表达大量的信息内容。

与一维码类似，二维码也有许多不同的编码方法即码制，通常可分为三种类型：线性堆叠式二维码、矩阵式二维码和邮政码。

1) 线性堆叠式二维码

这种二维码是在一维码编码原理的基础上，将多个一维码在纵向进行堆叠，典型的码制包括 Code l6K、Code 49、PDF417。其中，PDF417 码是由留美华人王寅敬博士发明的，PDF 是取英文 Portable Data File (便携式数据文件) 三个单词首字母的缩写。由于 PDF417 条形码的每一符号字符都是由 4 个“条”和 4 个“空”构成，如果将组成条形码的最窄条或空称为一个模块，则上述的 4 个“条”和 4 个“空”的总模块数必定为 17，因而称为 417 码或 PDF417 码。

PDF417 码的条形码有 3～90 行，每一行有一个起始部分、数据部分和终止部分。它的字符集包括所有 128 个字符，最大数据含量是 1850 个字符。PDF417 码不需要连接数据库，它本身可存储大量数据，主要用于医院、驾驶证、物料管理和货物运输等方面的应用。当这种条形码受到一定破坏时，错误纠正功能可以使条形码正确解码。

2) 矩阵式二维码

这种二维码利用黑、白像素在矩阵空间中的不同分布进行编码，典型的码制包括 Aztec、Maxi Code、QR Code、Data Matrix 等。Aztec 码由美国韦林公司研制，最多可容纳 3832 个数字或 3067 个字母字符，或者 1914 个字节的数据。Maxi Code 码由美国联合包裹服务公司研制，用于包裹的分拣和跟踪。Data Matrix 码主要用于电子行业小零件的标识，如 Intel 的奔腾处理器的背面就印制了这种条形码。

3) 邮政码

邮政码是利用不同长度的“条”进行编码，主要用于邮件编码，如 Postnet、BP04-State。

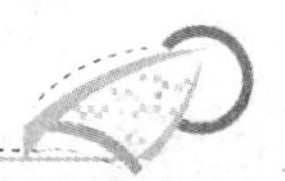

Postnet(邮政数字编码技术)条形码用于对美国邮件的 ZIP 代码进行编码，Postnet 代码必须为数字，每个数字均由五个条形组成的图样来表示。

总体来说，与一维码相比，二维码具有着明显的优势，主要体现在以下方面：①由于在两个维度上进行编码，二维码的数据存储量显著提高，数据容量更大；②增加了数据类型，超越了字母和数字的限制；③由于采用两个维度的组合来存储信息，比同样信息的一维码所占用的空间尺寸要小，因而提高了空间利用率，使得条形码的相对尺寸变小；④提高了保密性和抗损毁能力。

目前二维码技术已进入流通领域，如我国发售的火车票，都采用了二维码技术。如图 2.6 所示的一个示例，其中右下角就是车票的二维码图形。

图 2.6　带有二维码的火车票

但是，二维码不能取代一维码。一维码的信息容量小，依赖数据库和通信网络，但识读的速度快，识读设备的成本低；二维码的数据容量大，无须依赖数据库和通信网络，但当条形码密度大时，识读速度较慢，且识读设备的成本较高。因此，二维码和一维码可以各自发挥优势，不能相互取代。

例如，关于我们熟悉的条形码在超市中的应用问题，超市商品采用一维码标识，其实这些标识只含有一串数字信息。收银员扫描条形码后显示的商品名称、生产厂家、保质期、价格等详细信息，都是通过这串数字信息在访问数据库之后获得的查询结果。如果将这些一维码替换为二维码，将商品的相关信息存储在二维码中，尽管扫描后不需要访问数据库就可以直接获得相关信息，但是商品流通中各个环节对价格等的管理控制就无法实现了，因此仍然必须采用一维码。

2.3　射 频 识 别

2.3.1　RFID 概述

RFID 是自动识别技术的一个分支，在自动识别技术领域中最具竞争优势。作为一种最重要的自动识别技术，RFID 以其特有的性能优势，成为全球物品编码、物质流通和自动配送等领域的首选技术。

RFID 技术是利用射频信号或空间耦合(电感或电磁耦合)的传输特性，实现对物体或商品的自动识别。RFID 系统的数据存储在电子数据载体(称为应答器)之中，应答器的能量供应及应答器与阅读器之间的数据交换不是通过电流的触点接通，而是通过磁场或电磁场。RFID 是无线电频率识别的简称，即通过无线电波进行识别。RFID 技术的基础主要是大规模集成电路技术、计算机软硬件技术、数据库技术和无线电技术。

图 2.7 所示是 RFID 系统运行的示意图，其中射频标签是产品的载体，附着在可跟踪的物品上。射频标签又可以称为电子标签、应答器、数据载体。阅读器通过主机与数据库系统相连，用于读取标签中的产品序列号，并输入数据库管理系统以获取该产品的相应信息。阅读器又称为读出装置、扫描器、读头、通信器、读写器(取决于射频标签是否可以无线改写数据)。数据库系统由本地网络和互联网组成，实现信息管理和流通。射频标签与阅读器之间通过耦合元件实现射频信号的空间(无接触)耦合；在耦合通道内，根据时序关系来实现能量的传递和数据的交换。

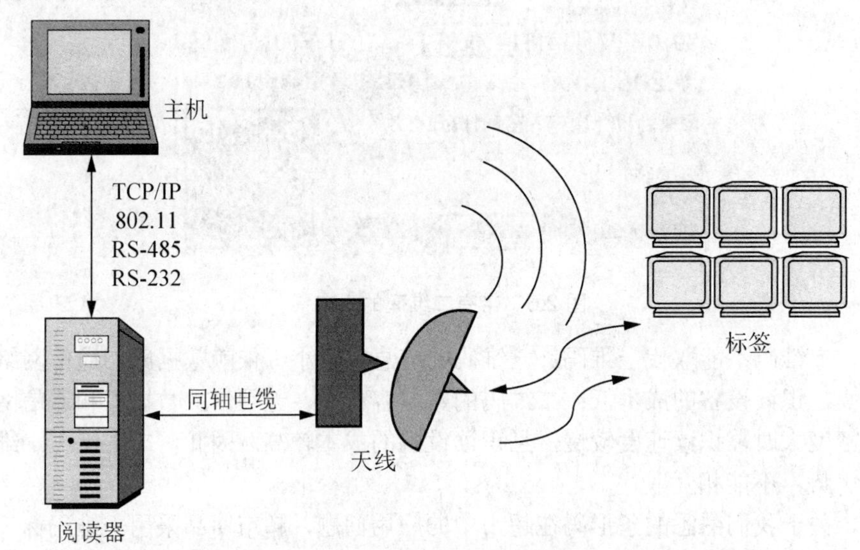

图 2.7　RFID 系统运行示意

RFID 技术的前身可以追溯到第二次世界大战，当时该技术被英军用于识别敌我双方的飞机。采用的方法是在英方飞机上装备识别标签，类似于现在的被动式标签，当雷达发出微波查询信号时，英方飞机上的识别标签就会给出相应的回答，使得发出查询信号的系统能判别出飞机的身份，这种系统称为敌我识别(Identity Friend or Foe，IFF)系统，目前世界上的飞行管制系统仍是建立在这种方法的基础上。

1999 年非营利性的开发组织 Auto-ID Center 正式创建。Auto-ID Center 提出了产品电子代码(Electronic Product Code，EPC)的概念及物联网的概念。EPC 与物联网的概念极大地推动了 RFID 技术的应用，目前 RFID 技术不断得到丰富和完善，如单芯片射频标签、多射频标签识读、无线可读可写、无源射频标签的远距离识别、适应高速移动物体的 RFID 技术和产品正步入现实生活。

自从 1993 年我国政府颁布实施“金卡工程”计划以来，RFID 技术加速了我国国民经济信息化的进程。早在 1996 年 10 月北京首都机场高速公路天竺收费站就开始安装基于 RFID 技术的不停车收费系统。RFID 技术与其他的自动识别技术相比，具有抗干扰能力强、信息量大、非视觉范围读写和寿命长等优点。

2.3.2 RFID 技术原理

1. 系统组成

RFID 系统在具体的应用过程中，系统组成会有所不同，但总体来说一般都由信号发射机、信号接收机和天线组成，如图 2.8 所示。

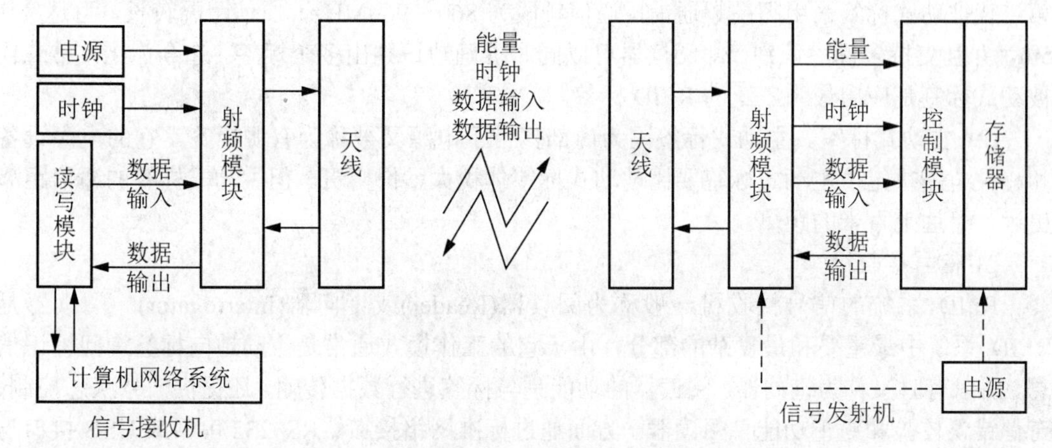

图 2.8 RFID 系统的组成

1) 信号发射机

根据用途的不同，RFID 系统的信号发射机的形式也不相同，最典型的信号发射机就是标签(Tag)。RFID 标签由耦合元器件、芯片和微型天线构成。每个标签内部存有唯一的电子编码，用于标识目标对象。当标签进入 RFID 阅读器扫描场后，接收阅读器发出的射频信号，凭借感应电流获得的能量发送出存储在芯片中的电子编码(被动式标签)，或者主动发送某一频率的信号(主动式标签)。

射频标签具有如下特点：

(1) 体积小且形状多样。RFID 标签在读取上不受尺寸大小和形状的限制，不需要为了满足读取精度而配合纸张的固定尺寸和印刷品质。

(2) 适应环境能力强。相对而言，条形码容易被污染而影响识别，但 RFID 对水、油等物质具有很强的抗污性，另外即使在黑暗的环境中，RFID 标签也能正确读取。

(3) 可重复使用。标签具有读写功能，电子数据可以被反复覆盖，因而能回收和重复使用。

(4) 穿透性强。标签在被纸张、木材和塑料等非金属材质包裹的情况下，仍能进行穿透性通信。

(5) 数据安全性。标签内的数据通过循环冗余校验的方法，可以保证标签准确地发送数据。

对于数据存储方式，射频标签通常采用电可擦可编程只读存储器(EEPROM)，使用寿命一般为 100000 次。

根据是否内置电源，射频标签可以分为两种类型，即被动式标签和主动式标签。它们的技术原理和使用方式分别如下：

(1) 被动式标签。被动式标签由于内部没有电源设备又被称为无源标签，它的内部集成电路通过接收由阅读器发出的电磁波进行驱动，向阅读器发送数据。被动式标签的通信频率可以是高频(HF)或者是超高频(UHF)。第一代被动式标签采用高频通信，通信频段为 13.56MHz，通信距离较短，最远只能达到 1m 左右，主要用于访问控制和非接触式付款。第二代被动式标签采用超高频通信，通信频段为 860～960MHz，通信距离较长，可达 3～5m，并且支持多标签识别，即阅读器可以同时准确地识别出多个标签。迄今为止，第二代被动式标签是应用最为广泛的 RFID 标签。

(2) 主动式标签。主动式标签因为内部携带了电源又被称为有源标签，它的电源设备和相关电路决定了主动式标签要比被动式标签体积大、价格贵。但主动式标签的通信距离更远，可达上百米的距离。

2) 信号接收机

RFID 系统的信号接收机一般称为阅读器(Reader)或询问器(Interrogator)。阅读器是 RFID 系统中最重要和最复杂的部分，由于它的工作模式通常是主动地向标签询问标识信息，所以有时又称为询问器。阅读器的功能是与标签进行数据传输，还提供信号状态控制、奇偶错误校验和更正功能。阅读器一方面通过标准网络接口、RS-232 串口或 USB 接口与主机相连接；另一方面它通过天线与 RFID 标签进行通信。有时为了使用方便，阅读器、天线和智能终端设备可以集成在一起，形成可移动的手持式阅读器。

3) 天线

天线是标签与阅读器之间传输数据的发射和接收装置。天线的作用就是与阅读器相连接，在标签和阅读器之间传递射频信号。阅读器可以连接一个或多个天线，但每次使用时只能激活一个天线。天线的形状和大小会随着工作频率和功能的不同而变化。在实际应用中，系统功能、天线的形状和位置都会影响数据的发射和接收，因而需要专业人员对系统的天线进行设计和安装。

4) 编程器

只有可读写的标签系统才需要编程器，编程器是向标签写入数据的装置。通常编程器写入数据是离线(Off-line)完成的，即预先在标签中写入数据，等到开始应用时就直接将标签黏附在被标识的对象上。有些 RFID 系统的写数据过程是在线(On-line)完成的，如在生产环境中作为交互式便携数据文件来处理时。

2. 工作流程

根据图 2.9 所示的 RFID 系统基本模型，总结出 RFID 系统的工作流程如下：

(1) 读头将无线电载波信号经过发射天线向外发射；

(2) 当射频标签进入发射天线的工作区域时，射频标签被激活，将自身信息的代码经天线发射出去；

(3) 系统的接收天线接收射频标签发出的载波信号，经天线的调节器传输给读头。读头对接收到的信号进行解调解码，送往后台的计算机控制器。

(4) 计算机控制器根据逻辑运算判断该标签的合法性，针对不同的设定做出相应的处理和控制，发出指令信号控制执行机构的动作。

(5) 执行机构按照计算机的指令进行操作。

(6) 通过计算机通信网络将各个监控点连接起来，构成总控信息平台，可以根据不同的项目设计不同的软件来完成要实现的功能。

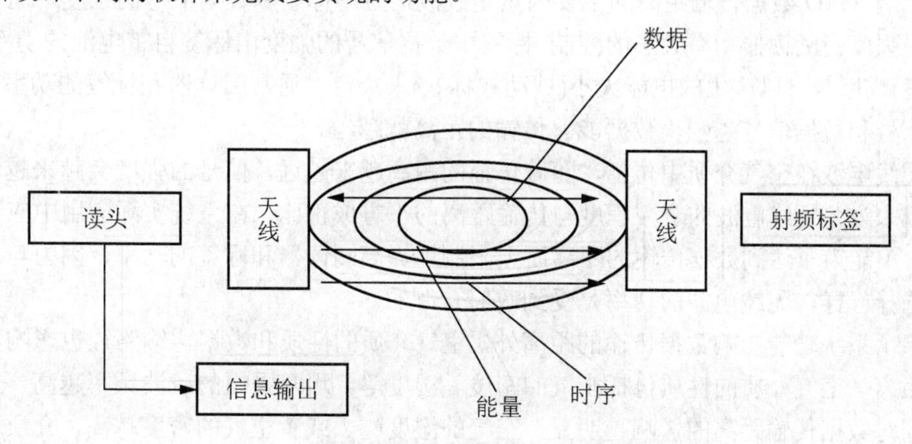

图 2.9　RFID 系统的基本模型

3. 工作原理

如图 2.10 所示，RFID 的工作原理如下：当标签进入磁场后，如果接收到阅读器发出的特殊射频信号，就能凭借感应电流所获得的能量发送出存储在芯片中的产品信息(即 Passive Tag，无源标签或被动标签)，或者主动发送某一频率的信号(即 Active Tag，有源标签或主动标签)，当阅读器读取信息并解码后，送至中央信息系统进行数据处理。

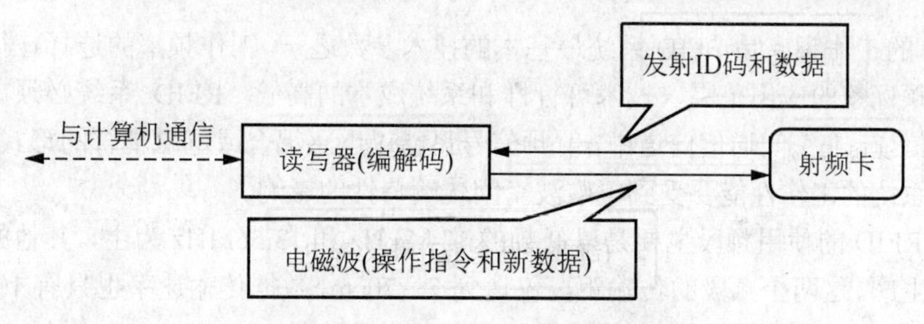

图 2.10　RFID 系统的一般工作原理

标签与阅读器之间的数据传输是通过空气介质以无线电波的形式进行的。我们可以采用两个参数来衡量数据在空气介质中的传播，即数据传输的速度和距离。由于标签的体积和电能有限，从标签中发出的无线信号是非常弱的，信息传输的速度与传输的距离因而很有限。为了实现数据高速传输，必须将数据信号叠加在一个规则变化的信号比较强的电波上，这个过程称为调制，规则变化的电波称为载波。在 RFID 系统中，载波电波一般由阅读器或编程器发出。已有多种方法可以实现数据在载波上的调制，包括调幅、调频和调相等。

一般来说，使用的载波频率越高，数据能够传输的速度越快，如 2.4GHz 频率的载波可以实现 2Mb/s(相当于每秒可以传输大约 200 万个字符)。但是，不能无限地提高载波频率来提高信息传输速度，因为无线电波频率的选用是受到政府管制的，RFID 无线电波的选择也必须遵守无线电管理规定。目前我国一般采用通信频率为 2.4GHz 的扩频技术进行通信，这是因为在我国 2.4GHz～2.4835GHz 的频段是无须向国家无线电管理委员会申请使用许可证的公用频段。

影响 RFID 数据传输距离的主要因素是载波信号与标签中数据信号的强度。通常载波信号的强度受阅读器功率大小的控制，标签中数据信号的强度由标签自带电池的功率(主动式标签)或标签可以产生的电能大小(被动式标签)来决定。通常阅读器和标签的功率越大，载波信号和数据信号越强，数据能够传输的距离就越远。

无线电波在空气介质中传播，随着传播的距离越来越远，信号的强度会越来越弱。从理论上来说，无线电波的衰减程度与传输距离的平方成正比。在系统实际应用中应该注意的是，不能为了达到数据传输的距离而无限制地提高阅读器和标签的功率，因为与载波频率的选择一样，无线电波的功率是受到政府管制的。

除了系统功能影响数据传输的距离外，空气介质的性质和数据传输路径也影响数据传输的距离。空气介质的性质包括空气的密度、湿度等。通常采用的载波频率越高，空气性质不同对数据传输距离的影响越明显。空气的湿度越大或者空气的密度越高，介质对无线电波的吸收越严重，数据传输的距离就越小。另外，如果数据传输路径中有许多障碍物，也会显著影响数据传输的距离，因为无线电波碰到障碍物时，物体一般都会对无线电波产生吸收和反射。考虑到空气的性质和数据传输中经过障碍物，无线电波衰减的程度有时可以达到与传输距离的四次方成正比。另外，影响数据传输距离的其他因素还包括发射、接收天线的布置、噪声干扰等。

4. 频率范围

RFID 的工作频率是 RFID 系统最基本的技术参数之一。工作频率的选择在很大程度上决定了射频标签的应用范围、技术可行性和系统成本的高低。RFID 系统必须占据一定的空间通信信道。在空间通信信道中，射频信号只能以电感耦合或电磁耦合的形式表示出来，因此射频系统的工作性能要受到电磁波空间传输特性的影响。

目前 RFID 的使用频段主要是以低频的 134.2kHz 和 13.56MHz 为主，其他的频率也有厂商投入生产。这两个频段的传输距离仅达到 5～70cm，数据传输速率也只有 10kb/s 左右。为了实现更远的传输距离和更高的传输速率，有些厂商在 300MHz～1GHz 的 UHF 频带和 2.4GHz 的 SHF 频带上，开发智能型的 RFID 卷标，这种 UHF 频段的 RFID 卷标最远可达 5m 的传输距离，且每秒最多达 40 个封包的传送。

表 2-2 列出了无线电波频谱的分类。依据国际电信联合会(ITU)的规范，目前 RFID 使用的频率共有六种，分别为 135kHz 以下、13.56MHz、433.92MHz、860～930MHz(即 UHF)、2.45GHz 和 5.8GHz(详见表 2-2 中的最后一列)。

表 2-2　无线电波频谱分类

无线电频谱	频率范围	波长	大量应用	RFID 应用频率
极低频 VLF (Very Low Frequency)	10～30kHz	40000ft*	语音	
低频 LF (Low Frequency)	30～300kHz	4000ft	航空、海运和玩具制造	125kHz、135kHz
中频 Mf (Medium Frequency)	300kHz～3MHz	400ft	调幅收音机	
高频 HF (High Frequency)	3～30MHz	40ft	短波无线电	13.56MHz
特高频 VHF (Very High Frequency)	30～300MHz	4ft	调频收音机	433.92MHz
超高频 UHF (Ultra High Frequency)	300MHz～3GHz	4ft	电视、手机与微波炉	860MHz～950MHz、2.45GHz
极高频 SHF (Super High Frequency)	3～30GHz	0.4ft	卫星	5.8GHz
至高频 EHF (Extremely High Frequency)	30～300GHz	0.04ft	科研用途	

*1ft(英尺)≈0.3048m。

为了进一步介绍 RFID 常见频率的特点和用途，表 2-3 专门列出了这些频率的特点、应用范围和各频段使用时需要注意的事项。

表 2-3　RFID 系统的常用频率

频率	特点	应用范围	注意事项
低频 (9～135kHz)	这种频段在大多数国家是开放的，一般这个频段的电子标签属于被动式。低频的优点在于当标签靠近金属或液体的物品时，仍能有效发射信号	①畜牧管理；②门禁管理、防盗系统	读取范围限制在 1.5m 以内，不能同时读取多个标签
高频 (13.56MHz)	这种频段的电子标签主要以被动式为主，传输速度较快，可读取多标签，能正常运行在大多数环境下	①图书馆管理；②货物跟踪；③航空行李标签或电子机票；④会员卡	在金属物品附近无法正常操作；读取范围在 1.5m 左右
超高频 (300MHz～3GHz)	这种频段可采取主动式或被动式两种标签，读取范围超过 1.5m，不易受气候影响。尽管对金属与液体物品的应用不理想，但读取距离较远、传输速率较快，且可同时进行大数量标签的读取与辨识，市场应用较多	①工厂的物料清点系统；②车辆跟踪；③航空旅客与行李管理系统；④货架管理；⑤物流管理	频率太相近时会同频干扰；在阴湿环境下使用会影响系统性能
微波 (2.45GHz 或 0.8GHz)	与高频段相似，读取范围超过 1.5m	①高速公路收费系统；②行李跟踪；③物品管理；④供应链管理	系统开发流程复杂；对应用环境敏感

目前 RFID 系统的应用范围很广，表 2-4 列出了 RFID 系统的常见应用领域。

表 2-4 RFID 系统的常见应用领域

	应用领域	内容说明
1	物流	物流仓储是 RFID 最有潜力的应用领域之一，包括物流过程中的货物跟踪、信息自动采集、仓储管理、邮政包裹和快递业务等
2	交通	高速公路不停车收费系统、出租车管理、公交车枢纽管理、铁路机车识别等
3	汽车	汽车自动化、个性化生产和提供汽车防盗、定位功能，也可作为安全性非常高的汽车钥匙
4	零售	由沃尔玛、麦德隆等大超市推动的 RFID 应用，包括商品销售数据实时统计、补货和防盗等
5	身份识别	RFID 具备快速读取和难以伪造的特性，广泛用于个人身份识别证件，如我国第二代身份证
6	制造业	用于生产过程的实时监控、质量跟踪、自动化生产，在贵重和精密货品生产领域更具有需求
7	服装业	服装的自动化生产、品牌管理和渠道管理，在应用时须考虑个人隐私保护问题
8	医疗	用于医院的医疗器械管理、病人身份识别等
9	防伪	根据 RFID 系统很难伪造的特性，可用于贵重物品如白酒的防伪、票证防伪等
10	资产管理	随着标签价格的下降，几乎可以涉及单位机构所有资产物品的管理
11	食品	诸多的食品安全事件频繁发生，严重威胁消费者的身体健康，利用 RFID 技术建立安全食品供应链，可以从技术角度为解决食品安全问题提供部分解决方案
12	动物识别	动物驯养、畜牧放养和宠物管理等
13	图书管理	用于书店、图书馆和出版社等单位，减少书籍的盘点时间，实现自动租、借、还功能
14	航空	旅客电子机票和行李包裹跟踪
15	军事	弹药、枪支、物资、人员和车辆等的识别和跟踪
16	其他	门禁、考勤、电子巡更、一卡通、消费和电子停车场等

2.3.3 RFID 应用需注意的问题

RFID 的应用前景非常广阔，由于应用频段的灵活性和不同应用环境下的适应能力，它可以用于各行各业。RFID 最早使用在战斗机的敌我识别系统，现在最先进的隐形战斗机仍在使用这种技术。美国军方早在 20 世纪后半叶就开始研究 RFID 技术，这项技术已广泛用在武器和后勤管理系统。美国在伊拉克战争中利用 RFID 对武器和物资进行了非常准确的调配，保证了前线弹药和物资的顺利供应。

目前包括沃尔玛在内的很多跨国公司已采用 RFID 辅助企业管理，很多仓库利用 RFID 实现仓储自动化管理。据统计，RFID 产品在全世界的销量以每年 25.3%的比例在增长。

在应用 RFID 系统时，需要注意如下问题：

(1) 成本问题。如果要大批量生产 RFID 产品，必须考虑 RFID 的成本，将它控制在合理的范围。美国号称射频标签的目标价格为 5 美分，日本也正朝着推出 5 日元的标签目标而努力。改善制造流程与提高市场规模是 RFID 降价的关键。

(2) 信号干扰问题。RFID 主要是基于无线电波传送的原理，当无线电波遇到金属或液体时，信号传导会产生干扰和衰减，从而影响数据读取的可靠性与准确度。在一些特殊环境中，如将 RFID 标签贴在装饮料的铝罐外或计算机金属外壳，会遇到此类问题。

(3) 频段管制问题。目前各国电磁波管制频段的范围不尽相同，尤其在超高频和微波频段，各国开放的频率不完全一样，使得在跨国应用 RFID 时会产生问题。RFID 设备制造商正在利用多频段的方式来解决这个问题，但会增加设备成本，不利于应用推广。

(4) 国际标准制定。目前 RFID 技术标准的制定机构包括 EPC global 与国际标准化组织(International Organization for Standardization，ISO)。EPC global 制定了 EPC (Electronic Product Code)标准，使用 UHF 频段。ISO 制定了 ISO 14443A/B、ISO15963 与 ISO 18000 标准，前两者采用 13.56MHz，后者采用 860～930MHz。由于各国开放的频段不同，特别是 UHF 频段，美国为 902～938MHz、欧洲为 868MHz、日本为 950～956MHz。标准与频率的不一致，导致降低了 RFID 读写器与标签的互通性。

(5) 隐私权问题。RFID 具有跟踪物品的功能，尤其是在消费性商品的使用上。当消费者在超市中购买商品时，商品的 RFID 信息会被少数人刻意收集，从而出现侵犯他人隐私权的可能性。

2.4 卡　识　别

常用的卡识别技术包括磁卡和 IC 卡两种技术。磁卡属于磁存储器识别技术，IC 卡属于电存储器技术。

2.4.1　磁卡识别技术

磁卡出现于 20 世纪 70 年代，它伴随着自动取款机(ATM)的出现而首先用于银行业。目前磁卡已广泛用于银行、零售业、电话系统、机票和预付款消费等领域。

对自动识别设备制造商来说，磁卡就是采用树脂将一层薄薄的、由定向排列的铁性氧化粒子组成的材料(也称为涂料)粘合在一起，并粘在诸如纸或塑料这类非磁性基材上。磁卡利用了物理学和磁力学的原理，是由磁性材料掺以粘合剂而制成的，在干燥之前要在磁场中加以处理，使磁性材料的磁极取向更适合读写操作。磁卡介质为保持和修改信息提供了廉价、灵活的方法。信息通过各种形式的读卡器读出或写入磁条；读卡器中装有磁头，可在卡上写入或读出信息。磁条上存储的信息为二进制编码。

一个完整的磁卡识别系统配置包括磁卡、读写装置和信息分析平台。每个部分可能具有不同的设备类型，因而可以具有几千种不同的配置。读卡器的控制器接口标准变化也比较大，常用的是 RS-232 和 RS-424。

磁卡识别技术的优点是数据可读写，即具有现场改写数据的能力。它的数据存储量能满足大多数需求，还具有一定的数据安全性。磁条能粘在许多不同规格和形式的基材上，这使磁卡在很多领域中得到应用，如信用卡、银行储蓄(借记)卡、自动售货卡、会员卡、现金卡(如电话磁卡)、地铁自动票务系统等。

磁卡属于接触式识别系统，它与条形码相比具有三点不同：一是它的数据可进行部分读写操作；二是给定面积的编码容量比条形码大；三是对于物品逐一标识成本比条形码高。

有关磁卡上存储信息和数据格式问题，ISO 标准已经进行了规范。但由于设备灵活性和保密性的需要，很多实际应用并没有完全遵守这一规范。

2.4.2 IC 卡识别技术

IC 卡(Integrated Circuit Card)即“集成电路卡”，在日常生活中已随处可见。实际上 IC 卡是一种数据存储系统，在必要时它可附加一定的计算能力。早在 1984 年第一张 IC 卡就开始作为预付费的电话卡使用。在实际操作时，将 IC 卡插入阅读器，阅读器的接触弹簧与 IC 卡的触点产生电流接触，通过接触点给 IC 卡提供能量和定时脉冲，阅读器与 IC 卡之间的数据传输是通过双向串行接口(I/O 接口)进行的。

根据 IC 卡的内部结构，IC 卡可分为存储器卡和 CPU 卡两种类型，前者仅具有数据存储能力，后者还具有一定的运算能力。

1) 存储器卡

存储器卡是利用时序逻辑电路对存储器(大多是一个电可擦除的只读存储器 EEPROM)进行存取的，可以实现一些简单的安全算法，一个采用安全算法的存储器卡的典型电路如图 2.11 所示。

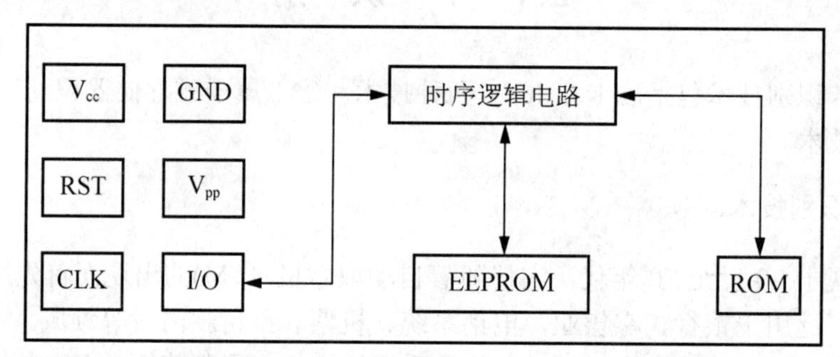

图 2.11 采用安全算法的存储器卡典型电路

存储器卡的功能大多是针对某些特殊应用的，使用的灵活性受到一定限制。但是存储器卡的价格非常便宜，因而存储器卡多用于价格低廉的公众生活领域，如在政府公共医疗系统使用的部分医保卡和退休金系统中使用的退休保险卡。

2) CPU 卡

CPU 卡就是人们经常谈到的智能卡，它来源于英文名词“Smart Card”。这种卡包括中央处理器(CPU)、可编程只读存储器(EEPROM)、随机存储器(RAM)和固化在只读存储器(ROM)中的卡内操作系统 COS(Chip Operating System)。卡内数据分为外部读取和内部处理部分，能够确保卡中数据的安全可靠。

图 2.12 所示是一种 CPU 卡的典型电路设计。ROM 中包含有 CPU 的操作系统，它是在芯片制造过程中装入的。ROM 的容量和功能在生产时已被确定，使用时不能再重写。EEPROM 具有应用数据和专用的程序代码，它的存储范围只能在操作系统控制下进行读写。RAM 是 CPU 的暂存器，它存储的数据在断开电源后将自动消失。

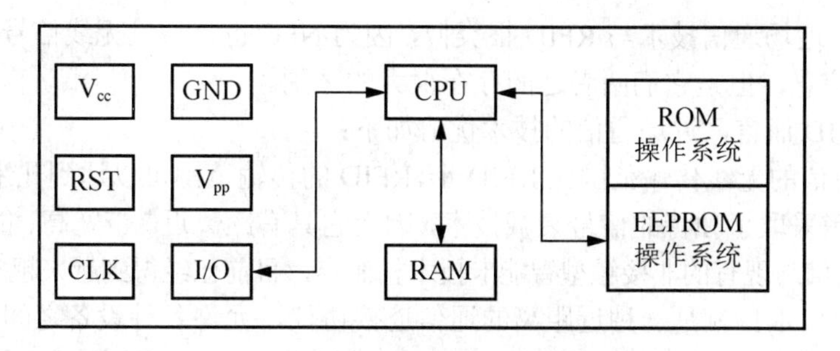

图 2.12 CPU 卡的典型电路

根据应用领域的不同，可将 CPU 卡分为金融卡和非金融卡，即银行卡和非银行卡。金融卡又分为信用卡和现金卡：前者用于消费支付时，可按预先设定额度透支资金；后者可用做电子钱包和电子存折，但不得透支。非金融卡的涉及范围极广，实质上囊括了除金融卡之外的所有领域，如门禁卡、组织代码卡、IC 卡身份证和电子标签等。

CPU 卡是非常灵活的，现代 IC 卡操作系统也能够做到将各种应用集成在一张卡里，从而形成多功能卡。专门的应用程序是在 IC 卡生产后才装入 EEPROM，通过操作系统来完成它的初始化。CPU 卡主要用于安全敏感领域，如手机的 SIM 卡或电子现金卡。另外，CPU 卡的编程特性使得它可以很快适应新的应用领域。

例如，我国公安部已经启用签发的电子普通护照，除了在物理防伪方面采用大量新型高强度防伪工艺和材料以外，重要的是内置了高可靠性的 CPU 卡芯片。这种新型电子护照在传统本式护照中嵌入的芯片，存储了持照人的姓名、出生日期、照片图像等个人基本信息。

总体来说，所有 IC 卡的优点在于存储容量大、安全性高、抗电磁干扰能力强和使用寿命长。IC 卡能使几乎所有与信息或现金交易相关的服务变得更加简便、安全和低成本。IC 卡市场是增长最快的微电子技术市场之一。在使用接触式 IC 卡时，需要注意的是触点对腐蚀和污染缺乏抵抗能力，会使阅读器发生故障而增加维护费用，另外接触式 IC 卡也不太适合高温、高腐蚀性的环境。

3) 近场通信技术

这里值得补充说明的是，近年来近场通信技术受到人们的关注。尽管近场通信技术属于数据通信技术的范畴，但是它可以推动 CPU 卡业务的发展，具有移动支付等多种先进功能。

近场通信(Near Field Communication，NFC)技术是由非接触式 RFID 和互联互通技术整合演变而来，通过在单一芯片上集成感应式读卡器、感应式卡片和点对点通信的功能，将这种 NFC 芯片安装在移动终端，可以实现移动支付、电子票务、门禁、移动身份识别和防伪等应用。与 RFID 不同的是，近场通信技术同时具有双向连接和识别的功能。

近场通信技术采用 13.56MHz 作为近距离通信频率标准，兼容 ISO 14443、ISO15693、Felica 等射频标准。其典型操作距离只有几厘米，运行距离范围在 20cm 以内，数据传输速度可以选择 106kb/s、212kb/s 或者 424kb/s，将来可提高到 1Mb/s 左右。

基于近场通信技术的业务主要支持三种工作模式：卡模拟模式、点对点模式和读卡器模式，它们分别适用于不同的应用场景。如果将 NFC 芯片安装在手机上，手机就可以实现小额电子支付和读取其他 NFC 设备或标签的信息。目前 NFC 的主要应用是手机地铁票。

表面上看，近场通信技术与 RFID 很类似，因为 NFC 也是通过无线信号的电磁感应耦合方式来传递信息，但是它们两者之间存在很大的区别。

相对于 RFID 而言，近场通信的技术优势如下：

(1) 近场通信的无线传输范围比 RFID 小，RFID 的传输范围可以达到几米甚至几十米，但由于近场通信采取了独特的信号衰减技术，因而它具有距离近、带宽高、能耗低的特点；

(2) 近场通信与现有的非接触型智能卡技术相兼容，目前已经得到越来越多的厂商支持；

(3) 近场通信本身就是一种近距离的通信连接协议，允许各种设备之间迅速建立安全和方便的无线通信。与其他的无线通信方式相比，近场通信属于一种近距离的私密通信模式；

(4) RFID 主要用于生产、物流、跟踪和资产管理等方面，而近场通信主要使用在门禁、公交和手机支付等重要或敏感领域。

2.5 光学符号识别

1. 基本概念

早在 20 世纪六七十年代，世界各国就开始了光学符号识别(OCR)技术的研究。早期主要以文字识别方法为主，识别的文字仅为 0～9 的数字。例如，日本在 1960 年左右开始研究光学符号识别的基本识别理论，初期以数字为对象，后来逐渐研制出了一些简单的产品，如邮政编码识别系统，用于识别邮件上的邮政编码，协助邮局进行区域分信的作业。

光学符号识别技术是通过扫描等光学输入方式，将各种票据、报刊、书籍、文稿和其他印刷品的文字或图像，转换为计算机可识别的影像信息，再利用图像处理技术将这些影像信息转换为可使用的文字。也就是说，光学符号识别技术是利用计算机来自动辨别文字或图像的技术。

2. 分类

根据所处理的字符集的不同，光学符号识别系统可分为西文识别和中文识别，其中前者又包括数字、字母和符号。根据识别文字的不同类型，光学符号识别系统可分为单体印刷体识别、多体印刷体识别、手写印刷体识别和自然手写体识别。

根据采用的技术原理来划分，光学符号识别系统可分为相关匹配识别、概率判断识别和模式识别三种类型。除了上述分类，票据识别、笔迹鉴定、印章鉴别等应用也属于光学符号识别技术的领域。光学符号识别系统的具体分类情况如表 2-5 所示。

表 2-5 光学符号识别系统的分类

分类标准	类别	
按处理的字符集	西文识别	数字、字母和符号
	中文识别	
按识别文字的类型	单体印刷体识别、多体印刷体识别	
	手写印刷体识别、自然手写体识别	
按采用的技术原理	相关匹配识别、概率判断识别和模式识别	
其他	票据识别、笔迹鉴定、印章鉴别	

3. 工作原理

光学符号识别器的检测对象是一种风格特殊的字符，人们可以按照正常方式进行阅读，也可以由机器来自动检测。光学符号识别系统的用途就是将影像进行转换，使影像内的图形继续保存，而表格内资料和影像内的文字都变成计算机文字，目的是减少影像资料的储存量，但识别出的文字可再使用和分析，因而也可节省键盘输入的人力和时间。

从影像到结果输出，必须经过影像输入、影像前处理、文字特征抽取、比对识别，最后经人工校正后将结果输出。

4. 应用领域

光学符号识别系统的最大优点是信息密度高，在紧急情况下可以用眼睛阅读数据。光学符号识别的关键是正确识别率问题，它的正确率就像是一个无穷趋近函数，只能靠近而无法达到。如何纠错或利用辅助信息来提高识别的正确率，是光学符号识别的重要课题，智能字符识别(Intelligent Character Recognition，ICR)正是瞄准了这种科研方向。

目前光学符号识别系统的应用领域主要包括生产、服务和管理领域及银行部门，如银行登记支票、邮件自动处理、订单数据输入与识别。随着手迹特征提取技术的进步，人们正在探索光学符号识别技术在手迹分析和签名鉴定方面的应用。在推广应用光学符号识别系统时，需要注意成本价格问题及光学符号识别阅读器的操作复杂程度问题。

2.6 生物特征识别

生物特征识别技术是通过不会混淆的某种生物体特征的比较来识别不同生物的方法。生物特征分为身体特征和行为特征两种，前者包括指纹、掌纹、虹膜或视网膜、面部特征和DNA等，后者包括语音、行走步态、击打键盘力度和签名等。生物特征识别具有安全、保密、方便、不易遗忘、防伪特性高、难以复制等特点。随着计算机和网络技术的发展，越来越多的生物识别技术正走入人们的日常生活。

根据识别的生物特征来划分，生物特征识别技术可分为三类：低级生物识别技术、高级生物识别技术和复杂生物识别技术。面相、语音、签名识别等属于低级生物识别技术；指纹、虹膜与视网膜等属于高级生物识别技术；血管纹理、DNA 鉴别则属于复杂生物识别技术。

1. 语音识别

语音识别技术也称为自动语音识别(Automatic Speech Recognition，ASR)，是使机器通过识别和理解过程，将语音信号转变为相应的文本或命令的技术。20世纪20年代生产的“Radio Rex”玩具狗可能是最早的语音识别器，当呼唤这只狗的名字时，它能够从座位上跳起来。最早的计算机语音识别系统是由AT&T贝尔实验室开发的Aurey语音识别系统，它能够识别出10个英文数字，采用的识别方法是跟踪语音中的共振峰，正确率达到了98%。近20年来语音识别技术取得显著进步，开始从实验室走向市场。

2. 指纹识别

每个人包括指纹在内的皮肤纹路在图案、断点和交叉点上各不相同，呈现唯一性且终生不变。我们可以将一个人的身份同他的指纹对应起来，通过将他的指纹和预先保存的指纹数据进行比较，就可以验证他的真实身份，这就是指纹识别技术的原理。

采用指纹法识别身份时，需要将指尖放在一台特殊的阅读器上。阅读系统根据读入的图形计算出一组数据，并将这些数据与存储的参考图形相比较。现代的指纹识别系统在半秒之内就能识别和验证出指纹的真伪。

指纹识别主要根据人体指纹的纹路、细节特征等信息，对操作或被操作者进行身份鉴定。指纹识别技术的发展得益于现代电子集成制造技术和快速而可靠的算法研究成果，它已经深入到人们的日常生活，成为目前生物检测学中研究最深入、应用最广泛、发展最成熟的技术之一。

3. 虹膜识别

虹膜是位于眼睛黑色瞳孔和白色巩膜之间的圆环状部分。虹膜由相当复杂的纤维组织构成，总体上呈现一种由里到外的放射状结构，包含有很多相互交错的类似于斑点、细丝、冠状、条纹、隐窝等细节特征，这些特征在出生之前就以随机组合的方式确定下来了，一旦形成终生不变。到目前为止，还没有发现任何两个虹膜是相同的。

虹膜作为重要的身份识别特征，具有唯一性、稳定性、可采集性、非接触性的优点。非接触式的生物特征识别是身份鉴别研究与应用发展的必然趋势。与面相、声音等非接触式身份鉴别方法相比，虹膜识别具有更高的准确性。据统计，虹膜识别的准确性在各种生物识别技术中是最高的。

视网膜也是一种用于生物识别的特征，研究认为视网膜是比虹膜更为唯一的生物特征，视网膜识别技术要求激光照射眼球的背面，以获得视网膜特征的唯一性细节。与虹膜识别技术类似，视网膜识别可能是最具可靠性、最值得信赖的生物识别技术，但它运用起来的难度较大。虽然视网膜识别的技术含量较高，但它却是最古老的生物识别技术。早在20世纪30年代，通过研究人们得出了人类眼球后部血管分布唯一性的结论，研究表明即使是孪生子，这种血管分布也具有唯一性，视网膜的结构形式在人的一生当中是相当稳定的。

视网膜作为一种极其固定的生物特征，因为它是“隐藏”的，故而不可能磨损、老化。视网膜识别技术不需要识别者和设备进行直接的接触，因而属于一种非接触式识别。另外，视网膜是一个最难欺骗的系统，因为它是不可见的，所以不会被伪造。当然，在进行视网膜识别时，要求被识别者反复盯着一个小点几秒钟不动，这会让被识别人感觉不太适应。但总体来说，视网膜识别技术是一项具有发展潜力的生物特征识别技术。

小　结

实现物品的自动识别和智能感知是融合物理世界和信息世界的重要环节。本章主要阐述了自动识别技术的特点，有针对性地选取了自动识别领域的一些关键技术进行了介绍，包括条形码、RFID、磁卡和 IC 卡识别、光学符号识别和生物特征识别，深入探讨了它们的技术细节。通过本章内容的学习，需要能够理解日常生活中常见的一些自动识别技术的原理和方法，重点掌握条形码和 RFID 的技术特征、应用范围和使用时需要注意的问题。

习　题　2

一、选择题

1．物联网区别于其他网络的最典型特征在于采用了(　　)技术，使得物理世界和信息世界相互融合起来。

A．感知识别　　B．网络构建　　C．管理服务　　D．综合应用

2．下面的(　　)技术不属于自动识别技术的范畴。

A．IC 卡　　B．RFID　　C．条形码　　D．传感器

3．所有条形码的(　　)部分是不携带任何信息的空白区域，位于条形码起始和终止部分的边缘的外侧。

A．静区　　B．起始字符　　C．数据字符　　D．校验字符

4．条形码的编码具有特定的要求，下面的(　　)属性不是它的技术特征。

A．唯一性　　B．永久性　　C．无含义　　D．灵活性

5．(　　)也被称为通用商品条形码，由国际物品编码协会制定，是目前国际上使用最广泛的一种商品条形码。

A．EAN 条形码　　B．UPC 条形码　　C．二五条形码　　D．128 条形码

6．(　　)是迄今为止最经济和实用的一种自动识别技术。

A．一维码　　B．二维码　　C．磁卡　　D．IC 卡

7．RFID 技术是利用(　　)来实现对物品的自动识别。

A．光学　　B．生物特征　　C．无线电波　　D．条形码

8．下面的(　　)技术不属于生物特征识别技术之一。

A．语音识别　　B．笔迹鉴定　　C．指纹识别　　D．虹膜识别

9．在自动识别技术领域中，印章鉴别技术属于(　　)识别技术的领域。

A．条形码　　B．卡　　C．光学符号　　D．生物特征

10．近场通信技术的有效作用距离是(　　)。

A．小于 20cm　　B．达到 1m　　C．几米　　D．几十米

二、填空题

1．在自动识别技术领域，卡识别技术包括______和______两种识别技术。

2．按照识别对象的特征不同，自动识别技术分为两大类，即______技术和______技术，它们的基本功能是分别完成数据采集和自动识别。

3．条形码是由一组规则排列的“______”、“______”及其对应字符组成的，用于表示一定的物品信息。

4．条形码的识读利用了条形码的颜色对比度，通常采用______色作为“空”的颜色，采用______色作为“条”的颜色，最好的颜色搭配是______“条”、______“空”。

5．条形码的编码方法称为______。

6．EAN-13 商品条形码中的前缀码是用于标识国家或地区的代码，只有______组织才具有这种前缀码的赋码权，如规定 690～692 代表______。

7．根据是否内置电源，射频标签可以分为两种类型，即______和______。

8．根据内部结构的不同，IC 卡可分为______和______两种类型，前者仅具有数据存储能力，后者还具有一定的运算能力。

9．近场通信技术是由非接触式 RFID 和互联互通技术整合演变而来，但与 RFID 不同的是，近场通信技术同时具有______和______的功能。

三、问答题

1．自动识别技术包括哪些内容？

2．什么是射频识别？

3．举出日常生活中使用条形码的其他例子，并说明相应的技术原理。

4．简述条形码的扫描原理。

5．找出生活中一件带有 EAN-13 条形码的商品，分析说明它的编码结构。

6．什么是二维条形码？

7．简述一维码和二维码的优缺点，分析应用时它们不能相互取代的原因。

8．RFID 系统是由哪些部分组成的？

9．射频标签具有哪些使用特点？

10．简述 RFID 系统的工作流程。

11．在应用 RFID 系统时需要注意哪些问题？

12．简述 IC 卡的使用特点。

13．什么是光学符号识别技术？

第3章 传感器技术

传感器作为构成物联网的基础单元，是物联网整个链条的基础环节。作为物联网数据的输入端，传感器在物联网中的位置是不可或缺的。物联网的目标首先是检测和连接各种事物；其次才确保这些事物具有智能。传感器正是实现物联网对事物的感知和检测功能的设备。传感器设备的性质、质量和水平直接决定了物联网“神经末梢”的工作状态和性能，也决定了 CPS 的功能和质量。

物联网的终端探头通常代表了用户的功能需求，终端传感器技术是支撑和最大化网络应用性能的基石，为网络提供了丰富多彩的业务功能。在无线网络向自组织、泛在化和异构性方向发展的过程中，终端始终是网络互通和融合的关键。网络工作环境的复杂化、应用业务需求的多元化，对终端设备的功耗、体积、业务范围、接口和便携性等提出了特定要求，提高终端传感器的探测功能是物联网实用化的一个重要手段，也为网络设备产业的发展带来一场新的机遇与挑战。

3.1 传感器概述

3.1.1 传感器的定义

随着人类活动领域扩大到太空、深海和探索自然现象过程的深化，传感器和执行器已经成为基础研究与现代技术相互融合的新领域。它们汇集和包容了多学科的技术成果，成为人类探索自然界活动和发展社会生产力最活跃的部分之一。

什么是传感器？国家标准《传感器通用术语》(GB/T 7665—2005)对传感器的定义如下：“能感受被测量并按照一定的规律转换成可用输出信号的器件或装置。”具体来说，传感器的定义包含了三层含义：①传感器是测量器件或装置，能完成一定的检测任务；②传感器的输入量是某一被测量，可能是物理量、化学量或生物量等；③传感器的输出量是某种便于传输和处理的物理量，且输出与输入信号有确定的对应关系。

传感器是生物体感官的工程模拟物；反过来，生物体的感官又可以看做是天然的传感器。随着数字化和信息技术与机械装置的结合，传感器和执行器已经开始实现数据共享、控制功能和控制参数协调一体化，并通过现场总线与外部连接。随着自动化控制功能的重新分配，许多计算机控制功能下放到传感器和执行器，如参数检测、控制、诊断和维护管理等。

传感器和执行器的发展趋势是向集成化、微型化、智能化、网络化和复合多功能化的方向发展，主要是利用纳米技术、新型压电与陶瓷材料等新原理和新材料，研发航天、深海和基因工程领域的感知系统和执行系统。

在工业领域，具有现场总线功能的传感器(变送器)和执行器，在提供测量参数的同时，一般还能提供器件的状态信息，配合专用软件增强自诊断能力。随着利用数字化技术、信息技术改造传统产业和光机电一体化进程的加速，我国对新型高性价比的传感器和执行器的研发与应用前景将更加广阔。

在现代社会信息流中，传感器作为信息源头的重要地位日益显现出来。传感器和执行器技术是利用各种功能材料实现信息检测和输出的应用技术，其中传感器与现代通信技术、计算机技术并列为现代信息产业的三大支柱，是现代测量技术、自动化技术的基础。

传感器的作用类似于人的感觉器官，是实现测试与控制的首要环节。例如，美国阿波罗 10 号共用了 3295 个传感器。在 2001 年 1 月和 7 月，美国的国家导弹防御系统计划分别进行了两次实验，均因传感器发生故障，使每次耗资 9 千万美元的实验以失败告终。在 2005 年 7 月 13 日“发现号”航天飞机外挂燃料箱上的 4 个引擎控制传感器之一发生了故障，直接导致原发射计划的推迟，使得本已一波三折的美国重返太空计划再次出现波折。可见，没有高保真和性能可靠的传感器对原始信息进行准确可靠的捕获与转换，通信技术和计算机技术也就成了无源之水，一切准确的测试和控制将无法实现。

3.1.2 传感器的组成

传感器通常由敏感元件、传感元件、测量电路和辅助电源四个部分组成，如图 3.1 所示。

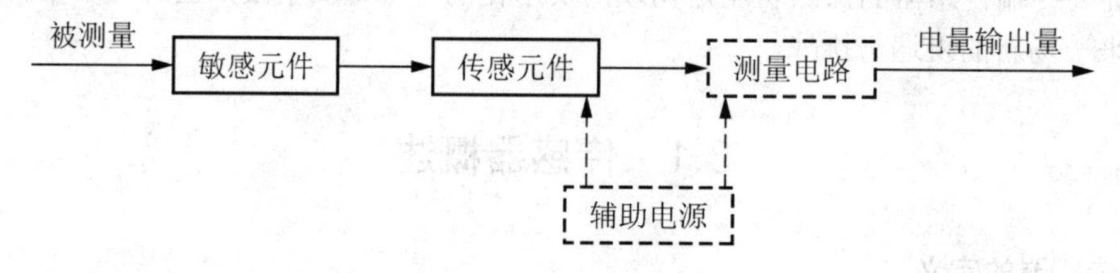

图 3.1 传感器的组成

(1) 敏感元件。敏感元件是指传感器中能直接感受被测非电量信号，并将该信号按一定对应关系转换为电信号的另一种非电量信号的元件。例如，应变式压力传感器中的弹性膜片就是一种敏感元件，它的作用是将压力转换为弹性膜片的变形。

(2) 传感元件。传感元件是指能将敏感元件输出的非电量信号或直接将被测非电量信号转换成电量信号输出的元件。传感元件又称转换元件或变换器，它们的基本功能是将敏感元件感受或响应的被测量，转换成适合传输或测量的信号(一般指电信号)。例如，应变式压力传感器中的应变片就是一种传感元件，它的作用是将弹性膜片的形变转换输出为电阻值的变化。

(3) 测量电路。测量电路是指将传感元件输出的电信号转换为便于显示、记录、处理和控制的有用信号的电路。测量电路又称为信号调节与转换电路，或称为转换电路，它们的基本功能是对信号进行调节与转换，或将电阻、电容、电感等参量转换输出为电流、电压或频率，可以对获得的微弱电信号进行放大和运算调制。常用的测量电路包括电桥、变阻器、振荡器和放大器。

(4) 辅助电源。有的传感器在工作时必须有辅助电源，辅助电源的作用是为传感元件和测量电路提供能量。

组成传感器的四个部分之间的相互关系如下：敏感元件是触须，直接感受被测非电量；传感元件是核心，负责将非电量信号转换为电信号；测量电路负责将传感元件输出的电信号转换为有用信号；辅助电源补充能量。

敏感元件和传感元件是传感器不可缺少的部分。随着半导体器件与集成技术在传感器中的应用，传感器的测量电路可安装在传感器壳体里，或与敏感元件一起集成在同一芯片上，构成集成传感器，如 ADI 公司生产的 AD22100 型模拟集成温度传感器。注意，并非所有的传感器都具有测量电路和辅助电源部分。

另外，传感器接口技术也是非常实用和重要的技术。各种物理量是利用传感器将其变成电信号，经由放大、滤波、干扰抑制、多路转换等信号检测和预处理电路，将模拟量的电压或电流送 A/D 转换，变成数字量，供计算机或者微处理器处理。如图 3.2 所示为传感器采集接口的框图示例。

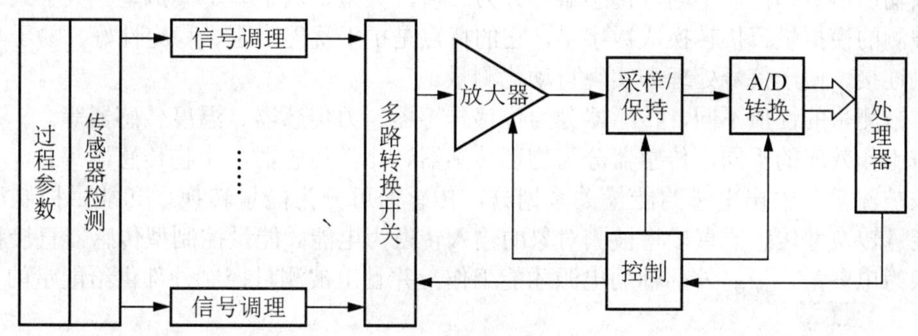

图 3.2 传感器采集接口的框图示例

3.1.3 传感器的分类

传感器技术是一门知识密集型技术，它与很多学科有关。传感器用途纷繁、原理各异、形式多样，它的分类方法也很多，通常可按以下几种方式进行分类。

1) 按工作原理分类

通常同一机理的传感器可以测量多种物理量，而同一被测物理量又可以采用多种不同类型的传感器来测量。传感器按工作原理的分类结果如表 3-1 所示。

表 3-1 传感器按照工作原理的分类结果

变换原理	传感器举例
变电阻	电位器式、应变式、压阻式、光敏式、热敏式
变磁阻	电感式、差动变压器式、涡流式
变电容	电容式、湿敏式
变谐振频率	振动膜式
变电荷	压电式
变电势	霍尔式、感应式、热电偶式

2) 按被测量对象分类

传感器按照被测量的对象进行分类，如表 3-2 所示，这里包括输入的基本被测量和派生的被测量。

表 3-2　传感器按照被测量对象的分类结果

基本被测量	派生的被测量
热工量	温度、热量、热比、压力、压差、真空度、流量、流速、风速
机械量	位移、尺寸、形状、力、应力、力矩、振动、加速度、噪声、角度、表面粗糙度
物理量	粘度、温度、密度
化学量	气体(液体)化学成分、浓度、盐度
生物量	心音、血压、体温、气流量、心电流、眼压、脑电波
光学量	光强、光通量

3) 其他分类方法

按输出信号的性质不同，传感器可分为二值开关型、数字型、模拟型。数字式传感器能把被测的模拟量直接转换成数字量，它的特点是抗干扰能力强、稳定性好、易于与微型计算机连接、便于信号处理和实现自动化测量。

按被测量的性质不同，传感器分为位移传感器、力传感器、温度传感器等。

按工作效应的不同，传感器分为物理传感器、化学传感器、生物传感器等。

按被测量与输出电量的能量关系划分，传感器可分为能量转换型和能量控制型两大类。能量转换型传感器直接将被测对象的输入转换为电能。能量控制型传感器直接将被测量转换为电参量，依靠外部辅助电源才能工作，并且由被测量控制外部供给能量的变化。

3.2　传感器的一般特性

传感器的正确选用是保证不失真测量的首要环节，因而在选用传感器之前，掌握传感器的基本特性是必要的。下面介绍传感器的性能指标参数和合理选用传感器的注意事项。

1) 灵敏度

传感器的灵敏度高，意味着传感器能感应微弱的变化量，即被测量有一微小变化时，传感器就会有较大的输出。但是，在选择传感器时要注意合理性，因为一般来讲，传感器的灵敏度越高，测量范围往往越窄，稳定性会越差。

传感器的灵敏度指传感器达到稳定工作状态时，输出变化量与引起变化的输入变化量之比，即

$$k = \text{输出变化量} / \text{输入变化量} = \Delta Y / \Delta X = \mathrm{d}y / \mathrm{d}x \tag{3.1}$$

线性传感器的校准曲线的斜率就是静态灵敏度；对于非线性传感器的灵敏度，它的数值是最小二乘法求出的拟合直线的斜率。

2) 响应特性

传感器的动态性能是指传感器对于随时间变化的输入量的响应特性。它是传感器的输出值能真实再现变化着的输入量的能力反映，即传感器的输出信号和输入信号随时间的变化曲线希望一致或相近。

传感器的响应特性良好，意味着传感器在所测的频率范围内满足不失真测量的条件。另外，实际传感器的响应过程总有一定的延迟，但希望延迟的时间越小越好。

一般来讲，利用光电效应、压电效应等物理特性的传感器，响应时间短，工作频率范围宽。对于结构型传感器，如电感和电容传感器等，由于受到结构特性的影响，往往由于机械系统惯性质量的限制，它们的响应时间要长些、固有频率要低些。

在动态测量中，传感器的响应特性对测试结果有直接影响，在选用传感器时应充分考虑被测量的变化特点(如稳态、瞬态和随机)。

3) 线性范围

任何传感器都有一定的线性范围，在线性范围内它的输出与输入成比例关系。线性范围越宽，则表明传感器的工作量程越大。

传感器工作在线性范围内，是保证测量精确度的基本条件。例如，机械式传感器中的弹性元件，它的材料弹性极限是决定测力量程的基本因素。当超过弹性极限时，传感器就将产生非线性误差。

任何传感器很难保证做到绝对的线性，在某些情况下，在许可限度内也可以在近似线性区域内使用。例如，变间隙的电容、电感传感器，均采用在初始间隙附近的近似线性区工作。在这种情况下选用传感器时，必须考虑被测量的变化范围，保证传感器的非线性误差在允许范围内。

传感器的静态特性是在静态标准条件下，利用一定等级的标准设备，对传感器进行往复循环测试，得到输入/输出特性列表或曲线。人们通常希望这个特性曲线是线性的，这样便于标定和数据处理。但实际的输出与输入特性只能接近线性，与理论直线之间存在偏差，如图 3.3 所示。所谓线性度是指传感器的实际输入—输出曲线(校准曲线)与拟合直线之间的吻合(偏离)程度。

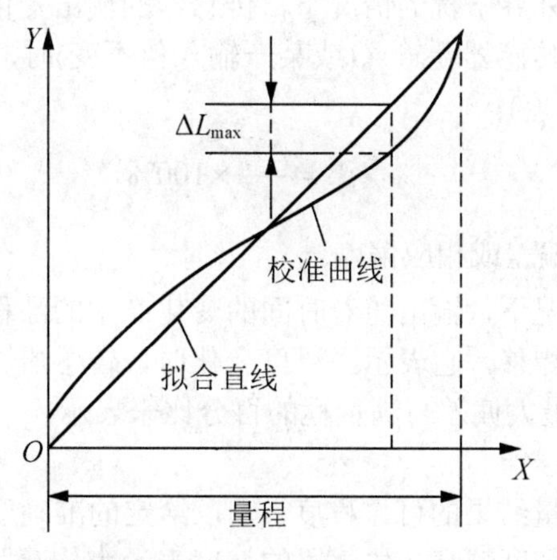

图 3.3　传感器线性度示意图

确定拟合直线的过程，就是传感器的线性化过程。实际曲线与它的两个端尖连线(称为理论直线)之间的偏差称为传感器的非线性误差。取其中最大值与输出满度值之比作为评价线性度(或非线性误差)的指标，如式(3.2)所示。

$$e_L = \frac{\Delta L_{\max}}{y_{FS}} \times 100\% \tag{3.2}$$

式中e_L为线性度(即非线性误差)，$\Delta L_{\max}$为校准曲线与拟合直线间的最大差值，y_{FS}为满量程输出值。

4) 稳定性

稳定性表示传感器经过长期使用之后，输出特性不发生变化的性能。影响传感器稳定性的因素包括时间和环境。

为了保证稳定性，在选定传感器之前，应对使用环境进行调查，以选择合适类型的传感器。例如，电阻应变式传感器，湿度会影响到它的绝缘性，温度会影响零漂；光电传感器的感光表面有尘埃或水汽时，会改变感光性能，带来测量误差。

当要求传感器在比较恶劣的环境下工作时，选用传感器必须优先考虑稳定性。

5) 重复性

重复性是指在同一工作条件下，输入量按同一方向在全测量范围内连续变化多次所得特征曲线的不一致性，在数值上用各测量值正反行程标准偏差最大值的两倍或三倍于满量程y_{FS}的百分比来表示，如式(3.4)所示。

$$\delta = \frac{\sqrt{\sum_{i=1}^{n}(Y_i - \tilde{Y})^2}}{n-1} \tag{3.3}$$

$$\delta_k = \pm \frac{2 \sim 3\delta}{y_{FS}} \times 100\% \tag{3.4}$$

式中δ为标准偏差，Y_i为测量值，$\tilde{Y}$为测量值的算术平均值。

6) 漂移

在传感器内部因素或外界干扰的情况下，传感器的输出变化称为漂移。输入状态为零时的漂移称为零点漂移。传感器无输入(或某一输入值不变)时，每隔一段时间进行读数，其输出偏离零值(或原指示值)。

$$零漂 = \frac{\Delta Y_0}{y_{FS}} \times 100\% \tag{3.5}$$

式中ΔY_0为最大零点偏差或相应偏差。

在其他因素不变的情况下，输出随着时间的变化产生的漂移称为时间漂移。随着温度变化产生的漂移称为温度漂移，它表示当温度变化时，传感器输出值的偏离程度。一般以温度变化1℃时，输出的最大偏差与满量程的百分比来表示。

7) 精度

传感器的精度是指测量结果的可靠程度，它以给定的准确度来表示重复某个读数的能力，其误差越小则传感器精度越高。传感器的精度表示为传感器在规定条件下，允许的最大绝对误差相对传感器满量程输出的百分数。

$$精度 = \frac{\Delta A}{y_{FS}} \times 100\% \tag{3.6}$$

式中ΔA为测量范围内允许的最大绝对误差。在实际测量中，最大误差是在曲线上任取10个点测量某7点达10次，确定的最大误差值。

精度表示测量结果和真值的靠近程度，一般采用校验或标定的方法来确定，此时真值则靠其他更精确的仪器或工作基准来给出。国家标准中规定了传感器和测试仪表的精度等级，如电工仪表精度分七级，分别是 0.1、0.2、0.5、1.0、1.5、2.5 和 5 级。精度等级的确定方法是首先算出绝对误差与输出满量程之比的百分数，然后靠近比其低的国家标准等级值即为该仪器的精度等级。

8) 分辨力

分辨力(率)是指能检测出的输入量的最小变化量，即传感器能检测到的最小输入增量。在输入零点附近的分辨力称为阈值，即产生可测输出变化量时的最小输入量值。如图 3.4 所示，左图为非线性输出结果，右图为线性输出结果，其中的 x_0 均表示可以开始检测的最小输出值。

数字式传感器一般用分辨率表示，分辨率是指分辨力/满量程输入值。

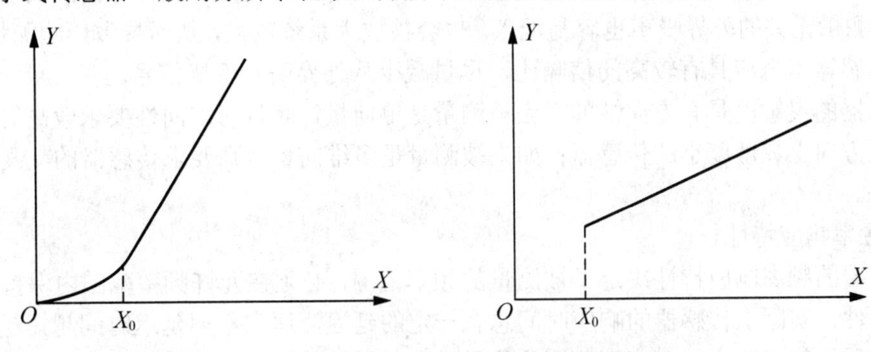

图 3.4　传感器输出的阈值示例

9) 迟滞

迟滞是指在相同工作条件下做全测量范围校准时，在同一次校准中对应同一输入量的正行程和反行程间的最大偏差。它表示传感器在正(输入量增大)、反(输入量减小)行程中输出/输入特性曲线的不重合程度，数值用最大偏差(ΔA_{max})或最大偏差的一半与满量程输出值的百分比来表示，分别如式(3.7)和式(3.8)所示。

$$\delta_H = \pm\frac{\Delta A_{max}}{y_{FS}}\times 100\% \tag{3.7}$$

$$\delta_H = \pm\frac{\Delta A_{max}}{2\times y_{FS}}\times 100\% \tag{3.8}$$

3.3　传感器的选型原则

现代传感器在原理和结构上千差万别，如何根据具体的测量目的、测量对象和测量环境合理选用传感器，是在进行某个量的测量时首先要解决的问题。当传感器的型号确定之后，与之相配套的测量方法和设备也就可以确定了。测量结果的成败，在很大程度上取决于传感器的选用是否合理。以下选型原则是通常需要重点考虑的事项。

1) 测量对象与环境

要进行某项具体的测量工作，首先考虑采用何种原理的传感器，这需要分析多方面的因素之后才能确定。因为即使是测量同一物理量，也有多种原理的传感器可供选用，究竟哪种原理的传感器更为合适，则需要根据被测量的特点和传感器的使用条件考虑以下问题：量程的大小；被测位置对传感器体积的要求；测量方式为接触式还是非接触式；传感器的来源是国产还是进口；价格能否承受，是否自行研制。

在考虑上述问题之后，就能确定选用何种类型的传感器，然后再考虑传感器的具体性能指标，即它的具体型号。

2) 灵敏度

通常在传感器的线性范围内，希望传感器的灵敏度越高越好。因为只有灵敏度高时，与被测量变化对应的输出信号的值会比较大，这有利于信号处理。但传感器的灵敏度较高时，与被测量无关的外界噪声也容易混入，也会被放大系统放大，从而导致影响测量精度。因此，传感器本身应具有较高的信噪比，尽量减少从外界引入干扰信号。

传感器的灵敏度是有方向性的。当被测量是单向量，而且对方向性要求较高时，应选择在其他方向上灵敏度小的传感器；如果被测量是多维向量，则要求传感器的交叉灵敏度越小越好。

3) 频率响应特性

传感器的频率响应特性决定了被测量的频率范围，必须在允许频率范围内保持不失真的测量条件，实际上传感器的响应时间总有一定的延迟，通常希望延迟时间越短越好。

传感器的频率响应越高，则可测的信号频率范围就越宽。由于受到结构特性的影响，机械系统的惯性较大，因而传感器频率低，则可测信号的频率就较低。在动态测量中，应根据信号的特点，以免产生过大的误差。

4) 线性范围

传感器的线形范围是指输出与输入成正比的范围。理论上在此范围内，灵敏度保持定值。传感器的线性范围越宽，则它的量程就越大，并且能保证一定的测量精度。在选择传感器时，当传感器的种类确定以后首先要看它的量程是否满足要求。

但实际上，任何传感器都不能保证绝对的线性，它的线性度只能是相对的。当所要求测量精度比较低时，在一定的范围内可将非线性误差较小的传感器近似看做是线性的，这会给测量工作带来极大的方便。

5) 稳定性

传感器在使用一段时间后，它的稳定性会受到影响。影响传感器长期稳定性的因素除传感器本身的结构以外，还包括传感器的使用环境。因此，要使传感器具有良好的稳定性，需要有较强的环境适应能力。

在选择传感器之前，应对它的使用环境进行调查，并根据具体的使用环境选择合适的传感器，或采取适当的措施，减小环境的影响。

传感器的稳定性有定量指标，在超过使用期之后，在实际使用前应重新进行标定，以确定传感器的性能是否发生变化。在某些要求传感器能长期使用而又不能轻易更换或标定的场合，所选用的传感器的稳定性要求更严格，要能够经受住长时间使用的考验。

6) 精度

精度是传感器的一个重要性能指标，它是关系到整个测量系统测量准确程度的环节。传感器的精度越高，它的价格就越昂贵。因此，传感器的精度只要满足整个测量系统的精度要求就可以了，不必过高。这样可以在满足同一测量目的的众多传感器中，选择比较便宜和简单的传感器。

如果测量目的是定性分析，选用相对精度高的传感器即可，不宜选用绝对量值精度高的型号；如果是为了定量分析，必须获得精确的测量值，就要选用精度等级能满足要求的型号。

对某些特殊的使用场合，无法选择到适宜的传感器时，则需自行设计制造传感器，或者委托其他单位加工制作。

3.4 微型传感器应用示例

这里以磁阻传感器为例，介绍微型传感器的探测原理和使用方法。

3.4.1 磁阻传感器探测机理

磁性传感器通常又称为磁力计，它的使用特点在于通过磁场的变化和扰动来间接获得被测目标的属性。测量磁场并不是主要目的，通常能够同时探测获得其他参数，如运动车辆的车轮速度、磁迹、车辆出现和运动方向等。

如图 3.5 所示，当使用磁性传感器探测方向、角度或电流值时，只能间接测定这些数值，原因在于这些属性变量必须对相应的磁场产生变化。例如，齿轮经过永久磁铁、铁质物体在地磁场移动等，都会导致磁场变化。一旦磁传感器检测出场强变化，则采用一些信号处理方法，将传感器信号转换为需要的参数值，这是磁传感器的很多应用必须处理的步骤。掌握这些场强变化的性质及其作用，可以获得属性参数的较高精度，提高探测的可靠性。

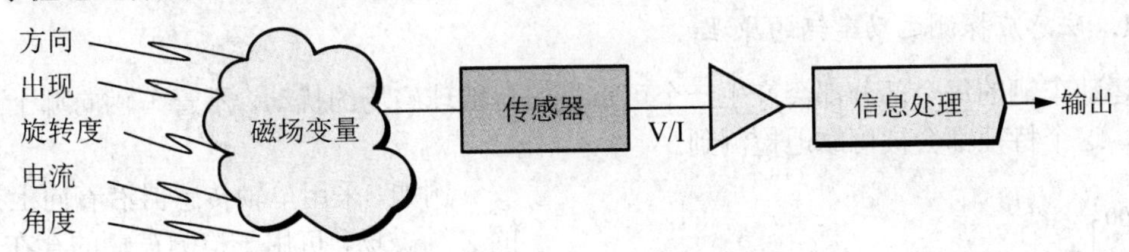

图 3.5 磁性传感器的探测方式

磁传感器按照所感测的磁场范围不同，可分为三类：低磁场、中磁场和高磁场。检测低于 1mGs(毫高斯)磁场的传感器定义为低磁场传感器；检测从 1mGs 到 10Gs 磁场的传感器定义为地球磁场传感器；检测高于 10Gs 磁场的传感器定义为附加磁场传感器。图 3.6 所示为各种技术的磁检测传感器和相应检测磁场的范围。地球的磁场强度大约为 0.5～0.6Gs，中场传感器的磁场量程与地磁场范围相接近。

这里侧重讨论各向异性磁阻(Anisotropic Magnetoresistive，AMR)传感器，它属于磁性传感器中的一种，工作量程在地磁场范围内。磁阻传感器可以准确检测出地球磁场 1/12000 的强度和方向的变化。

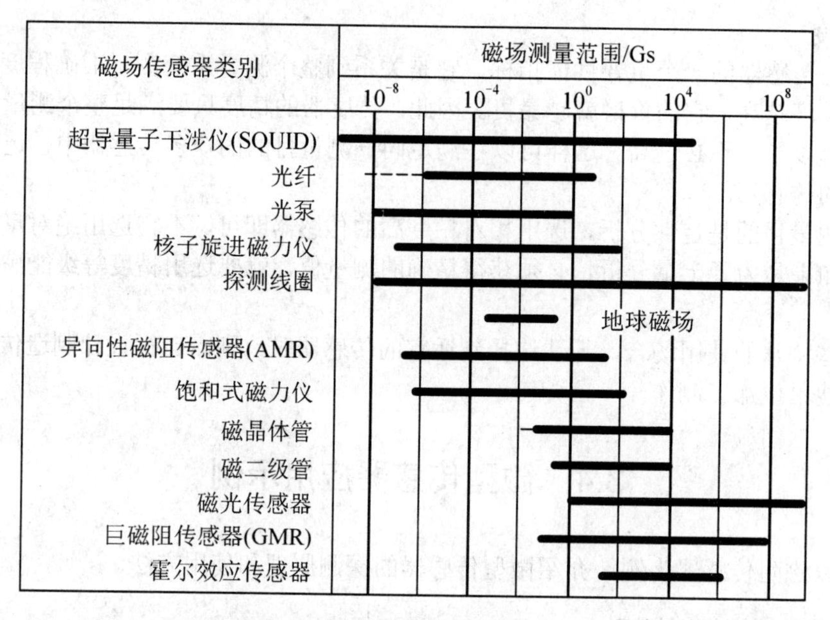

图 3.6　各种磁传感器的测量范围

磁阻传感器的特征在于当探测出磁场发生变化时，它会产生一个阻抗变化值，因而也就有了磁阻这一概念，阻抗变化的同时会改变电压输出值。磁阻传感器桥路灵敏度的单位通常表示为 mV/V/Oe，其中中间项“V”指的是桥路电压。如果桥路电压为 5V，灵敏度为 3mV/V/Oe，则输出值为 15mV/Oe。

磁阻传感器的用途较多，最典型的应用是用于车辆探测，下面介绍这方面的应用与开发过程。

3.4.2　磁阻传感器用于车辆探测案例

1. *磁感应探测运动车辆的原理*

运动车辆的每个部分都会产生一个可重复的对地球磁场的扰动，不管车辆向哪个方向行驶，这个特征都会被可靠地检测到。

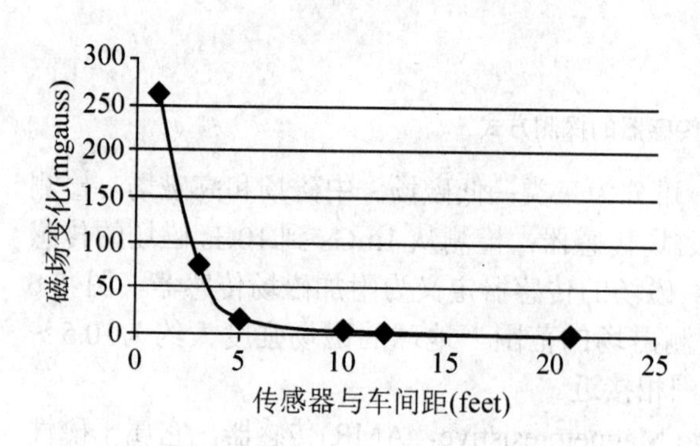

图 3.7　车辆与传感器位于不同距离时的磁场变化关系

例如，采用单轴传感器沿着向上方向的 Z 轴磁场，可用于检测车辆的存在。当传感器与车辆平行时出现峰值。在车辆距传感器附近的情形下，可用于指示车辆的存在，通过建立合适的阀值，可以滤掉旁边车道的车辆或远距离车辆带来的干扰信号。

检测车辆存在的另一种方法是观察磁场变化的大小，磁场变化表明了对地磁场的整体干扰程度。图 3.7 显示了磁场变化的快速衰减情况，当传感器只检测单一车道的车辆、忽略其他车道车辆的存在时，这种特点非常有用。

2. 运动车辆探测信号分析

地球的磁场在广阔区域内是恒定的，可以看做是均匀磁场。大的铁磁物体会引起地球磁场的扰动。这些扰动在汽车发动机和车轮处尤为明显，但也取决于在车辆内部、车顶或后备箱中有没有其他铁磁物质。在道路中间和旁边放置磁阻传感器，可以探测出车辆经过而导致的畸变磁场，从而监测到运动车辆的存在，在此基础上推导出车辆类型、行驶方向等交通参数。

例如，采用图 3.8 所示的测试方法，将三轴磁场传感器测量节点安置在道路旁边，一辆汽车从 X 轴的负端驶向 X 轴正端，三轴磁场传感器以 64 次/秒的频率采样磁场数据。这里利用 AMR 三轴磁阻传感器测量车辆经过时周围磁场的变化趋势。图 3.9 所示为实际测量的磁场变化曲线图，纵轴表示输出电压单位为 mV，结果表明 AMR 磁阻传感器可以用于感测车辆。

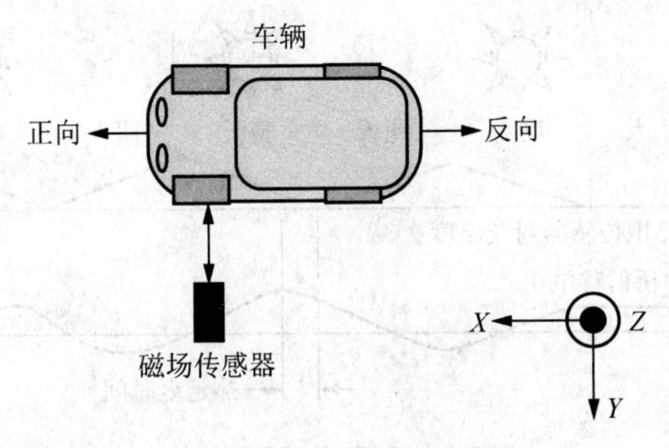

图 3.8 测试车辆产生磁场变化的试验设置

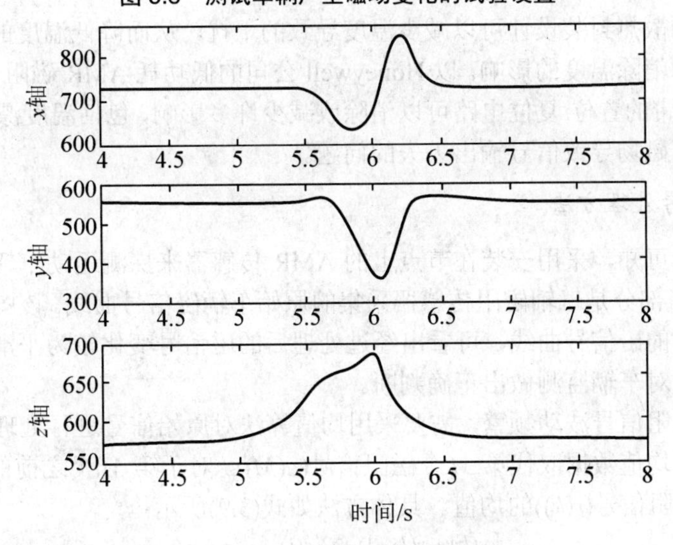

图 3.9 实际测试产生的车辆扰动磁场示例

3. 传感器信号漂移问题

运动车辆探测是利用磁阻传感器感知磁场数据的变化，这里有一个假定，即在没有车辆经过检测区域时，磁场的数据是稳定的。但在实际情况下地球的磁场是变化的，所以在进行车辆探测时，需要使用模拟信号处理，或者采用车辆探测算法，消除地球磁场缓慢小幅度的变化。软件算法可以通过不断更新磁场数据的基准值，保证车辆判断阈值在正确的范围。模拟信号电路可通过缓慢修正车辆探测比较信号处理中的阈值电压，来消除信号漂移。

AMR 传感器的一个重要特征是磁场数据温度变化系数较大，在夏季天气交替更换较为频繁时，这种情况表现较为明显，如图 3.10 所示。在天气转晴、周围温度升高时，磁阻传感器电桥两端电压相对于基准值会降低；在天气由晴转阴时，电桥两端的电压值相对于基准值会升高。由于存在热延迟效应，电桥两端的偏移电压变化相对于磁阻传感器的温度变化存在一个延迟。

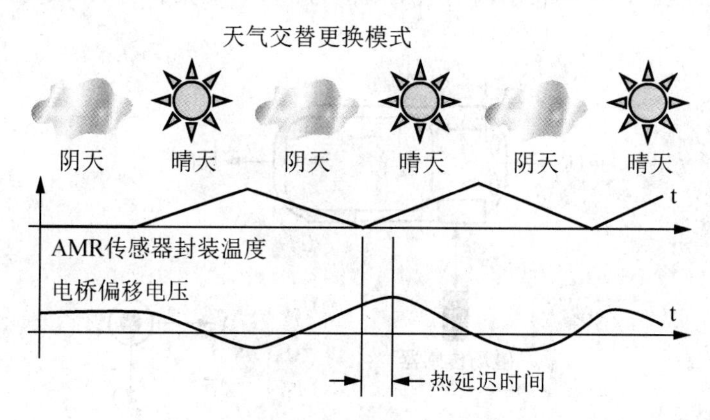

图 3.10　AMR 传感器的热效应

通过合理的散热封装设计可以减少温度导致的干扰，从而降低温度的影响，也可以从软硬件设计方面消除温度的影响。以 Honeywell 公司的低功耗 AMR 磁阻传感器 HMC1051 为例，利用它自带的置位/复位电路可以消除或减少许多影响，包括温度漂移、非线性误差、交叉轴效应和高磁场导致信号输出丢失的问题。

4. 磁阻信号处理方法

从以上分析可知，采用安装在节点上的 AMR 传感器来探测运动车辆是完全可行的。图 3.11 所示左半部分是三轴磁阻传感器采集的原始车辆磁信号曲线。该图中的右半部分是经过均值处理后的磁信号曲线，可看出经过处理后的磁信号变化较为平滑，没有出现频繁的波动，有利于对车辆监测做出正确判断。

由于原始磁阻信号波动频繁，需要采用均值算法对原始信号进行处理，这里利用前 M 个原始磁信号的均值数据取代第 M 个磁阻信号($a(M)$)。对于第 M 个之前的各磁阻信号，则取前 k 个原始磁阻信号($r(k)$)的均值。具体方法如式(3.9)所示：

$$a(k)=\begin{cases}\dfrac{r(k)+r(k-1)+\cdots r(1)}{k} & k<M\\[2ex]\dfrac{r(k)+r(k-1)+\cdots r(k-M+1)}{M} & k\geqslant M\end{cases}\tag{3.9}$$

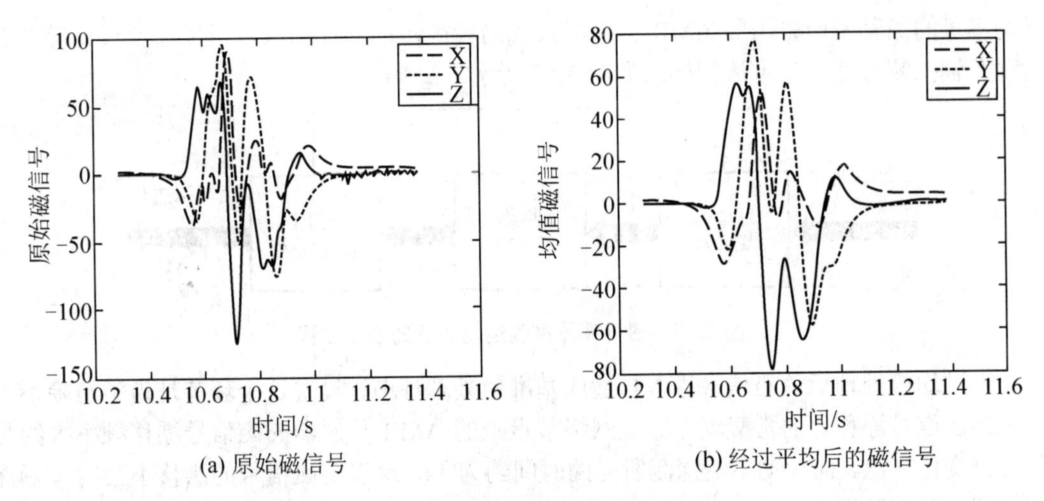

(a) 原始磁信号　　(b) 经过平均后的磁信号

图 3.11　原始磁信号和经过处理后的磁信号对比

5. 车辆探测方案

运动车辆探测算法需要具备足够的鲁棒性，保证在不同工作环境下的车辆能被可靠探测。由于传感器节点的微处理器计算能力有限，车辆探测的计算量应尽可能简单，因而需要设计适用于微型化节点的运动车辆探测方案。

为了满足传感器节点的微处理器数据处理能力和车辆探测的实时性要求，这里的案例采用了阈值检测模型来实现车辆探测。图 3.12 所示为最简单的车辆扰动时测量的单轴(*Z* 轴)产生的磁信号，当车辆经过磁阻传感器节点的上方时，*Z* 轴输出的均值磁信号(单位为 mV)。如果车辆磁信号模型如图 3.12 所示那样简单和理想化，那么只需采用固定的阈值检测方案就能对车辆实现实时监测。

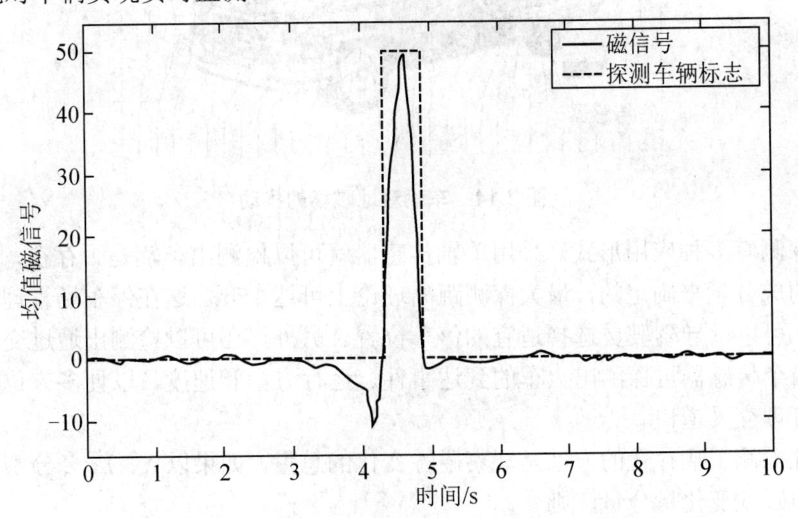

图 3.12　最简单的运动车辆产生单轴磁信号示例

但是现实情况是车辆磁信号的模型比图 3.12 所示的情形要复杂得多，同样要考虑地球磁场本身的漂移及所采用的 AMR 传感器具有的较严重的温漂系数，所以需要设计综合的运动车辆探测方案，基本流程模块如图 3.13 所示。

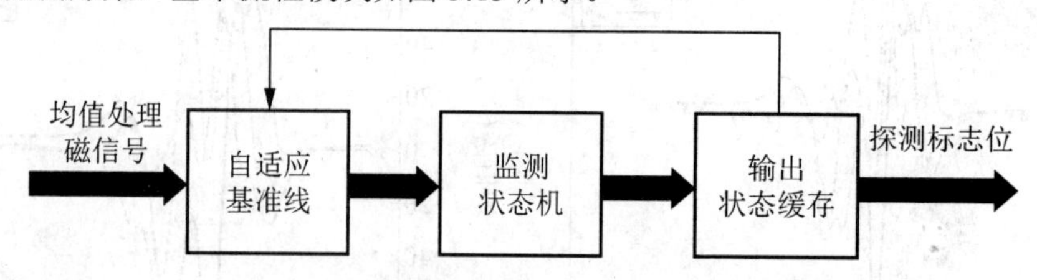

图 3.13　磁传感器探测运动车辆的基本流程

经过均值处理后的磁信号进入自适应基准值处理环节，设置这个环节是为了消除不可控制的磁信号漂移。通常配置在无线网络节点上的 AMR 传感器的磁信号漂移频率大约是每分钟变化一次，而运动车辆探测所需的时间约为 1s，这表明磁信号的漂移不会对车辆探测过程造成实质影响。

6. 用途

1) 探测运动车辆的出现

目前在探测地磁场即小于 1Gs 范围内的磁场方面，主要是采用磁阻传感器。这些传感器可探测出扰动地磁场的铁质物体，如飞机、火车和汽车等。地磁场在很大范围内(如几千米内)呈均匀一致的磁场分布。图 3.14 所示为铁质物体如轿车处于运动或静止状态时，所产生的磁场干扰。

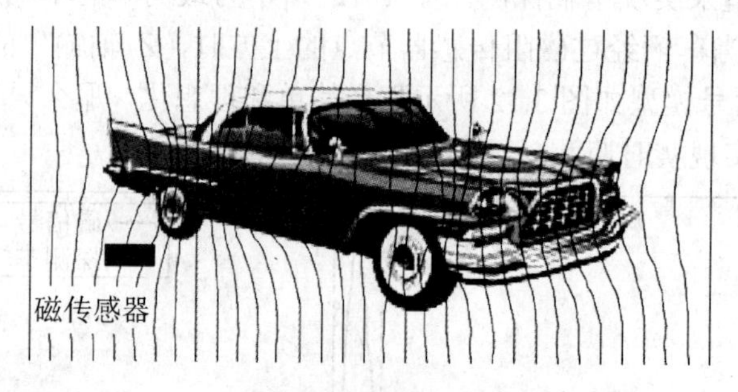

图 3.14　车辆对地磁场的扰动

车辆探测有多种应用形式。采用单轴传感器就可以检测出车辆是否存在，感知距离是根据铁质的成分量来确定的，最大探测距离理论上可达 15m。这在停车场管理系统中很有应用价值，可以引导驾驶员选择适宜的停车位置。另外，还可以检测出通过交叉道口的火车，采用两个传感器可探测出火车的到达事件、运行方向和速度，以便多方位地提供足够的信息来管理交叉道口。

另一种探测车辆存在的方法是观察磁性变化的总量，如果以 X、Y、Z 分别表示空间三个轴向上的磁性变化量分量，则

$$磁性变化量=\sqrt{X^2+Y^2+Z^2} \tag{3.10}$$

磁性变化量反映了对地磁场扰动的总和，磁阻传感器在正常路边距离 1～4 英尺范围内能可靠探测出路上的车辆。当有车辆经过时，观察磁场变化量可以同时确定出车辆是否

出现及其行驶方向。这种方案的优点之一在于无须挖掘道路，传感器节点可以放置在铝制盒子里。

2) 车辆分类

庞大的铁质物体(如汽车)的磁性扰动可以模型化为多个极性磁体的组合，这些极性磁体具有南北极方向，能改变局部的地磁场。在引擎和车身位置处最能引发地磁场扰动，在车辆内部、顶部或者车厢铁质量较多的部位也会引发扰动。最终结果是产生地磁场改变或异常，而这些现象与车辆的形状相对应，如图 3.15 所示。这些磁性变化也称为车辆的硬铁效应或硬铁畸变。

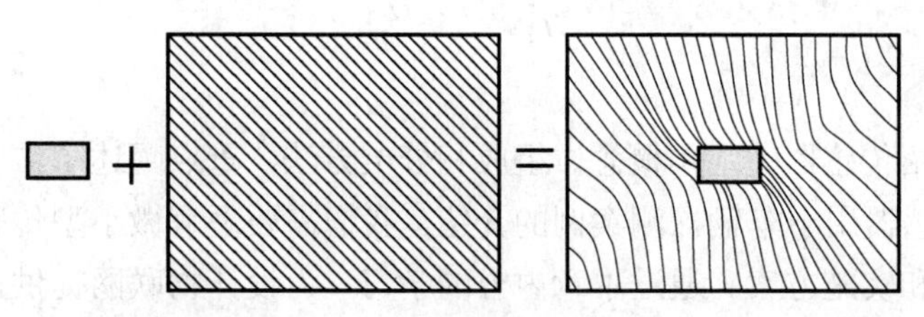

铁质物体+均匀的磁场=磁场扰动

图 3.15 铁质物体对均匀磁场的扰动示例

磁性扰动可以用于对不同类型的车辆进行分类，如对轿车、卡车、公共汽车和拖车等加以区分。当车辆经过磁传感器时，传感器探测出车辆不同部位的各种偶极矩，磁场变化量可以揭示车辆的具体磁性特征。

3) 判断车辆的行进方向

将单轴传感器的轴向沿行驶方向设置时，能判定车辆的运行方向，如图 3.16 所示。图中左边的曲线分别代表车辆由左向右行驶、右边的曲线代表车辆由右向左行驶时的传感器输出结果。如果没有车辆行驶经过，则传感器输出背景地磁场的数据作为初始值。当有车辆路过时，在铁质车辆的行驶方向可画出地磁场的磁通量曲线。

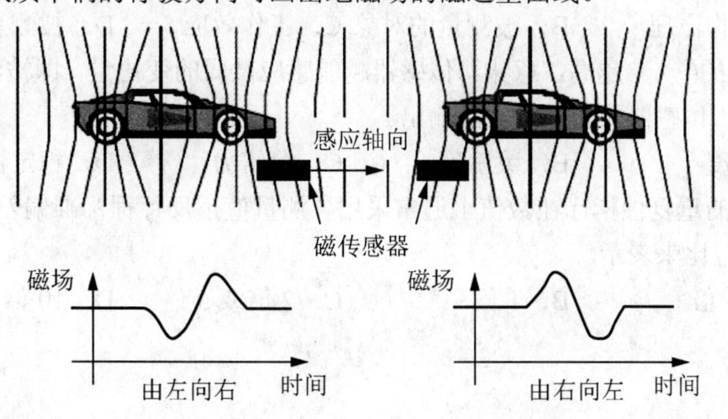

图 3.16 车辆运行方向探测的示例

如果磁传感器的量测轴线指向右方，且车辆由左向右行驶，则磁力计初始时显示磁性下降，磁通量曲线逐渐呈现下降趋势。也就是说，传感器磁性变化由初始的水平线开始下降，减小为负值。当车辆离开传感器的正对位置后，磁场恢复至初始值，然后出现一个正值的山峰曲线，最后输出曲线返回至初始数值。

如果车辆由右向左行驶，则磁通量曲线将沿纵向正轴方向先出现一个波形弯曲，使得传感器输出量高于初始值。当车辆离开传感器的正对位置后，会出现一个负的弯曲，最后磁性又恢复到初始水平。

根据车辆探测应用的需求，磁场变化量的大小和类型决定了放置传感器的方式及与被探测物体的距离。对于车辆分类的应用来说，最好将传感器埋设在路基下面；对于检测车辆是否出现及其行驶方向，可以将传感器放置在路边，保持一定的距离就能实现相应功能。

小　　结

本章主要介绍传感器的基本概念、组成和分类方法，重点阐述了常用传感器的一般特性。通过磁阻传感器用于车辆探测案例的介绍，我们需要理解微小型传感器在实际系统应用中的探测机理和实施方案。通过本章内容的学习，为设计物联网提供正确的传感器选型基本方法。

习　题　3

一、选择题

1. (　　)能直接感受传感器被测的非电量信号，并按一定对应关系转换为另一种非电量信号的元件。

A．敏感元件　　B．传感元件　　C．测量电路　　D．辅助电源

2. 传感器按照(　　)不同，可以分为位移传感器、力传感器、温度传感器等。

A．工作原理　　B．被测量的对象　C．工作效应　　D．被测量的性质

3. 传感器的(　　)越高，意味着传感器越能感应微弱的变化量，即被测量存在一个微小的变化量时，传感器就会有更大的输出。

A．精度　　B．灵敏度　　C．分辨力　　D．稳定性

4. 传感器的重复性指标在数值上通常采用各测量值正反行程标准偏差最大值的(　　)于满量程的百分比来表示。

A．0.5 倍　　B．1 倍　　C．2 倍或 3 倍　　D．10 倍

二、填空题

1. 通常传感器由______、______、测量电路和辅助电源四个部分组成。
2. 传感器按输出信号的性质不同，可分为二值开关型、______和模拟型。
3. 传感器的______特性是指测量结果的可靠程度，它以给定的准确度来表示重复某个读数的能力，其误差越小则该特性指标越高。
4. 在传感器内部因素或外界干扰的情况下，传感器的输出变化称为______。

三、问答题

1．什么是传感器？

2．传感器由哪些部分组成？各部分的功能是什么？

3．列举几种传感器的不同分类方法。

4．传感器的一般特性包括哪些指标？

5．什么是传感器的灵敏度？

6．什么是传感器的线性度？

7．如何度量传感器的重复性指标？

8．什么是传感器的漂移特性？它又分为哪几种？

9．简述传感器的精度特性及度量方法。

10．传感器分辨力的含义是什么？

11．解释传感器的迟滞特性及其度量方法。

12．如何进行传感器的正确选型？

13．简述磁阻传感器探测运动车辆的原理。

14．在日常家用电器中，有些传感器是借助敏感元件来进行工作的。试举一个事例，分析其中的传感器探测机理。

第 4 章

无线自组网技术

做到目视千里、耳听八方是人类长久的梦想，现代卫星技术的出现虽然使人们离这一目标前进了很多，但卫星高高在上，洞察全局在行，明察细微就勉为其难了。将大量的传感器节点遍撒于指定区域，数据通过无线电波传回监控中心，监控区域内的所有信息就会尽收观察者的眼中。这就是人们对物联网技术应用的美好展望，它的实现依赖于优秀的数据传输方法，需要新型的网络通信技术。

自从人类社会产生就有了信息传递的能力，从公元前 16 世纪的“烽可遥见，鼓可遥闻”，到公元 1837 年莫尔斯发明电报机，再到 21 世纪的现代无线移动通信技术，如今网络通信技术已经深入到人们生产和生活的方方面面。

网络通信是物联网的关键功能。如果没有通信的支持，物联网的大量采集信息就无法进行有效地交换和共享；如果没有通信的保障，物联网设备就无法接入虚拟的数字世界。物联网的组网技术是物物互联的基础。

鉴于物联网对通信技术的强烈需求，物联网通信包含了现有的几乎所有网络技术，包括有线和无线技术，其中无线技术是重点。根据不同的应用情况，物联网需要选择不同的通信与网络技术。目前，各类网络中最具增长潜力的是无线网络。正是由于无线通信技术的发展，使得大量的物品及其相关的电子设备能够接入到数字世界。

在物联网的应用场景中，传感器、RFID 等物联网设备需要实时交互和共享信息，通常采用对等的通信方式，需要具有低功耗、无中心特征的短距离无线自组织网络通信技术，再通过网关等特定设备接入互联网或广域核心网。由于物联网终端节点的通信覆盖范围不超过几百米，人们要考虑如何在有限的通信能力条件下，完成探测数据的传输。无线自组网技术是物联网的通信组网技术中最具特色的关键技术之一，具有明显不同于其他网络的特征，本书将给予重点介绍。

这一章主要介绍无线自组织网络的通信与组网技术。通信部分位于无线网络体系结构的底层，包括物理层和 MAC 层，主要是解决如何实现数据的点到点或点到多点的传输问题，为上层组网提供通信服务，同时还需要满足物联网大规模、低成本、低功耗和稳健性等方面的要求。这种通信技术在下面分两节进行介绍，涉及物理层和 MAC 层的内容。

组网技术是通过无线网络通信体系的上层协议来实现的，以底层通信技术为基础，建立一个可靠且低功耗的通信网络，向用户提供服务支持。这种组网技术包括网络层和传输层两部分内容。鉴于本书篇幅有限，本章第 3 节主要介绍网络层的路由协议，并以定向扩

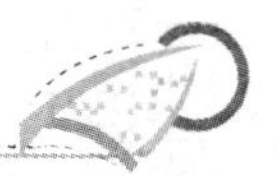

散路由协议为例，阐述自组网路由协议设计的过程。本章第 4 节以无线传感器自组网为例，介绍了无线传感器网络的基本特征和应用情况。

4.1 物 理 层

4.1.1 物理层概述

1. 物理层的基本概念

在计算机网络中，物理层考虑的是怎样才能在连接各种计算机的传输介质上传输数据的比特流。ISO 对开放系统互联(Open System Interconnection，OSI)参考模型中物理层的定义如下：物理层为建立、维护和释放数据链路实体之间的二进制比特传输的物理连接，提供机械的、电气的、功能的和规程性的特性。从定义可以看出，物理层的特点是负责在物理连接上传输二进制比特流，并提供为建立、维护和释放物理连接所需要的机械、电气、功能和规程的特性。

大家知道，现有无线网络中的物理设备和传输介质的种类非常多，而通信手段也有许多不同的方式。物理层的作用正是要尽可能地屏蔽掉这些差异，使其上面的数据链路层感觉不到这些差异，这样就可以使数据链路层只需要考虑如何完成本层的协议和服务，而不必考虑网络具体的传输介质是什么。用于物理层的协议也常称为物理层规程(Procedure)。

在 OSI 参考模型中，物理层处于最底层，是整个开放系统互联的基础，向下直接与物理传输介质相连接。物理层的协议是各种网络设备进行互联时必须遵守的底层协议。设立物理层的目的是实现两个网络物理设备之间的二进制比特流的透明传输。它负责在主机之间传输数据位，为在物理介质上传输的比特流建立规则，以及需要何种传送技术在传输介质上发送数据。物理层对数据链路层屏蔽物理传输介质的特性，以便对高层协议有最大的透明性，但它定义了数据链路层所使用的访问方法。

物理层的主要功能如下：

(1) 为数据终端设备(Data Terminal Equipment，DTE)提供传送数据的通路。数据通路可以是一个物理介质，也可以是由多个物理介质连接而成的。一次完整的数据传输包括激活物理连接、传送数据和终止物理连接。所谓“激活物理连接”就是不管有多少物理介质参与，都需要将通信的两个数据终端设备连接起来，形成一条通路。

(2) 传输数据。物理层要形成适合传输需要的实体，为数据传输服务，保证数据能在物理层正确通过，并提供足够的带宽，以减少信道的拥塞。数据传输的方式能满足点到点、一点到多点、串行或并行、半双工或全双工、同步或异步传输的需要。所谓双工是指同时存在上行传输信道和下行传输信道，可同时发送和接收数据。

(3) 其他管理工作。物理层还负责其他一些管理工作，如信道状态评估、能量检测等。

通常具体的物理层协议是相当复杂的。这是因为物理连接的方式很多，如可以是点到点的，也可以是多点连接或广播连接。另外，传输介质的种类也非常多，如架空明线、平衡电缆、同轴电缆、光纤、双绞线和无线信道等。

通常通信所用的互连设备是指数据终端设备和数据电路终端设备(Data Circuit

Terminating Equipment，DCTE)间的互连设备。将具有一定数据处理能力和发送、接收数据能力的设备称为数据终端设备，也称为“物理设备”，如计算机、I/O 设备终端等；介于数据终端设备和传输介质之间的数据通信设备或电路连接设备，称为数据电路终端设备，如调制解调器等。

在物理层通信过程中，数据终端设备和数据电路终端设备之间应该既有数据信息传输，也有控制信息传输。这就需要高度协调工作，要求定制出它们之间的接口标准，这些标准就是物理接口标准。

通常物理接口标准描述了物理接口的四个特性，这四个特性的内容如下。

(1) 机械特性。它规定了物理连接时使用的可接插连接器的形状和尺寸，连接器中的引脚数量和排列情况等。

(2) 电气特性。它规定了在物理连接上传输二进制比特流时，线路上信号电平高低、阻抗及阻抗匹配、传输速率与距离限制。

(3) 功能特性。它规定了物理接口上各条信号线的功能分配和确切定义。物理接口信号线一般分为数据线、控制线、定时线和地线。

(4) 规程特性。它定义了信号线进行二进制比特流传输线的一组操作过程，包括各信号线的工作规则和时序。

2. 无线通信物理层的主要技术

无线通信物理层的主要技术包括介质的选择、频段的选择、调制技术和扩频技术。

1) 介质和频段选择

无线通信的介质包括电磁波和声波。电磁波是最主要的无线通信介质，而声波一般仅用于水下的无线通信。根据波长的不同，电磁波分为无线电波、微波、红外线、毫米波和光波等，其中无线电波在无线网络中使用最广泛。

无线电波容易产生，可以传播很远距离和穿过建筑物，因而广泛用于室内或室外的无线通信。无线电波是全方向传播信号的，它能向任意方向发送无线信号，所以发射方和接收方的装置在位置上不必要求对准得很精确。

无线电波的传播特性与频率相关。如果采用较低频率，则它能轻易地通过障碍物，但电波能量随着至信号源距离 r 的增大而急剧减小，大致表现为 $1/r^3$。如果采用高频传输，则它趋于直线传播，且受障碍物阻挡的影响。无线电波易受发动机和其他电子设备的干扰。另外，由于无线电波的传输距离较远，用户之间的相互串扰也是需要关注的问题，所以每个国家和地区都有关于无线频率管制方面的使用授权规定。

2) 调制技术

调制和解调技术是无线通信系统的关键技术之一。通常信号源的编码信息(即信源)含有直流分量和频率较低的频率分量，称为基带信号。基带信号往往不能作为传输信号，因而要将基带信号转换为相对基带频率而言频率非常高的带通信号，以便于进行信道传输。通常将带通信号称为已调信号，而基带信号称为调制信号。

调制技术通过改变高频载波的幅度、相位或频率，使其随着基带信号幅度的变化而变化。解调是将基带信号从载波中提取出来以便预定的接收者(信宿)处理和理解的过程。

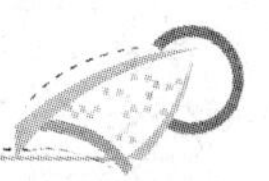

调制对通信系统的有效性和可靠性有很大的影响，采用什么方法调制和解调往往在很大程度上决定着通信系统的质量。根据调制中采用的基带信号的类型，可以将调制分为模拟调制和数字调制。模拟调制是用模拟基带信号对高频载波的某一参量进行控制，使高频载波随着模拟基带信号的变化而变化。数字调制是用数字基带信号对高频载波的某一参量进行控制，使高频载波随着数字基带信号的变化而变化。目前通信系统都在由模拟制式向数字制式过渡，因此数字调制已经成为了主流的调制技术。

根据原始信号所控制参量的不同，调制分为幅度调制(Amplitude Modulation，AM，简称调幅)、频率调制(Frequency Modulation，FM，简称调频)和相位调制(Phase Modulation，PM，简称调相)。当数字调制信号为二进制矩形全占空脉冲序列时，由于该序列只存在“有电”和“无电”两种状态，因而可以采用电键控制，被称为键控信号，所以上述数字信号的调幅、调频、调相分别又被称为幅移键控(Amplitude Shift Keying，ASK)、频移键控(Frequency Shift Keying，FSK)和相移键控(Phase Shift Keying，PSK)。

20 世纪 80 年代以来，人们十分重视调制技术在无线通信系统中的应用，以寻求频谱利用率更高、频谱特性更好的数字调制方式。由于振幅键控信号的抗噪声性能不够理想，因而目前在无线通信中广泛应用的调制方法是频移键控和相移键控。

3) 扩频技术

扩频又称为扩展频谱，它的定义如下：扩频通信技术是一种信息传输方式，其信号所占有的频带宽度远大于所传信息必需的最小带宽；频带的扩展通过一个独立的码序列来完成，用编码及调制的方法来实现，与所传信息数据无关；在接收端用同样的码进行相关同步接收、解扩和恢复所传信息数据。

扩频技术按照工作方式的不同，可以分为以下四种：直接序列扩频(Direct Sequence Spread Spectrum，DSSS)、跳频(Frequency Hopping Spread Spectrum，FHSS)、跳时(Time Hopping Spread Spectrum，THSS)和宽带线性调频扩频(chirp Spread Spectrum，chirp-SS，简称切普扩频)。

扩频通信与一般无线通信系统相比，主要是在发射端增加了扩频调制，而在接收端增加了扩频解调。扩频技术的优点包括易于重复使用频率，提高了无线频谱利用率；抗干扰性强，误码率低；隐蔽性好，对各种窄带通信系统的干扰很小；可以实现码分多址；抗多径干扰；能精确地定时和测距；适合数字语音和数据传输，开展多种通信业务；安装简便，易于维护。

3. 无线自组网物理层的特点

无线自组网作为无线通信网络的一种类型，包含了上述介绍的无线通信物理层技术的特点。它的物理层协议也涉及传输介质和频段的选择、调制和扩频技术，实现低能耗是无线自组网物理层的一项设计要求。

由于自组网的主要设计参数是成本和功耗，因而物理层的设计对整个网络的成功运行来说是至关重要的。如果采用了不适宜的调制方式、工作频带和编码方案，即使设计出的网络能够勉强完成预定的功能，也未必满足推广应用所需的成本和电池寿命方面的要求。

目前无线自组网的通信传输介质主要是无线电波、红外线和光波三种类型，通常是采用无线电波。无线电波的通信限制较少，人们经常选择“工业、科学和医疗”(Industrial，Scientific and Medical，ISM)频段。ISM 频段的优点在于它是自由频段，无须注册，可选频谱范围大，实现起来灵活方便。ISM 频段的缺点主要是功率受限，另外与现有的多种无线通信应用之间存在相互干扰的问题。

红外通信也无须注册，且受无线电设备的干扰较小，不足之处是存在视距(Line of Sight，LoS)限制。光学介质传输不需要复杂的调制解调机制，传输功率小，但也存在视距限制。

尽管自组网可以通过其他方式实现通信，如各种电磁波(如射频和红外线)、声波，但无线电波是当前主流的通信方式，在很多领域得到了广泛应用。

调制是无线通信系统的重要技术，它使得信号与信道匹配，增强电波的有效辐射，可以方便频率分配、减小信号干扰。扩频通信具有很强的抗干扰能力，可进行多址通信，安全性强，难以被窃听。选择适当的调制解调和扩频机制是实现可靠通信传输的重点。

无线自组网的低能耗、低成本和微型化等特点，以及具体应用的特殊需求给物理层的设计提出了挑战，在设计时一般需要重点考虑以下问题：

(1) 调制机制。低能耗和低成本的特点要求调制机制尽量设计简单，使得能量消耗最低。但是另一方面无线通信本身的不可靠性、自组网与现有无线设备之间的无线电干扰，以及具体应用的特殊需要使得调制机制必须具有较强的抗干扰能力。

(2) 与上层协议结合的跨层优化设计。物理层位于网络协议的最底层，是整个协议栈的基础，它的设计对各上层内容的跨层优化设计具有重要的影响。

(3) 硬件设计。在整个协议栈中，物理层与硬件的关系最为密切，微型化、低功耗、低成本的探测单元、处理器单元和通信单元的有机集成是非常必要的。

4.1.2 自组网物理层的设计

1. 传输介质

在无线电频率选择方面，ISM 频段是一个很好的选择。因为 ISM 频段在大多数国家属于无须注册的公用频段。表 4-1 列出了 ISM 应用中的可用频段。其中一些频率已经用于无绳电话系统和无线局域网。对于无线自组织网络来说，无线电接收机需要满足体积小、成本低和功率小的要求。

表 4-1 ISM 的可用频段

频　段	中心频率	频　段	中心频率
6765～6795 kHz	6780 kHz	2400～2500 MHz	2450 MHz
13553～13567 kHz	13560 kHz	5725～5875 MHz	5800 MHz
26957～27283 kHz	27120 kHz	24～24.25 GHz	24.125 GHz
40.0～40.66 MHz	40.68 MHz	61～61.5 GHz	61.25 GHz
433.05～434.79 MHz	433.92 MHz	122～123 GHz	122.5 GHz
902～928 MHz	915 MHz	244～246 GHz	245 GHz

使用 ISM 频段的主要优点是 ISM 是自由频段，可用频带宽，并且在全球范围内都具

有可用性；同时也没有特定的标准，给无线自组网的节能问题带来了更多的设计灵活性和空间。当然，选择 ISM 频段也存在一些使用上的问题，如功率受限及与现有的其他无线电应用之间存在相互干扰等。

另一种无线自组网节点之间的通信手段是红外技术。红外通信的优点是无须注册，并且抗干扰能力强。基于红外线的接收机成本更低，也很容易设计。目前很多便携式计算机、PDA 和手机都提供红外数据传输的标准接口。红外通信的主要缺点是穿透能力差，要求发送者和接收者之间存在视距关系。这导致了红外线难以成为无线自组网的主流传输介质，而只能在一些特殊场合得到应用。

对于一些特殊场合的应用情况，自组网对通信传输介质可能有特别的要求。例如，舰船应用可能要求使用水性传输介质，如能穿透水面的长波。复杂地形和战场应用会遇到信道不可靠和严重干扰等问题。另外，一些节点的天线可能在高度和发射功率方面比不上周围的其他无线设备，为了保证这些低发射功率的网络节点正常完成通信任务，要求所选择的传输介质支持健壮的编码和调制机制。

2. 物理层帧结构

表 4-2 描述了无线网络节点普遍使用的一种物理层帧结构。物理帧的第一个字段是前导码，字节数一般取 4，用于收发器进行码片或者符号的同步。第二个字段是帧头，长度通常为一个字节，表示同步结束，数据包开始传输。帧头与前导码构成了同步头。

表 4-2　物理层的帧结构

<table>
<tr><td>4 字节</td><td>1 字节</td><td colspan="2">1 字节</td><td>可变长度</td></tr>
<tr><td>前导码</td><td>帧头</td><td>帧长度(7 比特)</td><td>保留位</td><td>PSDU</td></tr>
<tr><td colspan="2">同步头</td><td colspan="2">帧的长度，最大为 128 字节</td><td>PHY 负载</td></tr>
</table>

帧长度字段通常由一个字节的低 7 位表示，其值就是后续的物理层 PHY 负载的长度，因此它的后续 PHY 负载的长度不会超过 127 字节。

物理帧 PHY 的负载长度可变，称为物理服务数据单元(PHY Service Data Unite，PSDU)，携带 PHY 数据包的数据，PSDU 域是物理层的载荷。

3. 物理层设计技术

物理层主要负责数据的硬件加密、调制解调、发送与接收，是决定网络节点的体积、成本和能耗的关键环节。物理层的设计目标是以尽可能少的能量消耗获得较大的链路容量。为了确保网络运行的平稳性能，该层一般需要与 MAC 层进行密切交互。

物理层需要考虑编码调制技术、通信速率和通信频段等问题。

编码调制技术影响占用频率带宽、通信速率、收发机结构和功率等一系列的技术参数。比较常见的编码调制技术包括幅移键控、频移键控、相移键控和各种扩频技术。

提高数据传输速率可以减少数据收发的时间，对于节能具有意义，但需要同时考虑提高网络速度对误码的影响。一般采用单个比特的收发能耗来定义数据传输对能量的效率，单比特能耗越小越好。

频段的选择是一个非常慎重的问题。由于无线网络是面向应用的网络，所以针对不同应用应该在成本、功耗、体积等综合条件下进行优化选择。通常人们认为，在当前工艺技术条件下，2.4GHz 是功耗、成本、体积等指标综合效果较好的可选频段，并且是全球范围的自由开放波段。但问题是现阶段不同的无线设备如蓝牙、WLAN、微波炉和无绳电话等都采用这个频段的频率，因而这个频段可能造成相互干扰最严重。

目前很多研究机构设计的网络节点的物理层基本都是在现有器件工艺水平上开展起来的。例如，当前使用较多的 Mica2 节点，主要采用分离器件实现节点的物理层设计，可以选择 433MHz 或 868MHz 两个频段，调制方式采用简单的 2FSK/ASK 方式。

在低速无线个域网(LR-PAN)的 802.15.4 标准中，定义的物理层是在 868MHz、915MHz 和 2.4GHz 三个载波频段收发数据。在这三个频段都使用了直接序列扩频方式。IEEE 802.15.4 标准非常适合无线自组网的特点，目前基于该标准的射频芯片也相继推出，如 Chipcon 公司的 CC2420 无线通信芯片。

总的来看，针对无线自组网的特点，现有的物理层设计基本采用结构简单的调制方式，在频段选择上主要集中在 433～464MHz、902～928MHz 和 2.4～2.5GHz 的 ISM 波段。

4.2 MAC 协议

4.2.1 MAC 协议概述

无线频谱是无线通信的介质，这种广播介质属于稀缺资源。在无线网络中可能有多个节点设备同时接入信道，导致分组之间相互冲突，使接收方难以分辨出接收到的数据，从而浪费了信道资源，导致网络吞吐量下降。为了解决这些问题，就需要设计介质访问控制(Medium Access Control，MAC)协议。所谓 MAC 协议就是通过一组规则和过程来有效、有序和公平地使用共享介质。

无线网络的 MAC 协议决定了无线信道的使用方式，用于在通信节点之间分配有限的无线通信资源，构建网络系统的底层基础结构。MAC 协议处于网络协议的底层部分，对网络性能有较大影响，是保证网络高效通信的关键协议之一。

由于通常自组网终端节点的能量、存储、计算和通信带宽等资源有限，单个节点的功能比较弱，因此网络的互联互通要求由众多节点协作实现。多点通信在局部范围需要 MAC 协议协调相互之间的无线信道分配，在设计无线自组网的 MAC 协议时，需要着重考虑以下几个问题：

(1) 节省能量。网络节点一般采用干电池、纽扣电池等提供能量，而且电池能量通常难以补充。为了长时间保证网络的有效工作，MAC 协议在满足应用要求的前提下，应尽量节省电能。

(2) 可扩展性。由于自组网终端节点的数目、节点的分布密度等网络参数在网络生存期内会不断变化，节点位置也可能移动，还有新节点加入网络的问题，所以无线自组网的拓扑结构表现出明显的动态性。MAC 协议应具有可扩展性，以适应这种动态变化的拓扑结构。

(3) 网络效率。网络效率包括网络的公平性、实时性、网络吞吐量和带宽利用率等。

在上述的三个问题中，人们普遍认为它们的重要性依次递减。由于无线自组网终端节点本身不能自动补充能量或能量补充不足，节约能量成为MAC协议设计的首要考虑因素。

在传统网络中，节点能够连续地获得能量供应，如在办公室里有稳定的电网供电，或者可以间断但及时地补充能量，如笔记本电脑和手机等；整个网络的拓扑结构相对稳定，网络的变化范围和变化频率都比较小。因此，传统网络的MAC协议重点考虑节点使用带宽的公平性，提高带宽的利用率和增加网络的实时性。由此可见，自组织网络的MAC协议与传统网络的MAC协议所注重的因素不同，这意味着传统网络的MAC协议不适用于自组网，需要设计适用于自组网的MAC协议。

通常网络节点无线通信模块的状态包括发送状态、接收状态、侦听状态和睡眠状态。单位时间内消耗的能量按照上述顺序依次减少：无线通信模块在发送状态消耗能量最多，在睡眠状态消耗能量最少，接收状态和侦听状态下的能量消耗稍小于发送状态。

基于上述原因，为了减少能量的消耗，MAC协议通常采用“侦听/睡眠”交替的无线信道使用策略。当有数据收发时，节点开启通信模块进行发送或侦听；如果没有数据需要收发，节点控制通信模块进入睡眠状态，从而减少空闲侦听造成的能量消耗。

为了使节点在无线模块睡眠时不错过发送给它的数据，或减少节点的过度侦听，邻居节点间需要协调它们的侦听和睡眠周期。如果采用基于竞争方式的MAC协议，要考虑发送数据产生碰撞的可能，根据信道使用的信息调整发送时机。当然，MAC协议应该简单高效，避免协议本身开销大、消耗过多的能量。

自组网MAC协议可以按照下列方式进行分类：①采用分布式控制还是集中控制；②使用单一共享信道还是多个信道；③采用固定分配信道方式还是随机访问信道方式。

本书根据上述的第三种分类方法，将MAC协议分为以下三种：

(1) 时分复用无竞争接入方式。无线信道时分复用(Time Division Multiple Access，TDMA)方式给每个传感器节点分配固定的无线信道使用时段，避免节点之间相互干扰。

(2) 随机竞争接入方式。如果采用无线信道的随机竞争接入方式，节点在需要发送数据时随机使用无线信道，尽量减少节点间的干扰。典型的方法是采用载波侦听多路访问(Carrier Sense Multiple Access，CSMA)的MAC协议。

(3) 竞争与固定分配相结合方式。通过混合采用频分复用或者码分复用等方式，实现节点间无冲突的无线信道分配。

基于竞争的随机访问MAC协议采用按需使用信道的方式，它的基本思想是当节点需要发送数据时，通过竞争方式使用无线信道，如果发送的数据产生了碰撞，就按照某种策略重发数据，直到数据发送成功或放弃发送。

典型的基于竞争的随机访问MAC协议是载波侦听多路访问(CSMA)接入方式。在无线局域网IEEE 802.11 MAC协议的分布式协调工作模式中，就采用了带冲突避免的载波侦听多路访问(CSMA with Collision Avoidance，CSMA/CA)协议，它是基于竞争的无线网络MAC协议的典型代表。

所谓的CSMA/CA机制是指在信号传输之前，发射机先侦听介质中是否有同信道载波，若不存在，意味着信道空闲，将直接进入数据传输状态；若存在载波，则在随机退避一段时间后重新检测信道。这种介质访问控制层的方案简化了实现自组织网络应用的过程。

在 IEEE 802.11 MAC 协议的基础上，人们设计出适用于无线自组网的多种 MAC 协议。下面首先介绍 IEEE 802.11 MAC 协议的内容，然后介绍一种典型的自组网 MAC 协议。

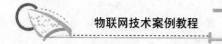

4.2.2 IEEE 802.11 MAC 协议

IEEE 802.11 MAC 协议分为分布式协调功能(Distributed Coordination Function，DCF)和点协调功能(Point Coordination Function，PCF)两种访问控制方式，其中 DCF 方式是 IEEE 802.11 协议的基本访问控制方式。

由于在无线信道中难以检测到信号的碰撞，因而只能采用随机退避的方式来减少数据碰撞的概率。在 DCF 工作方式下，节点在侦听到无线信道忙之后，采用 CSMA/CA 机制和随机退避时间，实现无线信道的共享。另外，所有定向通信都采用立即的主动确认(ACK 帧)机制，即如果没有收到 ACK 帧，则发送方会重传数据。

PCF 工作方式是基于优先级的无竞争访问方式。它通过访问接入点(Access Point，AP)来协调节点的数据收发，采用轮询方式查询当前哪些节点有数据发送的请求，并在必要时给予数据发送权。

在 DCF 工作方式下，载波侦听机制通过物理载波侦听和虚拟载波侦听来确定无线信道的状态。物理载波侦听由物理层提供，虚拟载波侦听由 MAC 层提供。如图 4.1 所示，如果节点 A 希望向节点 B 发送数据，节点 C 在节点 A 的无线通信范围内，节点 D 在节点 B 的无线通信范围内，但不在节点 A 的无线通信范围内。节点 A 首先向节点 B 发送一个请求帧(Request-To-Send，RTS)，节点 B 返回一个清除帧(Clean-To-Send，CTS)进行应答。这两个帧都有一个字段表示这次数据交换需要的时间长度，称为网络分配矢量(Network Allocation Vector，NAV)，其他帧的 MAC 头也会捎带这一信息。节点 C 和节点 D 在侦听到这个信息后，就不再发送任何数据，直到这次数据交换完成为止。NAV 可看做一个计数器，以均匀速率递减计数到零。当计数器为零时，虚拟载波侦听指示信道为空闲状态；否则，指示信道为忙状态。

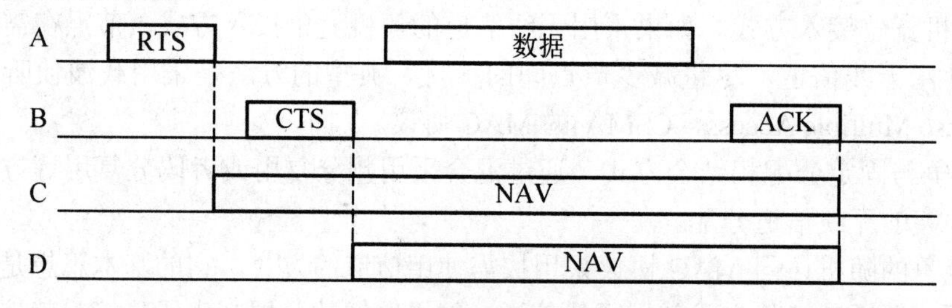

图 4.1 CSMA/CA 的虚拟载波侦听示例

IEEE 802.11 MAC 协议规定了三种基本帧间间隔(InterFrame Space，IFS)，用于提供访问无线信道的优先级。

这三种帧间间隔分别如下：

(1) SIFS(Short IFS)。这是最短帧间间隔。使用 SIFS 帧的优先级最高，用于需要立即响应的服务，如 ACK 帧、CTS 帧和控制帧等。

(2) PIFS (PCF IFS)。这是 PCF 方式下节点使用的帧间间隔，用于获得在无竞争访问周期启动时访问信道的优先权。

(3) DIFS(DCF IFS)。这是在 DCF 方式下节点使用的帧间间隔，用于发送数据帧和管理帧。

根据 CSMA/CA 协议，当节点要传输一个分组时，它首先侦听信道状态。如果信道空闲，而且经过一个帧间间隔时间 DIFS 后，信道仍然空闲，则站点立即开始发送信息。如果信道忙，则站点始终侦听信道，直到信道的空闲时间超过 DIFS。当信道最终空闲下来的时候，节点进一步使用二进制退避算法，进入退避状态来避免发生碰撞。图 4.2 描述了这种 CSMA/CA 的基本访问机制。

随机退避时间按下面公式进行计算：

$$退避时间=Random(\ )\times aSlottime \tag{4.1}$$

其中，Random( )是在竞争窗口[0，CW]内均匀分布的伪随机整数；CW 是整数随机数，它的数值位于标准规定的 aCWmin 和 aCWmax 之间；aSlottime 是一个时槽时间，包括发射启动时间、介质传播时延、检测信道的响应时间等。

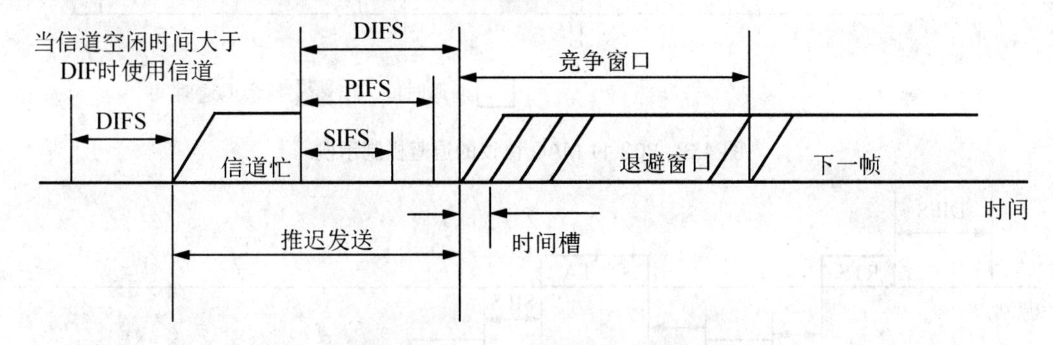

图 4.2　CSMA/CA 的基本访问机制

网络节点在进入退避状态时，启动一个退避计时器，当计时达到退避时间后结束退避状态。在退避状态下，只有当检测到信道空闲时才进行计时。如果信道忙，退避计时器中止计时，直到检测到信道空闲时间大于 DIFS 后才继续计时。当多个节点推迟且进入随机退避时，利用随机函数选择最小退避时间的节点作为竞争优胜者。具体的退避机制示例如图 4.3 所示。

802.11 MAC 协议通过立即主动确认机制和预留机制业提高性能，如图 4.4 所示。在主动确认机制中，当目标节点收到一个发送给它的有效数据帧(DATA)时，必须向源节点发送一个应答帧(ACK)，确认数据已被正确接收到。为了保证目标节点在发送 ACK 过程中不与其他节点发生冲突，目标节点使用 SIFS 帧间隔。主动确认机制只能用于有明确目标地址的帧，不能用于组播和广播报文传输。

为了减少节点间使用共享无线信道的碰撞概率，预留机制要求源和目的节点在发送数据帧之前交换简短的控制帧，即发送请求帧 RTS 和清除帧 CTS。在 RTS(或 CTS)帧开始到 ACK 帧结束的这段时间内，信道将一直被这次数据交换过程所占用。RTS 帧和 CTS 帧包含有关于这段时间长度的信息。每个站点维护一个定时器，记录网络分配向量 NAV，指示信道被占用的剩余时间。一旦收到 RTS 帧或 CTS 帧，所有节点必须更新它们的 NAV 值。只有在 NAV 减至零时，节点才能发送信息。通过这种方式 RTS 帧和 CTS 帧为节点的数据传输预留信道。

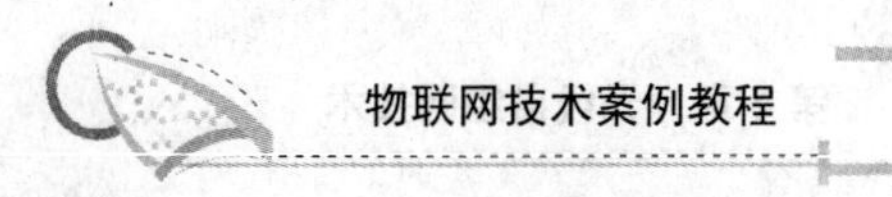

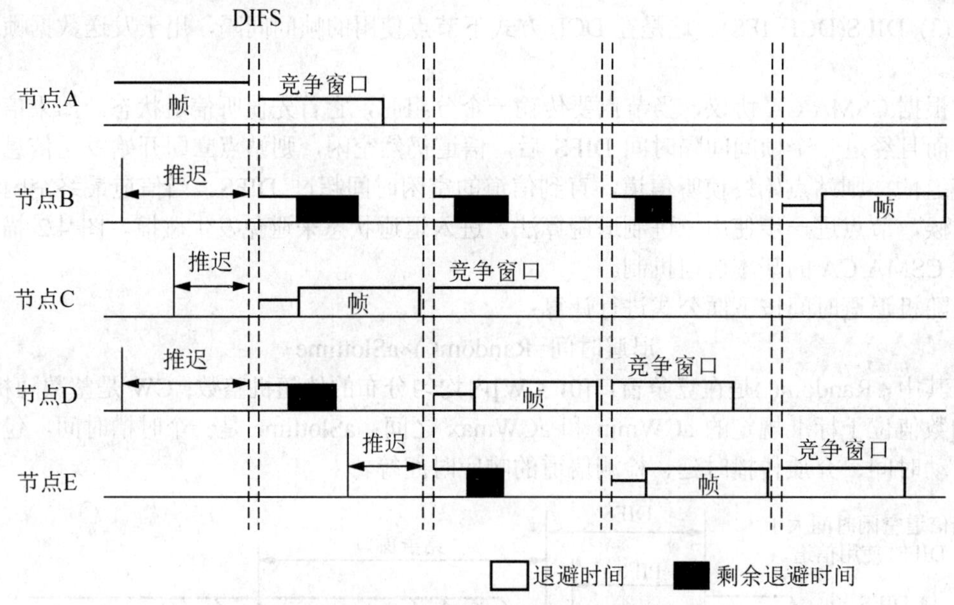

图 4.3　802.11 MAC 协议的退避机制示例

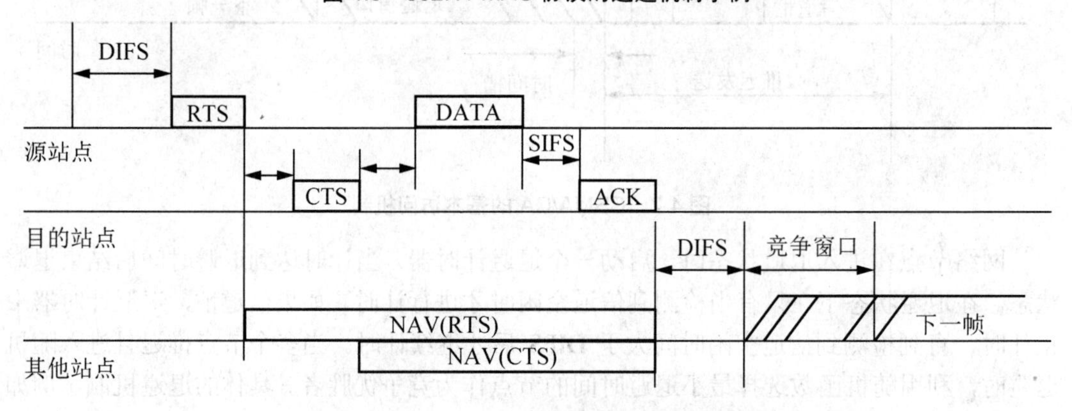

图 4.4　802.11 MAC 协议的应答与预留机制

4.2.3　S-MAC 协议

这里介绍一种适用于无线自组网的比较典型的 MAC 协议，即 S-MAC 协议(Sensor MAC)。这种协议是在 802.11 MAC 协议的基础上，早期针对传感器网络的节省能量需求而提出的。S-MAC 协议的适用条件是网络的数据传输量不大，网络内部能够进行数据的处理和融合以减少数据通信量，且网络能容忍一定程度的通信延迟。它的设计目标是提供良好的扩展性，减少节点能耗。

人们总结出通常无线网络的无效能耗主要来源于以下四种原因：

(1) 空闲监听。如果 MAC 协议采用竞争方式使用共享的无线信道，节点在发送数据的过程中，可能引起多个节点之间发送的数据产生碰撞，这就需要重传发送。由于节点不知道它的邻居节点在何时会向自己发送数据，因而射频通信模块始终处于接收状态，从而消耗无用的能量。

(2) 数据冲突。由于邻居节点同时向同一节点发送多个数据帧，信号相互干扰，导致接收方无法准确接收，重发数据行为造成了能量浪费。

(3) 串音。网络节点会接收和处理无关的数据，这种串扰现象造成节点的无线接收模块和处理器模块消耗较多的能量。

(4) 控制开销。控制报文不传送有效数据，消耗了节点能量。如果控制消息过多，将消耗较多的网络能量。

针对碰撞重传、串音、空闲侦听和控制消息等可能造成较多能耗的因素，S-MAC 协议采用如下处理机制：利用周期性侦听/睡眠的低占空比工作方式，控制节点尽可能处于睡眠状态来降低节点能量的消耗；邻居节点通过协商的一致性睡眠调度机制形成虚拟簇，减少节点的空闲侦听时间；通过流量自适应的侦听机制，减少消息在网络中的传输延迟；采用带内信令来减少重传和避免监听不必要的数据；利用消息分割和突发传递机制，减少控制消息的开销和消息的传递延迟。

下面详细描述 S-MAC 协议采用的主要机制。

1) 周期性侦听和睡眠机制

S-MAC 协议将时间分为帧，帧长度由应用程序决定。帧内分监听工作阶段和睡眠阶段。监听/睡眠阶段的持续时间要根据应用情况进行调整。当节点处于睡眠阶段时，关闭无线电波，以节省能量。当然节点需要缓存这期间收到的数据，以便工作阶段集中发送。

为了减少能量消耗，节点要尽量处于低功耗的睡眠状态。每个节点独立地调度它的工作状态，周期性地转入睡眠状态，在苏醒后侦听信道，判断是否需要发送或接收数据。为了便于相互通信，相邻节点之间应该尽量维持睡眠/侦听调度周期的同步。

每个节点用 SYNC 消息通告自己的调度信息，同时维护一个调度表，保存所有相邻节点的调度信息。当节点启动工作时，首先侦听一段固定长度的时间，如果在这段侦听时间内收到其他节点的调度信息，则将它的调度周期设置为与邻居节点相同，并在等待一段随机时间后广播它的调度信息。当节点收到多个邻居节点的不同调度信息时，可以选择第一个收到的调度信息，并记录收到的所有调度信息。如果节点在这段侦听时间内没有收到其他节点的调度信息，则产生自己的调度周期并向周围广播。

在节点产生和通告自己的调度之后，如果收到邻居的不同调度，下面分两种情况进行处理：①如果没有收到过与自己调度相同的其他邻居的通告，则采纳邻居的调度，丢弃自己生成的调度；②如果节点已经收到过与自己调度相同的其他邻居的通告，则在调度表中记录该调度信息，以便能够与非同步的相邻节点进行通信。

具有相同调度的节点形成一个所谓的虚拟簇，边界节点记录两个或多个调度。如果传感器网络的部署范围较广，可能形成众多不同的虚拟簇，使得 S-MAC 协议具有良好的可扩展性。

为了适应新加入节点，每个节点要定期广播自己的调度信息，使新节点可以与已经存在的相邻节点保持同步。如果节点同时收到两种不同的调度，如图 4.5 所示的处于两个不同调度区域重合部分的节点，那么这个节点可以选择先收到的调度，并记录另一个调度信息。

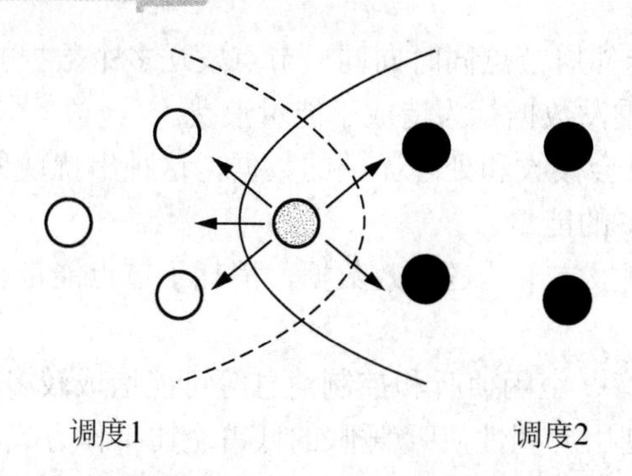

图 4.5　S-MAC 协议的虚拟簇示例

2) 流量自适应侦听机制

自组织网络通常采用多跳通信进行组网，而节点的周期性睡眠会导致通信延迟的累加。S-MAC 协议采用了流量自适应的侦听机制，减少通信延迟的累加效应。

流量自适应侦听机制的基本思想是在一次通信过程中，通信节点的邻居在通信结束后不立即进入睡眠状态，而是保持侦听一段时间。如果节点在这段时间内接收到 RTS 分组，则可以立刻接收数据，无须等到下一次调度侦听周期，从而减少了数据分组的传输延迟。如果在这段时间内没有接收到 RTS 分组，则转入睡眠状态直到下一次调度侦听周期。

3) 冲突和串音避免机制

为了减少冲突和避免串音，S-MAC 协议采用了与 802.11 MAC 协议类似的虚拟和物理载波监听机制，以及 RTS/CTS 握手交互机制。两者的区别在于当邻居节点处于通信过程时，执行 S-MAC 协议的节点进入睡眠状态。

每个节点在传输数据时，都要经历 RTS/CTS/DATA/ACK 的通信过程(广播包除外)。在传输的每个分组中，都有一个域值表示剩余通信过程需要持续的时间长度。源节点和目的节点的邻居在侦听期间侦听到分组时，记录这个时间长度值，同时进入睡眠状态。通信过程记录的剩余时间随着时间不断减少。当剩余时间减至零时，若节点仍处于侦听周期，就会被唤醒；否则，节点处于睡眠状态直到下一个调度的侦听周期。

每个节点在发送数据时，都要先进行载波侦听。只有虚拟或物理载波侦听表示无线信道空闲时，才可以竞争通信过程。

4) 消息传递机制

S-MAC 协议采用了消息传递机制，可以很好地支持长消息的发送。由于无线信道的传输差错与消息长度成正比，短消息传输成功的概率要大于长消息。消息传递机制根据这一原理，将长消息分为若干个短消息，采用一次 RTS/CTS 交互的握手机制预约这个长消息发送的时间，集中连续发送全部短消息。这样既可以减少控制报文的开销，又可以提高消息发送的成功率。

相对于 IEEE 802.11 MAC 协议的消息传递机制来说，S-MAC 协议的不同之处如图 4.6 所示。图中 S-MAC 协议的 RTS/CTS 控制消息和数据消息携带的时间是整个长消息传输的剩余时间。其他节点只要接收到一个消息，就能够知道整个长消息的剩余时间，然后进入睡眠状态直至长消息发送完成。

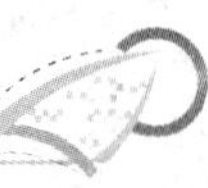

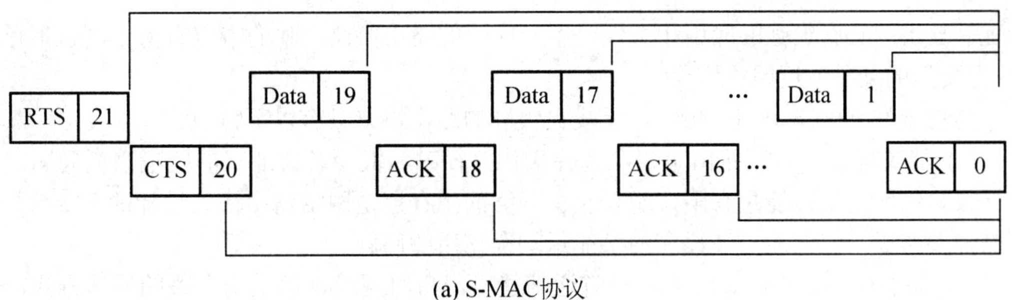

(a) S-MAC协议

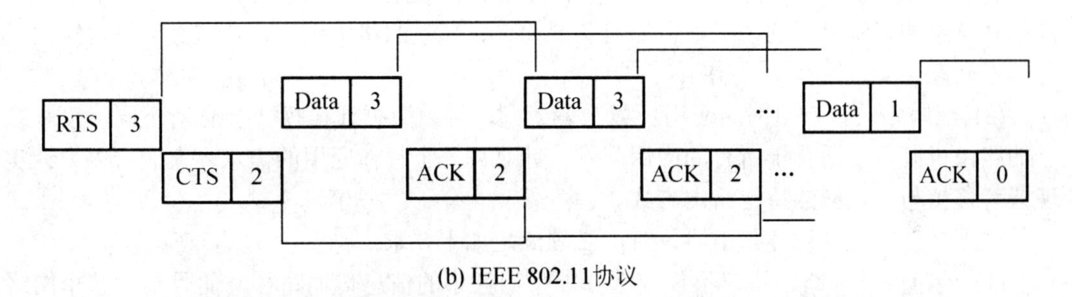

(b) IEEE 802.11协议

图 4.6　S-MAC 与 IEEE 802.11 MAC 协议的突发分组传送方式

IEEE 802.11 MAC 协议考虑了网络的公平性，RTS/CTS 只预约下一个发送短消息的时间，其他节点在每个短消息发送完成后都不必醒来进入侦听状态。只要发送方没有收到某个短消息的应答，连接就会断开，其他节点就可以开始竞争信道的使用权。

4.3 路 由 协 议

4.3.1　路由协议概述

路由选择(Routing)是指互联网络从源节点向目的节点选择路径传输信息的行为，并且信息至少通过一个中间节点。路由协议负责将数据分组从源节点通过网络转发到目的节点，它包括两个功能：①寻找源节点和目的节点之间的优化路径；②将数据分组沿着优化路径进行正确转发。

由于无线局域网等传统无线网络的首要目标，是提供高服务质量和公平高效地利用网络带宽。这些网络路由协议的主要任务是寻找源节点到目的节点之间通信延迟小的路径，同时提高整个网络的利用率，避免产生通信堵塞，并均衡网络流量。通常能量消耗问题不是这类网络考虑的重点。

但是在无线自组网中，节点能量有限且一般不能补充能量，因而路由协议的设计需要考虑高效利用能量。另外，由于这类网络节点数目往往很大，节点只能获取局部的拓扑结构信息，路由协议要在局部网络协议的基础上，选择合适的路径。

自组网作为一种自组织的动态网络，没有基站支撑，由于节点失效、新节点加入，导致网络拓扑结构的动态性，需要自动愈合。多跳自组织的网络路由行为是这类网络的重要特征。自组网具有很强的应用相关性，不同应用的路由协议反映的特点有所不同，不存在“应万变”的某种通用路由协议。

与传统网络的路由协议相比，无线自组网的路由协议具有以下特点：

(1) 能量优先。传统路由协议在选择最优路径时，很少考虑节点的能量消耗问题。由于无线自组网的节点能量有限，延长整个网络的生存期是网络路由协议设计的重要目标，因而需要考虑节点的能量消耗和网络能量均衡使用的问题。

(2) 基于局部拓扑信息。为了节省通信能量，自组网通常都采用多跳的通信方式，而节点有限的存储资源和计算资源，使得节点不能存储大量的路由信息。在节点只能获取局部拓扑信息和资源有限的情况下，如何实现简单、高效的路由机制，是这类网络运行的一个基本问题。

(3) 应用相关。自组网的应用环境千差万别，导致数据通信模式会有所不同，没有统一的路由机制可以适合于所有的应用问题。针对每一个具体应用的需求，人们可以设计实现或者移植与之适应的特定路由方式。

根据具体应用在设计路由协议时，必须满足如下要求：

(1) 能量高效。路由协议不仅要选择能量消耗小的信息传输路径，而且要从整个网络的角度考虑，选择使整个网络能量消耗均衡的路由。由于节点的资源有限，网络路由机制要能够简单而且高效地实现信息传输。

(2) 可扩展性。由于覆盖区域范围不同，造成网络规模大小不一样，而且由于节点失效、新节点加入和节点移动等因素，都会使得网络拓扑结构动态发生变化，这就要求路由机制具有可扩展性，能够适应网络结构的变化。

(3) 稳健性。能量耗尽或环境因素会导致节点的失效，周围环境也影响无线链路的通信质量，另外无线链路本身也存在一些缺陷，这些不可靠特性希望在路由机制方面具有一定的容错能力，使得网络运行具有较好的稳健性。

(4) 快速收敛性。由于网络的拓扑结构动态变化，节点能量和通信带宽等资源有限，因此要求路由机制能够快速收敛，以适应网络拓扑的动态变化，同时减少通信协议的开销，提高信息传输的效率。

4.3.2 定向扩散路由

定向扩散(Directed Diffusion，DD)路由协议是一种基于查询的路由机制，起源于无线自组织的传感器网络系统，它是一个典型多跳路由协议。扩散节点通过兴趣信息发出查询任务，采用洪泛方式传播兴趣信息到整个区域或部分区域内的所有节点。兴趣信息用于表示查询的任务，表达了网络用户对监测区域内感兴趣的具体内容，如监测区域内的温度、湿度和光照等数据。在兴趣信息的传播过程中，协议将逐跳地在每个传感器节点上建立反向的从数据源到汇聚节点的数据传输梯度，传感器探测节点将采集到的数据沿着梯度方向传送给汇聚节点。

定向扩散路由机制可以分为周期性的兴趣扩散、梯度建立和路径加强三个阶段，图 4.7 显示了这三个阶段的数据传播途径和方向的示例。

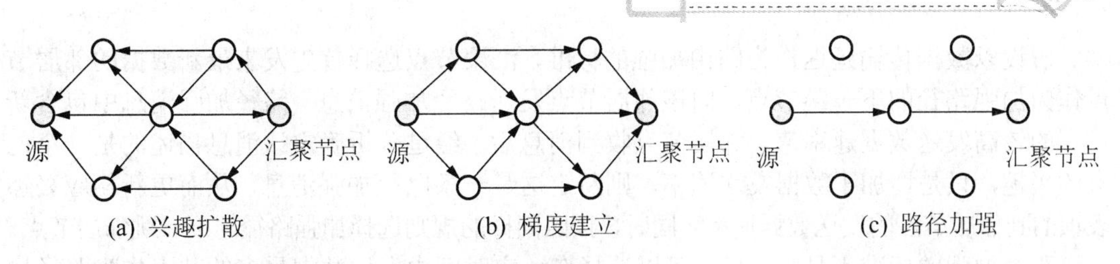

图 4.7　定向扩散路由机制的示例

1) 兴趣扩散阶段

在路由协议的兴趣扩散阶段，汇聚节点周期性地向邻居节点广播兴趣消息。兴趣消息中含有任务类型、目标区域、数据发送速率、时间戳等参数。每个节点在本地保存一个兴趣列表，对于每一个兴趣内容，列表中都有一个表项记录发来该兴趣消息的邻居节点、数据发送速率和时间戳等任务相关信息，以建立该节点向汇聚节点传递数据的梯度关系。每个兴趣可能对应多个邻居节点，每个邻居节点对应一个梯度信息。

通过定义不同的梯度相关参数，可以适应不同的应用需求。每个表项还有一个字段用于表示该表项的有效时间值，在超过该时间值之后，节点将删除这个表项。当节点收到邻居的兴趣消息时，首先检查兴趣列表中是否存有参数类型与收到兴趣相同的表项，而且对应的发送节点是该邻居节点。

如果有对应的表项，则更新表项的有效时间值；如果只是参数类型相同，但不包含发送该兴趣消息的邻居节点，则在相应表项中添加这个邻居节点；对于其他情况，需要建立一个新表项来记录这个新的兴趣。如果收到的兴趣消息和节点转发的兴趣消息一样，为了避免消息循环，则丢弃该信息，否则转发收到的兴趣消息。

2) 梯度建立阶段

当传感器探测节点采集到与兴趣匹配的数据时，把数据发送到梯度上的邻居节点，并按照梯度上的数据传输速率，设定传感器模块采集数据的速率。由于可能从多个邻居节点收到兴趣消息，节点向多个邻居发送数据，汇聚节点可能收到经过多个路径的相同数据。

中间节点收到其他节点转发的数据后，首先查询兴趣列表的表项。如果没有匹配的兴趣表项，就丢弃数据。如果存在相应的兴趣表项，则检查与这个兴趣对应的数据缓冲池。数据缓冲池用于保存最近转发的数据。

如果在数据缓冲池中存在与接收到的数据匹配的副本，说明已经转发过这个数据，为避免出现传输环路而丢弃这个数据；否则，检查该兴趣表项中的邻居节点信息。

如果设置的邻居节点数据发送速率大于等于接收的数据速率，则全部转发接收的数据；如果记录的邻居节点数据发送速率小于接收的数据速率，则按照比例转发。对于转发的数据，数据缓冲池保留一个副本，并记录转发时间。

3) 路径加强阶段

定向扩散路由机制通过正向加强机制来建立优化路径，并根据网络拓扑的变化来修改数据转发的梯度关系。兴趣扩散阶段是为了建立源节点到汇聚节点的数据传输路径，数据源节点以较低速率来采集和发送数据，这个阶段建立的梯度称为探测梯度。

汇聚节点在收到从源节点发来的数据后，启动建立到源节点的加强路径，后续数据将沿着加强路径、以较高的数据速率进行传输。加强后的梯度称为数据梯度。

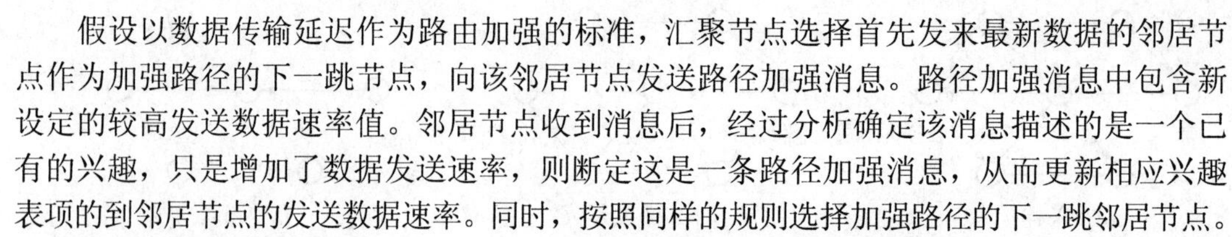

假设以数据传输延迟作为路由加强的标准，汇聚节点选择首先发来最新数据的邻居节点作为加强路径的下一跳节点，向该邻居节点发送路径加强消息。路径加强消息中包含新设定的较高发送数据速率值。邻居节点收到消息后，经过分析确定该消息描述的是一个已有的兴趣，只是增加了数据发送速率，则断定这是一条路径加强消息，从而更新相应兴趣表项的到邻居节点的发送数据速率。同时，按照同样的规则选择加强路径的下一跳邻居节点。

路径加强的标准不是唯一的，可以选择在一定时间内发送数据最多的节点作为路径加强的下一跳节点，也可以选择数据传输最稳定的节点作为路径加强的下一跳节点。位于加强路径上的节点如果发现下一跳节点的发送数据速率明显减小，或者收到来自其他节点的新位置估计，推断加强路径的下一跳节点失效，就需要使用上述的路径加强机制重新确定下一跳节点。

综上所述，定向扩散路由是一种经典的以数据为中心的路由协议。汇聚节点根据不同应用需求定义不同的任务类型、目标区域等参数的兴趣消息，通过向网络中广播兴趣消息启动路由建立过程。中间传感器节点通过兴趣表建立从数据源到汇聚节点的数据传输梯度，自动形成数据传输的多条路径。按照路径优化的标准，定向扩散路由使用路径加强机制生成一条优化的数据传输路径。为了动态适应节点失效、拓扑变化等情况，定向扩散路由周期性进行兴趣扩散、数据传播和路径加强三个阶段的操作。

当然，定向扩散路由在路由建立时需要一个兴趣扩散的洪泛传播，在能量和时间方面开销较大，尤其是当底层 MAC 协议采用休眠机制时，有时可能造成兴趣建立的不一致，因而在网络设计时需要注意避免这些问题。

4.4 无线传感器自组网

4.4.1 无线传感器自组网概述

传感器网络由于经常采用无线方式实现网络通信，因而人们一般称其为无线传感器网络。自组网技术是目前无线传感器网络的最典型特征，多跳无线传输作为一项先进技术，使得无线传感器网络在技术特点上明显区别于传统的网络，因此通常人们在默认情况下认为无线传感器网络就是传感器自组网。

从技术发展的角度来看，更小、更廉价的低功耗计算设备代表的“后 PC 时代”冲破了传统台式计算机和高性能服务器的设计模式；普遍的网络化带来的计算处理能力是难以估量的；微机电系统(Micro-Electro-Mechanism System，MEMS)的迅速发展奠定了设计和实现片上系统(System on Chip，SoC)的基础。以上三个方面的高度集成孕育出了许多新的信息获取和处理模式，无线传感器网络就是其中一例。

最近几年来无线通信、集成电路、传感器和微机电系统等技术得到飞速发展，从而使得低成本、低功耗和多功能的微型传感器的大量生产成为可能。这些传感器在微小体积内集成了信息采集、数据处理和无线通信等多种功能。无线传感器网络就是由部署在监测区域内大量的微型传感器节点，通过无线电通信形成的一个多跳的自组织网络系统。

在通信方式上，虽然可以采用有线、无线、红外线和光等多种形式，但一般认为短距离的无线低功率通信技术最适合传感器网络使用，为明确起见，一般称为无线传感器网络。

由于微型传感器的体积小、重量轻，有的甚至可以像灰尘一样在空气中浮动，因而国外又称无线传感器网络为“智能尘埃(Smart Dust)”，将它散布于四周以实时感知物理世界的变化。

从技术特征的方面来看，无线传感器网络是一种无中心节点的全分布系统。通过随机投放的方式，众多传感器节点被密集部署到监控区域。这些传感器节点集成有探测感知模块、数据处理模块和通信模块，它们通过无线信道相连，自组织地构成网络系统。

传感器节点借助于内置的多种传感器探测元器件，可以测量出所在周边环境中的热、红外、声呐、雷达和地震波信号，如温度、湿度、噪声、光强度、压力、土壤成分、移动物体的大小、速度和方向等众多物理现象。传感器节点之间还可以具有良好的协作能力，通过局部的数据交换来完成全局任务。传感器网络通过网关还可以连接到现有的网络基础设施上(如因特网、移动通信网络等)，从而将采集到的信息回传给远程的终端用户使用。

4.4.2　无线传感器网络发展历史

根据研究和分析，这里将无线传感器网络的发展历史分为三个阶段，下面逐一介绍并分析各阶段的技术特征。

(1) 第一阶段：传统的传感器系统

这一阶段最早可以追溯 20 世纪 70 年代越南战争时期使用的传统的传感器系统。当年美越双方在密林覆盖的“胡志明小道”进行了一场血腥较量，这条道路是胡志明部队向南方游击队源源不断输送物资的秘密通道，美军曾经绞尽脑汁动用航空兵狂轰滥炸，但效果不大。后来，美军投放了 2 万多个“热带树”传感器。

所谓“热带树”实际上是由震动和声响传感器组成的系统，它由飞机投放，落地后插入泥土中，只露出伪装成树枝的无线电天线，因而被称为“热带树”。只要对方车队经过，传感器探测出目标产生的震动和声响信息，自动发送到指挥中心，美机立即展开追杀，总共炸毁或炸坏 4.6 万辆卡车。

这种早期使用的传感器系统的特征在于：传感器节点只产生探测数据流，没有计算能力，并且相互之间不能通信。

传统的原始传感器系统通常只能捕获单一信号，传感器节点之间进行简单的点对点通信，网络一般采用分级处理结构。

(2) 第二阶段：传感器网络节点集成化

第二阶段是 20 世纪八九十年代。在 1980 年美国国防部高级研究计划局(Defense Advanced Research Projects Agency，DARPA)的分布式传感器网络项目(Distributed Sensor Networks，DSN)，开启了现代传感器网络研究的先河。该项目由 TCP/IP 协议的发明人之一、时任 DARPA 信息处理技术办公室主任的 Robert Kahn 主持，起初设想建立低功耗传感器节点构成的网络，这些节点之间相互协作，但自主运行，将信息发送到需要它们的处理节点。就当时的技术水平来说，这绝对是一个雄心勃勃的计划。通过多所大学研究人员的努力，该项目在操作系统、信号处理、目标跟踪、节点实验平台等方面取得了较好的基础性成果。

在这个阶段，传感器网络的研究依旧主要在军事领域展开，成为网络中心战体系中的关键技术。这时期涌现的比较著名的系统包括美国海军研制的协同交战能力系统(Cooperative Engagement Capability，CEC)、用于反潜作战的固定式分布系统(Fixed Distributed System，FDS)、高级配置系统(Advanced Deployment System，ADS)、远程战场传感器网络系统(Remote Battlefield Sensor System，REMBASS)和战术远程传感器系统(Tactical Remote Sensor System，TRSS)等无人值守地面传感器网络系统。

这个阶段的技术特征在于，采用了现代微型化的传感器节点，这些节点可以同时具备感知能力、计算能力和通信能力。因此在1999年，商业周刊将传感器网络列为21世纪最具影响的21项技术之一。

(3) 第三阶段：多跳自组网

第三阶段是从21世纪开始至今。美国在2001年发生了震惊世界的"9·11"事件，如何找到恐怖分子头目本·拉登成为了当时和平世界的一道难题。由于本·拉登深藏在山区，神出鬼没，极难发现他的踪迹。人们曾设想在本·拉登经常活动的地区大量投放各种微型探测传感器，采用无线多跳自组网方式，将发现的信息以类似接力赛的方式传送给远在波斯湾的美国军舰。

但是这种低功率的无线多跳自组网技术在当时是不成熟的，因而向科技界提出了应用需求，由此引发了无线自组织传感器网络的研究热潮。这个阶段的传感器网络技术特点在于网络传输自组织、节点设计低功耗。

除了应用于情报部门反恐活动以外，无线多跳自组网技术在其他领域更是获得了很好的应用，所以2002年美国国家重点实验室"橡树岭实验室"提出了"网络就是传感器"的论断。由于无线传感器网络在国际上被认为是继互联网之后的第二大网络，2003年美国《技术评论》杂志评出对人类未来生活产生深远影响的十大新兴技术，传感器网络被列为第一。

在现代意义上的无线传感器网络研究及其应用方面，我国与发达国家几乎同步启动，它已经成为我国信息领域位居世界前列的少数方向之一。在2006年我国发布的《国家中长期科学与技术发展规划纲要》中，为信息技术确定了三个前沿方向，其中有两项就与传感器网络直接相关，这就是智能感知技术和自组网技术。

4.4.3 无线传感器网络技术原理

1. 概念定义

目前无线网络可分为两种，如图4.8所示。

一种是有基础设施的网络，需要固定基站，如手机属于无线蜂窝网，它就需要高大的天线和大功率基站来支持，基站就是最重要的基础设施；另外，使用无线网卡上网的无线局域网，由于采用了接入点这种固定设备，也属于有基础设施网。

另一种是无基础设施网，又称为无线Ad hoc*网络，节点是分布式的，没有专门的固定基站。

---

*Ad hoc一词来源于拉丁文，在英语中表示"专门为某一特定目的、临时的、即兴的"，在无线通信中Ad hoc网是指一种多跳的、无中心的、自组织的无线网络，又称为多跳网(Multi-hop Network)、无基础设施网(Infrastructureless Network)或自组网(Self-organizing Network)。

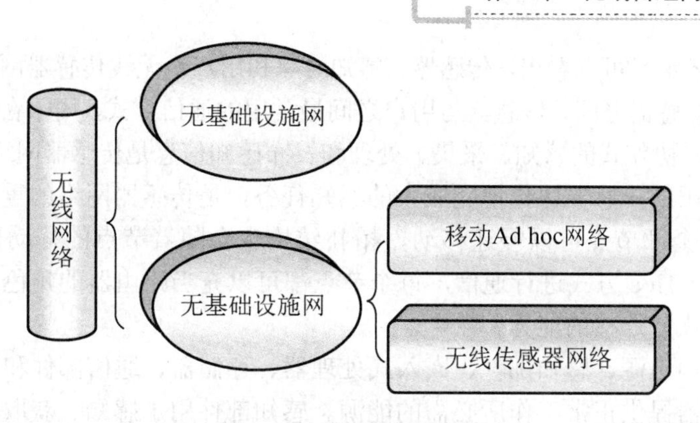

图 4.8　无线网络的分类

无线 Ad hoc 网络又可分为两类：一类是移动 Ad hoc 网络，它的终端是快速移动的。一个典型的例子是美军 101 空降师装备的 Ad hoc 网络通信设备，它可以保证在远程空投到一个陌生地点之后，在高度机动的装备车辆上仍然能够实现各种通信业务，而无须借助外部设施的支援。另一类就是无线传感器网络，它的节点是静止的或者移动很慢。

在移动自组织网络(Mobile Ad Hoc Network，MANET)出现之初，它指的是一种小型无线局域网，这种局域网的节点之间不需要经过基站或其他管理控制设备就可以直接实现点对点的无线通信，而且当两个通信节点之间由于功率或其他原因导致无法实现链路直接连接时，网内其他节点可以帮助中继信号，以实现网络内各节点的相互通信。由于无线节点是在随时移动的，因而这种网络的拓扑结构也是动态变化的。

无线传感器网络(Wireless Sensor Network，WSN)的标准定义为：无线传感器网络是大量的静止或移动的传感器以自组织和多跳的方式构成的无线网络，目的是协作地探测、处理和传输网络覆盖区域内感知对象的监测信息，并报告给用户。

在这个定义中，传感器网络负责实现数据采集、处理和传输三种功能，而这正对应着现代信息技术的三大基础技术，即传感器技术、计算机技术和通信技术。它们分别构成了信息系统的“感官”、“大脑”和“神经”三个部分。因此说，无线传感器网络正是这三种技术的结合，可以构成一个独立的现代信息系统，如图 4.9 所示。

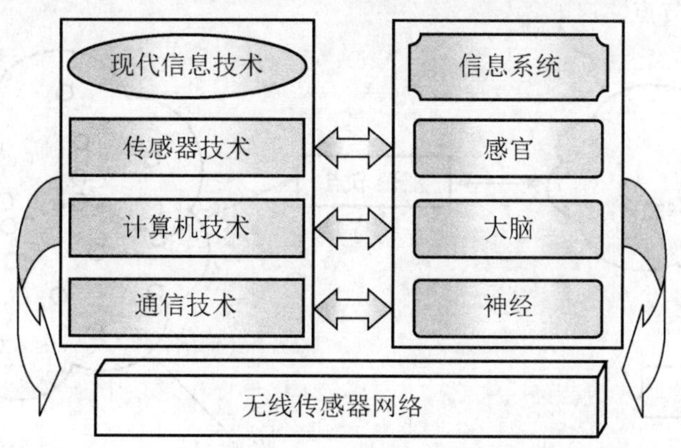

图 4.9　现代信息技术与无线传感器网络之间的关系

另外，从上述定义可以看出，传感器、感知对象和用户是无线传感器网络的三个基本要素。无线网络是传感器之间、传感器与用户之间最常用的通信方式，用于在传感器与用户之间建立通信路径。协作式的感知、采集、处理和发布感知信息是传感器网络的基本功能。

一组功能有限的传感器协作地完成大的感知任务，是传感器网络的重要特点。传感器网络中的部分或全部节点可以慢速移动，拓扑结构也会随着节点的移动而不断地动态变化。节点间以 Ad Hoc 方式进行通信，每个节点都可以充当路由器的角色，并且都具备动态搜索、定位和恢复连接的能力。

传感器节点由电源、感知部件、嵌入式处理器、存储器、通信部件和软件这几部分构成。电源为传感器提供正常工作所必需的能源。感知部件用于感知、获取外界的信息，并将其转换为数字信号。处理部件负责协调节点各部分的工作，如对感知部件获取的信息进行必要的处理、保存，控制感知部件和电源的工作模式等。通信部件负责与其他传感器或用户的通信。软件是为传感器提供必要的软件支持，如嵌入式操作系统、嵌入式数据库系统等。

传感器网络的用户是感知信息的接受和应用者，可以是人也可以是计算机或其他设备。例如，军队指挥官可以是传感器网络的用户，一台由飞机携带的移动计算机也可以是传感器网络的用户。一个传感器网络可以有多个用户，一个用户也可以是多个传感器网络的使用者。用户可以主动地查询或收集传感器网络的感知信息，也可以被动地接收传感器网络发布的信息。用户对感知信息进行观察、分析、挖掘、制定决策，或对感知对象采取相应的行动。

感知对象是用户感兴趣的监测目标，也是传感器网络的感知对象，如坦克、军事人员、动物、有害气体等。感知对象一般通过表示物理现象、化学现象或其他现象的数字量来表征，如温度、湿度等。一个传感器网络可以感知网络分布区域内的多个对象，一个对象也可以被多个传感器网络所感知。

2. 系统架构

从用户的角度来看，无线传感器网络的宏观系统架构如图 4.10 所示，通常包括传感器节点(Sensor Node)、汇聚节点(Sink Node)和管理节点(Manager Node)。有时汇聚节点也称为网关节点或者信宿节点。

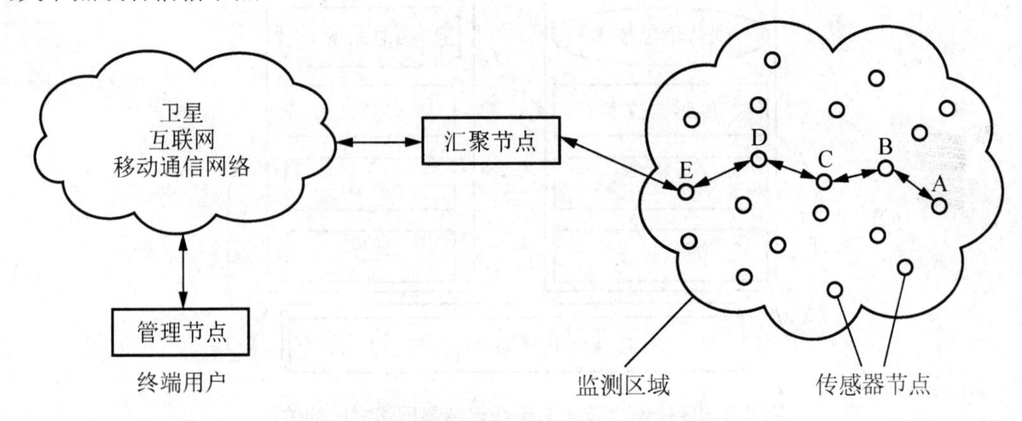

图 4.10　无线传感器网络的宏观系统架构

这种探测用途的传感器节点随机密布在整个观测区域，通过自组织的方式构成网络。传感器节点在对所探测到的信息进行初步处理之后，以多跳中继的方式传送给汇聚节点，然后经卫星、因特网或者移动通信网络等途径，到达最终用户所在的管理节点。终端用户也可以通过管理节点对传感器网络进行管理和配置，发布监测任务或者收集回传的数据。

无线传感器网络的每个终端节点都具有信息采集和路由的双重功能，这一点明显区别于传统的非多跳通信方式的无线网络和单纯的传感器采集系统。除了进行本地信息收集和数据处理外，每个节点还要存储、管理和融合其他节点转发过来的数据，同时与其他节点协作完成一些特定任务。

如果通信环境或者其他因素发生变化，导致传感器网络的某个或部分节点失效时，先前借助它们传输数据的其他节点则自动重新选择路由，保证在网络出现故障时能够实现自动愈合。

3. 节点的组成

传感器网络节点通常由六个功能模块组成，如图 4.11 所示，即传感模块、计算模块、通信模块、存储模块、电源模块和嵌入式软件系统。

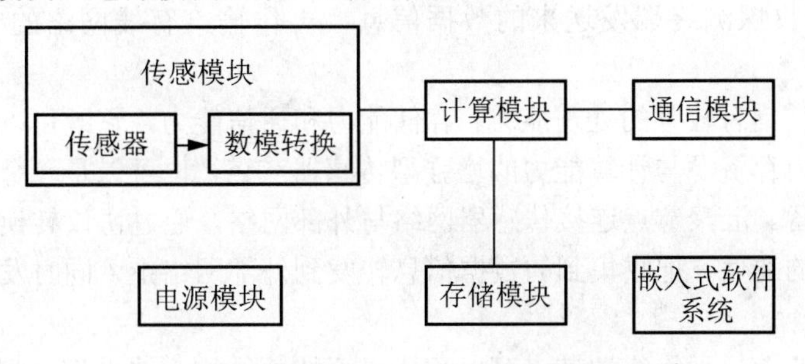

图 4.11　传感器网络节点的功能模块组成

这里传感模块负责探测目标的物理特征和现象，计算模块负责处理数据和系统管理，存储模块负责存放程序和数据，通信模块负责网络管理信息和探测数据的发送与接收。另外，电源模块负责节点供电，节点由嵌入式软件系统支撑，运行网络的五层协议。这五层协议包括物理层、数据链路层、网络层、传输层和应用层，如图 4.12 所示。

物理层负责载波频率的产生、信号调制、解调，数据链路层负责媒体接入和差错控制，网络层负责路由发现与维护，传输层负责数据流的传输控制，应用层负责任务调度、数据分发等具体业务。

传感器网络的一个突出特色是采用了跨层设计技术，这一点与现有的 IP 网络不同。跨层设计包括能量分配、移动管理和应用优化。能量分配是尽量延长网络的可用时间，移动管理主要对节点移动进行检测和注册，应用优化是根据应用需求优化调度任务。

传感器探测节点通常是一个嵌入式系统，由于受到体积、价格和电源供给等因素的限制，它的处理能力、存储能力相对较弱，通信距离也有限，通常只与自身通信范围内的邻居节点交换数据。如果要访问通信范围以外的节点，必须使用多跳路由。

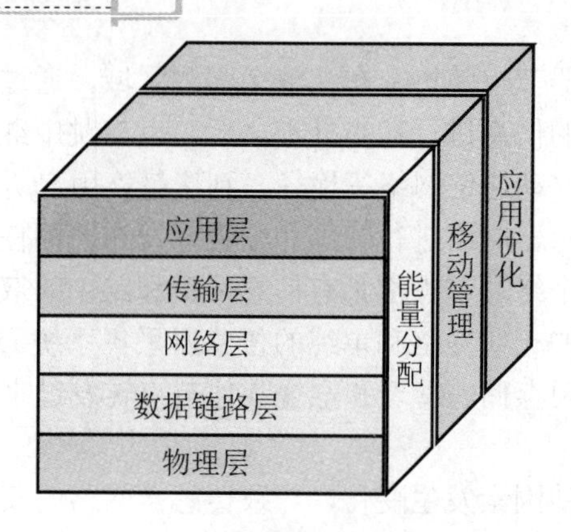

图 4.12　传感器网络的协议分层

传感器节点的处理器完成计算与控制功能，射频部分完成无线通信传输功能，传感器探测部分的电路完成数据采集功能，通常由电池供电，封装成完整的低功耗的无线传感器网络终端节点。

网关汇聚节点可以不安装传感器采集设备，处理器模块和射频模块是不可缺少的。它通过无线方式接收探测终端发送来的数据信息，再传输给有线网络的个人计算机或服务器。

汇聚节点通常具有较强的处理能力、存储能力和通信能力，它既可以是一个具有足够能量供给和更多内存资源与计算能力的增强型传感器节点，也可以是一个带有无线通信接口的特殊网关设备。汇聚节点连接传感器网络与外部网络，通过协议转换实现管理节点与传感器网络之间的通信，把收集到的数据信息转发到外部网络上，同时发布管理节点提交的任务。

各种类型的低功耗网络终端节点可以构成星形拓扑结构，或者混合型的 ZigBee 拓扑结构，有的路由节点还可以采用电源供电方式。

4. 节点的设计

毫无疑问，传感器网络的终端探测节点是应用和研究的重中之重，需要给出详细介绍。在不同应用中，传感器网络节点的组成不尽相同，但一般都由上述介绍的六个模块组成。被监测物理信号的形式决定了传感器的类型。处理器通常选用嵌入式 CPU，如 Motorola 公司的 68HC16，ARM 公司的 ARM7 和 Intel 公司的 8086 等。数据传输主要由低功耗、短距离的无线通信模块完成，如 RFM 公司的 TR1000 等。因为需要进行较复杂的任务调度与管理，系统需要一个微型化的操作系统。图 4.13 描述了节点的结构，其中，实心箭头的方向表示数据在节点中的流动方向。

从硬件设计方面来说，传感模块用于感知、获取监测区域内的信息，并将其转换为数字信号，它由传感器和 D/A 转换模块组成。计算与存储部分负责控制和协调节点各部分的工作，存储和处理自身采集的数据和其他节点发来的数据，它由嵌入式系统构成，包括处理器、存储器等。无线收发通信模块负责与其他传感器节点进行通信，交换控制信息和收发采集的数据，它由无线通信模块组成。电源单元能够为传感器节点提供正常工作所必需的能源，通常采用微型电池。

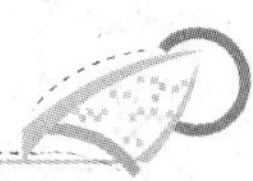

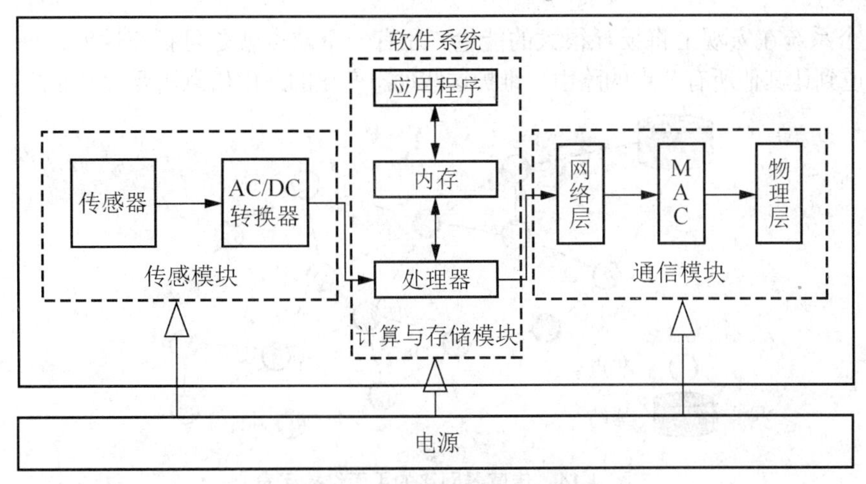

图 4.13　传感器网络节点的结构

另外，传感器节点还可以包括其他辅助单元，如移动系统、定位系统和自供电系统等。由于需要进行比较复杂的任务调度与管理，处理器需要包含一个功能较为完善的微型化嵌入式操作系统，如美国加利福尼亚大学伯克利分校开发的 TinyOS 操作系统。

由于传感器节点采用电池供电，一旦电能耗尽，节点就失去了工作能力。为了最大限度地节约电能，在硬件设计方面，要尽量采用低功耗器件，在没有通信任务的时候，切断射频部分电源；在软件设计方面，各层通信协议都应该以节能为中心，必要时可以牺牲其他的一些网络性能指标，以获得更高的电源效率。

5. 传感器网络的结构

传感器网络由基站和大量的节点组成。例如，战场上布置的大量节点，节点上的传感器感知战场信息，微处理器对原始数据进行初步处理，由无线收发模块将数据发送给相邻节点。数据经传感器网络节点的逐级转发，最终发送给基站，由基站通过串口传给主机，从而实现对战场的监控。

在传感器网络中，节点任意部署在被监测区域内，这一过程是通过飞行器撒播、人工埋置和火箭弹射等方式完成的。节点以自组织形式构成网络。根据节点数目的多少，传感器网络的结构可以分为平面结构和分级结构。如果网络的规模较小，一般采用平面结构；如果网络规模很大，则必须采用分级网络结构。

1) 平面结构

平面结构的网络比较简单，所有节点的地位平等，所以又可以称为对等式结构。源节点和目的节点之间一般存在多条路径，网络负荷由这些路径共同承担，一般情况下不存在瓶颈，网络比较健壮。图 4.14 所示是平面结构的示意图。

当然，在无线自组织传感器网络中，由于节点较多，且密度较大，平面型的网络结构在节点的组织、路由建立、控制与维持的报文开销上都存在问题，这些开销会占用很大的带宽，影响网络数据的传输速率，严重情况下甚至会造成整个网络的崩溃。

另外，节点在进行报文传输时，由于所有节点都起着路由器的作用，因而某个节点如果要发送报文，那么在这个节点和基站接收器之间会使得大量的节点参与存储转发工作，

从而使整个系统在宏观上将损耗很大的能量。还有一个缺点就是可扩充性差，每一个节点都需要知道到达其他所有节点的路由，维护这些动态变化的路由信息需要大量的控制消息。

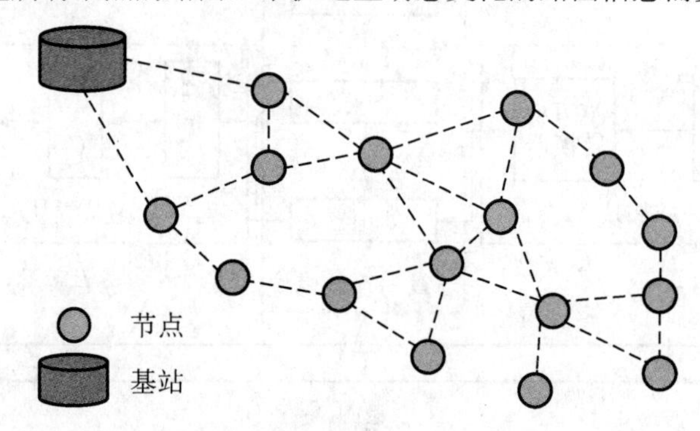

图 4.14　传感器网络的平面结构示意

2) 分级结构

在分级结构中，传感器网络被划分为多个簇(Cluster)。每个簇由一个簇头(Cluster Head)和多个簇成员(Cluster Member)组成。这些簇头形成了高一级的网络。簇头节点负责簇间数据的转发，簇成员只负责数据的采集。这大大减少了网络中路由控制信息的数量，因此具有很好的可扩充性。

簇头可以预先指定，也可以由节点使用分簇算法自动选举产生。由于簇头可以随时选举产生，所以分级结构具有很强的抗毁性。图 4.15 所示是传感器网络的分级结构示意图。

分级网络结构存在的问题就是簇头的能量消耗问题，簇头发送和接收报文的频率要高出普通节点几倍或十几倍，它在发送、接收报文时会消耗很多的能量，而且很难进入休眠状态，因而要求可以在簇内运行簇头选择程序来更换簇头。

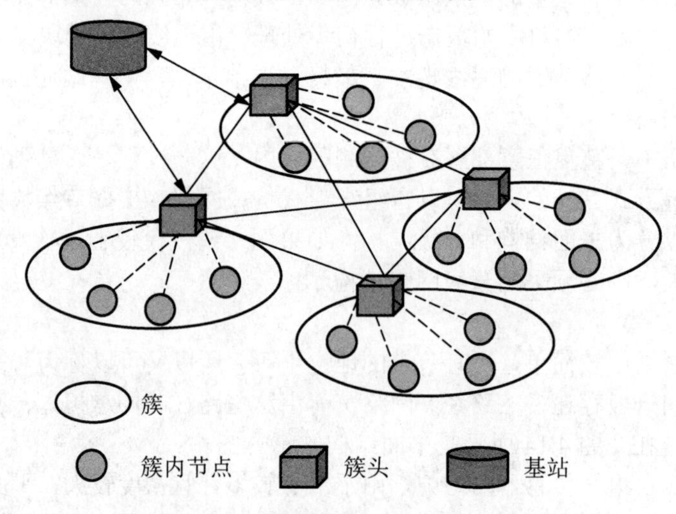

图 4.15　传感器网络的分级结构示意

分级结构比平面结构复杂得多，它解决了平面结构中的网络堵塞问题，整体消耗能量较少，因而实用性更高。

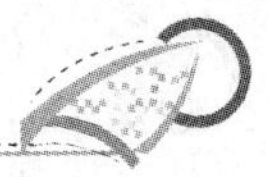

无线传感器网络的部署可以通过飞行器空投或通过炮弹、火箭、导弹等进行发射。如图 4.16 所示，当飞机到达传感器部署区域时，将携带的传感器空投，节点随机地分布在感知区域。

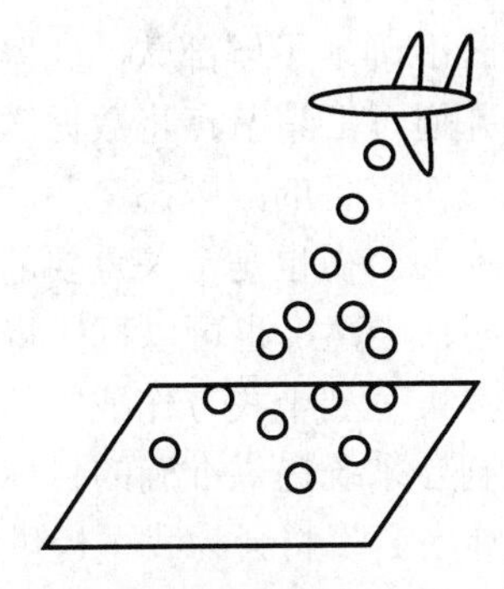

图 4.16　无线传感器网络的空投部署

当传感器节点落地之后，这些节点进入自检启动的唤醒状态，搜寻相邻节点的信息，并建立路由表。每个节点都与周围的节点建立联系，形成一个自组织的无线传感器网络，如图 4.17 所示，实现感知所在区域的信息，并通过网络传输数据。

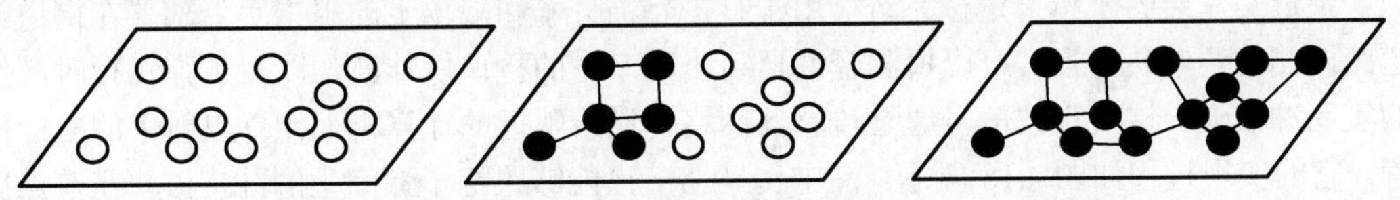

图 4.17　传感器自组网的过程

4.4.4　无线传感器网络应用领域

传感器探测技术和节点之间的无线通信能力，为无线传感器网络赋予了广阔的应用前景，这里主要对当前成功应用的一些领域进行简略介绍。

1. 军事领域

无线传感器网络的相关研究最早起源于军事领域。传感器网络在军事领域将会成为 C^4ISRT(Command，Control，Communication，Computing，Intelligence，Surveillance，Reconnaissance and Targeting)系统不可或缺的一部分。C^4ISRT 系统的目标是利用先进的高科技技术，为未来的现代化战争设计一个集命令、控制、通信、计算、智能、监视、侦察和定位于一体的战场指挥系统，受到了军事发达国家的普遍重视。

将自组网的先进终端设备融入军事领域的战场态势感知系统，利用各类微型传感器的探测功能进行系统集成，及时获取战场目标和环境的信息，可以实现的军事应用价值十分明显。利用这些技术为监测机动目标提供位置和类别的信息，实现监控数据的远距离通信，使得部队指挥人员可以方便、快速地判断目标活动情况和战场态势，弥补航空航天战略侦察不能实施区域战术侦察的不足，相关技术也可以推广应用于公安警察部门的反恐侦查活动。

因为传感器网络是由密集型、低成本、随机分布的节点组成的，自组织性和容错能力使其不会因为某些节点在恶意攻击中的损坏而导致整个系统的崩溃，这一点是传统的传感

器技术所无法比拟的，也正是这一点，使传感器网络非常适合应用在恶劣的战场环境中，包括监控我军兵力、装备和物资；监视冲突区；侦察敌方地形和布防；定位攻击目标；评估损失；侦察和探测核、生物和化学攻击。

指挥员在战场上往往需要及时准确地了解部队、武器装备和军用物资供给的情况，敷设的传感器将采集相应的信息，并通过汇聚节点将数据送至指挥所，再转发到指挥部，最后融合来自各战场的数据，形成我军完备的战区态势图。

在战争中对冲突区和军事要地的监视也是至关重要的，通过敷设传感器网络，以更隐蔽的方式近距离地观察敌方的布防；当然，也可以直接将传感器节点撒向敌方阵地，在敌方还未来得及反应的时间内迅速收集有利于我方作战的信息。

传感器网络也可以为火控和制导系统提供准确的目标信息。在生物和化学战中，利用传感器网络及时准确地探测“爆炸中心”将会为我军提供宝贵的反应时间，从而最大可能地减少伤亡。传感器网络也可避免核反应部队直接暴露在核辐射的环境中。

无线传感器网络在军事方面的应用例子很多。例如，2003 年联合国维和部队进入伊拉克，综合使用了商用间谍卫星和超微型感应的传感器网络，对伊拉克的空气、水和土壤进行连续不断地监测，以确定伊拉克有无违反国际公约的核武器和生化武器。

最近美军装备了枪声定位系统，用于打击恐怖分子和战场上的狙击手。部署在街道或道路两侧的声响传感器，可以检测轻武器射击时产生的枪口爆炸波，以及子弹飞行时产生的震动冲击波，这些声波信号通过传感器网络传送给附近的计算机，计算出射手的坐标位置。它的实现过程如图 4.18 所示。图中传感器节点能够跟踪子弹产生的冲击波，在节点探测范围内测定出子弹发射时产生的各种声波信号，判定子弹的发射源。三维空间的定位精度可达 1.5m，定位延迟仅 2s，甚至能判断出敌方射手采用跪姿和站姿射击的差异。

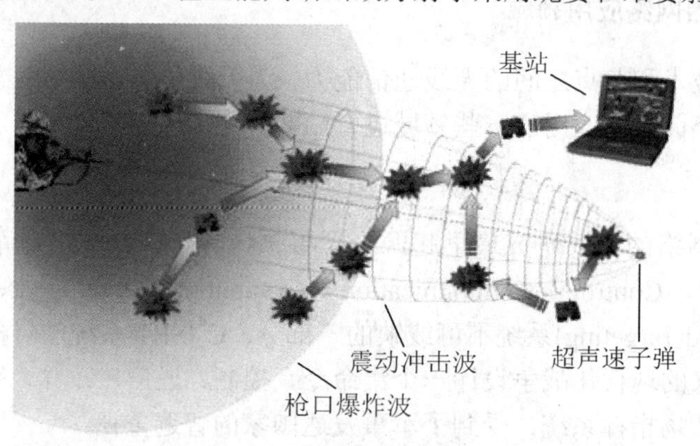

图 4.18　枪声定位系统

美国空军的 F-22 战斗机，目前在机体外侧也安装了传感器网络，能够提前发现敌机，通过与机载火控系统相结合，可以在没有任何事先征兆的情况下超视距发射空对空导弹将敌机摧毁。

2002 年美军在俄亥俄州大规模试验了“沙地直线”项目系统，也就是地面战场无线传感器网络，能够检测出入侵的高金属含量目标，主要用于解决对地面战场目标的探测、分

类和跟踪问题，它将机动目标分为徒手人员、武装人员和车辆三种类型。

在美军的未来战斗系统中，布置在道路两侧的传感器网络将探测出通行的车辆目标信号传输给士兵的手持终端设备，实现战场警戒功能。美军成功研制了“狼群”地面传感器网络，声称这标志着电子战领域的最新突破。

2. 工业领域

自组织、微型化和对外部世界的感知能力，决定了传感器网络在工业领域大有作为。在一些危险的工作环境，如煤矿、石油钻井、核电厂等，利用无线传感器网络可以探测工作现场有哪些员工、他们在做什么及他们的安全保障等重要信息。

在机械故障诊断方面，Intel 公司曾在芯片制造设备上安装过 200 个传感器节点，用于监控设备的振动情况，并在测量结果超出规定时提供监测报告，效果非常显著。美国最大的工程建筑公司贝克特营建集团公司也已在伦敦地铁系统采用传感器网络进行监测。

我国正处在基础设施建设的高峰期，各类大型工程的安全施工及监控是建筑设计单位长期关注的问题。采用无线传感器网络技术，可以使大楼、桥梁和其他建筑物能够自身感觉并意识到它们的状况，使得安装了传感器网络的智能建筑自动告诉管理部门它们的状态信息，从而可以使管理部门按照优先级进行定期的维修工作。

2004 年哈尔滨工业大学欧进萍院士的课题组应用无线传感器网络，针对超高层建筑的动态测试，开发了一种新型系统，应用到深圳地王大厦的环境噪声和加速度响应测试。地王大厦共 81 层，桅杆总高 384m。在现场测试中，将无线传感器沿大厦竖向布置在结构的外表面，系统成功地测出了环境噪声沿建筑高度的分布和结构的震动参数。

另外，利用传感器网络可以实时监控电力高压线的应力、温度和震动，在大雪覆盖时可以快速诊断出故障发生的地点。

3. 农业领域

我国是农业大国，农作物的优质高产对国家的经济发展意义重大。在这些方面传感器网络有着卓越的优势，可以用于监视农作物灌溉情况、土壤空气变化、牲畜和家禽的环境状况及大面积的地表检测等。

信息的获取、传输、处理、应用是数字农业研究的四大要素。先进传感技术和智能信息处理是保证正确地定量获取农业信息的重要手段。无线传感器网络为农业领域的信息采集与处理提供了新思路，弥补了以往传统数据监控的缺点，已经成为现代大农业的研究热点。

借助传感器网络可以实时向农业机构提供土壤、作物生理生态与生长的信息及有害物、病虫害监测报警，帮助农民及时发现问题，真正实现无处不在的数字农业，因而在设施农业、节水灌溉、精准农业、畜牧业、林草业等方面具有广阔的应用前景。

最近新闻媒体报道了一些大型的传感器网络应用工程项目，如韩国济州岛的智能渔场系统，主要是实现了自动收集渔场饲养环境的参数，确定投放饲料的数量。

北京市大兴区菊花生产基地使用无线传感器网络，采集日光温室和土壤的温湿度参数，提高了菊花生产的管理水平，使得生产成本至少下降了 25%。他们采用的是克尔斯博公司提供的产品，这个公司是全球最大的传感器网络产品制造商。

另外，研究人员把传感器节点布放在葡萄园内，测量葡萄园气候的细微变化。因为葡萄园气候的细微变化可以极大地影响葡萄的质量，进而影响葡萄酒的质量。通过长年的数据记录和相关分析，就能精确地掌握葡萄酒的质地与葡萄生长过程中的日照、温度和湿度的确切关系。

4. 智能交通领域

交通传感网是智能交通系统的重要组成部分，因其美好的应用前景而受到学术界和工业界的高度关注。在国内目前各种探测技术日趋成熟和硬件成本大幅度下降的基础上，传感器网络在现代交通系统中得到了很大的应用。应用范围主要涉及监控交通枢纽和高速公路的运行状况、统计通过的车数和某类车辆出现的频度等数据，提供交通运行信息供决策者服务。目前中国科学院的研究人员在该领域已经取得了突破性的成果，并进行了大规模的应用展示。

中国科学院沈阳自动化研究所开展了基于无线传感器网络的高速公路交通监控系统的研究。该项技术可以弥补传统设备如图像监视系统在能见度低、路面结冰等情况下，无法对高速路段进行有效监控的问题，也可克服因为关闭高速公路而产生的影响交通及阻碍人们出行等负面因素。另外，对一些天气突变性强的地区，该项技术能很好地协助降低汽车追尾等恶性交通事故。

中国科学院上海微系统与信息技术研究所联合上海市多家高校、研究所针对共同承担的“无线传感器网络关键技术攻关及其在道路交通中的应用示范研究”项目，提出了末梢微网、中层传感网、接入网三级带状传感网的体系构架，攻克了交通传感网的协同模式识别算法体系及多元数据源的交通综合信息融合技术，并研制了一系列道路状态信息检测无线传感器节点，如声震无线传感器网络车辆检测节点、车辆扰动检测节点；日夜自动转换视频车辆检测器；路面温湿度、积水、结冰、光照度、烟雾、噪声检测器等多种节点。

该项目的科研成果及产品正逐步推向市场，其中远距离高速中程无线传感器网络在浦东国际机场六国峰会安保工程无线传输系统、嘉兴市港航局数字化河道无线传感网指挥管理系统中得到应用；声震无线传感器网络车辆检测节点已经列入浦东机场防入侵系统设计方案中，并通过了实验验证；多种无线传感器网络车辆检测节点已经在济南高速公路、合肥市主干道、昆明市智能交通建设中通过了测试验证。

5. 家庭与健康领域

智能家居系统的设计目标是将住宅内的各种家居设备联系起来，使其能够自动运行，相互协作，为居住者提供尽可能多的便利和舒适。嵌入家具和家电中的传感器与执行单元组成的无线网络，与因特网连接在一起，能够为人们提供更加舒适、方便和人性化的智能家居环境。用户可以方便地对家电进行远程监控，如在下班前遥控家里的空调、电饭锅、微波炉、电话机、摄像机和计算机等家电，按照自己的意愿完成相应的工作。

在家居环境控制方面，将传感器节点放在家庭里不同的房间，可以对各个房间的环境温度进行局部控制。利用传感器网络可以监测幼儿的早期教育环境，跟踪儿童的活动范围，使父母或老师全面地了解和指导儿童的学习过程。

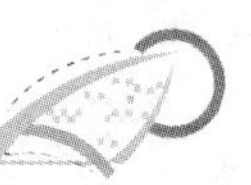

传感器网络具备的微型化和对周围区域的感知能力，决定了它在检测人体生理数据、老年人健康状况、医院药品管理和远程医疗等方面可以发挥出色的作用。

如果在住院病人身上安装特殊用途的传感器节点，如心率和血压监测设备，远端的医生利用传感器网络就可以随时了解被监护病人的病情，进行及时处理，还可以长时间地收集人体的生理数据。

美国 Intel 公司研制的家庭护理传感器网络系统，是美国“应对老龄化社会技术项目”的一项成果。该系统在鞋、家具和家用电器等设施内嵌入传感器，帮助老年人及患者、残障人士独立地进行家庭生活，在必要时由医务人员、社会工作者进行帮助。

6. 环境保护领域

传感器网络因部署简单、布置密集、低成本和无须现场维护等优点，为环境科学研究的数据获取提供了方便，可广泛应用在气象和地理研究、自然和人为灾害(如地震、洪水和火灾)监测，还可以通过跟踪珍稀鸟类、动物和昆虫，进行濒危种群的研究等。

海燕现在已经成为了一种濒临灭绝的鸟类。它们特别惧怕人类的打扰，美国缅因州大鸭岛属于自然保护区，上面居住栖息着很多海燕。2002 年 Intel 公司的研究人员将传感器放置在海燕鸟巢附近，获取海燕生活环境的数据，如图 4.19 所示。他们使用的传感器包括光、湿度、气压、红外、图像等，通过无线自组网将数据经卫星传输到加利福尼亚州的服务器，实现了对敏感野生动物的无人干扰监测。

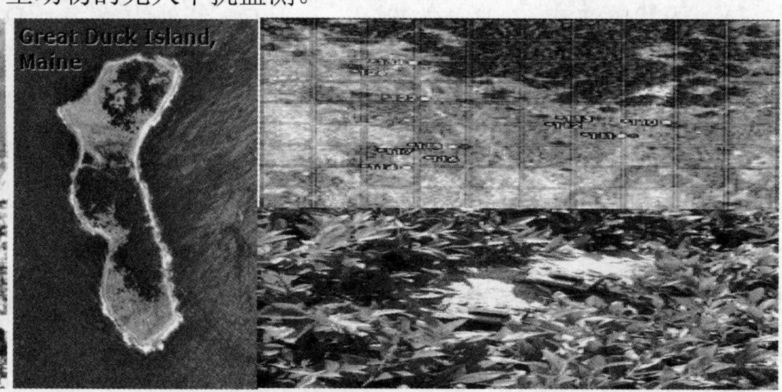

图 4.19　大鸭岛海燕监测

在美国 ALERT 计划中，研究人员开发了数种传感器来监测降雨量、河水水位和土壤水分，通过预定义的方式向中心数据库提供信息，依此预测暴发山洪的可能性。对于森林火灾的监测，可将传感器节点随机密布在森林。当发生火灾时，这些节点协同工作，在很短时间内将火源的具体地点、火势大小等信息传送给有关部门。

2008 年 5 月 12 日我国四川省汶川地区发生强烈大地震，造成巨大人员伤亡和财产损失，使地震预测重新成为科学界乃至整个社会关注的热点。在 2008 年 5 月 19 日紧急召开的“汶川特大地震发生机理及后续灾情科学分析”香山会议上，许多学者认为光纤传感器是目前最好的地震监测手段，在地震带附近建立光纤传感器网络，可以及时监测地下的异常情况，提高地震的预测水平，最大程度地避免人员伤亡和财产损失。

另外在此次地震后，鉴于我国地震监控点比较少，中国移动主动将基站贡献出来，在基站旁设置监控点，传感器收集相关信息后，通过移动通信网络传送到相关部门。

小　结

针对物联网通信中最具特色的无线多跳自组网技术，本章有选择性地重点介绍了这类网络组网通信协议的物理层、MAC 层和网络传输层的路由机制，强调与传统网络组网技术的区别，需要了解 IEEE 802.11 MAC 层协议、定向扩散路由协议的技术实现方法。本章突出多跳自组网协议的特点，分别介绍了一种典型的 MAC 层协议和路由协议。另外，以无线传感器自组网技术为例，介绍了无线传感器网络的技术原理和应用情况。通过本章内容的学习，应了解无线传感器网络的基本知识，为设计多跳自组网的通信方案提供参考。

习　题　4

一、选择题

1．当前在无线网络中使用最广泛的无线通信介质是(　　)。

A．无线电波　　B．微波　　C．红外线　　D．光波

2．当无线电波采用较低频率进行传播时，电波能量随着至信号源距离 r 的增大而减小，大致表现为(　　)。

A．$1/r$　　B．$1/r^2$　　C．$1/r^3$　　D．$1/r^{10}$

3．尽管下面的(　　)频段可以选择作为无线自组网的通信频段，但在低速无线个域网(LR-PAN)的 802.15.4 标准中，它不属于该标准所定义的物理层用于收发数据的载波频段。

A．433MHz　　B．868MHz　　C．915MHz　　D．2.4GHz

4．在无线自组网终端节点通信模块的四种状态中，无线通信在(　　)消耗能量最多，在(　　)消耗能量最少。

A．发送状态　　B．接收状态　　C．侦听状态　　D．睡眠状态

5. 无线网络 MAC 协议按照采用固定分配或随机访问信道方式进行区分，下面的(　　)不属于这类分类范围。

A．时分复用无竞争接入方式　　B．随机竞争接入方式

C．“侦听/睡眠”交替方式　　D．竞争与固定分配相结合方式

6．信息系统的“感官”相当于现代信息技术中的(　　)技术。

A．传感器　　B．计算机　　C．通信　　D．网络

7．无线传感器网络中的(　　)模块负责网络管理信息和探测数据的发送与接收。

A．传感　　B．计算　　C．存储　　D．通信

8．传感器网络的网关汇聚节点通过无线方式接收探测终端发送来的数据信息，它可以不采用(　　)。

A．处理器　　B．存储器　　C．传感器　　D．电源

9．(　　)是连接无线传感器网络与外部网络的桥梁，它通过协议转换将收集到的采集信息转发到外部网络。

A．传感器终端节点　　B．汇聚节点

C．管理节点　　D．服务器

10．以下的无线传感器网络节点中不属于同一类型的是(　　)。

A．传感器节点　　B．汇聚节点　　C．网关节点　　D．信宿节点

二、填空题

1．无线通信的介质包括______和声波，其中前者是最主要的无线通信介质。

2．根据原始信号所控制参量的不同，无线通信的调制技术分为______、______和相位调制。

3. 典型的基于竞争的随机访问 MAC 协议是______接入方式，无线局域网 IEEE 802.11 MAC 协议的分布式协调工作模式就采用了带冲突避免的这种协议。

4．无线网络的无效能耗通常来源于以下四种原因：______、______、______和______。

5．路由选择的主要功能是寻找______节点和______节点之间的优化路径，并将数据分组沿着优化路径进行正确转发。

6．定向扩散路由作为一种典型的多跳路由协议，可以分为周期性的______、______和______三个阶段。

7．______、______和______是无线传感器网络的三个基本要素。

8．无线传感器网络通常包括______节点、______节点和______节点。

9．无线传感器自组网节点同时具有_____和_____双重功能，即终端节点除了完成本地信息收集任务以外，还要负责转发其他节点发送过来的数据，这是传统网络节点难以实现的，也是传感器自组网的显著特征。

10．无线传感器网络节点通常由六个功能模块组成，即______模块、______模块、______模块、______模块、______模块和______。

11. 根据节点数目的多少，无线传感器网络的结构可以分为______结构和______结构。

12．在无线传感器网络的分级结构中，网络被划分为多个______，它由一个______和多个______组成。

13．美军装备的枪声定位系统通过部署在街道或道路两侧的_____传感器，检测出轻武器射击时产生的_____波和子弹飞行时产生的_____波，计算出射手的坐标位置。

14．根据有无外部固定设施的支持情况，目前无线网络可以分为_____网和_____网，后者又称为_____，它没有专门的固定基站。

三、问答题

1．无线网络通信系统为什么要进行调制和解调？调制有哪些方法？

2．试描述无线自组网物理层的帧结构。

3．根据信道使用方式的不同，无线 MAC 协议可以分为哪几种类型？

4．设计基于竞争的 MAC 协议的基本思想是什么？

5．试写(画)出 CSMA/CA 的基本访问机制，并说明随机退避时间的计算方法。

6．哪些原因导致无线网络产生无效能耗？

7．简述路由选择的主要功能。

8．如何设计定向扩散路由协议？

9．说明无线传感器网络分级结构的特征和优缺点。

10．无线传感器网络与现代信息技术之间的关系是什么？

11．无线传感器网络的标准定义是什么？

12．无线网络是如何分类的？

13．传感器网络的终端探测节点由哪些部分组成？这些组成模块的功能分别是什么？

14．简述传感器网络发展历史的阶段划分和各阶段的技术特点。

15．讨论无线传感器网络在实际生活中具有哪些潜在的应用。

第 5 章 物联网的支撑技术

虽然物联网用户的使用目的千差万别，但是作为网络终端节点的功能归根结底就是传感、探测、感知，用于收集应用相关的数据信号。为了实现用户的功能，除了要设计第 4 章介绍的组网技术以外，还要实现保证网络用户功能正常运行所需的其他基础性技术。这些应用层的基础性技术是支撑网络完成任务的关键，包括时间同步机制、数据融合、能量管理、定位技术和安全机制等。根据内容篇幅的不同，后续章节将对定位技术和安全机制分别给予介绍。本章重点介绍时间同步、数据融合和能量管理技术。

5.1 时 间 同 步

5.1.1 时间同步机制

1. 网络时间同步的意义

网络同步管理主要是指网络节点在时间上的同步管理。在分布式的无线网络应用中，每个节点都有自己的本地时钟。不同节点的晶体振荡器频率存在偏差，湿度和电磁波的干扰等也会造成网络节点之间的运行时间偏差。有时网络单个节点的能力有限，或者某些应用的需要，整个系统的功能要求网络内所有节点相互配合来共同完成，分布式系统的协同工作需要节点之间的时间同步。因此，时间同步机制是分布式系统基础框架的一个关键机制。

在分布式系统中，时间同步涉及“物理时间”和“逻辑时间”两个不同的概念。“物理时间”表示人类社会使用的绝对时间；“逻辑时间”体现了事件发生的顺序关系，是一个相对概念。分布式系统通常需要一个表示整个系统时间的全局时间。全局时间根据需要可以是物理时间或逻辑时间。

时间同步机制在传统网络中已经得到广泛应用，如传统的网络时间协议(Network Time Protocol，NTP)是因特网采用的一种典型的时间同步协议。另外，GPS 和无线测距等技术也可用于提供网络的全局时间同步。

在物联网的很多应用案例中，同样需要时间同步机制，如在节点时间同步的基础上，可以远程观察卫星和导弹发射的轨道变化情况等。另外，时间同步能够用来形成分布式波束系统、构成 TDMA 调度机制、实现多传感器节点的数据融合，以及利用时间序列的目标位置来估计目标的运行速度和方向，或者通过测量声波的传播时间来确定节点到达声源的距离和计算声源的位置。

概括起来说，物联网时间同步机制的意义和作用主要体现在以下两个方面。

首先，网络节点通常需要彼此协作，去完成复杂的监测和感知任务。数据融合是协作操作的典型例子，不同节点采集的数据最终融合形成了一个有意义的输出结果。例如，在车辆跟踪系统中，传感器节点记录车辆的位置和时间，并传送给网关汇聚节点，然后结合这些信息来估计车辆的位置和速度。如果传感器节点缺乏统一的时间同步，车辆的位置估计就是不准确的。

其次，一些节能方案需要时间同步来实现。例如，网络节点可以在适当的时候休眠，在需要的时候再唤醒。如果采用这种节能模式，网络节点应该在相同的时间同步系统下实施休眠或唤醒，一旦产生探测数据流，则节点的接收器并没有关闭。这里网络时间同步机制的设计目的，是为网络中所有节点的本地时钟提供共同的时间戳。

美军装备的枪声定位系统可以检测轻武器射击时产生的枪口爆炸波，以及子弹飞行时产生的震动冲击波，这些声波信号通过传感器网络传送给附近的计算机，计算出射手的坐标位置。这里相关的声波到达时间(Time of Arrival，ToA)测量要求网络具有一个共同的时间系统，实现传感器网络的精确时间同步。通过试验发现，射手定位误差除了取决于传感器节点本身测量的位置坐标偏差以外，不可能绝对精确的时间同步也是造成定位误差的一个重要因素。

2. 物联网时间同步协议的特点

由于物联网的节点造价不能太高，节点的微小体积不能安装除本地振荡器和无线通信单元以外用于同步的更多器件，因此，价格和体积成为这类网络时间同步的主要限制条件。

通常物联网中多数节点是无人值守的，仅携带少量有限的能量，即使是进行侦听通信也会消耗能量，因而运行时间同步协议必然要考虑消耗宝贵的能量。传统的有线网络终端节点的计算机可以由交流电供电，它们的时间同步机制往往关注于最小化同步误差来最优化同步精度，而很少考虑计算和通信的开销问题，也没有考虑设备所消耗的能量。

例如，网络时间协议(NTP)在因特网得到广泛使用，具有精度高、鲁棒性好和易扩展等优点。但是它依赖的条件在物联网终端节点系统中难以得到满足，因而不能直接移植运行，主要是由于以下原因：

(1) NTP 协议应用在已有的有线网络，它假定网络链路失效的概率很小，而物联网的无线链路通信质量受环境影响较大，甚至时常通信中断。

(2) NTP 协议的网络结构相对稳定，便于为不同位置的节点手工配置时间服务器列表，而物联网的拓扑结构动态变化，简单的静态手工配置无法适应这种动态环境。

(3) NTP 协议中时间基准服务器间的同步无法通过网络自身来实现，需要其他基础设施的协助，如 GPS 或无线电广播报时系统等，而在多跳自组网的传感器网络应用中，无法取得相应基础设施的支持。

(4) NTP 协议需要通过频繁交换信息来不断校准时钟频率偏差带来的误差，并通过复杂的修正算法，来消除时间同步消息在传输和处理过程中遇到的非确定因素的干扰，且在 CPU 使用、信道监听和占用方面都不受约束，而物联网终端节点存在资源约束时，必须考虑能量消耗。

另外，GPS 虽然能够以纳秒级精度与世界标准时间 UTC 保持同步，但需要配置高成本的接收机，且在室内、森林或水下等有障碍的环境中无法使用。如果用于军事目的，没有主控权的 GPS 也是不可依赖的。

因此，由于能量、价格和体积等方面的约束，使得 NTP、GPS 等现有时间同步机制并不适用于通常的物联网系统，需要设计专门的时间同步协议才能提供同步功能。下面以 TPSN(Timing-sync Protocol for Sensor Networks)协议为例介绍时间同步机制的设计过程。

5.1.2　TPSN 时间同步协议

TPSN 时间同步协议类似于传统网络的 NTP 协议，目的是提供全网范围内节点之间的时间同步。假定在网络中有一个节点可以与外界通信，从而获取外部时间，这种节点称为根节点。根节点可以通过装配 GPS 接收机等复杂硬件，作为整个网络系统的时钟源。

TPSN 协议采用层次型网络结构，首先将所有节点按照层次结构进行逻辑分级，计算该节点到根节点的距离；然后每个节点与上一级中的一个节点进行时间同步；最终所有节点都与根节点实现时间同步。节点之间的同步是基于发送者-接收者的同步方式。

1. TPSN 协议的操作过程

TPSN 协议假设每个节点都有唯一的标识号 ID，节点间的无线通信链路是双向的，通过双向的消息交换实现节点间的时间同步。TPSN 协议将整个网络内所有节点按照层次结构进行管理，负责生成和维护层次结构。

TPSN 协议包括两个阶段：

第一阶段是层次发现阶段，主要是生成层次结构，每个节点赋予一个级别，根节点赋予最高级别第 0 级，第 i 级的节点至少能够与第$(i-1)$级中的一个节点进行通信；

第二阶段是同步阶段，主要是实现所有节点与根节点的时间同步，第 1 级节点同步到根节点，第 i 级的节点同步到第$(i-1)$级的一个节点，最终所有节点都同步到根节点，实现整个网络的时间同步。

下面详细说明该协议两个阶段的实施细节。

首先，在网络部署后，根节点通过广播“级别发现”分组，启动层次发现阶段，级别发现分组包含发送节点的 ID 和级别。根节点的邻居节点收到根节点发送的分组后，将自己的级别设置为分组中的级别加 1，即为第 1 级，然后广播新的级别发现分组，其中包含的级别为 1。

节点收到第 i 级节点的广播分组后，记录发送这个广播分组的节点 ID，设置自己的级别为$(i+1)$，广播级别设置为$(i+1)$的分组。这个过程持续进行，直到网络内的每个节点都赋予一个级别数值。节点一旦建立自己的级别，就忽略任何其他级别的发现分组，以防止网络产生洪泛拥塞。

在建立层次结构之后，根节点通过广播时间同步分组启动同步阶段。第 1 级节点收到这个分组后，各自分别等待一段随机时间，通过与根节点交换消息同步到根节点。第 2 级节点侦听到第 1 级节点的交换消息后，后退和等待一段随机时间，并与它在层次发现阶段记录的第 1 个级别的节点交换消息进行同步。等待一段时间的目的是保证第 2 级节点在第

1 级节点时间同步完成后才启动消息交换。最后每个节点与层次结构中最靠近的上一级节点进行同步，从而所有节点都同步到根节点。

2. 相邻级别节点间的同步机制

邻近级别的两个节点之间通过交换两个消息来实现时间同步，如图 5.1 所示。

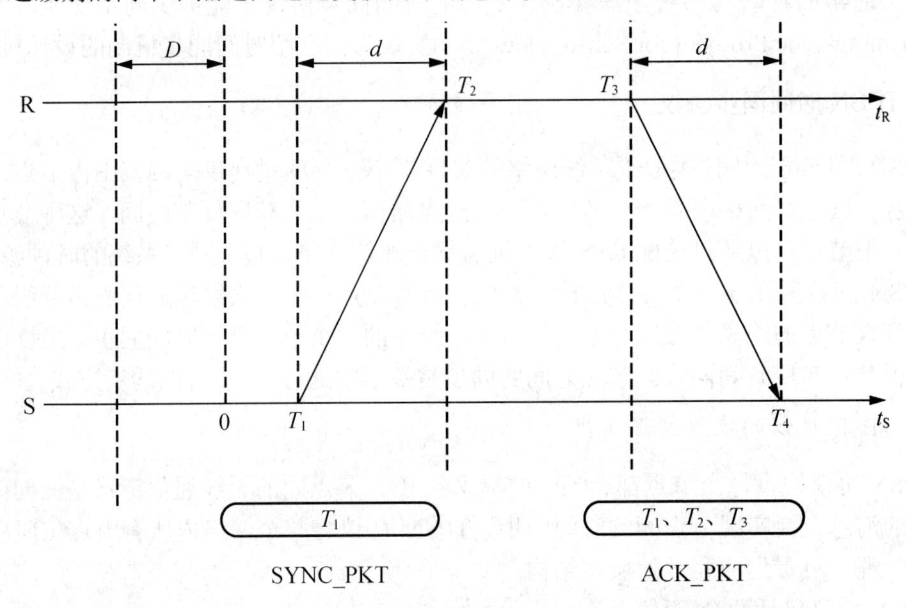

图 5.1 TPSN 机制实现相邻级别节点间同步的消息交换过程

这里节点 S 属于第 i 级节点，节点 R 属于第$(i-1)$级节点，T_1 和 T_4 表示节点 S 本地时钟在不同时刻测量的时间，T_2 和 T_3 表示节点 R 本地时钟在不同时刻测量的时间，Δ 表示两个节点之间的时间偏差，d 表示消息的传播时延，假设来回消息的延迟是相同的。

节点 S 在 T_1 时间发送同步请求分组给节点 R，分组中包含 S 的级别和 T_1 时间。节点 R 在 T_2 时间收到分组，$T_2 = T_1 + d + \Delta$，然后在 T_3 时间发送应答分组给节点 S，分组中包含节点 R 的级别和 T_1、T_2 和 T_3 信息。节点 S 在 T_4 时间收到应答，$T_4 = T_3 + d - \Delta$，因此可以推导出下面算式：

$$\Delta = \frac{(T_2 - T_1) - (T_4 - T_3)}{2} \tag{5.1}$$

$$d = \frac{(T_2 - T_1) + (T_4 - T_3)}{2} \tag{5.2}$$

节点 S 在计算时间偏差 Δ 之后，将它的时间同步到节点 R。

在发送时间、访问时间、传播时间和接收时间四个消息延迟的组成部分中，访问时间往往是无线传输消息时延中最具不确定性的因素。为了提高两个节点间的时间同步精度，TPSN 协议在 MAC 层消息开始发送到无线信道的时刻，才给同步消息加上时标，消除了访问时间带来的同步误差。

TPSN 协议能够实现全网范围内节点间的时间同步，同步误差与跳数距离成正比增长。

如果需要周期性地执行 TPSN 协议进行重同步，两次时间同步操作的时间间隔应根据具体应用来确定。

5.1.3　时间同步的应用案例

这里介绍一个例子，阐述利用磁阻传感器组成的网络对机动车辆进行测速。在本书的第 3 章，也曾以磁阻传感器为例介绍了微型传感器探测技术的应用方案。为了实现车辆测速的用途，网络必须先完成时间同步。由于对机动车辆的测速需要两个探测传感器节点的协同合作，利用测速算法提取车辆经过每个节点的磁感应信号的脉冲峰值，如图 5.2 所示，并记录时间。如果将两个节点之间的距离 d 除以两个峰值之间的时差Δt，则可以得出机动目标通过这一路段的速度(Vel)：

$$\text{Vel} = \frac{d}{\Delta t} \tag{5.3}$$

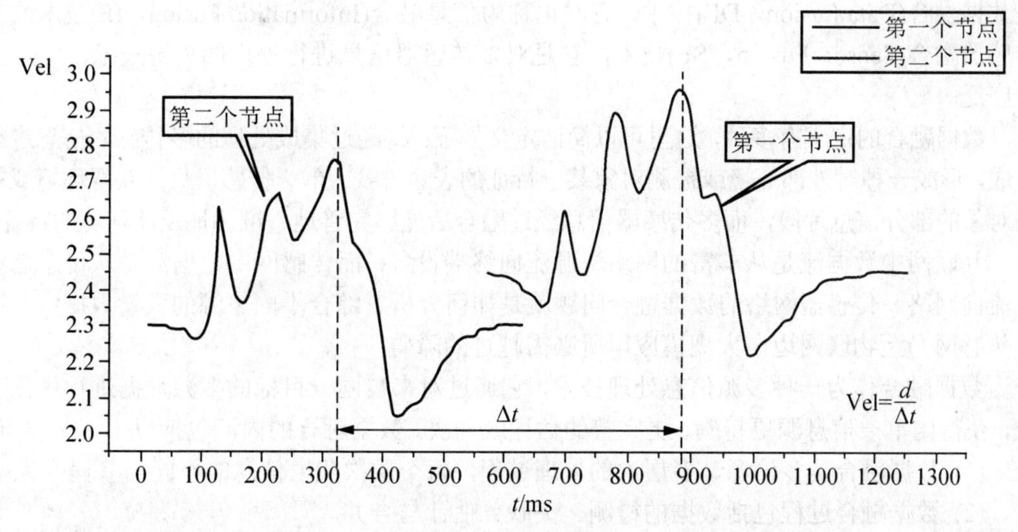

图 5.2　目标测速算法的实现原理

时间同步是测速算法对探测节点的要求，即测速系统的两个探测节点在时间上要保持高度同步，以保证测量速度的精确。在系统设计中，可以由网关汇聚节点周期性地发布同步指令，解决网络内各传感器节点的时间同步问题，如每四分钟发布一次同步指令。同步指令发布的优先级可以低于处理接收数据的优先级，以防丢失测量的数据。

机动车辆测速方案的主要步骤如下：

(1) 由网关发出指令指定两个测速的磁阻传感器节点；实现网络时间同步；启动测速过程开始；两个测速节点上报目标通过的时刻。

(2) 网关汇聚节点根据两个传感器节点之间的距离、机动车辆通过节点的时刻差值，计算出车辆的运行速度。

测速算法的精度主要取决于一对传感器节点的时间同步精度和传感器的探测性能。这里 TPSN 时间同步协议的根节点指定为网关节点，即根据有线网络上的主机时钟来同步所有的传感器节点时钟，网关节点充当“时标”节点，周期性地广播时钟信号，使得网络内的其他节点被同步。

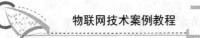

由于测速过程需要一对传感器节点，通常这两个传感器节点最好安装在道路的中间，可以增大传感信号的输出，并且两个节点之间相距一定长的距离，如可以布设为相距5～10m。

5.2 数据融合

5.2.1 数据融合的作用

物联网是将各种各样的探测信息进行加工处理，以获得人们所期待的、可以直接使用的某些数据或结论。各种网络终端探测节点的互补特性为获得更多的信息提供了技术支撑。但是随着多传感器的利用，又出现了如何对多传感器信息进行联合处理的问题，这就是数据融合(Data Fusion，DF)技术，有时也称为信息融合(Information Fusion，IF)技术或多传感器融合(Sensor Fusion，SF)技术，它是对多传感器信息进行处理的关键技术，应用非常广泛。

数据融合的定义有多种，这里可以简洁定义如下：将经过集成处理的多传感器信息进行合成，形成一种对外部环境或被测对象某一特征的表达方式。单一传感器只能获得环境或被测对象的部分信息片段，而多传感器信息经过融合后能够完善地、准确地反映环境的特征。

互联网中数据流是从丰富的网络资源流向终端设备，而传感网中数据流是从传感器设备流向网络。传感器网络的数据融合问题就是如何分析、综合不同来源的大量数据流，这是传感网乃至物联网迈向大规模应用所必需越过的障碍。

数据融合作为一种多源信息处理技术，它通过对来自同一目标的多源数据进行优化合成，获得比单一信息源更精确、更完整的估计或判决。数据融合的内涵包括以下三个要点：

(1) 数据融合是多信源、多层次的处理过程，每个层次代表信息的不同抽象程度。

(2) 数据融合过程包括数据的检测、关联、估计与合并。

(3) 数据融合的输出包括低层次的状态身份估计和高层次的总态势评估。

传感器数据融合技术在军事领域的应用，主要包括海上监视、地面防空、战略防御与监视等，其中最典型的就是C^3I系统，即军事指挥自动化系统。在非军事领域的应用包括机器人系统、生物医学工程系统和工业控制自动监视系统等。

数据融合的方法普遍应用在日常生活中，如在辨别一个事物的时候通常会综合各种感官信息，包括视觉、触觉、嗅觉和听觉等。单独依赖一种感官获得的信息往往不足以对事物做出准确判断，而综合多种感官的感知数据，可以对事物的描述更准确。

数据融合的内容主要包括目标探测、数据关联、跟踪与识别、情况评估和预测。数据融合的目的是通过融合比单独的输入数据获得更多的信息。这是协同作用的结果，即由于多节点的共同作用，使系统的有效性得到增强。实质上数据融合作为一种多源信息的综合技术，通过对来自不同探测数据进行分析和综合，可以获得被测对象及其性质的最佳一致估计。

从广义上讲，数据融合的主要作用可归纳为以下几点：

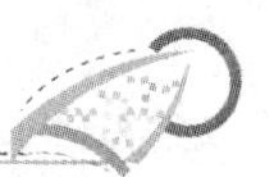

(1) 提高信息的准确性和全面性。数据融合处理可以获得有关周围环境更准确、更全面的信息。

(2) 降低信息的不确定性。一组相似的采集信息存在明显的互补性，这种互补性经过适当处理后，可对单一数据的不确定性和测量范围的局限性进行补偿。

(3) 提高系统的可靠性。某个或某几个探测终端失效时，网络系统仍能正常运行。

(4) 增加系统的实时性。

数据融合技术在传感器网络中得到重要的应用。目前大多数传感器网络的应用都是由大量传感器节点来共同完成信息的采集过程，传感器网络的基本功能就是收集并返回传感器节点所在监测区域的信息。由于传感器网络节点的资源十分有限，主要体现在电池能量、处理能力、存储容量及通信带宽等几个方面。

在收集信息的过程中，如果各个节点单独地直接传送数据到汇聚节点，则是不合适的，主要原因如下：

(1) 浪费通信带宽和能量。在覆盖度较高的传感器网络中，邻近节点报告的信息通常存在冗余性，各个节点单独传送数据会浪费通信带宽。另外，传输大量数据会使整个网络消耗过多的能量，缩短网络的生存时间。

(2) 降低信息收集的效率。多个节点同时传送数据会增加数据链路层的调度难度，造成频繁的冲突碰撞，降低了通信效率，从而影响信息收集的及时性。

为了避免上述问题的产生，传感器网络在收集数据的过程中需要使用数据融合技术。数据融合是将多份数据或信息进行处理，组合出更有效、更符合用户需求的数据的过程。

传感器网络中的数据融合技术主要用于处理同一类型传感器的数据，或者输出复合型异构传感器的综合处理结果。例如，在森林防火的应用中，需要对温度传感器探测到的环境温度进行融合。在目标自动识别的应用中，需要对图像监测传感器采集的图像数据进行融合处理。

数据融合技术的具体实现与应用密切相关，如在森林防火应用中只要处理传感器节点的位置和报告的温度数值，就实现了用户的要求和目标。但是，在目标识别应用中，由于各个节点的地理位置不同，针对同一目标所报告的图像的拍摄角度也不同，需要从三维空间的角度综合考虑，所以融合的难度也相对较大。

传感器网络是以数据为中心的网络，数据采集和处理是用户部署传感器网络的最终目的。从数据采集和信号探测的角度来看，采用数据融合技术会使数据采集功能相对于传统方法具有如下优点：

(1) 增加了测量维数，提高了置信度和容错性能，改进了系统的可靠性和可维护性。当一个甚至几个节点出现故障时，网络系统仍可利用其他节点获取环境信息，以维持系统的正常运行。

(2) 提高了测量精度。在节点探测和测量过程中，不可避免地存在各种噪声，而同时使用描述同一特征的多个不同信息，可以减小这种由测量不精确所引起的不确定性，显著提高系统的精度。

(3) 扩展了空间和时间的覆盖范围，提高了空间分辨率和适应环境的能力。多种网络终端节点可以描述环境中的多个不同特征，这些互补的特征信息，可以减小对环境模型理解的歧义，提高系统正确决策的能力。

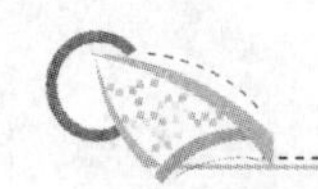

(4) 改进了整体探测性能，增加响应的有效性，降低了对单个节点探测的性能要求，提高了信息处理的速度。在同等数量的节点下，各节点分别单独处理与多节点数据融合处理相比，由于多节点信息融合使用了并行结构，采用分布式系统并行算法，可显著提高信息处理的速度。

(5) 降低了信息获取的成本。信息融合提高了信息的利用效率，可以用多个较廉价的节点获得与昂贵的单一高精度节点同样甚至更好的效果，因而可大大降低系统的成本。

在传感器网络中数据融合起着十分重要的作用，从总体上来看，它的主要作用在于：节省整个网络的能量；增强所收集数据的准确性；提高收集数据的效率。下面具体介绍这三个方面的作用。

(1) 节省网络能量。传感器网络是由大量节点覆盖在监测区域，单个节点的监测范围和可靠性是有限的。在部署网络时，需要使节点达到一定的密度，以增强整个网络的鲁棒性和监测信息的准确性，有时甚至需要使多个节点的监测范围互相交叠。

这种监测区域的相互重叠导致邻近节点报告的信息存在一定程度的冗余。例如，对于监测温度的传感器网络，每个位置的温度可能会有多个节点进行监测，这些节点所报告的温度数据会非常接近或完全相同。在这种冗余程度很高的情况下，把这些节点报告的数据全部发送给汇聚节点与仅发送一份数据相比，除了使网络消耗更多的能量外，汇聚节点并未获得更多的有意义的信息。

数据融合就是要针对上述情况对冗余数据进行网内处理，即中间节点在转发探测数据之前，首先对数据进行综合，去掉冗余信息，在满足应用需求的前提下将需要传输的数据量最小化。网内处理利用的是节点的计算资源和存储资源，其能量消耗与传送数据相比要少很多。

美国加利福尼亚大学伯克利分校计算机系研制开发了微型传感器网络节点 Micadot，最近研究试验表明，该节点发送一个比特的数据所消耗的能量约为 4000nJ(纳焦耳)，而处理器执行一条指令所消耗的能量仅为 5nJ，即发送一个比特数据的能耗可以用来执行 800 条指令。

在一定程度上应尽量进行网内处理，可以减少数据传输量，有效地节省能量。如果在理想的融合情况下，中间节点可以把 n 个长度相等的输入数据分组合并成一个等长的输出分组，只需要消耗不进行融合所消耗能量的 $1/n$ 即可完成数据传输。在最差的情况下，融合操作并未减少数据量，但通过减少分组个数，可以减少信道的协商或竞争过程造成的能量开销。

(2) 获得更准确的信息。由于网络通常由大量低廉的节点组成，部署在各种各样的应用环境。人们从单个网络节点获得的信息存在着较高的不可靠性，不可靠因素来源于以下三个方面：

① 受到成本和体积的限制，节点装配的感知元器件的探测精度一般较低；

② 无线通信的机制使得传送的数据更容易受到干扰和破坏；

③ 恶劣的工作环境除了影响数据传送以外，还会破坏节点的功能部件，令其工作异常，可能报告出错误的数据。

由此看来，仅收集少数几个分散节点的数据，是难以保证所采集信息的正确性。我们

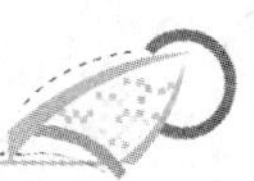

需要通过对监测同一对象的多个节点所采集的数据进行综合，有效地提高所获得信息的精度和可信度。另外，由于邻近节点也在监测同一区域，它们所获得信息之间的差异性很小。如果个别节点报告了错误的或误差较大的信息，很容易在节点本地通过简单的比较算法进行排查。

需要指出的是，虽然可以在数据全部单独传送到汇聚节点后进行集中融合处理，但这种方法得到的结果精度往往不如在网内预先进行融合处理。数据融合一般需要数据源所在地局部信息的参与，如数据产生的地点、产生数据的节点所在的组(簇)等。

(3) 提高数据的收集效率。在网络内部进行数据融合，可以在一定程度上提高网络收集数据的整体效率。数据融合减少了需要传输的数据量，可以减轻网络的拥塞，降低数据的传输延迟。即使有效数据量并未减少，但通过对多个分组进行合并减少了分组个数，能减少网络数据传输的冲突碰撞现象，提高无线信道的利用率。

5.2.2　数据融合的分类

数据融合技术可以从不同的角度进行分类，这里介绍三种分类方法：①根据融合前后数据的信息含量；②根据数据融合与应用层数据语义之间的关系；③根据融合操作的级别。下面介绍具体的分类方法及其细节。

1. 根据融合前后数据的信息含量分类

根据数据融合操作前后的信息含量，可分为无损失融合和有损失融合两类。

1) 无损失融合

在无损失融合中，所有的细节信息均被保留，只去除冗余的部分信息。此类融合的常见做法是去除信息中的冗余部分。如果将多个数据分组打包成一个数据分组，而不改变各个分组所携带的数据内容，那么这种融合方式属于无损失融合。它只是缩减了分组头部的数据和为传输多个分组而需要的传输控制开销，而保留了全部数据信息。

时间融合是无损失融合的另一个例子。在远程监控应用中，网络节点汇报的内容可能在时间属性上具有一定联系，可使用一种更有效的表示手段来融合多次汇报的结果。例如，一个节点以一个短时间间隔进行了多次汇报，每次汇报中除时间戳不同外，其他内容均相同，或者收到这些汇报的中间节点可以只传送时间戳最新的一次汇报，以表示在此时刻之前被监测的事物都具有相同的属性，因而大大节省网络数据的传输量。

2) 有损失融合

有损失融合通常会省略一些细节信息或降低数据的质量，从而减少需要存储或传输的数据量，以达到节省存储资源或能量资源的目的。在有损失融合中，信息损失的上限是要保留应用所必需的全部信息量。

很多有损失融合都是针对数据收集的需求而进行网内处理，如在温度监测的应用中，需要查询某一区域的平均温度或最低、最高温度时，网内处理将对各个节点所报告的数据进行运算，并只将结果数据报告给查询者。从信息含量的角度来看，这份结果数据相对于节点所报告的原始数据来说，损失了绝大部分的信息，但它能完全满足数据收集者的要求。

2. 根据数据融合与应用层数据语义之间的关系分类

数据融合技术可以在网络协议栈的多个层次中实现，既能在MAC协议中实现，也能在路由协议或应用层协议中完成。根据数据融合是否基于应用数据的语义*，将数据融合技术分为三类：依赖于应用的数据融合、独立于应用的数据融合和结合以上两种技术的数据融合。

(1) 依赖于应用的数据融合。通常数据融合都是针对应用层数据，即数据融合需要了解应用数据的语义。从实现角度来看，数据融合如果在应用层实现，则与应用数据之间没有语义间隔，可以直接对应用数据进行融合；如果在网络层实现，则需要跨协议层来理解应用层数据的含义。

依赖于应用的数据融合技术可以根据应用需求获得最大限度的数据压缩，但可能导致结果数据中损失的信息较多，另外，它带来的跨层理解语义问题也给协议栈的实现增加了难度。

(2) 独立于应用的数据融合。独立于应用的数据融合技术不需要了解应用层数据的语义，直接对数据链路层的数据包进行融合。例如，将多个数据包拼接成一个数据包进行转发。这种技术把数据融合作为独立的层次来实现，简化了各层之间的关系。

独立于应用的数据融合保持了网络协议层的独立性，不对应用层数据进行处理，从而不会导致信息丢失，但融合效率不如依赖于应用的数据融合技术。

(3) 结合以上两种技术的数据融合。这种方式结合了上面两种技术的优点，因而可以综合使用多种机制，得到更符合应用需求的融合效果。

3. 根据融合操作的级别分类

根据对感知数据的操作级别，可将数据融合技术分为以下三类。

1) 数据级融合

数据级融合是最底层的融合，操作对象是网络终端节点采集得到的数据，因而是面向数据的融合。对节点的原始数据及预处理各阶段上产生的信息分别进行融合处理，尽可能多地保留了原始信息，能够提供其他层次融合所不具备的细微信息。这类融合在大多数情况下仅依赖于探测设备类型，不依赖于用户需求。例如，在目标图像识别的应用中，数据级融合即为像素级融合，进行的操作包括对像素数据进行分类或组合，去除图像中的冗余信息等。

数据级融合的局限性主要由于所要处理的信息量大，故处理代价较高。另外，融合是在信息最底层进行的，由于原始数据的不确定性、不完整性和不稳定性，要求在融合时具有较高的纠错能力。

2) 特征级融合

特征级融合通过一些特征提取手段，将数据表示为一系列的特征向量，来反映事物的

---

* 语义可以简单地看做是数据所对应的现实世界中事物所代表的概念的含义，以及这些含义之间的关系，是数据在某个领域上的解释和逻辑表示。对于计算机科学来说，语义一般是指用户对于那些用来描述现实世界的计算机表示(即符号)的解释，也就是用户用来联系计算机表示和现实世界的途径。

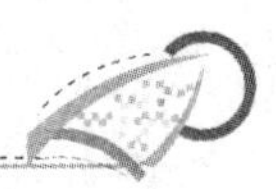

属性。作为一种面向监测对象特征的融合方式，它是通过提取原始数据中的特征信息，进行综合分析和处理的中间层次过程。

通常所提取的特征信息应是数据信息的充分表示量或统计量，据此对多源信息进行分类、汇集和综合。例如，在温度监测的应用场合，特征级融合可以对温度探测的输出数据进行综合，表示为“地区范围，最高温度，最低温度”的形式；在目标监测应用中，特征级融合可以将图像的颜色特征表示为 RGB 值。

特征级融合可以分为目标状态信息融合和目标特性融合两种类型。目标状态信息融合主要用于目标跟踪领域。融合系统首先对感知的数据进行预处理，完成数据配准，然后执行状态矢量估计。

目标特性融合主要用于特征层的联合识别。具体的融合方法主要采用模式识别的相应技术，在融合前必须先对特征进行相关处理，对特征矢量进行分类组合。在模式识别、图像处理和计算机视觉等领域，已经对特征提取和基于特征的分类问题进行了深入的研究，有许多方法可以借鉴。

3) 决策级融合

决策级融合根据应用需求进行较高级的决策，是最高级的融合方式。决策级融合的操作可以依据特征级融合提取的数据特征，对监测对象进行判别、分类，并通过简单的逻辑运算，执行满足应用需求的决策。因此，决策级融合是面向应用的融合。

决策级融合是在信息表示的最高层次上进行的融合处理。不同类型的探测设备观测同一个目标，每个设备节点在本地完成预处理、特征抽取、识别或判断，以建立对所观察目标的初步结论，然后通过相关处理、决策级融合判决，最终获得联合推断结果，从而直接为决策提供依据。

因此，决策级融合直接针对具体决策目标，充分利用特征级融合所得出的目标各类特征信息，并给出简明而直观的结果。决策级融合优点在于实时性好，另外，如果出现一个或几个探测设备失效时，仍能给出最终决策，因而具有良好的容错性。

例如，针对灾难监测问题，决策级融合可能需要综合多种类型的感知信息，包括温度、湿度或震动等，对是否发生了灾难事故进行判断。在目标监测应用中，决策级融合需要综合监测目标的颜色特征和轮廓特征，对目标进行识别，最终只传输识别的结果。

在具体应用与实现中，这三个层次的融合技术可以根据应用的特点加以综合运用。例如，在有的应用场合，探测数据的形式比较简单，不需要进行较低层的数据级融合，而需要提供灵活的特征级融合结果。另外，如果有的应用要处理大量的原始数据，则需要具备强大的数据级融合功能。

5.2.3　数据融合的主要方法

通常数据融合的大致过程如下：首先将被测对象的输出结果转换为电信号，然后经过 A/D 变换形成数字量；数字化后电信号经过预处理，滤除数据采集过程中的干扰和噪声；对经过处理后的有用信号进行特征抽取，实现数据融合，或者直接对信号进行融合处理；最后输出融合的结果。

下面列举数据融合的几种常见方法。

1) 综合平均法

该方法是将来自多个传感器的众多数据进行综合平均。它适用于同类传感器检测同一个目标。这是最简单、最直观的数据融合方法。该方法将一组传感器提供的冗余信息进行加权平均，结果作为融合值。

如果对一个检测目标进行了 k 次检测，则综合平均的结果为

$$\overline{S}=\frac{\sum_{i=1}^{k}W_iS_i}{\sum_{i=1}^{k}W_i} \tag{5.4}$$

其中，W_i 为分配给第 i 次检测的权重，S_i 为第 i 次检测的结果数据。

2) 卡尔曼滤波法

卡尔曼滤波法用于融合低层的实时动态多传感器冗余数据。该方法利用测量模型的统计特性，递推地确定融合数据的估计，且该估计在统计意义下是最优的。如果系统可以采用一个线性模型来描述，且系统与传感器的误差均符合高斯白噪声模型，则卡尔曼滤波为融合数据提供唯一的统计意义下的最优估计。

卡尔曼滤波器的递推特性使得它特别适合使用在那些不具备大量数据存储能力的系统。它的应用领域涉及目标识别、机器人导航、多目标跟踪、惯性导航和遥感等。例如，应用卡尔曼滤波器对 n 个传感器的测量数据进行融合后，既可以获得系统的当前状态估计，又可以预报系统的未来状态。

3) 贝叶斯估计法

贝叶斯估计是融合静态环境中多传感器低层信息的常用方法。它根据概率原则来组合各测量数据，采用条件概率来表示测量的不确定性。当网络节点的观测坐标一致时，可以直接对测量数据进行融合。在大多数情况下，网络节点可能是从不同的坐标系对同一环境物体进行描述，这时测量数据要以间接方式采用贝叶斯估计进行数据融合。

多贝叶斯估计将每个网络节点作为一个贝叶斯估计，将各单独物体的关联概率分布组合成一个联合后验概率分布函数，通过最小化联合分布函数的似然函数，可以得到多传感器信息的最终融合值。

4) D-S 证据推理法

D-S(Dempster-Shafter)证据推理法是数据融合技术中比较常用的一种方法，是由 Dempster 首先提出，由 Shafer 发展的一种不精确推理理论。这种方法是贝叶斯方法的扩展，因为贝叶斯方法必须给出先验概率，证据理论则能够处理这种由“不知道”引起的不确定性，通常用于对目标的位置、存在与否进行推断。

在多传感器数据融合系统中，每个信息源提供了一组证据和命题，并且建立了一个相应的质量分布函数。因此，每一个信息源就相当于一个证据体。D-S 证据推理法的实质是在同一个鉴别框架下，将不同的证据体通过 Dempster 合并规则构建成一个新的证据体，并计算证据体的似真度，最后采用某一决策选择规则，获得融合的结果。

5) 模糊逻辑法

针对数据融合中所检测的目标特征具有某种模糊性的现象，可以利用模糊逻辑方法对检测目标进行识别和分类。建立标准目标和待识别目标的模糊子集是此方法的基础。模糊子集的建立需要有各种各样的标准检测目标，同时必须建立合适的隶属函数。

模糊逻辑实质上是一种多值逻辑，在多传感器数据融合中，将每个命题及推理算子赋予 0～1 之间的实数值，以表示其在融合过程中的可信程度，该数值又被称为确定性因子。利用多值逻辑推理法，对各种命题(即各传感源提供的信息)进行合并运算，从而实现信息的融合。

6) 产生式规则法

这是人工智能常用的推理方法。产生式规则的一般形式为“IF <condition> THEN <action>”。表面上看，这种知识表示方法有很大的局限性，实际上产生式系统具有计算完备性，且其描述也较方便，一条规则或一组规则集往往能将一种复杂的情况非常紧凑地描述出来。

在数据融合过程中，它通过对具体使用的传感器特性和环境特性进行分析，归纳出产生式规则法中的规则。当系统改换或增减传感器时，其规则要重新产生。这种方法的特点是系统扩展性较差，但推理过程简单明了，易于系统解释，所以应用范围也很广泛。

7) 神经网络方法

人工神经网络是模拟人类大脑行为的一种智能计算方法，它采用大量以一定方式相互连接和相互作用的简单处理单元(即神经元)来处理信息。神经网络具有较强的容错性和自组织、自学习和自适应能力，能够实现复杂的映射。神经网络的优越性和强大的非线性处理能力，能满足多传感器数据融合技术的要求。

神经网络方法的特点如下：①具有统一的内部知识表示形式，通过学习方法可将传感器信息进行融合，获得相关参数(如连接权矩阵、节点偏移向量等)，并利用外部环境的信息，实现知识自动获取和联想推理；②能够将不确定环境的复杂关系，经过学习推理，融合为系统能理解的准确信号；③神经网络具有大规模并行处理信息的能力，使得系统信息处理速度很快。

神经网络方法实现数据融合的过程如图 5.3 所示：①根据选定的 N 个传感器检测系统状态；②采集 N 个传感器的测量信号并进行预处理；③对预处理后的 N 个传感器信号进行特征选择；④对特征信号进行归一化处理，为神经网络的输入提供标准形式；⑤将归一化的特征信息与已知的系统状态信息作为训练样本，供神经网络进行训练，直到满足要求为止；⑥将训练好的网络结构作为已知网络，将归一化的多传感器特征信息作为输入，则输出结果就是被测系统的状态结果。

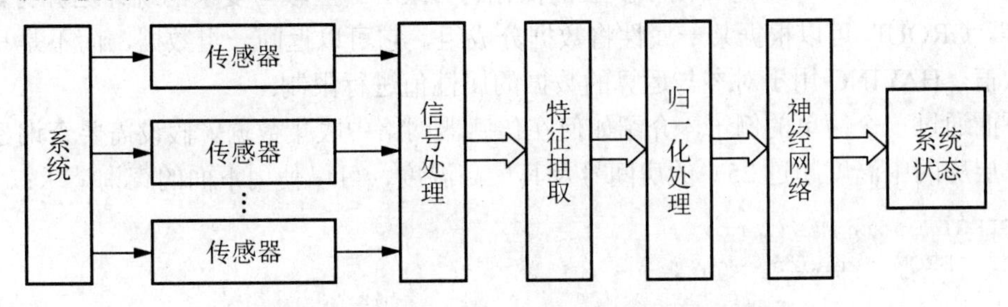

图 5.3　基于神经网络的多传感器信息融合

以上介绍的数据融合方法，已在物联网应用中得到体现，如用于机动目标的可靠探测、识别和位置跟踪等领域。

5.2.4　应用案例

这里以无线传感器网络为例，介绍数据融合方法在其应用层的一个使用案例。传感器网络具有以数据为中心的特点，尽管在网络层和其他层次结构上也可以采用数据融合技术，但在应用层实现数据融合最常见。

通常应用层的设计需要考虑以下几点：

(1) 应用层的用户接口需要对用户屏蔽底层的操作，用户不必了解数据是如何具体收集的，即使底层实现发生了变化，用户也不必改变原来的操作习惯；

(2) 传感器网络可以实现多任务功能，应用层应该提供方便、灵活的查询提交手段；

(3) 由于通信的代价相对于本地计算的代价要高，应用层数据的表现形式应便于网内计算，大幅度减少通信的数据量，减小能量消耗。

为了满足上述要求，分布式数据库技术被应用于传感器网络的数据收集过程，应用层接口可以采用类似“结构化查询语言”(Structured Query Language，SQL)*的风格。SQL 在多年的发展过程中，已经证明可以在基于内容的数据库系统中很好地工作。

传感器网络采用 SQL 语言的优点在于：①对于用户需求的表达能力强，易于使用；②可以应用于任何数据类型的查询操作，能对用户完全屏蔽底层的实现细节；③表达形式非常容易通过网内处理进行查询优化，中间节点均理解数据请求，可以对接收到的数据和自己的数据进行本地运算，只提交运算结果；④便于在研究领域或工业领域进行标准化。

在传感器网络应用中，SQL 融合操作包括五个基本操作符：COUNT、MIN、MAX、SUM 和 AVERAGE。与传统数据库的 SQL 应用类似，COUNT 用于计算一个集内的元素个数；MIN 和 MAX 分别计算最小值和最大值；SUM 计算所有数值之和；AVERAGE 用于计算所有数值的平均数。

例如，如果传感器节点的光照指数(Light)大于 10，则下面语句可以返回关于它们的温度(Temp)平均值和最高值的查询请求：

```
SELECT AVERAGE(Temp), MAX(Temp)
    FROM Sensors
    WHERE Light > 10
```

对于不同的传感器网络应用，可以扩展不同的操作符来增强查询和融合的能力。例如，可以加入 GROUP 和 HAVING 两个扩展的操作符，或者一些较为复杂的统计运算符，如直方图等。GROUP 可以根据某一属性将数据分成组，它可以返回一组数据，而不是只返回一个数值。HAVING 用于对参与运算的数据的属性值进行限制。

下面通过一个简单的例子，介绍如何在传感器网络中收集数据。假设需要查询建筑物的第 6 层房间中温度超过 25℃的房间号及其最高温度，可以使用下面的查询请求：

```
SELECT Room, MAX(Temp)
     FROM Sensors
```

---

* SQL 是数据库使用的标准数据查询语言。它作为一种高级的非过程化编程语言，允许用户在高层数据结构上工作，不要求用户指定数据的存放方法。具有完全不同底层结构的各种数据库系统，可以采用相同的 SQL 语言作为数据输入与管理的接口。

```
WHERE Floor = 6
GROUP BY Room
HAVING Temp > 25
```

假设 6 层有 4 个房间，房间内传感器的位置及通信路径如图 5.4 所示。为了突出数据收集的过程，便于简化讨论，这里假设满足以下三项条件：

① 所有节点都已通过某种方法(如简单的扩散)知道了查询请求；

② 各节点的数据传输路径已经由某种路由算法确定，如图中虚线代表的树形路由；

③ 图中走廊尽头的黑色节点负责将查询结果提交给用户，即此节点为本楼层的数据汇聚节点。

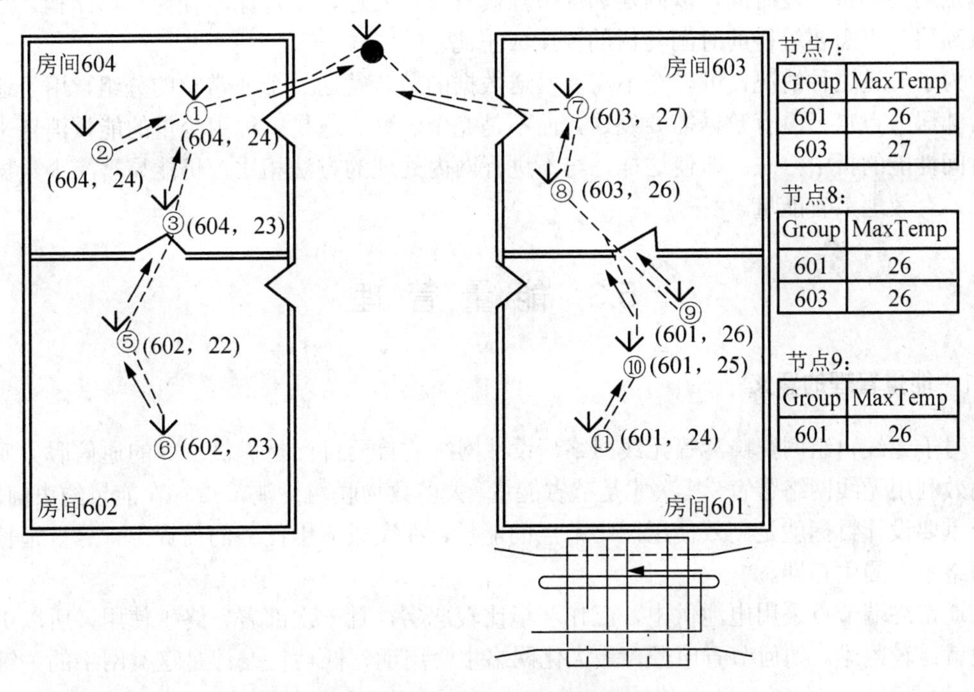

图 5.4　根据类 SQL 语言进行网内处理的示例

图中的各传感器节点均已准备好一份数据，并以(Room，Temp)的形式表示。一种简单的实现过程如下：

(1) 由于各个节点均理解查询请求，它们会首先检查自己的数据是否符合 HAVING 语句的要求(即温度值是否高于 25)，以决定自己的数据是否参与运算或需要发送；

(2) 各个节点在接收到其他节点发送来的数据后，进行本地运算，运算内容包括将数据按照房间号进行分组，并比较得出此房间目前已知的最高温度，继续向上游节点提交运算结果；

(3) 中间节点如果在一段时间内没有收到邻居节点发送来的数据，可以认为自邻居节点以下，没有需要提交的数据。

按照上面的操作原则，由于 1～6 号节点及 10、11 号节点的温度值不满足大于 25 的条件，所以不会发送数据。8 号节点将结果传送给 7 号节点，7 号节点通过本地融合，将

两者之间比较大的值发送给汇聚节点，一共传送了 2 个数据包；9 号节点将自己的计算结果发送给 8 号节点，8 号节点接收到数据后进行本地计算，并将最大值再次发送给 7 号节点；7 号节点更新 8 号节点发送来的计算结果后，发送给汇聚节点；汇聚节点等待一段时间，确信没有其他数据需要接收后，将查询结果提交，至此数据收集过程结束。

如果将一组(Room，Temp)值视为一份数据，上述过程总共在网内传送了 5 份数据。假如不使用任何数据融合手段，让各个节点单独发送数据到汇聚节点，由汇聚节点集中计算，则网络需要传送 25 份数据。显然，数据融合技术在这里发挥了重要的作用。

上述例子中的实现方法很简单，但一个不能回避的问题就是查询效率比较低。每个中间节点均要等待一段时间，以确定邻居节点没有数据发送，而传输路径为树形结构，这将导致高层节点需要等待的时间与树的深度成正比。

为了改进这种情况，可以令不需要发送数据的节点发送一个非常短的分组，用于通知上游邻居节点自己没有数据需要发送，而不是完全沉默。这是一种用少量的能量消耗来换取时间性能的折中办法。即使这样，与不进行网内处理的方法相比，仍能显著减少数据通信量，有效地节省能量。

5.3 能 量 管 理

5.3.1 能量管理的意义

对于无线自组网、蜂窝等无线网络，设计网络的首要目标是提供良好的通信服务质量和高效利用无线网络带宽，其次才是节省能量。大多数物联网终端节点存在能量约束问题，一个重要设计目标就是高效使用网络节点的能量，在完成应用任务的前提下，尽量延长整个网络系统的生存期。

通常终端节点采用电池供电，工作环境比较恶劣，且一次部署、终生使用，所以更换电池就比较困难。如何节省电源、最大化网络生命周期？低功耗设计是这类网络的关键技术之一。

通常节点中消耗能量的模块有探测模块、处理器模块和通信模块。随着集成电路工艺的进步，处理器和探测模块的功耗都很低。无线通信模块可以处于发送、接收、空闲或睡眠状态。空闲状态就是监听无线信道上的信息，但不发送或接收。睡眠状态就是无线通信模块处于不工作状态。

网络协议控制了网络各节点之间的通信机制，决定无线通信模块的工作过程。通常网络协议栈的核心部分是网络层协议和数据链路层协议。网络层主要是路由协议，选择采集信息和控制消息的传输路径，就是决定哪些节点形成转发路径，路径上的所有节点都要消耗一定的能量来转发数据。数据链路层的重点是 MAC 协议，控制相邻节点之间无线信道的使用方式，决定无线收发模块的工作模式。因此，路由协议和 MAC 协议是影响网络能量消耗的主要因素。

在无线网络通信中，能量消耗 E 与通信距离 d 存在关系：$E=kd^n$，其中 k 为常量，参数 n 的取值范围为 $2 \leqslant n \leqslant 4$。通常网络节点的体积小，发送端和接收端都贴近地面，受干扰较大，障碍物较多，所以 n 一般取值接近于 4，即通信能耗与距离的四次方成正比。也就是说，随着通信距离的增加，能耗急剧增加。为了降低能耗，应减小单跳通信距离，尽量使用多跳短距离的无线通信方式。

通常物联网终端节点的探测模块的能耗与应用问题有关，采样周期越短、采样精度越高，则能耗越大。我们可以通过在应用允许的范围内，适当地延长采样周期，采用降低采样精度的方法来降低能耗。事实上，由于探测模块的能耗要比处理器单元和无线传输单元的能耗低得多，几乎可以忽略，因此通常只讨论处理器单元和无线传输单元的能耗问题。

(1) 处理器单元能耗。处理器单元包括微处理器和存储器，用于数据存储与预处理。节点的处理能耗与节点的硬件设计、计算模式紧密相关，主要考虑采用低能耗器件，在软件上使用能量感知方式进一步减少能耗，延长节点的工作寿命。

(2) 无线传输能耗。无线传输单元用于节点之间的数据通信，它是节点中能耗最大的部件。因此，无线传输单元的节能是系统设计的重点。通信能耗与无线收发器及各个协议层紧密相关，它的管理体现在无线收发器的设计和网络协议设计的每一个环节。

5.3.2　能量管理的方法

目前人们采用的节能策略主要有休眠机制、专门的功率管理机制和数据融合策略等，涉及网络节点计算单元和通信单元的各个环节。下面介绍常用的休眠机制和专门的节点功率管理机制。

1. 休眠机制

休眠机制的主要思想是，当节点周围没有感兴趣的事件发生时，计算与通信单元处于空闲状态，将这些组件关闭或调整到更低能耗的状态即休眠状态。该方法对延长节点的生存周期非常重要。但休眠状态与工作状态的转换需要消耗一定的能量，且会产生时延，所以设计好状态转换策略对于执行休眠机制显得比较重要。如果状态转换策略不合适，不仅无法节能，反而会导致能耗的增加。

通过休眠实现节能的方法主要表现在以下两个方面。

1) 硬件支持休眠

目前很多处理器芯片如 StrongARM 和 MSP430 等，都支持对工作电压和工作频率的调节，为处理单元的休眠提供支持。图 5.5 描述了传感器节点各模块的能量消耗情况。从图中可知，传感器节点的绝大部分能量消耗在无线通信模块上，而且无线通信模块在空闲状态和接收状态的能量消耗相近。

现有的无线收发器也支持休眠，而且可以通过唤醒装置来唤醒休眠中的节点，实现在全负载周期运行时的低能耗。无线收发器具有四种操作模式：发送、接收、空闲和休眠。表 5-1 给出了一种无线收发器的能耗具体数值，除了休眠状态外，其他三种状态的能耗都很大，空闲状态的能耗接近于接收状态。该表中的具体数值反映的结果与图 5.5 是一致的。如果节点不再收发数据，最好将无线收发器关闭或进入休眠状态以降低能耗。

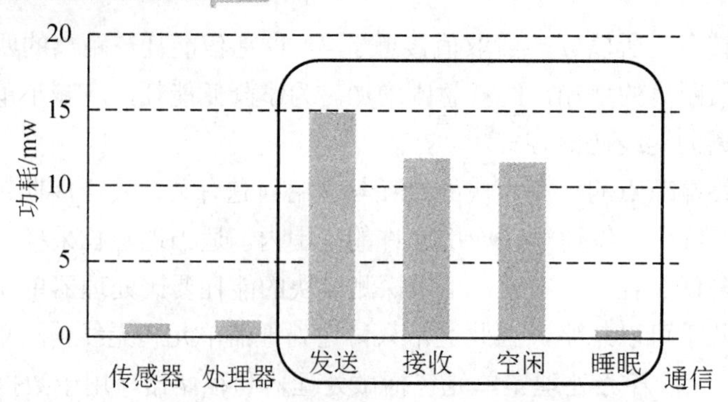

图 5.5　传感器网络节点各单元的能量消耗情况

表 5-1　无线收发器各种状态的能耗

无线收发器状态	能耗/mW
发送	14.88
接收	12.50
空闲	12.36
休眠	0.016

无线收发器的能耗与其工作状态相关。在低发射功率的短距离无线通信中，数据收/发能耗基本相同。收发器电路中的混频器、频率合成器、压控振荡器、锁相环和能量放大器是主要的能耗部件。在收发器启动时，由于锁相环的锁存时间较长，导致启动时间一般需要几百微秒，因而收发器的启动能耗是节能操作中必须考虑的因素。若采用无数据收发时关闭收发器的节能方法，则必须考虑收发器启动能耗与持续工作能耗之间的关系。

2) 网络协议支持休眠

通常无线网络 MAC 协议都支持休眠机制，如本书第 4 章介绍的 S-MAC 协议。S-MAC 协议在发送数据时，如果节点既不是数据的发送者，也不是数据的接收者，则转入休眠状态；在醒来后如果有数据发送任务，则开始竞争无线信道，如果没有数据发送任务，则侦听其是否为下一个数据接收者。S-MAC 协议通过建立周期性的侦听和休眠机制，减少侦听时间，从而实现节能效果。

2. 专门的节点功率管理机制

专门的节点功率管理机制主要包括动态电源管理和动态电压调节。

1) 动态电源管理

动态电源管理(Dynamic Power Management，DPM)的工作原理是，当节点周围没有感兴趣的事件发生时，部分模块处于空闲状态，应该将这些组件关闭或调到更低能耗的休眠状态，从而节省能量。

这种事件驱动式能量管理对于延长节点的生存期十分必要。在动态电源管理中，由于状态转换需要消耗一定的能量，并且带有时延，所以状态转换策略非常重要。如果状态转换过程的策略不合适，不仅无法节能，反而会导致能耗的增加。需要指出的是，如果节点进入完全休眠的状态，则可能会引起探测事件的丢失，因此必须合理控制节点进入完全休眠状态的时机和时间长度。

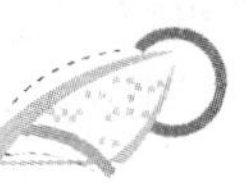

2) 动态电压调节

对于大多数网络节点来说，计算负荷的大小是随时间变化的，因而并不需要节点的微处理器在所有时刻都保持峰值性能。根据 CMOS 电路设计的理论，微处理器执行单条指令所消耗的能量 E_{op} 与工作电压 V 的平方成正比，即：$E_{op} \propto V^2$。

动态电压调节(Dynamic Voltage Scaling，DVS)技术就是利用了这一特点，动态改变微处理器的工作电压和频率，使得刚好满足当时的运行需求，从而在性能和功耗之间取得平衡。很多微处理器如 StrongARM 都支持电压频率的动态调节。

动态电压调节要解决的核心问题是实现微处理器计算负荷与工作电压及频率之间的匹配。如果计算负载较高，而工作电压和频率较低，则计算时间将会延长，甚至会影响某些实时性任务的执行。但由于物联网的任务往往具有随机性，在动态电压调节过程中必须对计算负载进行预测。有一种基于自适应滤波的负荷预测机制，设计的基本预测过程如下。

$$\omega_p[n+1] = \sum_{k=0}^{N-1} h_n[k] \times \omega[n-k] \tag{5.5}$$

式中，$\omega_p[n+1]$为$(n+1)$时刻的负荷预测值，$\omega[n]$为在$(n-1)*T \leqslant t \leqslant n*T$ 内的平均归一化负荷，$h_n[k]$为 N 阶自适应有限长冲击响应滤波器，该系数应根据处理器频率与预测到的实际负荷之间的误差不断修正。

另外，在上一节内容中已经介绍过，采用数据融合技术也是一种重要的能量管理措施。通常节点采集原始数据的数据量非常大，同一区域内的节点所采集的信息具有很大的冗余性。通过本地计算和融合，原始数据可以在多跳数据传输过程中进行处理，仅发送有用信息，有效减少通信量。例如，数据融合的节能效果可以体现在路由协议的设计。由于同一区域内的节点发送的数据具有很大的冗余性，路由过程的中间节点不是简单地转发所有收到的数据，中间节点可对这些数据进行融合处理，将经过本地融合处理后的数据路由到汇聚节点，只转发有用的信息，因而能够有效降低整个网络的数据流量。

小　结

物联网的正常运行需要一些关键的支撑技术，本章主要对其中的时间同步、数据融合和能量管理方法进行了介绍，并结合时间同步的案例和数据融合的案例，解释了这些支撑技术的实施细节。通常本章内容的学习，需要掌握这些技术的细节和实现方案，了解可以实施这些技术的应用背景，为设计物联网打下基本技术基础。

习　题　5

一、选择题

1．数据融合可以根据不同的准则进行分类，以下的(　　)不属于根据感知数据操作级别的分类结果。

A．数据级融合　　B．特征级融合　　C．应用级融合　　D．决策级融合

2. 以下的(　　)方法不能提供作为网络节点的节能策略。

A. 休眠机制　　B. 节点功率管理机制

C. 时间同步　　D. 数据融合

3. 在无线网络通信中，如果网络节点的体积较小，在发送端和接收端都贴近地面、障碍物较多时，通常通信能耗与通信距离的(　　)成正比例。

A. 一次方　　B. 三次方　　C. 四次方　　D. 十次方

4. 无线网络探测节点在周围没有感兴趣的事件发生时，可以将计算和通信组件关闭或调整到低能耗的状态即(　　)状态，以此来延长节点的生存周期。

A. 发送　　B. 接收　　C. 空闲　　D. 休眠

二、填空题

1. 网络时间同步涉及“______”和“______”两个不同的时间概念，前者表示人类社会使用的绝对时间，后者体现了事件发生的顺序关系。

2. TPSN 时间同步协议包括______阶段和______阶段两个步骤，第一阶段是给每个节点赋予一个级别，第二阶段是所有节点实现与根节点的时间一致。

3. 根据数据进行融合操作前后的信息含量，将数据融合分为______和______两类。

4. 专门的网络节点功率管理机制主要包括______和______两类方法。

5. 特征级数据融合可以分为目标______和目标______两种类型。

6. 在利用综合平均法进行数据融合时，如果对一个检测目标进行了 k 次检测，W_i 为分配给第 i 次检测结果 S_i 的权重，则综合平均的测量结果 $\overline{S}$ 取值为______。

三、问答题

1. 网络节点时间同步的意义和作用体现在哪两个方面？
2. 设计时间同步 TPSN 协议应包括哪两个阶段？
3. 简述时间同步 TPSN 协议的相邻级别节点之间同步机制的实施过程。
4. 数据融合技术在传感器网络中的主要作用包括哪三个方面？
5. 简述数据融合技术的不同分类方法及其类型。
6. 什么是数据融合的综合平均法？
7. 常见的数据融合方法有哪些？
8. 无线通信的能量消耗与通信距离的关系是什么？
9. 试述节能策略休眠机制的实现思想。
10. 动态电源管理的工作原理是什么？

第6章 定位技术

在物联网时代，基于位置的服务(Location-Based Service，LBS)即位置服务正向人们展现了广阔的应用前景。位置服务是很多领域的应用热点，位置信息对物联网的监测活动非常重要。位置服务是利用定位技术获得移动终端的位置信息，并通过通信网络向移动终端提供与位置相关的信息服务。位置服务的目标是能够随时(Anytime)、随地(Anywhere)地为所有的人(Anybody)和事(Anything)提供实时“4A”服务。

古代水手在航海时根据星辰来定位，如今人们使用多种手段来实现室内、室外的目标定位。近年来通过与互联网相结合，定位技术迅速发展。苹果计算机公司推出的带有 GPS 定位功能的 iPhone，加上 App Store 网上软件商店平台的兴起，越来越多的位置服务应用程序正出现在人们的面前。

定位技术作为物联网的重要支撑技术之一，有必要将其单独列为一章专门介绍。因为这项技术已经深入到人们的日常生活，在很多行业领域都有独特的应用。本章重点介绍定位技术的基本原理和常用方法。

6.1 物联网定位概述

1. 定位的概念和意义

物联网定位问题的含义是指网络通过特定方法提供节点的位置信息，包括网络节点自身的定位和目标定位两类问题。网络节点自身定位是确定网络节点的坐标位置的过程。目标定位是确定网络覆盖区域内一个事件或一个目标的坐标位置。网络节点自身定位是网络自身属性的确定过程，可通过人工标定或自定位算法来完成。目标定位是以位置已知的网络节点作为参考，确定事件或目标在网络覆盖范围内的位置。

位置信息不只是空间信息，实际上它包含了三种要素：所在的地理位置、处在该地理位置的时间、处在该地理位置的对象(人或设备)。也就是说，位置信息的内涵是丰富的，它承载了“时间”、“地点”和“人物”三种信息。

位置信息有多种分类方法，通常可分为物理位置和符号位置两大类。物理位置指在特定坐标系下的位置数值，表示相对或者绝对位置。符号位置指节点与一个基站或多个基站接近程度的信息，表示节点与基站之间的连通关系，提供节点的大致所在范围。

根据不同的依据，确定位置信息的方法即定位方法可以进行如下分类：

① 根据是否依靠测量距离，分为基于距离的定位和不需要测距的定位；

② 根据部署的场合不同，分为室内定位和室外定位；

③ 根据是否主动发出特定的探测信号，分为主动定位和被动定位；

④ 根据采用的传播信号不同，分为无线电定位、声波定位、超声波定位、红外光定位等。

没有节点位置信息的监测数据往往是没有意义的。当物联网感知和识别出某种事件发生时，人们关心的一个重要问题就是该事件发生的位置，如森林火灾监测、天然气管道泄漏监测等应用问题。一旦发生这些突发性事件，人们首先需要知道的就是监测节点的地理位置信息。定位信息除了用来报告事件发生的地点之外，还可用于目标跟踪、目标轨迹预测和网络拓扑管理等。

2. 常用术语

在物联网定位技术中，根据网络节点是否已经掌握自身的位置，可将节点分为信标节点和未知节点。信标节点有时也称为锚点，在网络节点中所占的比例不大，可以通过携带GPS定位设备等手段获得自身的精确位置。信标节点是未知节点实现定位的参考点。除了信标节点以外的其他节点就是未知节点，它们通过信标节点的位置信息，并借助其他的技术手段来确定自身的位置。

下面给出定位问题的一些常用术语。

(1) 锚点(Anchor Node)：通过其他方式预先获得位置坐标的节点，有时也称为信标节点。网络中相应的其余节点称为非锚点。

(2) 测距(Ranging)：两个相互通信的节点通过测量方式来估计出彼此之间的距离或角度。

(3) 邻居节点(Neighboring Node)：网络节点通信半径范围以内的其他节点，称为该节点的邻居节点。

(4) 连接度(Connectivity Degree)：包括节点连接度和网络连接度两种概念。节点连接度是指节点可探测发现的邻居节点个数。网络连接度是指所有节点的邻居数目的平均值，它反映了网络节点配置的密集程度。

(5) 跳数(Hop Number)：两个节点之间间隔的跳段总数，称为这两个节点间的跳数。

(6) 基础设施(Infrastructure)：协助网络节点定位的已知自身位置的固定设备，如卫星、基站等。

(7) 到达时间(Time of Arrival，ToA)：信号从一个节点传播到另一个节点所需要的时间，称为信号的到达时间。

(8) 到达时间差(Time Difference of Arrival，TDoA)：两种不同传播速度的信号从一个节点传播到另一个节点所需要的时间之差，或者目标发出的同一信号到达多个接收器时存在的时间差值，称为信号的到达时间差。

(9) 接收信号强度指示(Received Signal Strength Indicator，RSSI)：节点接收到无线信号的强度大小，称为接收信号的强度指示。

(10) 到达角(Angle of Arrival，AoA)：节点接收到的信号相对于自身轴线的角度，称为信号相对接收节点的到达角度。

(11) 视距(Line of Sight，LoS)：如果两个节点之间没有障碍物，则这两个节点属于视距关系。

(12) 非视距(Non Line of Sight，NLoS)：如果两个节点之间存在障碍物，则这两个节点属于非视距关系。

6.2　定位原理

各种定位技术的基本原理具有共性，通常对一个物体或事件实施定位，必须具备两个条件：一是具有一个或多个已知坐标的参考点即锚点；二是要获取待定位点与已知参考点的空间关系。这里的空间关系不仅包括最常见的距离这一参数，而且还包括角度、区域甚至网络节点之间的跳数等参数。

定位过程通常可以归结为两个步骤：第一步是测量空间关系参量；第二步是根据测量值计算待定位节点的位置。下面介绍几种常见的定位技术。

6.2.1　基于距离的定位技术

顾名思义，基于距离的定位技术就是先测量出待定位点到若干个锚点之间的距离或角度，然后利用测距结果和锚点坐标来计算待定位点的位置。

1. 测距方法

常用的测距方法包括接收信号强度指示、到达时间和到达角。

1) 接收信号强度指示

接收信号强度指示(RSSI)测距的原理如下：接收机通过测量射频信号的能量来确定与发送机的距离，这是一种典型的无线电测距方法。无线信号的接收功率和发射功率之间的关系式为

$$P_{\mathrm{R}} = \frac{P_{\mathrm{T}}}{r^{n}} \tag{6.1}$$

其中，P_{R} 是无线信号的接收功率，P_{T} 是无线信号的发射功率，r 是收发地点之间的距离，n 是传播因子，传播因子的数值大小取决于无线信号的传播环境。

在上式两边取对数，可得

$$n\lg r = \lg\frac{P_{\mathrm{T}}}{P_{\mathrm{R}}} \tag{6.2}$$

通常节点的发射功率是已知的，将发射功率带入上式，并乘以 10，则

$$10\lg P_{\mathrm{R}} = A - 10\cdot n\lg r \tag{6.3}$$

这里 A 表示距发射机 1m 处的信号强度，是一个经验参数，可通过统计测量距发射机 1m 处的功率值来得到。上式的左半部分 $10\lg P_R$ 是接收信号强度的分贝毫瓦表达式，则以 dBm 形式表示的接收信号强度(RSSI)可写成下式

$$P_{\mathrm{R}}(\mathrm{dBm}) = A - 10\cdot n\lg r \tag{6.4}$$

式(6.4)可以看做是接收信号强度和无线信号传输距离之间的理论公式，它们的关系如图 6.1 所示。从理论曲线可以看出，无线信号在传播过程的近距离上信号衰减相当厉害，在远距离上的信号呈缓慢线性衰减。

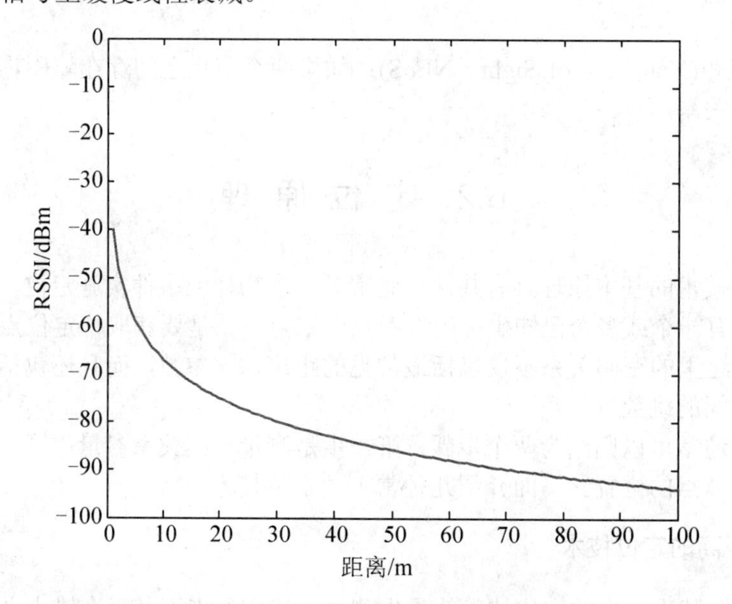

图 6.1　无线信号接收强度指示与传播距离之间的关系

2) 到达时间方法

到达时间(ToA)方法是通过测量传输时间并乘以信号的传播速度，来估算两节点之间的距离。ToA 测距方法常采用无线电信号，但无线电信号的传输速度快，时间测量上的很小误差可以导致很大的距离误差值，因而也可以采用其他信号，如射频、声学、红外和超声波信号等。

ToA 方法的原理是已知信号的传播速度，根据信号的传播时间来计算节点间的距离。图 6.2 给出了 ToA 测距的一个简单示例，根据声波的传播时间来测量节点之间的距离。假设两个节点预先实现了时间同步，发送节点在发送声波信号的同时，无线传输模块通过无线电同步消息通知接收节点所发送声波信号的时间，接收节点的麦克风模块在检测到声波信号后，根据声波信号的传播时间和速度来计算节点间的距离。

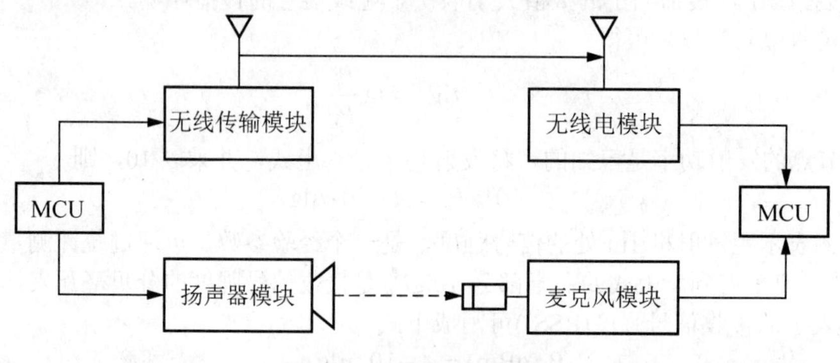

图 6.2　ToA 测距过程示例

3) 到达角方法

到达角(AoA)方法通过配备特殊天线或接收器来估测其他节点发射的信号的到达角度。它的硬件要求较高，每个节点要安装昂贵的天线阵列或接收器。在基于 AoA 的定位机制中，接收节点通过接收机阵列来感知发射节点信号的到达方向，计算接收节点和发射节点之间的相对方位和角度，再通过三角测量法计算位置。

如图 6.3 所示，这里的接收节点通过麦克风阵列，探测发射节点信号的到达方向。AoA 定位不仅能够确定节点的坐标，还能够确定节点的方位信息。

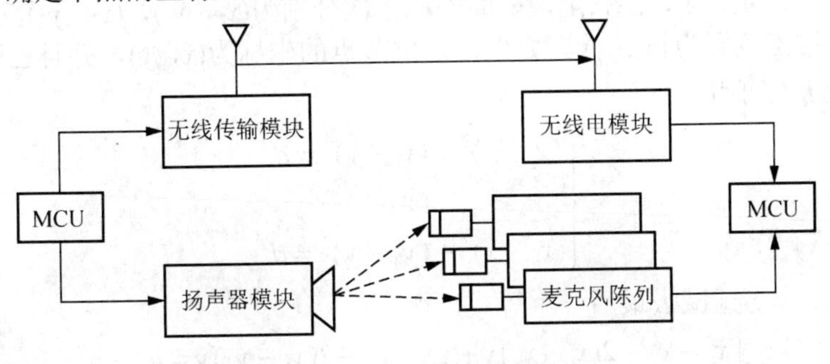

图 6.3 AoA 测角过程示例

以上测距/测角方法考虑的是如何得到相邻节点之间的观测物理量，有些方案还需要通过间接计算，获得锚点与其他不相邻节点之间的距离。所谓相邻是指无线通信可达，即互为邻居节点。通常此类算法从锚点开始有节制地发起泛洪，节点间共享距离信息，以较小的计算代价确定各节点与锚点之间的距离。

例如，采用几何学的欧几里得方法，可间接计算节点至锚点的距离。首先锚点发送泛洪消息，如果节点接收到两个邻节点(它们至锚点的距离已知)的距离消息，则接收节点可计算出它至锚点的距离。

如图 6.4 所示，如果希望计算出节点 S 与锚点之间的距离，条件是已知 N_1、N_2 至锚点的距离为 a、b，N_1 与 N_2 相互之间的距离为 c，节点 S 与邻节点 N_1、N_2 之间的距离为 d、e。但计算节点 S 至锚点的距离可能存在两个数值 R_1 或 R_2，因为 S 会存在另一符合逻辑的位置 S'。此时先根据三角形正弦定理和余弦定理计算出 R_1 和 R_2 值，再根据无线通信的邻居节点特性辅助确定出其中一个具体位置作为最终结果。如果网络连通度高，则欧几里得方法确定距离的精度较好。

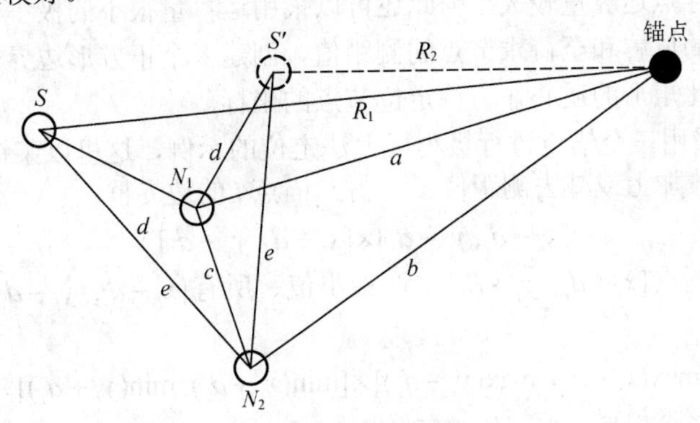

图 6.4 欧几里得方法计算距离的过程示例

2. 根据距离计算位置的方法

在测量得到一组距离之后，可以采用多边测量(也称多点测量，Multilateration)法计算出待定位节点的坐标，也可以采用计算量很小的极小极大法。

1) 多边测量法

多边测量法基于距离测量(如 RSSI、ToA)的结果，确定二维坐标至少需要三个节点至锚点的距离值，确定三维坐标则需四个此类测距值。

假设已知锚点 A_1，A_2，A_3，A_4，…的坐标依次分别为(x_1，y_1)，(x_2，y_2)，(x_3，y_3)，(x_4，y_4)，…，即各锚点位置为(x_i, y_i)。如果待定位节点的坐标为(x，y)，并且已知它至各锚点的测距数值为d_i，可得

$$\begin{cases}(x_1-x)^2+(y_1-y)^2=d_1^2\\ \vdots \\ (x_n-x)^2+(y_n-y)^2=d_n^2\end{cases} \tag{6.5}$$

将第前 n−1 个等式减去最后一个等式，得

$$\begin{cases}x_1^2-x_n^2-2(x_1-x_n)x+y_1^2-y_n^2-2(y_1-y_n)y=d_1^2-d_n^2\\ \vdots \\ x_{n-1}^2-x_n^2-2(x_{n-1}-x_n)x+y_{n-1}^2-y_n^2-2(y_{n-1}-y_n)y=d_{n-1}^2-d_n^2\end{cases} \tag{6.6}$$

利用矩阵和向量形式表达为 $\boldsymbol{Ax}=\boldsymbol{b}$，其中

$$\boldsymbol{A}=\begin{bmatrix}2(x_1-x_n) & 2(y_1-y_n)\\ \vdots & \vdots \\ 2(x_{n-1}-x_n) & 2(y_{n-1}-y_n)\end{bmatrix},\quad \boldsymbol{b}=\begin{bmatrix}x_1^2-x_n^2+y_1^2-y_n^2+d_n^2-d_1^2\\ \vdots \\ x_{n-1}^2-x_n^2+y_{n-1}^2-y_n^2+d_n^2-d_{n-1}^2\end{bmatrix},\quad \boldsymbol{x}=\begin{bmatrix}x\\ \\ y\end{bmatrix}$$

根据最小均方估计(Minimum Mean Square Error，MMSE)的方法原理，利用已知参数的 $\boldsymbol{A}$ 和 $\boldsymbol{b}$，可以求得 $\boldsymbol{x}$ 的估计结果为

$$\hat{\boldsymbol{x}}=(\boldsymbol{A}^{\mathrm{T}}\boldsymbol{A})^{-1}\boldsymbol{A}^{\mathrm{T}}\boldsymbol{b}$$

当矩阵求逆不能计算时，这种方法不适用，否则可成功得到位置估计 $\hat{\boldsymbol{x}}$。从上述过程可以看出，这种定位方法本质上就是最小二乘估计。

2) 极小极大法

多边测量法的浮点运算量较大，因此还可以采用运算量很小的极小极大法。这种方法是根据若干个锚点的位置和至待求节点的测距值，创建多个正方形边界框，所有边界框的交集为一矩形，取此矩形的质心作为待定位节点的坐标。

图 6.5 所示是采用三个锚点进行极小极大法定位的示例，这里以某锚点 i (i=1, 2, 3)的坐标(x_i, y_i)为基础，加上或减去测距值d_i，得到锚点 i 的边界框：

$$[x_i-d_i, y_i-d_i]\times[x_i+d_i, y_i+d_i]$$

如果在所有位置点$[x_i+d_i,\ y_i+d_i]$中取最小值、所有$[x_i-d_i,\ y_i-d_i]$中取最大值，则交集矩形取为

$$[\max(x_i-d_i), \max(y_i-d_i)]\times[\min(x_i+d_i), \min(y_i+d_i)]$$

三个锚点共同形成交叉矩形，矩形质心即为所求节点的估计位置。

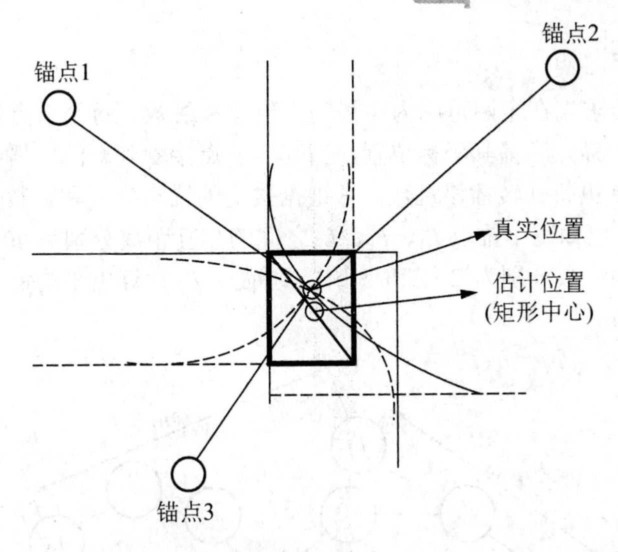

图 6.5 极小极大法定位过程示例

6.2.2 无须测距的定位技术

无须测距的定位技术不需要直接测量距离和角度信息。它不是通过测量节点之间的距离，而是仅根据网络的连通性确定网络中节点之间的跳数，同时根据锚点的坐标等信息估计出每一跳的大致距离，然后估计出节点在网络中的位置。尽管这种技术实现的定位精度相对较低，不过可以满足某些应用的需要。

主要有两类距离无关的定位方法：一类是先对未知节点和锚点之间的距离进行估计，然后利用多边测量法等方法完成其他节点的定位；另一类是通过邻居节点和锚点确定包含未知节点的区域，然后将这个区域的质心作为未知节点的坐标。这里重点以质心法和 DV-Hop 算法为例进行介绍。

1. 质心法

我们知道，在计算几何学里多边形的几何中心称为质心，多边形顶点坐标的平均值就是质心节点的坐标。假设多边形顶点位置的坐标向量表示为 $p_i=(x_i, y_i)^T$，则这个多边形的质心坐标 $(\overline{x}, \overline{y})$ 为

$$(\overline{x}, \overline{y}) = (\frac{1}{n}\sum_{i=1}^{n} X_i, \frac{1}{n}\sum_{i=1}^{n} Y_i) \tag{6.7}$$

例如，如果四边形 *ABCD* 的顶点坐标分别为 (x_1, y_1)，(x_2, y_2)，(x_3, y_3)，(x_4, y_4)，则它的质心坐标计算如下：

$$(\overline{x}, \overline{y}) = \left(\frac{x_1+x_2+x_3+x_4}{4}, \frac{y_1+y_2+y_3+y_4}{4}\right)$$

这种方法的计算和实现都非常简单，先根据网络的连通性确定出目标节点周围的锚点，然后直接求解锚点构成的多边形的质心。

质心法虽然仅能实现粗粒度定位，但实现简单、通信开销小。

2. DV-Hop 算法

DV-Hop 算法要求先在全网范围内广播锚点位置和跳数。每个节点设置一个至各锚点最小跳数的计数器，锚点广播其坐标位置，当其他节点接受到新的广播消息时，如果跳数小于存储的数值，则更新并转播该跳数，并根据接受的锚点位置和跳数来计算自身位置。

如图 6.6 所示，已知三个锚点 L_1、L_2、L_3 之间的相互距离分别为 40m、75m、100m，锚点 L_2 至 L_1、L_3 的跳数分别为 2 跳和 5 跳，则锚点 L_2 计算出平均每跳的距离值近似为 (40+75)/(2+5)=16.42m。

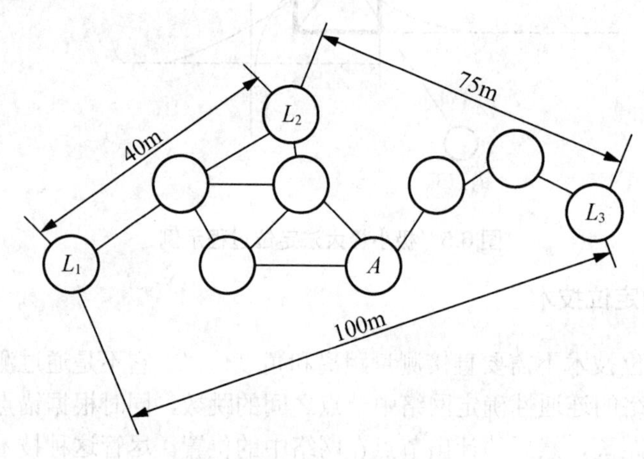

图 6.6　DV-Hop 算法定位过程的示例

现在要求计算网络中待定位节点 A 的坐标，条件是已知节点 A 与这三个锚点的跳数分别为 3 跳、2 跳、3 跳，且节点 A 从锚点 L_2 获得了平均每跳的距离值，则节点 A 与这三个锚点之间的距离分别计算为 D_1=3×16.42，D_2=2×16.42，D_3=3×16.42，然后根据各锚点的坐标和多边测量法确定出节点 A 的坐标。

6.2.3　基于距离差的定位技术

前面介绍的 ToA 距离测量方法要求目标节点和锚点的时钟是同步的，TDoA 方法没有这种要求，它的测量结果是一组距离差值，只要求所有锚点之间保持时钟同步。

TDoA 定位技术作为一种典型的距离差测量方法，又称为双曲线相交法。它通过测量目标信号到达多个传感器的时间差，从而确定出相应的距离差值，用公式表示为一组双曲线方程。由于到达时间差方法只要求信号探测的传感器之间严格时间同步，不要求目标与传感器之间的时间同步，因而实用性较强。

TDoA 双曲线定位目标的过程和解释如图 6.7 和图 6.8 所示。在图 6.7 中，目标位于节点 1、2 形成的 TDoA 双曲线其中一支曲线轨迹上，双曲线的焦点为节点 1、2 所在的位置。在图 6.8 中，当目标不仅位于节点 1、2 形成的 TDoA 双曲线其中一支曲线轨迹上时，而且还位于节点 1、3 形成的 TDoA 双曲线其中一支曲线轨迹上，交叉点即为目标的位置，这两支双曲线的焦点分别为节点 1、2 和节点 1、3 的位置。

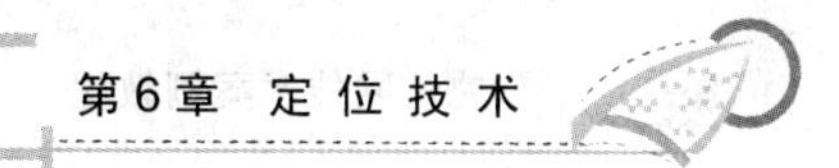

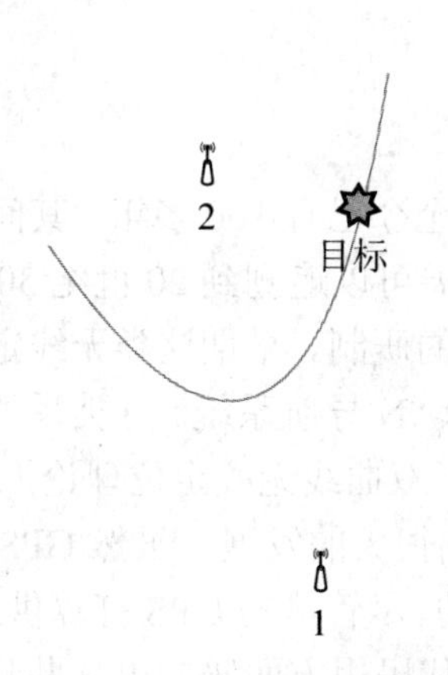

图 6.7 TDoA 定位的单支双曲线示例

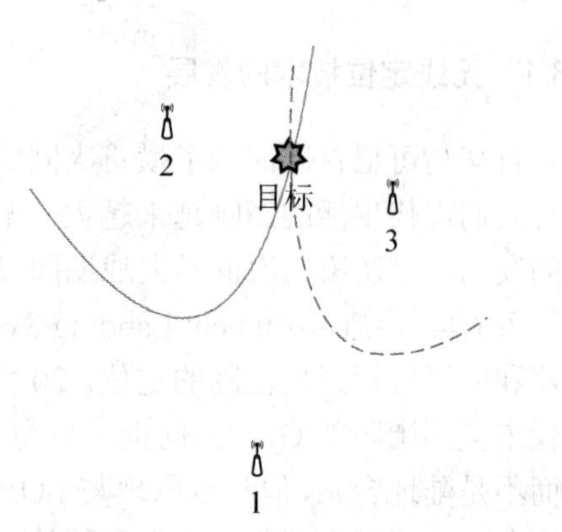

图 6.8 双曲线交叉点作为 TDoA 定位结果的示例

基于 TDoA 技术的目标定位方法是根据时延估计来计算目标位置，第一步估计出目标与不同传感器之间的 TDoA 值，第二步根据带噪声的几组 TDoA 值确定目标位置。近十年来 TDoA 定位技术得到广泛应用，它通过测量目标信号到达多个传感器的时间差来确定相应的距离差，由多个测量值构成一组定位方程。

假设 M 个传感器节点探测出目标信号，它们的位置 S_i (i=1, 2, …, M)是预先已知的，目标的未知位置坐标 X 是待求的解。定义传感器 i 与目标之间的距离为 $d_i=\|X-S_i\|$，任意两个传感器 i、j 至目标的距离差值为 $d_{ij}=d_i-d_j$。

如果信号的传播速度为 v，则两个传感器 i、j 接收目标信号的到达时间差为

$$\tau_{ij}=\frac{d_{ij}}{v}+e_{ij} \tag{6.8}$$

其中，e_{ij} 是测量误差，上式确定的双曲线交叉点即为目标位置。由于该式带有测量噪声和冗余数据，多条双曲线不可能真正相交于一点，通常建模为极小化估计位置与真实位置之间的差值。如果以第一个传感器为基准，可将 TDoA 定位方法计算目标位置的模型建立如下：

$$X=\arg\min\{\sum_{i=2}^{M}(d_{i1}-v\tau_{i1})^2\} \tag{6.9}$$

上式带有二次项，这类定位方程组是非线性的，可以采用最小二乘之类的最优化方法来求解和减少误差。

6.3 地面无线定位技术

相对于定位技术所涉及的其他信号来说，无线信号是定位系统最常用的信号。无线定位技术是通过测量无线电波的参数，根据特定的算法来确定被测物体的位置。无线定位系统采用了发射机和接收机间的无线信号传播，广义上无线定位可以定义为根据无线电波的特性来确定一个无线电设备的地理位置。多年来人们提出了各种无线定位方法，如根据飞行时间(Time-of-Flight，TOF)、TDoA、RSSI 和 AoA 等来确定目标位置。

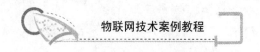

6.3.1 无线定位技术的发展

自从马可尼首次演示了横贯大陆的无线电通信系统至今已有100多年，其间无线电技术对人们现代生活的影响越来越大。无线定位技术的发展可以追溯到20世纪30年代末雷达的发明，以及第二次世界大战期间飞行导航辅助设备的研制。早期这类无线定位系统包括仪表着陆系统(Instrument Landing System，ILS)和LORAN导航系统。这类系统仅限于飞行器和船运较短距离范围的定位。20世纪40年代出现了双曲线无线定位理论，20世纪80年代末美国国防部GPS的问世，使得无线定位技术得到很大的发展。虽然GPS是基于卫星而不是陆地台站，但基本原理与LORAN系统是相同的。尽管最初GPS打算供军方使用，但不久就实现了全球定位的多种用途，在20世纪90年代民用方面研制出从勘测到车内导航的系列应用。

传统定位系统的结构是基于“固定”节点和“移动”节点的架构，系统必须预先提供固定节点的位置信息。采用卫星的GPS也可以看做是这种架构，因为在任何时候尽管卫星相对地球是运动的，但它的位置是精确已知的。GPS之类的长距离无线技术主要用于室外定位，现在有很多应用是在室内，包括安全呼叫、卫生保健、紧急救援服务和货物管理等。

欧洲电信标准化协会ETSI对GSM系统的无线定位已经提出系列标准，目前移动定位服务产业成为很具潜力的移动增值业务。无线中短程定位技术在工业界已有应用，如思科无线定位设备、德国Nanotron公司的高精度实时定位测距模块、TI公司的带硬件定位引擎的CC2431芯片、赫立讯公司的ZigBee无线定位系统、成都无线龙通讯公司的ZigBee无线网络定位开发系统、威德电子公司的无线实时定位系统等。

无线定位技术包括GPS、蜂窝基站、WLAN、超宽带、RSSI、RFID、红外线等。下面介绍一些常见的无线定位技术。

6.3.2 常见的无线定位技术

1) GPS

GPS(Global Positioning System)是目前世界上最常用的卫星导航系统。由于美国国防部的背景，GPS最初被设计为军用，后来在民用工业领域也得到广泛应用。由于GPS在军事和民用领域的应用效果显著，为了避免战时受制于人，其他国家也陆续展开了卫星导航系统的研究。目前已经投入应用的有俄罗斯的GLONASS系统、欧盟的伽利略系统和我国的北斗卫星导航系统。

GPS定位的基本原理并不复杂，即首先测量地面接收机与三个GPS卫星之间的距离，然后通过三点定位方式来确定接收机的位置。具体来说，根据GPS卫星的空间坐标及接收机到卫星的距离，在空间中确定出一个唯一的球面。三颗卫星可以确定出三个球面，通常两个球面的交集是一个圆，三个球面的交集是两个点。由于其中一个点的位置位于地球之外的宇宙空间中，显然这个点的位置可以排除，因而将靠近地面的那个点的位置取为接收机坐标。

如何测量地面接收机与GPS卫星之间的距离？实际上每颗GPS卫星不断地向外发送信息，信息中包含了该信息发出的时刻及此刻的卫星坐标。如果接收机收到这些信息，则

用接收到信息的时刻值，减去卫星发送信息的时刻值，再将这个时间差值乘以无线信号传播的速度即光速，即为两者之间的距离。

可以看出，GPS 卫星和接收机的时钟精确度对定位精度影响极大。目前 GPS 卫星搭载的是铯原子钟，精度极高，不存在问题。但地面接收机考虑到成本问题，会存在精度误差，即使是微小的计时误差，在乘以光速之后也会变得不容忽视。因此，尽管理论上只要三颗卫星就能实施定位，但实际中至少需要借助四颗卫星，即接收机所处的位置必须至少能同时接收四颗卫星的无线信号。当处于室内环境时，由于电磁屏蔽效应，接收机往往难以满足接收到四颗卫星信号的条件，所以 GPS 定位主要应用在室外环境，其中最为典型的应用是汽车导航。

2) 蜂窝基站

蜂窝基站定位主要用于移动通信中广泛采用的蜂窝网络。目前大部分 GSM、CDMA、3G 等移动通信网络均采用了蜂窝网络架构。蜂窝网络是基于如下一个数学猜想：在各种各样的图形中，正六边形可以使用最少的顶点覆盖最大的面积。蜂窝的名字正由此而来，实际移动通信网络中的通信区域被划分成一个个蜂窝小区，每个小区具有一个基站，负责该小区内移动设备的网络接入和通信，蜂窝基站定位就是利用这些基站来定位移动设备的位置。

最简单的蜂窝基站定位方法是单基站 COO(Cell of Origin)定位，它是将移动设备所属基站的坐标视为该移动设备的位置。显然这种方法的定位精度低，但定位速度快，适用于情况紧急的场合。

在多基站定位方法中，较常用的是 ToA/TDoA 定位。ToA 基站定位法类似于上述的 GPS 定位技术，不同之处在于这里的网络固定节点是基站而不是 GPS 卫星。TDoA 基站定位法是采用无线信号到达不同基站的时间差值，来建立求解移动设备位置的方程组，通过时间差抵消掉一大部分时钟不同步带来的误差。

蜂窝基站定位法的一种典型应用是紧急电话定位系统。北美地区的 E-911 系统(Enhanced 911)是目前比较成熟的紧急电话定位系统*。

3) WLAN

WLAN 技术基本上是依赖于 IEEE 802.11 标准，该标准定义了数据传输操作的各种不同的物理层内容，所属频率为 2.4GHz 的工业、科学和医疗(ISM)频段及 5.2GHz 频段。ISM 频段是免许可证的，但所有用户必须共同使用这种频段。IEEE 802.11a WLAN 运行在专门分配的 5.2GHz 频段，应用于室内的数据传输。目前 5.8GHz ISM 频段不用于 802.11 WLAN 系统，因而该频段会成为定位系统的理想选择。

定位功能不是 IEEE 802.11 标准的一部分。由于数据传输是基于带宽为 1～20MHz 的扩频调制，因而取决于具体的 802.11 版本，可以在原始版本基础上增加定位功能。当前最简单的实现是基于信号强度测量，采用 ToA 技术也可以实现 WLAN 的定位功能。WLAN 的典型距离是室内大约 50m 范围。当硬件特别是移动装置的价格适度时，该系统可以基于安装在建筑物内的固定基站，采取与有线局域网(Local-Area Network，LAN)连接的形式。

* 911 是北美地区的紧急电话号码，相当于我国的 110 报警电话。

4) 超宽带

超宽带(Ultra-wideband，UWB)技术是为了应对可用频谱的限制，受限的频谱限制了数据传输的速率和定位系统的精度。UWB 采用了非常宽的带宽(至少 550MHz)，且发射机的功率密度(瓦特/赫兹)非常小，以便最小化其他已有的无线系统的干扰，因为这些无线系统通常采用部分相同的频率(3～10.7GHz)。

UWB 技术主要用于短程、高数据速率的链接。大带宽对于室内定位系统比较理想，因为大带宽可以通过非常细微的时间分辨率(亚毫微秒)来消除多径传播的效应。UWB 的室内定位精度是 20cm 的数量级，通常定位距离限定在 10m 左右。UWB 需要覆盖一个区域的基站数目大，有线基础设备的成本高。未来 UWB 系统的硬件花费会低些，然而短程和基站空间的高密度意味着除非需要较高的定位精度，否则优先采用其他更廉价的技术。

5) RSSI

估计无线传输距离的最简单方法是采用信号强度测量。这种方法通常是通过 WLAN 硬件来实现的，即使是最简单的无线单片机也能获得信号强度测量值。但这种测量结果的精度是有限的，部分原因是由于无线电实现的简单性，然而更重要的是由于效应的影响，如人员穿戴造成的人体干扰和室内传播效应。

定位环境的信号强度变化模式是复杂的，损耗和测距之间不存在简单的函数关系。一种提高精度的方法是构建出建筑物的无线电-损耗关系图，采用数据库模式匹配算法来提高定位精度。采用这些方法可以使得定位精度达到 5m 的数量级，RSSI 方法适用于粗略定位精度的应用场合。

6) RFID

RFID 是一种简单的无线技术，主要基于唯一的多位数标识符来用于目标识别，RFID 标签小且很便宜。在大多数情况下，采用手持式的特殊标签阅读器来识别标签。RFID 技术不是专门用于解决定位问题的，但通过简单改造可以用于一定范围内的位置计算。例如，关键位置如门口处的标签阅读器可以识别进出建筑物的人员，从而获得该标签持有者位于门口附近的位置。

RFID 的定位精度通常为 1～3m，可在特定的区域实施定位，如在停车场、医院、工厂等。在特定区域的关键地方安装射频标签读写器，该区域内任何带有 RFID 装置的物体都可以被系统识别，从而获得其位置信息，如在办公楼里每个办公室门口安装一台阅读器，在这种情形下定位精度是典型的几米范围即房间尺寸。

6.4 定位性能的评价指标

衡量定位性能有多个指标，除了一般性的位置精度指标以外，还有覆盖范围、刷新速度和功耗等其他指标。

位置精度是定位系统最重要的指标，精度越高，则技术要求越严，成本也越高。定位精度指提供的位置信息的精确程度，它分为相对精度和绝对精度。

绝对精度指以长度为单位度量的精度。例如，GPS 的精度为 1～10m，现在使用 GPS

导航系统的精度约 5m。一些商业的室内定位系统提供 30cm 的精度，可以用于工业环境、物流仓储等场合。

相对精度通常以节点之间距离的百分比来定义。例如，若两个节点之间距离是 20m，定位精度为 2m，则相对定位精度为 10%。由于有些定位方法的绝对精度会随着距离的变化而变化，因而使用相对精度可以很好地表示精度指标。

设节点 i 的估计坐标与真实坐标在二维情况下的距离差值为 Δd_i，则 N 个未知位置节点的网络平均定位误差为

$$\varDelta=\frac{1}{N}\sum_{i=1}^{N}\Delta d_i \tag{6.10}$$

覆盖范围和位置精度是一对矛盾性的指标。例如，超声波可以达到分米级精度，但是它的覆盖范围只有十多米；Wi-Fi 和蓝牙的定位精度为 3m 左右，覆盖范围达到 100m 左右；GSM 系统能覆盖千米级的范围，但是精度只能达到 100m。由此可见，覆盖范围越大，提供的精度就越低。大范围的高精度通常是难以实现的。

刷新速度是指提供位置信息的频率。例如，如果 GPS 每秒刷新 1 次，则对于车辆导航已经足够了，已经可以使人体验到实时服务的感觉。对于移动的物体，位置信息刷新较慢，则会出现严重的位置信息滞后，直观上感觉已经前进了很长距离，提供的位置还是之前的位置。但是，频繁的位置计算刷新会影响定位系统实际工作提供的位置精度，它还影响位置控制者的现场操作。

功耗是为定位过程所需要消耗的能量。采用的定位方法不同，则功耗差别会很大，主要原因是定位算法的复杂度不同，需要为定位提供的计算和通信开销方面存在差别，因而导致完成定位服务的功耗有所不同。

定位实时性更多的体现在对动态目标的位置跟踪。由于动态目标具有一定的运动速度和加速度，并且不断地变换位置，因而需要尽量缩短定位计算过程的时间间隔。这就要求定位系统能以更高的频率来采集和传输数据，定位算法能在较少信息的辅助下，输出满足精度要求的定位结果。

6.5 物联网定位技术的典型应用

位置信息在物联网应用中具有重要价值，有时可以起到关键性作用。定位技术的用途大体可分为导航、位置服务、跟踪和网络路由等。

导航是定位的最基本应用，它是为了及时掌握移动物体在坐标系中的位置，并且了解所处的环境，进行路径规划，指导移动物体成功到达目的地。最著名的定位系统是已经获得广泛应用的 GPS 导航系统。GPS 导航系统在户外空旷的地方具有很好的定位效果，已成功运用于车辆、船舶等交通工具，现在很多交通工具都配备了 GPS 导航系统。

除了导航以外，定位技术还有很多应用。例如，办公场所的物品和人员跟踪需要室内的精确定位。当前基于位置的服务是移动互联网和定位服务的融合业务，可以支持查找最近的宾馆、医院、车站等场所，为人们的出行活动提供便利。

跟踪是目前快速增长的一种应用业务。跟踪是为了实时掌握物体所处的位置和移动的

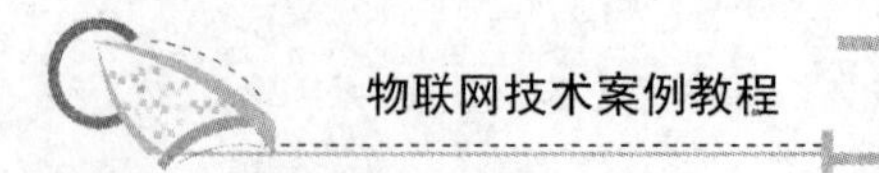

轨迹。物品跟踪在食品安全、库存管理和医院仪器管理等场合具有广泛应用的迫切需求，主要是通过具有高精度定位能力的标签来实现跟踪管理。人员跟踪可以用于照顾儿童等场合，在超级市场、游乐场和监狱之类的地方，采用跟踪人员位置的标签，可以很快找到相关人员。

位置信息也为基于地理位置的路由协议提供了支持。基于地理位置的传感器网络路由是一种较好的路由方式，具有独特的优点。假设传感器网络掌握每个节点的位置，或者至少了解相邻节点的位置，网络就可以运行这种基于坐标位置的路由协议，完成路径优化选择的过程。这种路由方式可以提高网络系统的数据传输性能和安全性，并节省网络节点的能量。

小　结

定位技术是物联网的一项重要支撑技术，也是物联网的典型应用之一，与人们的日常生活联系紧密。本章介绍了物联网定位技术的基本原理和常用方法，重点阐述了基于距离、无须测距和基于距离差的三种定位方法，并对常见的地面无线定位技术进行了介绍。通过本章学习，需要掌握物联网经常涉及的定位技术，为实际应用奠定基础。

习　题　6

一、选择题

1．位置信息不只是空间信息，实际上它包含了多种要素，以下的(　　)不属于位置信息所承载的要素内容。

A．所在的地理位置　　B．所在该地理位置的时间

C．处在该地理位置的人或设备　　D．定位该地理位置的终端设备

2．两种不同传播速度的信号从一个节点传播到另一个节点所需要的时间之差，或者目标发出的同一信号到达多个接收器时存在的时间差值，称为信号的(　　)。

A．到达时间　　B．到达时间差　　C．飞行时间　　D．距离差

3．如果无线网络两个节点之间没有障碍物，则这两个节点属于(　　)关系。

A．邻居　　B．对等　　C．视距　　D．非视距

4．(　　)测距方法是通过测量传输时间并乘以信号的传播速度，来估算两个节点之间的距离。

A．ToA　　B．TDoA　　C．RSSI　　D．AoA

5．多边测量法是基于距离测量的结果，如果它用来确定三维立体空间中节点或目标的坐标，则至少需要(　　)个这种测距数值。

A．1　　B．2　　C．3　　D．4

6．GPS 导航系统在实际正常运行时，地面接收机为了保证可靠定位，必须至少能同时接收(　　)颗 GPS 卫星的无线信号。

A．1　　B．3　　C．4　　D．24

7．紧急电话定位系统是地面无线定位技术中(　　)的一种典型应用。

A．GPS 定位法　　　　　　　　　B．蜂窝基站定位法

C．WLAN 定位法　　　　　　　　D．超宽带定位法

8．当利用超宽带技术进行无线定位时，通常能定位的最大距离是(　　)m 左右。

A．3　　　　B．10　　　　C．50　　　　D．100

9．在定位性能的评价指标中，(　　)是指提供位置信息的频率。

A．覆盖范围　　B．位置精度　　C．实时性　　D．刷新速度

二、填空题

1．位置信息有多种分类方法，通常可分为______位置和______位置两大类。

2．______是指通过其他方式预先获得位置坐标的网络节点，有时也称为信标节点。

3．节点的______是指无线通信网络节点可探测发现的邻居节点个数。

4．无线通信网络中两个节点之间间隔的跳段总数，称为这两个节点间的______。

5．TDoA 定位技术作为一种典型的距离差测量方法，又称为______法。

6．无线定位技术是通过测量______的参数，根据特定的算法来确定被测物体的位置。

三、问答题

1．简述以下概念术语的含义：锚点、到达时间、到达时间差、接收信号强度指示、视距关系。

2．如何定义无线网络的平均定位误差？

3．如何评价一种无线网络定位系统的性能？

4．RSSI 测距的原理是什么？

5．简述 ToA 测距的原理。

6．试描述无线网络多边测量法的定位原理。

7．试述极小极大法的定位原理。

8．简述质心定位算法的原理及其特点。

第7章 物联网安全技术

伴随着人们对物联网应用的深入，物联网背后隐藏的安全问题也日渐显现。RFID、传感器和智能信息设备等物联网终端的广泛接入在提供丰富信息的同时，也增加了暴露这些信息的危险。我们有必要安全地管理和使用这些采集和识别的信息，确保隐私信息不被别有用心的攻击者所利用。

根据物联网的特点，除了需要面对传统网络的安全问题之外，还存在着一些自身的安全特征。限于篇幅，本书不对物联网涉及的传统安全和隐私问题进行泛泛介绍，重点介绍物联网中特有的安全问题，主要包括传感器网络的安全机制、RFID 安全机制、位置隐私保护及相应的解决方案。

7.1 传感器网络的安全机制

7.1.1 传感器网络的安全问题

传感器网络的安全性需求主要来源于通信安全和数据安全两个方面。相应地，传感器网络安全技术的设计也包括两方面内容，即通信安全技术和数据安全技术。通信安全是信息安全的基础，它保证传感器网络内部的数据采集、融合和传输等基本功能的正常进行，是面向网络功能的安全性；数据安全侧重于网络中所传输数据的真实性、完整性和保密性，是面向用户应用的安全。

1. 通信安全需求

(1) 节点的安全保证。传感器节点是构成传感器网络的基本单元，节点的安全性包括节点不易被发现和节点不易被篡改。通常传感器节点的分布密度大，少数节点被破坏不会对网络造成太大影响。但是一旦节点被俘获，入侵者可能从中读出密钥、程序等机密信息，甚至可以重写存储器将节点变成一个“卧底”。为了防止为敌所用，要求节点具备抗篡改的能力。

(2) 被动抵御入侵的能力。传感器网络安全的基本要求是：在网络局部发生入侵时，保证网络的整体可用性。被动防御是指当网络遭到入侵时，网络具备的对抗外部攻击和内部攻击的能力。

外部攻击者是指那些没有得到密钥，无法接入网络的节点。外部攻击者虽然无法有效

地注入虚假信息，但可以通过窃听、干扰和分析通信量等方式，为进一步的攻击行为收集信息，因此对抗外部攻击首先需要解决保密性问题。其次，要防范能扰乱网络正常运转的简单网络攻击，如重放数据包等，这些攻击会造成网络性能的下降。另外，要尽量减少入侵者得到密钥的机会，防止外部攻击者演变成内部攻击者。

内部攻击者是指那些获得了相关密钥，并以合法身份混入网络的攻击节点。由于传感器网络不可能阻止节点被篡改，而且密钥可能被对方破解，因而总会有入侵者在取得密钥后以合法身份接入网络。由于至少能取得网络中一部分节点的信任，内部攻击者能发动的网络攻击种类更多，危害性更大，也更隐蔽。

(3) 主动反击入侵的能力。主动反击入侵能力是指网络安全系统能够主动地限制甚至消灭入侵者，为此需要至少具备以下能力。

① 入侵检测能力。与传统的网络入侵检测相似，首先需要准确识别网络内出现的各种入侵行为并发出警报。其次，入侵检测系统还必须确定入侵节点的身份或位置，只有这样才能在随后发动有效攻击。

② 隔离入侵者的能力。这种能力要求网络可以根据入侵检测信息来调度网络的正常通信，避开入侵者，同时丢弃掉任何由入侵者发出的数据包。这相当于把入侵者和己方网络从逻辑上隔离开来，可以防止入侵者继续危害网络。

③ 消灭入侵者的能力。由于传感器网络的主要用途是为用户收集信息，因此由网络自主消灭入侵者是较难实现的。一般的做法是，在网络提供的入侵信息引导下，由用户通过人工方式消灭入侵者。

2. 数据安全需求

数据安全就是要保证网络中传输数据的安全性。对于传感器网络而言，具体的数据安全需求内容包括：

① 数据的机密性——保证网络内传输的信息不被非法窃听；
② 数据鉴别——保证用户收到的信息是来自于己方节点而非入侵节点；
③ 数据的完整性——保证数据在传输过程中没有被恶意篡改；
④ 数据的实效性——保证数据在时效范围内被传输给用户。

在大多数的民用领域，如环境监测、森林防火、候鸟迁徙跟踪等应用中，传感器网络的安全问题并不是一个非常紧要的问题。但在另外一些领域，如生活小区的无线安防网络、敌控区监视敌方军事部署的传感器网络等，则对数据的采样、传输过程，甚至节点的物理分布都要考虑安全问题，很多信息是不能被无关人员或敌方人员获得的。

传感器网络的数据安全问题和一般网络的数据安全问题相比，它们所要达到的目标是相同的，都需要解决如下问题。

(1) 机密性问题。所有敏感数据在存储和传输的过程中都要保证机密性，使任何人在截获物理通信信号的时候不能直接获得消息内容。

(2) 点到点的消息认证问题。网络节点在接收到另外一个节点发送过来的消息时，能够确认这个数据包确实是从该节点发送出来的，而不是其他节点冒充的。

(3) 完整性鉴别问题。网络节点在接收到一个数据包的时候，能够确认这个数据包和发出来的时候完全相同，没有被中间节点篡改或在传输中出错。

(4) 新鲜性问题。数据本身具有时效性，网络节点能判断最新接收到的数据包是发送者最新产生的数据包。导致新鲜性问题一般有两种原因：一是由网络多路径延时的不确定性导致数据包的接收错序引起的；二是由恶意节点的重放攻击引起的。

(5) 认证组播/广播问题。认证组播/广播解决的是单一节点向一组节点/所有节点发送统一通告的认证安全问题。认证广播的发送者是一个，而接收者是很多个，所以认证方法和点到点通信认证方式完全不同。

(6) 安全管理问题。安全管理包括安全引导和安全维护两个部分。安全引导是指一个网络系统从分散的、独立的、没有安全通道保护的个体集合，按照预定的协议机制，逐步形成完整的、具有安全信道保护的、连通的安全网络过程。安全引导过程对于传感器网络来说是最重要、最复杂，而且也是最富挑战性的内容。因为传统的解决安全引导问题的各种方法，由于计算复杂性在传感器网络中基本上不能使用。安全维护主要涉及通信中的密钥更新，以及网络变更引起的安全变更。

这些安全问题在网络协议的各个层次都应该充分考虑，只是侧重点不尽相同。物理层主要侧重在安全编码方面；链路层和网络层考虑的是数据帧和路由信息的加解密技术；应用层在密钥的管理和交换过程中，为下层的加解密技术提供安全支撑。

由于网络攻击无处不在，安全性是传感器网络设计的重要问题，如何保护机密数据和防御网络攻击是传感器网络的关键技术之一。

传感器网络安全问题的解决方法与传统网络安全问题不同，主要原因如下：

(1) 有限的存储空间和计算能力。传感器节点的资源有限特性导致很多复杂、有效、成熟的安全协议和算法不能直接使用。公私钥安全体系是目前商用安全系统最理想的认证和签名体系，但从存储空间来看，一对公私钥的长度就达到几百个字节，还不包括各种中间计算需要的空间；从时间复杂度来看，采用功能强大的台式计算机一秒也只能完成几次到几十次的公私钥签名/解签运算，这对内存和计算能力都非常有限的传感器网络节点来说是无法完成的。即使是对称密钥算法，密钥过长、空间和时间复杂度大的算法也不适用。目前 RC4/5/6 算法是一系列可以定制的流加密和块加密算法，对于传感器网络比较适用。

(2) 布置区域的物理安全无法保证。传感器网络往往要散布在敌占区域，它的工作空间本身就存在不安全因素。节点很有可能遭到物理上或逻辑上的俘获，所以传感器网络的安全设计中要考虑及时撤除网络中被俘节点的问题，以及因为被俘节点导致的安全隐患扩散问题，即因为该节点的被俘导致更多节点的被俘，最终导致整个网络被俘或失效。

(3) 有限的带宽和通信能量。通常传感器网络采用的都是低速、低功耗的通信技术，因为一个没有持续能量供给的系统，要想长时间工作在无人值守的环境中，必须要在各个设计环节上考虑节电问题。这种低功耗要求安全协议和安全算法所带来的通信开销不能太大。这是在常规有线网络中较少考虑的因素。

(4) 侧重整个网络的安全。因特网的网络安全通常是端到端、网到网的访问安全和传输安全。传感器网络往往是作为一个整体来完成某项特殊的任务，每个节点既完成监测功能，同时又要担负路由转发功能。每个节点在与其他节点通信时存在信任度和信息保密的问题。除了点到点的安全通信之外，传感器网络还存在信任广播的问题。当基站向全网发布查询命令的时候，每个节点都要能有效判定消息确实来自于有广播权限的基站。

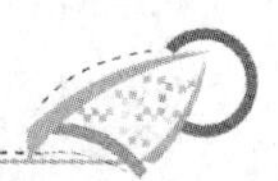

(5) 应用相关性。传感器网络的应用领域非常广泛，不同的应用对安全的需求也不相同。在金融和安防系统中，对于信息的窃取和修改比较敏感；而对于军事领域，除了信息可靠性以外，还要充分考虑对被俘节点、异构节点入侵的抵抗能力。因此，传感器网络必须采用多样化、灵活的方式解决安全问题。

7.1.2　传感器网络的安全技术设计

传感器网络的安全隐患在于网络部署区域的开放特性和无线电通信的广播特性。网络部署区域的开放特性是指传感器网络通常部署在应用者无法直接进入的区域，存在受到无关人员或敌方人员破坏的可能性。

无线电通信的广播特性是指通信信号在物理空间上是暴露的，如果任意一台设备的调制方式、频率、振幅和相位与发送信号相匹配，就能获得完整的通信内容。这种广播特性使传感器网络的部署非常高效，只要保证一定部署的节点密度，就能容易实现网络的连通特性，但同时带来了信息泄漏和空间攻击等安全隐患。

传感器网络的协议栈由物理层、数据链路层、网络层、传输层和应用层组成，下面逐一介绍传感器网络在协议栈的各个层次可能受到的攻击和主要防御方法。

1. 物理层

物理层面临的主要问题是无线通信的干扰和节点的沦陷，遭受的主要攻击包括拥塞攻击和物理破坏。

1) 拥塞攻击

由于无线环境是一个开放的空间，所有无线设备共享这个空间，所以如果两个节点发射的信号在一个频段上，或者频点很接近，则会因为彼此干扰而不能正常通信。拥塞攻击是只要获得或检测到网络通信频率的中心频率，就可以通过在这个频点附近发射无线电波进行干扰。

如果要抵御单频点的拥塞攻击，使用宽频和跳频是一种可行方法。在检测到所在空间频率遭受攻击以后，网络节点可跳转到另外一个频率进行通信。对于长期持续的全频拥塞攻击，转换通信模式是唯一能够使用的方法，光纤通信和红外通信等通信方式是有效的备选方案。

由于持续全频拥塞攻击在实施时存在很多困难，攻击者一般不采用全频段持续攻击，因此传感器网络可以采取一些更积极有效的办法应对拥塞攻击。例如，当攻击者使用能量有限的持续拥塞攻击时，节点采取不断降低自身工作占空比的方法，可以有效对付这种攻击。当攻击者为了节省能量，采用间歇式拥塞攻击方法时，节点可以利用攻击间歇进行数据转发。如果攻击者采用的是局部攻击，节点可以在间歇期间使用高优先级的数据包通知基站遭到拥塞攻击的情况。

2) 物理破坏

由于传感器网络节点往往分布在较大的区域内，所以保证每个节点的物理安全是不可能的，敌方人员很可能俘获一些节点，进行物理上的分析和修改，并利用它来干扰网络正常功能。针对无法避免的物理破坏，需要传感器网络采用更精细的控制保护机制。

① 完善物理损害感知机制。节点根据收发数据包的情况、外部环境的变化和一些敏感信号的变化，判断是否遭受物理侵犯。一旦感知到物理侵犯就可以采用具体的应对策略，使攻击者不能正确分析系统的安全机制，从而保护网络的其余部分免受安全威胁。

② 信息加密。现代安全技术依靠密钥来保护和确认信息，所以通信加密密钥、认证密钥和各种安全启动密钥需要严密的保护。由于传感器节点使用方面的诸多条件限制，它的有限计算能力和存储空间使得基于公钥的密码体制难以应用。为了节省传感器网络的能量开销和提供整体性能，要尽量采用轻量级的对称加密算法。

2. 链路层

1) 碰撞攻击

碰撞指的是当两个设备同时发送数据时，它们的输出信号会因信道冲突而相互叠加，从而导致数据包的损坏。针对碰撞攻击，可以采用以下两种处理办法。

(1) 使用纠错编码。纠错码原本是为了解决低质量信道的数据通信问题，通过给通信数据增加冗余信息来纠正数据包中的错误位。纠错码的纠正位数与算法的复杂度与数据信息的冗余度相关，通常使用一或两位纠错码。如果碰撞攻击者采用的是瞬间攻击，只影响个别数据位，那么使用纠错编码是有效的。

(2) 使用信道监听和重传机制。节点在发送前先对信道进行一段随机时间的监听，在预测一段时间为空闲的时候开始发送，降低碰撞的概率。对于有确认的数据传输协议，如果对方没有收到正确的数据包，需要将数据重新发送。

2) 耗尽攻击

耗尽攻击就是利用协议漏洞，通过持续通信的方式使节点能量资源耗尽。应对耗尽攻击，可以采取限制网络发送速度的方法，节点自动抛弃多余的数据请求，从而降低网络效率。另外一种方法就是在协议实现的时候，制定一些执行策略，对过度频繁的请求不予理睬；对同一个数据包的重传次数进行限制，避免恶意节点无休止地干扰导致节点能源耗尽。

3) 非公平竞争

如果网络数据包在通信机制中存在优先级控制，恶意节点或被俘节点可能会不断在网络上发送高优先级的数据包来占据信道，从而导致其他节点在通信过程中处于劣势。这种攻击方式需要攻击者完全了解传感器网络的 MAC 层协议机制，并利用 MAC 协议来进行干扰性破坏。

解决的办法是采取短包策略，即在 MAC 层不允许使用过长的数据包，这样就可以缩短每个数据包占用信道的时间。另外一种方法就是弱化优先级之间的差异，或不采用优先级策略，而采用竞争或时分复用方式来传输数据。

3. 网络层

通常传感器节点密集地分布在同一个区域，消息可能需要经过若干个节点才能到达目的地，而且由于传感器网络具有动态性，没有固定的拓扑结构，所以每个节点都需要具有路由功能。由于每个节点都是潜在的路由节点，因而更容易受到攻击。网络层的攻击主要有以下几种。

(1) 虚假路由信息。通过欺骗、更改和重发路由信息，攻击者可以创建路由环，吸引或拒绝网络信息流通量，延长或缩短路径长度，形成虚假的错误消息、分割网络、增加端到端的时延等。

(2) 选择性转发。节点收到数据包后，有选择地转发或根本不转发收到的数据包，导致数据包不能到达目的地。

(3) Sinkhole 攻击。攻击者通过声称自己电源充足、可靠等手段，吸引周围节点选择它作为路由路径中的转发节点，然后和其他的攻击如更改数据包的内容等结合起来，达到攻击的目的。由于传感器网络固有的通信模式，即通常所有的数据包都发到同一个目的地，因而特别容易受到这种攻击。

(4) Wormhole 攻击。这种攻击通常需要两个恶意节点相互串通，合谋进行攻击。如图 7.1 所示，如果一个恶意节点位于网关汇聚(Sink)节点附近，另一个恶意节点离网关汇聚节点较远。较远的那个节点声称自己和网关汇聚节点附近的节点可以建立低时延和高带宽的链路，从而吸引周围节点将数据包发给它。在这种情况下，远离网关汇聚节点的那个恶意节点其实是在发起 Sinkhole 攻击。Wormhole 攻击可以和其他攻击如选择性转发攻击等结合使用。

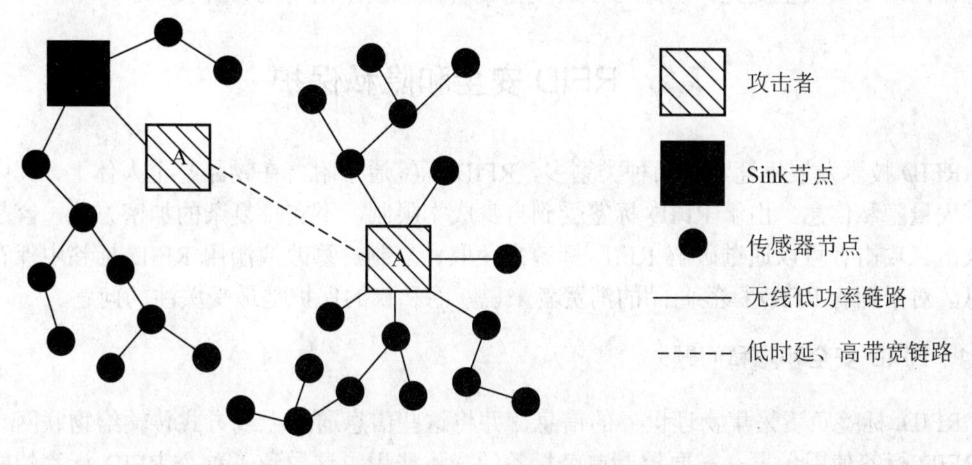

图 7.1　Wormhole 攻击示意

(5) HELLO flood 攻击。很多路由协议需要传感器节点定时发送 HELLO 包，用于向相邻节点通报自己是它们的邻居节点。如果一个较强的恶意节点以足够大的功率广播 HELLO 包时，收到 HELLO 包的节点会认为这个恶意节点是它们的邻居。在以后的路由中，这些节点很可能选择一条到这个恶意节点的路径，并向恶意节点发送数据包。事实上，由于该节点离恶意节点距离较远，以普通的发射功率传输的数据包根本到达不了目的地。

(6) 确认欺骗。一些传感器网络路由算法依赖于潜在的或明确的链路层确认机制。由于广播媒介的内在性质，攻击者能通过偷听通向临近节点的数据包，发送伪造的链路层确认，使得发送者相信一个弱链路是健壮的，或者相信一个已经失效的节点仍可使用。因为沿着弱连接或失效连接发送的包会发生丢失，攻击者能通过引导目标节点利用这些链路传输数据包，从而使用确认欺骗进行选择性转发攻击。

攻击者可以单独使用以上攻击方式，也可以组合使用。恶意节点在冒充数据转发节点的过程中，可能随机丢掉其中的一些数据包，或通过修改源地址和目的地址，选择一条错误路径发送出去，从而破坏网络的通信秩序，导致网络的路由混乱。解决方法之一就是使用多路径路由。这样即使恶意节点丢弃数据包，数据包仍然可以从其他路径发送到目标节点。

4. 传输层

传输层用于建立传感器网络与其他外部网络的端到端连接。由于传感器网络节点的内部资源限制，节点无法保存维持端到端连接的大量信息，而且节点发送应答消息会消耗大量能量，目前关于传感器节点的传输层协议的安全性技术并不多见。网关汇聚节点是传感器网络与外部网络的接口，传输层协议一般采用传统网络协议，在抵御攻击方面可以借鉴和采用有线网络的一些传输层安全技术。

5. 应用层

应用层提供了传感器网络的各种实际应用，也面临着各种安全问题。在应用层，密钥管理和安全组播为整个传感器网络的安全机制提供了安全基础设施，它主要集中在为整个传感器网络提供安全支持，因此可以采用密钥管理和安全组播的设计技术。

7.2 RFID 安全和隐私保护

RFID 技术发展迅速，产品种类繁多，RFID 标签通常附着在物品甚至人体上，其中存储着大量隐私信息。由于 RFID 标签受到自身成本限制，不支持复杂的加密方法，容易受到攻击。攻击者可以通过破解 RFID 标签来获取、复制、篡改或滥用 RFID 标签中保存的信息。对于拥有 RFID 标签商品的消费者来说，隐私权的保护是最受关注的问题。

7.2.1 RFID 安全和隐私问题

RFID 标签负责采集物理世界的信息，并将这些信息通过无线方式传输给物联网。由于 RFID 标签使用量大，需要控制单个标签的成本费用，这导致了单个 RFID 标签的能力非常弱小，不能支持复杂的密码学计算。一般来说，RFID 系统应当解决好数据的隐匿性、完整性、真实性和用户隐私泄露问题。RFID 系统主要面临的安全隐患和隐私泄露问题包括以下几种。

(1) 窃听。在 RFID 应用最广泛的供应链系统中，由于 RFID 标签和阅读器之间是通过无线方式进行数据传输，如果这些传输内容没有进行保护，攻击者就能偷听到标签和阅读器之间传输的信息及其含义，进而实施身份欺骗和偷窃。如果使用价格低廉的超高频 RFID 标签，由于其通信距离较短，不容易直接实施窃听，但攻击者可通过中间人攻击方式来窃取信息。

(2) 中间人攻击。通常被动的 RFID 标签在收到来自阅读器的查询请求后会主动响应，发送证明自己身份的信息，攻击者正是利用这个漏洞，使用受自己控制的阅读器来读取标签上的信息。攻击者可以先伪装成一个阅读器靠近标签，在标签携带者不知情的情况下读

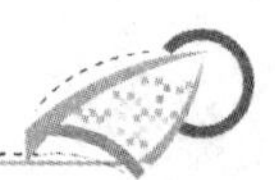

取标签信息，然后对信息内容进行篡改，再将修改后的非法信息发送给合法的阅读器。在这种攻击过程中，正常标签和阅读器始终认为攻击者是正常通信流程中的另一方。

(3) 欺骗、重放和克隆。欺骗是指攻击者将获取和篡改后的标签数据发送给正常阅读器，以此来欺骗阅读器。重放是指将标签回复内容记录下来，在阅读器询问时进行播放来欺骗阅读器。克隆是指将 RFID 标签中的记录内容写入到另外一个标签，形成原来标签的一个副本。例如，如果攻击者希望破解门禁系统，则可以先读取合法用户的门禁通行 RFID 卡的信息，然后写入到一张新卡中，就能以被攻击者的身份通过门禁系统，而系统难以发现异常，除非门禁系统配合使用预存合法人员的照片进行比对。

(4) RFID 病毒。RFID 标签能携带计算机病毒吗？答案是可能的。RFID 标签本身不能检测所存储的数据是否携带计算机病毒，攻击者可以事先将计算机病毒代码写入到标签中，然后让合法阅读器读取其中的数据，这样计算机病毒就可能注入到 RFID 的服务器系统。当计算机病毒或恶意程序入侵到后台数据库后，就可能迅速传播并摧毁整个供应链系统。

(5) 泄露用户隐私。RFID 标签包含的信息涉及用户的隐私和其他敏感数据，这些信息如果被攻击者获取，那么用户的隐私权就无法保障。一个安全的 RFID 系统应当能保护用户的隐私信息和相关经济实体的商业利益。与个人携带物品的标签可能泄漏个人身份类似，个人携带物品的 RFID 标签也可能泄漏个人身份。通过阅读器可以识别出携带缺乏安全机制的 RFID 标签的用户，并将标签信息进行综合和分析，就可以获取用户个人喜好和行踪等隐私信息。

例如，商业间谍通过隐藏在附近的阅读器来周期性地统计货架上的商品，以此推断销售数据，获取商业机密。另外，当 RFID 应用在医疗领域时，可以为医生提供全面的医疗信息和有效的物资管理，但个人的医疗记录极有可能含有非常敏感的隐私信息，如果患者不希望公开身体健康状况，那么泄露医疗记录就是一种犯罪行为。

目前实现 RFID 安全机制所采用的方法主要有两类：一类是物理安全机制；另一类是基于密码学的安全机制。

7.2.2　RFID 物理安全机制

由于低成本标签不支持高强度的安全性，人们提出的物理安全机制主要包括“灭活”(kill)、法拉第网罩和阻塞标签。

(1) “灭活”。“灭活”标签机制的原理是杀死标签，使标签丧失功能和不再响应攻击者的扫描，避免了对标签及其携带者的跟踪。当附着 RFID 标签的产品在交到最终使用者之前，标签读写器会对标签发出销毁命令，标签接受命令后自动销毁。销毁后的标签对外界读写器的询问和命令，不再做出任何应答和执行任何任务，以此来保护消费者的个人隐私。

(2) 法拉第网罩。法拉第网罩是由金属网或金属箔构成的，根据电磁场理论它可以屏蔽电磁波，使得外部信号和内部信号都无法穿过法拉第网罩。如果将标签放入法拉第网罩内，则外部的阅读器查询信号无法到达标签，由于被动标签不能获得查询信号，也就不能发送响应，另外主动标签的信号也无法穿过法拉第网罩，因而不能被攻击者接收到。因此，将标签放入法拉第网罩内就可以阻止标签被扫描，阻止攻击者通过扫描标签来获取隐私信息。

(3) 阻塞标签。阻塞标签是一种特殊的标签，不同于通常用于识别物品的普通标签。阻塞标签属于一种被动式的干扰器。通过设计特殊的标签碰撞算法，阻塞标签可以阻止非授权的阅读器读取预定保护的普通标签。当阅读器在进行扫描操作时，如果搜索到阻塞标签所保护的普通标签时，阻塞标签便发出干扰信号，使阅读器无法完成扫描动作，因而阅读器此时无法确定某个普通标签是否存在，更无法与其沟通，以此保护了这个普通标签。阻塞标签可以防止非法阅读器扫描和跟踪普通标签，在必要的时候也可以取消阻止功能。

7.2.3 基于密码学的 RFID 安全机制

基于密码学的 RFID 安全机制是利用各种成熟的密码方案和机制，来设计和实现符合 RFID 需求的密码协议。目前已有的 RFID 安全协议通常假设这些安全协议所使用的基本密码构造如哈希函数、伪随机生成函数、加密体制和签名算法都是安全的。RFID 安全协议的执行依赖于三个实体：标签(Tag)、标签阅读器(Reader)和后台数据库(Database)。

限于篇幅，本书仅介绍一种最简单的 RFID 安全协议，即哈希锁协议。

哈希锁(Hash Lock)协议是一种防范 RFID 标签未授权访问的隐私增强协议，整个协议只需要采用单向密码学哈希函数*来实现简单的访问控制，因而可以保证较低的标签费用成本。在哈希锁协议中，标签不使用真实的 ID，而是采用一个 metal ID 来替代。每个标签都拥有自己的访问密钥 key，以及一个哈希函数和一个用于存储临时 metal ID 的内存。使用哈希锁机制的标签具有锁定和非锁定两种状态：在锁定状态下标签采用 metal ID 来响应所有查询；在非锁定状态下，标签向阅读器提供自己的信息。哈希锁协议的流程如图 7.2 所示。

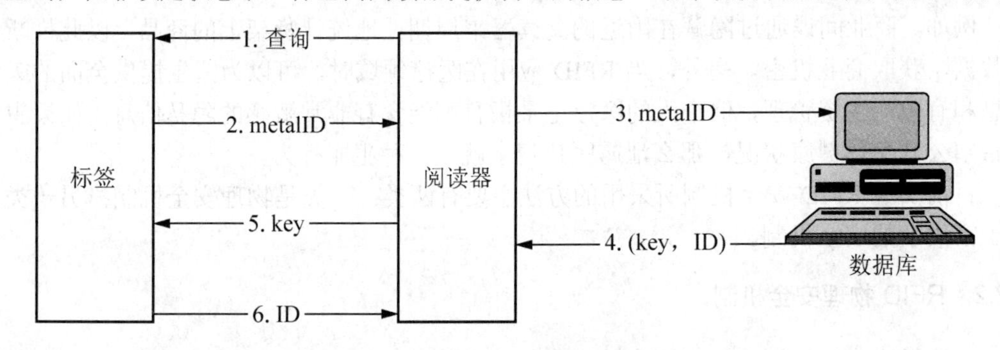

图 7.2 哈希锁协议的执行流程

哈希锁协议的执行过程如下：

① 标签接收到标签阅读器发送的查询请求后，将 metal ID 发送给阅读器；

② 标签阅读器将 metal ID 转发给数据库管理系统进行查找，若存在与该 metal ID 相匹配的项，则将该项的(key，ID)发送给标签阅读器，其中的 ID 为待认证标签的标识，key 是标签的访问密钥，且 metal ID = Hash(key)，如果没有与该 metal ID 相匹配的项，则将认

* 哈希函数又称为散列函数，它将任意长度的输入通过哈希算法压缩变换成固定长度的输出即散列值。通常散列值的空间远小于输入的空间，不同的输入可能会散列成相同的输出，而不可能从散列值来唯一地确定输入值。

证失败的信息返回给标签阅读器；

③ 标签阅读器将来自后台数据库的密钥 key 发送给标签；

④ 标签验证 metal ID= Hash(key)是否成立，如果成立，则将其 ID 发送给标签阅读器；

⑤ 标签阅读器比较从标签接收到的 ID 是否与数据管理系统相一致，如果一致，则认证通过。

哈希锁协　的本质是用标签回传 metal ID 来代替 ID，避免将 ID 直接通过不安全信道传送给标签阅读器。从上述的协　执行过程可看出，该协　基本上能够提供安全的访问控制和标签数据隐私保护。

7.3 位置隐私保护

7.3.1 保护位置隐私的意义

第 6 章介绍的定位技术在给人们的生活带来便利的同时，也带来了安全忧患。随着定位精度的提高，位置信息的内涵也变得越来越丰富。高精度的位置信息如果被攻击者窃取，造成的后果可能非常严重。例如，攻击者可以用来跟踪某个特定的用户，了解该用户曾去过哪里，从而推断出做出哪些事情，另外也可以通过追踪匿名用户的位置信息，结合某些先验知识，推断出用户的真实身份。

所谓位置隐私是指用户对自己位置信息的掌控能力。掌控能力的含义是指用户能自由决定是否发布自己的位置信息、将信息发布给谁、通过何种方式发布及所发布的位置信息的详细程度。如果这些方面都能满足，那么该用户的位置信息就是高度隐私的。

位置隐私的重要性往往被人们低估。家庭住址的泄露可能只会给住户带来垃圾邮件的困扰，这种危害是直观明显的。位置隐私泄露的危害通常不是显而易见的。位置泄露的最直接危险是可能被不法分子利用，对当事人进行跟踪，甚至造成人身安全的威胁。根据位置信息，有时候可以推断出用户进行的活动，甚至推断出用户的健康状况、宗教信仰、政治面目、生活习惯、兴趣爱好等个人隐私信息。

7.3.2 保护位置隐私的方法

为了应对日益增多的泄露位置隐私的威胁，人们考虑了多种手段来保护位置隐私，主要有四类方法：

① 身份匿名——将位置信息中的真实身份替换为匿名的代号，避免攻击者将位置信息与用户的真实身份对应起来；

② 数据混杂——对位置信息的数据进行混杂，避免攻击者获取用户的精确位置；

③ 法律制度——通过法律法规和规章制度来规范物联网中位置信息的使用；

④ 隐私定制化策略——允许用户根据自己的需要来定制相应的位置隐私策略，以此为依据来约定移动设备与服务提供商之间的交互行为。

这里前两种方法是以技术手段来对抗隐私泄露的威胁，而后两种方法是采用行政措施来对付这种威胁。下面对具体方法进行阐述。

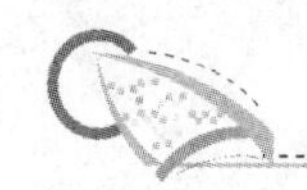

(1) 身份匿名。如前所述，通常位置信息实际上包含了三种要素：时间、地点和人物。正因如此，攻击者才能通过窃取位置信息来推测用户的个人隐私。身份匿名的方法就是针对“人物”这一要素，它将发布的位置信息中的身份内容替换为一个匿名的代号。因此，即使攻击者通过位置信息推断出个人的一些隐私情报，在无从确认用户真实身份的情况下，也无法对用户造成危害。

另外，我们不但可以从发布的位置信息中隐藏真实身份，而且还要防止攻击者借助发布的位置信息来推测出用户的真实身份。针对这一问题，人们设计了一些方法，其中一种简单的对策就是 K 匿名方法。

K 匿名的基本思想是使用户发布的位置信息与另外 $K-1$ 个用户的位置信息变得不可分辨，因而即使攻击者通过某种途径掌握了这 K 个用户的真实身份，也很难将 K 个匿名代号和 K 个真实身份一一对应起来。K 匿名方法的作用是使多条信息的用户身份难以分辨。

(2) 数据混杂。相对于身份匿名方法的目的是“使攻击者不知道位置信息的主人是谁”，数据混杂方法的目的是“即使攻击者知道信息的主人是谁，也不知道信息的主人正在做什么”，因而攻击者不能从位置信息中获得足够进行有效推断的信息内容。

数据混杂主要有三种实现方法：模糊范围、声东击西和含糊其辞。模糊范围的方法是指降低位置信息的精度，不采用精确的坐标，而采用较模糊的区域范围作为发布的位置信息。声东击西的方法是指采用附近的一个随机地点来代替真实的准确位置。含糊其辞的方法是指在发布的位置信息中引入一些模糊的语义词汇。

数据混杂方法的作用是使发布的位置信息指明的空间位置不容易分辨。数据混杂方法的优点在于支持各种依赖用户真实身份、需要身份认证的位置服务，可以进行轻量化、分布式的部署。

(3) 法律制度。利用法律制度来规范公民位置信息的使用，是合法执行位置隐私保护的根本和基础。通常各国制订位置隐私保护主要遵循以下原则。

① 用户享有知情权。个人位置信息的采集必须在用户知晓的前提下进行，同时用户能知晓信息采集的目的。

② 用户享有选择权。用户必须能够自由选择自己的位置信息被应用于何种用途。

③ 用户享有参与权。用户必须能自由访问自己被采集的位置信息，同时能指出和修正这些信息中的不实之处。

④ 数据采集者有确保数据准确性和安全性的义务。在采集了用户的位置信息数据之后，采集者必须对数据进行妥善保管，保证数据的真实准确，同时应该保护数据不被第三方窃取。

⑤ 强制性。上述条款必须有强制执行的保证措施，当数据采集者违反其中任一条款时，必须受到问责和制裁。

(4) 隐私定制化策略。隐私定制化策略的目标是提供一套由用户自行决定隐私保护程度的机制，即为不同的用户提供定制化的保护策略，实施有针对性的隐私保护。最简单的隐私保护定制化方法是当服务提供商获取用户的位置信息时，都要提示由用户决定是否提供及提供的内容包括哪些，即位置信息内容在多大程度上提供是由用户来具体决定的。

实际中的隐私定制化策略可以分为两类：一类是用户导向型；另一类是服务提供商导

向型。所谓用户导向型是指由用户指定一套位置信息发布的要求，如限定信息的用途、指定信息的保存期限、限定数据的重传及其次数等，并将这套隐私要求与位置数据捆绑在一起，当服务提供商接受这些要求后才能获得用户的位置信息。所谓服务提供商导向型是指由服务提供商公布自己对于用户位置信息的使用方式，由用户来确定是否将位置信息提供给服务方。

小 结

安全技术是物联网的一项重要支撑技术，物联网的运行离不开可靠的安全保障。鉴于传统网络的安全技术已较成熟，本章有侧重点地介绍了与物联网特点直接相关的安全问题及其安全保护机制，包括传感器网络的安全技术设计、RFID 安全和隐私保护机制、位置隐私保护问题。通过本章内容的学习，需要掌握物联网安全问题的背景及其解决方法，对于待设计的物联网系统要求胸有成竹地设计相应的安全保护方案。

习 题 7

一、选择题

1．传感器网络的数据安全需求是为了保证网络中传输数据的安全性，下面的(　　)不属于它的数据安全内容。

A．数据的机密性　　B．数据的冗余性
C．数据的完整性　　D．数据的实效性

2．下面的(　　)不属于传感器网络链路层协议可能遭受到的攻击和面临的安全问题。

A．拥塞攻击　　B．碰撞攻击　　C．耗尽攻击　　D．非公平竞争

3．Wormhole 攻击通常需要两个恶意节点相互串通，在传感器网络的(　　)协议栈层次上合谋发起攻击。

A．物理层　　B．链路层　　C．网络层　　D．传输层

4．下面的(　　)不属于 RFID 系统需要解决的安全和隐私问题。

A．数据隐匿性　　B．数据简洁性　　C．数据真实性　　D．用户隐私泄露

5．对于 RFID 标签能否携带计算机病毒问题，正确答案是(　　)。

A．可能　　B．不可能
C．目前尚未清楚　　D．即使能携带病毒，影响也不大

6．由于低成本标签不支持高强度的安全性，下面的(　　)不属于当前 RFID 系统的物理安全机制内容。

A．“灭活”　　B．法拉第网罩　　C．中间人攻击　　D．阻塞标签

7．下面的(　　)不属于目前人们考虑的保护位置隐私的方法。

A．身份匿名　　B．数据融合　　C．法律制度　　D．隐私定制化策略

8．身份匿名作为一种解决泄露位置隐私的方法，它是针对位置信息中的“(　　)”这种要素来避免攻击者非法窃取用户的隐私情报。

A．时间　　B．地点　　C．人物　　D．事件

二、填空题

1．传感器网络的安全性需求主要来源于______安全和______安全两个方面。

2．RFID 系统面临的一种安全隐患是被______，这是指将 RFID 标签中的记录内容写入到另外一个标签，形成原来标签的一个副本。

3．目前实现 RFID 安全机制所采用的方法主要有两类：一类是______安全机制；另一类是______安全机制。

4．______协议作为最简单的基于密码学的 RFID 软件安全机制，是一种防范 RFID 标签未授权访问的隐私增强协议。

5．所谓______是指用户对自己位置信息的掌控能力。

6．______方法作为保护位置隐私的一种技术手段，它的优点在于支持各种依赖用户真实身份、需要身份认证的位置服务，使发布的位置信息指明的空间位置不容易分辨。

三、问答题

1．传感器网络的数据安全需求包括哪些内容？

2．简述传感器网络遭受拥塞攻击的原理及其防御方法。

3．简述在传感器网络中实施 Wormhole 攻击的原理过程。

4．试述 RFID 物理安全机制中阻塞标签方法的原理。

5．试述 RFID 标签能够携带计算机病毒的原因。

6．试述哈希锁协议的执行流程。

7．什么是位置隐私？保护位置隐私具有什么意义？

8．保护位置隐私的主要方法有哪些？

第 8 章

物联网的应用开发基础

俗话说："万丈高楼平地起，一力承担靠地基"。物联网的应用开发基础技术就是物联网成功应用和优秀方案设计的"地基"。传感器网络属于一种典型的物联网类型，技术特征明显，应用已较成熟。鉴于物联网涵盖范围广，难以对所涉及的应用开发技术进行全面介绍，本章将侧重介绍经典的传感器网络应用开发基础技术，主要涉及传感器网络节点的硬件开发、操作系统和软件设计的内容。

8.1 硬 件 开 发

8.1.1 网络节点的硬件设计

1. 数据处理

信息采集和数据处理是物联网的重要特征之一。每个网络终端节点都具有一定的智能性，能对数据进行预处理，并根据感知的情况做出不同处理。这种智能性主要是依赖于数据处理模块来实现的，数据处理是网络节点的核心模块之一。

从处理器的角度来看，网络节点可以分为两类，一类采用以 ARM 处理器为代表的高端处理器。这类节点的能量消耗比采用微控制器要大得多，支持前面第 5 章介绍的动态电源管理之类的节能策略。由于其处理能力强，适合声音、图像等高数据量的业务应用。另外，人们也经常采用高端处理器作为网关汇聚节点。

另一类是以采用低端微控制器为代表的节点。该类节点的处理能力较弱，但是能量消耗也很小。在选择处理器时应该首先考虑系统对处理能力的需要，然后再考虑功耗问题。

微处理器单元是网络节点的核心，负责整个节点的运行管理。表 8-1 所示为常见的微控制器性能比较。

表 8-1 常见的微控制器性能比较

厂商	芯片型号	RAM 容量/kB	Flash 容量/kB	正常工作电流/mA	睡眠模式下的电流/μA
Atmel	Mega103	4	128	5.5	1
	Mega128	4	128	8	20
	Mega165/325/645	4	64	2.5	2

续表

厂商	芯片型号	RAM 容量/kB	Flash 容量/kB	正常工作电流/mA	睡眠模式下的电流/μA
Microchip	PIC16F87x	0.36	8	2	1
Intel	8051 8 位 Classic	0.5	32	30	5
	8051 16 位	1	16	45	10
Philips	80C51 16 位	2	60	15	3
Motorola	HC05	0.5	32	6.6	90
	HC08	2	32	8	100
	HCS08	4	60	6.5	1
TI	MSP430F14x 16 位	2	60	1.5	1
	MSP430F16x 16 位	10	48	2	1
Atmel	AT91 ARM Thumb	256	1024	38	160
Intel	XScale PXA27x	256	N/A	39	574
Samsung	S3C44B0	8	N/A	60	5

在选择处理器时，对于功耗的衡量标准不能仅仅从处理器的休眠模式、每 MHz 时钟频率所耗费的能量等角度去考虑处理器自身的功耗，还要综合考虑处理器每执行一次指令所耗费的能量。表 8-2 所示是一些常用处理器在不同的运行频率下每指令所耗费能量的数据。

表 8-2　常用处理器的每指令耗费能量

芯片型号	运行电压/V	运行频率	单位指令消耗能量/nJ
ATMega128L	3.3	4MHz	4
ARM Thumb	1.8	40MHz	0.21
C8051F121	3.3	32kHz	0.2
IBM 405LP	1	152MHz	0.35
C8051F121	3.3	25MHz	0.5
TMS320VC5510	1.5	200MHz	0.8
Xscale PXA250	1.3	400MHz	1.1
IBM 405LP	1.8	380MHz	1.3
Xscale PXA250	0.85	130MHz	1.9

Atmel 公司的 AVR 系列单片机应用较多。它采用 RISC 结构，吸取了 PIC 和 8051 单片机的优点，具有丰富的内部资源和外部接口。在集成度方面，其内部集成了几乎所有的关键部件；在指令执行方面，微控制单元采用 Harvard 结构，因此指令大多为单周期；在能源管理方面，AVR 单片机提供多种电源管理方式，尽量节省节点能量；在可扩展性方面，提供多个 I/O 接口且与通用单片机兼容；此外，AVR 系列单片机提供的 USART(通用同步异步收发器)控制器、SPI(串行外围接口)控制器等与无线收发模块相结合，能实现大吞吐量、高速率的数据收发。

TI 公司的 MSP430 系列超低功耗处理器，不仅功能完善、集成度高，而且能根据存储容量的多少，提供多种引脚兼容的型号，使开发者可以根据应用对象灵活选择。

作为 32 位嵌入式处理器的 ARM 单片机，如果用户能接受它的较高成本，那么可以利用这种单片机来运行复杂的算法，提供更多的应用业务功能。

2. 采集识别

采集识别功能经常涉及一个称为变送器的概念。所谓变送器(Transducer)是指将一种物理能量变为另一种物理能量的器件，包括传感器和执行器两种类型。大部分传感器的输出是模拟信号，但通常网络传输的是数字化的数据，因而必须进行模/数转换。类似地，许多执行器的输出也是模拟的，也必须进行数/模转换。在网络节点中配置模/数和数/模转换器(ADC 和 DAC)，能降低系统的整体成本，尤其是在节点有多个传感器且可共享一个转换器时。作为一种降低产品成本的方法，生产厂商可以选择不在节点中包含 ADC 或 DAC，而是使用数字变送器接口。

为了解决变送器模块与数据处理模块之间的数据接口问题，目前已制定了 IEEE 1451 系列标准，它是由 IEEE 仪器和测量协会的传感器技术委员会发起并制定的。对于智能网络化传感器接口内部标准和软硬件结构，IEEE 1451 标准做出了详细的规定。该标准大大简化了由变送器构成的各种网络控制系统，并能实现各个变送器产品之间的互换性。

IEEE 1451 标准的目标是通过定义一套通用的通信接口，以使变送器能够独立于网络，并与现有基于微处理器的系统、仪器仪表和现场总线网络相连，解决不同网络之间的兼容性问题。

3. 无线通信

无线通信模块由无线射频电路和天线组成，是网络节点中最主要的耗能部件。无线通信技术通常包括 IEEE 802.11b、IEEE 802.15.4(ZigBee)、Bluetooth、UWB、RFID 和 IrDA 等，表 8-3 所示为目前物联网常用的无线通信技术。

表 8-3　物联网常用的无线通信技术

无线技术	频率	距离/m	功耗	传输速率/(kb/s)
Bluetooth	2.4GHz	10	低	10000
802.11b	2.4GHz	100	高	11000
RFID	50kHz～5.8GHz	<5	—	200
ZigBee	2.4GHz	10～75	低	250
IrDA	Infrared	1	低	16000
UWB	3.1～10.6GHz	10	低	100000
RF	300～1000MHz	10X～100X	低	10X
X 表示数字 1～9				

通信芯片的传输距离受多种因素的影响。其中，最重要的因素是芯片的发射功率。显然发射功率越大，则信号传输的距离越远。一般来说，发射功率和传输距离的关系是 $P \propto d^n$，这里 P 表示发射功率，d 表示传输距离，n 通常为 3～4 之间的常数。因此，如果要实现两倍的传输距离，发射功率需要增加 8～16 倍。

影响传输距离的另一重要因素是接收机的灵敏度。在其他因素不变的情况下，提高接收灵敏度可以增加传输的距离。

发射功率和接收灵敏度一般采用 dBm 这一单位来度量。通信芯片的接收灵敏度通常为-85～110dBm。dBm 是表示功率大小的单位，两个相差 10dBm 的功率(如-40dBm 和-50dBm)，它们的功率绝对值相差了 10 倍；而两个相差 20dBm 的功率，它们的功率绝对值相差了 100 倍。

如果用 x 表示功率的 dBm 值，P 表示功率的绝对值(瓦)，则

$$x = 10\lg P + 30 \tag{8.1}$$

因此，1mW 相当于 0dBm，而 1W 相当于 30dBm。

对于无线通信芯片的选择，需要从性能、成本和功耗方面综合考虑，RFM 公司的 TR1000 和 Chipcon 公司的 CC1000 是不错的选择。这两种芯片各有所长，TR1000 功耗低些，CC1000 灵敏度高些、传输距离更远。WeC、Renee 和 Mica 节点均采用 TR1000 芯片；Mica2 采用 CC1000 芯片；Mica3 采用 Chipcon 公司的 CC1020 芯片，传输速率可达 153.6kb/s；Micaz 节点采用 CC2420 ZigBee 芯片。

另外有一类无线芯片本身集成了处理器，如 CC2430 是在 CC2420 的基础上集成了 51 内核的单片机；CC1010 是在 CC1000 的基础上集成了 51 内核的单片机，使得芯片的集成度进一步提高。常见的无线芯片还有 Nordic 公司的 nRF905、nRF2401 等系列芯片。物联网节点常用的无线通信芯片的主要参数如表 8-4 所示。

表 8-4　常用短距离无线芯片的主要参数

芯片/参数	频段/MHz	速率/(kb/s)	电流/mA	灵敏度/dBm	功率/dBm	调制方式
TR1000	916	115	3	-106	1.5	OOK/FSK
CC1000	300～1000	76.8	5.3	-110	20～10	FSK
CC1020	402～904	153.6	19.9	-118	20～10	GFSK
CC2420	2400	250	19.7	-94	-3	O～QPSK
nRF905	433～915	100	12.5	-100	10	GFSK
nRF2401	2400	1000	15	-85	20～0	GFSK
9Xstream	902～928	20	140	-110	16～20	FHSS

目前市场上支持 ZigBee 协议的芯片制造商有 Chipcon 公司和 Freescale 半导体公司。Chipcon 公司的 CC2420 芯片应用较多，该公司还提供 ZigBee 协议的完整开发套件。Freescale 半导体公司提供的 2.4GHz 无线传输 ZigBee 芯片包括 MC13191、MC13192、MC13193，该公司也提供配套的开发套件。

在无线射频电路设计中，主要考虑以下三个问题。

1) 天线设计

(1) 天线的性能指标

通常需要根据不同的应用需求选择合理的天线类型。天线设计是无线收发的重要问题，直接关系到无线通信的质量，尤其关系到无线通信的距离和接收信号的质量。天线的设计指标有很多种，通常根据天线增益、天线效率和电压驻波比三项指标来衡量天线的性能。

① 天线增益。天线增益是指天线在能量发射最大方向上的增益。当以各向同性为增益基准时，单位为 dBi；如果以偶极子天线的发射为基准时，单位为 dBd。天线的增益越高，通信距离越远。当发射机采用高增益的定向天线时，能显著提高通信方向上的功率密度，而接收机采用高增益定向天线时能显著改善信号/噪声比(简称信噪比)，并提高接收场强，从而大幅度地提高通信距离。

天线本身是无源器件，不能放大信号，但高增益天线能显著提高通信方向上的能量密度，提高信噪比，从而扩大通信范围，它的作用原理与手电筒或探照灯上的聚光镜相似。但高增益天线的成本较高，几何尺寸及重量都比较大，只适合于固定安装使用，在一点对多点、多点对一点的无线通信组网中可考虑网关汇聚节点采用高增益的全向天线。采集节点根据与主机距离的不同，选用不同增益的天线。

对于固定安装并且距离主机特别远的网络终端节点，还可选用高增益的定向天线。图 8.1 所示为 14dBi 和 24dBi 两种定向天线。发射机采用高增益定向天线，可显著提高通信方向上的信号强度。接收机采用高增益定向天线，可提高通信方向上的接收信号场强和信噪比，从而大幅度提高通信距离。

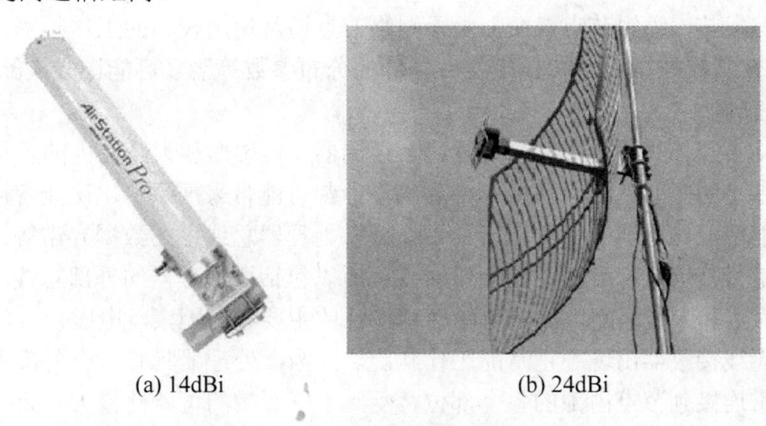

(a) 14dBi　　(b) 24dBi

图 8.1　14dBi 和 24dBi 两种定向天线

② 天线效率。天线效率是指天线以电磁波的形式发射到空中的能量与自身消耗能量的比值，其中自身消耗的能量以热的形式散发。对于无线节点来说，天线辐射电阻较小，任何电路的损耗都会降低天线的效率。

③ 天线电压驻波比。天线电压驻波比用于衡量传输线与天线之间阻抗失配的程度。天线电压驻波比值越高，表示阻抗失配程度越高，则信号能量损耗越大。

(2) 天线种类

在通常情况下，内置天线由于便于携带，且具有免受机械和外界环境损害等优点，通常是设计时的首选方案。这里采用印制电路板上的金属印刷线作为天线，成本较低。另外这种天线非常薄，可以降低网络节点的体积。其缺点是性能不高，原因是尽管选用低电阻率的铜材料，但由于其厚度太薄，使得串联电阻相对较高，而且低品质的印制电路板材料也会增加介质损耗。另外，印刷天线的调谐误差通常很大，这是由电路板加工过程的蚀刻误差引起的。

第二种天线是将简单的导线天线或金属条带天线作为元件，安装在印制电路板上。这种天线因损耗很低，并置于印制电路板上方，能比印刷天线的通信性能有明显提高。导线天线可以是偶极子天线，也可以是环天线。导线天线需要介质材料(如塑料)支撑，从而使其机械外形和相应的谐振频率达到必要的容差要求。它们很难在自动装配线上进行安装，只能人工安装和焊接。因此，导线天线是介于低成本、低效率的印刷天线与相对高成本、高效率的外置天线之间的一种折中方案。

第三种天线是特殊的陶瓷天线元件。此类天线可以进行自动安装，尺寸比导线天线小，并且不需要调整。但价格比导线天线昂贵，且只在最常使用的频段(如 915MHz 和 2450MHz ISM 波段)才有成品。

第四种是外置天线，它没有内置天线的尺寸限制，通常离网络节点的噪声源的距离较远，因而具有很高的无线通信传输性能。对那些需要尽可能大的通信距离、必须选用定向天线的应用来说，外置天线几乎是必选的。

2) 阻抗匹配

射频放大输出部分与天线之间的阻抗匹配情况直接关系到功率的利用效率。如果匹配不好，很多能量会被天线反射回射频放大电路，不仅降低了发射效率，严重时还会导致网络节点的电路发热，缩短节点寿命。由于网络节点通常使用较高的工作频率，因而必须考虑导线和 PCB 基板的材质、PCB 走线、器件的分布参数等诸多可能造成失配的因素。

3) 电磁兼容

通常网络节点体积小，包括微处理器、存储器、传感器和天线在内的各种器件，它们聚集在相对狭小的空间，因而任何不合理的设计都可能带来严重的电磁兼容问题。例如，由于天线辐射造成传感器的探测功能异常，或微处理器总线上的数据异常等。

高频强信号是造成电磁兼容的主要原因，所以包括微处理器的外部总线、高速 I/O 端口、射频放大器和天线匹配电路是电磁兼容设计的主要考虑因素。电磁兼容问题容易导致微处理器和无线接收器出现不正常的工作状况。因为微处理器具有多个外部引脚，各引脚上的引线通常连接到节点内部的各个部位，受到干扰影响的可能性很大。无线接收器本身就是用于接收电磁信号，如果信号或强信号的高次谐波分量落在接收电路的通带范围内，就可能造成误码和阻塞。

4. 供应电能

电源模块是任何电子系统的必备部件，它直接关系到传感器节点的寿命、成本、体积和设计的复杂度。如果能够采用大容量电源，那么网络各层通信协议的设计、网络功率管理等方面的指标都可以降低，从而降低设计难度。供电容量的扩大意味着体积和成本的增加，电源模块设计必须首先合理选择电源种类。

众所周知，市电是最便宜的电源，不需要更换电池，而且不必担心电源耗尽。但在具体应用中，市电的应用一方面因受到供电电缆的限制，削弱了无线节点的移动性和使用范围；另一方面，电源电压转换电路需要额外增加成本，不利于降低节点费用。对于一些市电使用方便的场合，如电灯控制系统等，仍可以考虑使用市电供电。

采用电池供电是目前最常见的无线网络节点供电方式。按照电池能否充电，电池可分为可充电电池和不可充电电池；根据电极材料，电池可以分为镍铬电池、镍锌电池、银锌

电池、锂电池和锂聚合物电池等。通常不可充电电池比可充电电池的能量密度高。如果没有能量补充来源，则应选择不可充电电池。在可充电电池中，锂电池和锂聚合物电池的能量密度最高，但是成本比较高；镍锰电池和锂聚合物电池是唯一没有毒性的可充电电池。常见电池的性能参数如表 8-5 所示。

表 8-5　常见电池的性能参数

电池类型	铅酸	镍镉	镍氢	锂离子	锂聚合物	锂锰	银铅
重量能量比 /($W \cdot h \cdot kg^{-1}$)	35	41	50～80	120～160	140～180	330	—
体积能量比 /($W \cdot h \cdot L^{-1}$)	80	120	100～200	200～280	>320	550	1150
循环寿命/次	300	500	800	1000	1000	1	1
工作温度/℃	-20～60	20～60	20～60	0～60	0～60	-20～60	20～60
记忆效应	无	有	小	很小	无	无	无
内阻/mΩ	30～80	7～19	18～35	80～100	80～100	—	—
毒性	有	有	轻毒	轻毒	无	无	有
价格	低	低	中	高	最高	高	中
可充电	是	是	是	是	是	否	否
漏电流/(%/月)	30	30	15	8	8	20	25

原电池是将化学能转变为电能的装置，它以成本低廉、能量密度高、标准化程度好、易于购买等特点而受青睐。例如，我们日常使用的 AA 电池(即通常所说的 5 号电池，尺寸为直径 14mm/高度 49mm)、AAA 电池(即通常所说的 7 号电池，尺寸为直径 11mm/高度 44mm)都是普通的原电池。

虽然使用可充电的蓄电池比使用原电池方便，但蓄电池也有缺点，如它的能量密度有限。蓄电池的重量和体积较大，但能量密度远低于原电池，这意味着要达到同样的容量要求，蓄电池的尺寸和重量都要大。另外与原电池相比，蓄电池自放电更严重，这就限制了它的存放时间和在低负载条件下的寿命，另外蓄电池的维护成本也不可忽略。尽管有这些缺点，蓄电池仍然有很多可取之处，如蓄电池的内阻通常比原电池要低，这在要求峰值电流较高的应用中具有价值。

网络节点在某些情况下可以直接从外界环境获取足够的能量，包括通过光电效应、机械振动等方式获取能量。最常见的能量收集技术包括太阳能、风能、热能、电磁能和机械能等。如果设计合理，采用能量收集技术的节点尺寸也可以做得很小。

5. 外围电路

网络节点的外围模块主要包括看门狗电路、I/O 电路和低电量检测电路等。

看门狗(Watch Dog)是一种增强系统鲁棒性的措施，能有效防止系统进入死循环或程序跑飞。如果节点工作环境复杂，可能由于干扰造成系统软件的运行混乱。例如，在因干扰造成程序计数器计数值出错时，系统会访问非法区域而跑飞。

看门狗的工作过程如下：在系统运行以后启动看门狗的计数器，看门狗开始自动计数。

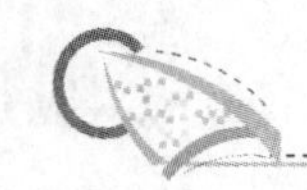

如果到达了指定的置位，那么看门狗计数器就会溢出，从而引起看门狗中断，造成系统复位，恢复正常程序流程。为了保证看门狗的正常动作，需要程序在每个指定的时间段内都必须至少置位看门狗计数器一次(俗称“喂狗”)。

通常休眠模式下微处理器的系统时钟将停止，由外部事件中断来重新启动系统时钟，从而唤醒 CPU 继续工作。在休眠模式下，微处理器本身实际上已经不消耗电流，要想进一步减小系统功耗，就要尽量将节点的各个 I/O 模块关闭。随着 I/O 模块的关闭，节点的功耗越来越低，最后进入深度休眠模式。需要注意的是，在使节点进入深度休眠状态之前，需将重要系统参数保存在非易失性存储器。

另外，由于电池寿命有限，为了避免节点工作中发生突然断电的情况，当电池电量将要耗尽时必须有某种指示，以便及时更换电池或提醒邻居节点。噪声干扰和负载波动也会造成电源端电压的波动，在设计低电量检测电路时应予考虑。

8.1.2 网络节点设计案例

1. Mica 系列节点概述

Mica 系列节点是由美国加利福尼亚大学伯克利分校研制、由 Crossbow 公司生产的传感器网络节点。Crossbow 公司是第一家将智能微尘传感器引入大规模商业用途的公司，现在给一些财富百强企业提供服务和智能微尘产品。基于 Crossbow 的传感器网络平台，可实现功能强大、无线和自动化的数据采集和监控系统。它的产品的大部分部件即插即用，而且所有的组成部分是靠 TinyOS 操作系统运行的。Mica Processor/Radio boards(MPR)即所谓的 Mica 智能卡板组成硬件平台，由电池供电，传感器和数据采集模块与 MPR 集成在一起。

图 8.2 所示是 Mica 系列节点的组网示意图。Mica 系列节点包括 WeC、Renee、Mica、Mica2、Mica2Dot～MicaZ。WeC、Renee 和 Mica 节点均采用 TR1000 芯片，Mica2 和 Mica2Dot 采用 CC1000 芯片，Micaz 节点采用 CC2420 ZigBee 芯片。

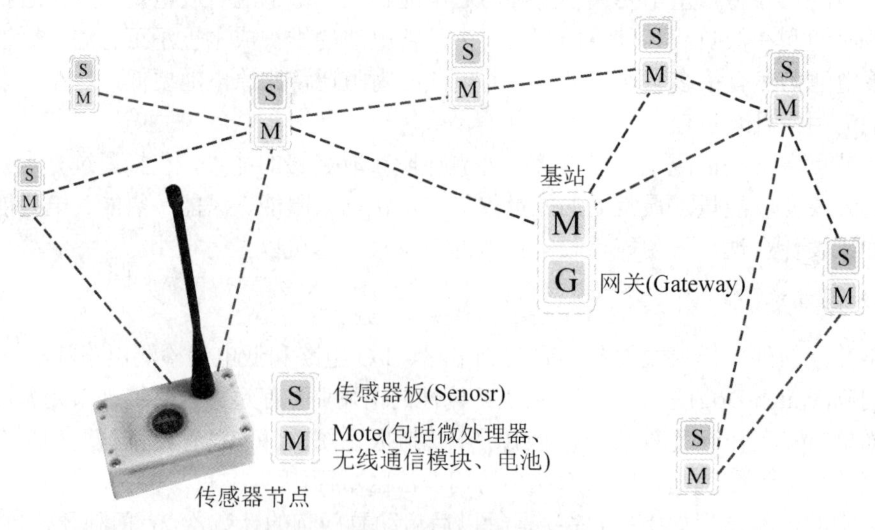

图 8.2 Mica 系列节点的组网示意图

表 8-6 列出了 Mica 系列网关和网络接口板，表 8-7 列出了 Mica 系列数据处理和通信板的型号和功能。Crossbow 有三种 MPR 模块，即 MICAz(MPR2400)，MICA2(MPR400)和 MICA2DOT(MPR500)。MICAz 用于 2.4GHz ISM 频段，支持 IEEE802.15.4 协议。MICA2 和 MICA2DOT 可以采用 315、433、868/900MHz 频段，支持的频率范围较大。

表 8-6　Mica 系列网关和网络接口板

型号	功能	Mote/接口	编程口	数据口
MIB500	并口编程器	MICA、MICA2(51 针连接器) MICA 系列传感板(51 针连接器) MICA2DOT(19 针圆形连接器)	并口	串口 (RS-232)
MIB510	串口编程器	MICA、MICA2(51 针连接器) MICA 系列传感板(51 针连接器) MICA2DOT(19 针圆形连接器)	串口 (RS-232)	串口 (RS-232)
MIB600	Ethernet 编程接口板	MICA、MICA2(51 针连接器) MICA2DOT(19 针圆形连接器)	Ethernet	Ethernet

表 8-7　Mica 系列数据处理和通信板

Mote 硬件平台		MICAz	MICA2	MICA2DOT	MICA
模块系列		MPR2400	MPR400/410/420	MPR500/510/520	MPR300/310
MCU	芯片	ATMega128L			ATMega103L
	参数	7.37MHz，8 位		4MHz，8 位	4MHz，8 位
	程序存储器容量/KB	128			
	SRAM 容量/KB	4			
传感器板接口	类型	51 脚		18 脚	51 脚
	10 位 A/D	7，0～3 V 输入		6，0～3 V 输入	7，0～3 V 输入
	UART	2		1	2
	其他接口	DIO，I^{2}C		DIO	DIO，I^{2}C
RF 收发器	芯片型号	CC2420	CC1000		TR1000
	RF 频率/MHz	2400	300～1000		916
	数据速率/(kb/s)	250	78.6		115
	无线连接器	MMCX		PCB 焊孔	
Flash	芯片型号	AT45DB014B			
	通信接口	SPI			
	容量/KB	512			
电源	类型	AA，2×		纽扣电池(CR2354)	AA，2×
	容量/(mA・h)	2000		560	2000
	3.3V 升降压转换器	无			有

图 8.3(a)所示为 MICA2 系列 MPR4x0 的实物，图 8.3(b)为 MICA2DOT 系列 MPR5x0 的实物。图 8.4 所示为 MICAz 系列 MPR2400 的实物。

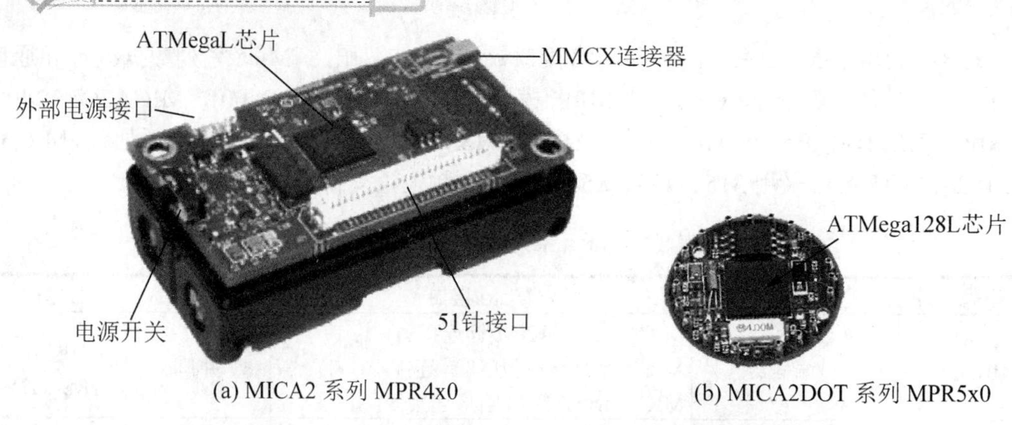

(a) MICA2 系列 MPR4x0 (b) MICA2DOT 系列 MPR5x0

图 8.3 MICA2 系列 MPR4x0 和 MICA2DOT 系列 MPR5x0 的实物

图 8.4 MICAz 系列 MPR2400 的实物

图 8.5(a)所示为 MICA2 多传感器模块 MTS300/310，图 8.5(b)所示为 MICA2DOT 多传感器模块 MTS510。MTS310 多传感器板包含光、温度、传声器、声音探测器、两轴加速计、两轴磁力计等探测设备，与 MICA、MICA2 相兼容，可以集成在一起使用。MTS510 传感器板包含光传感器、传声器、两轴加速计，只与 MICA2DOT 兼容，它可以应用在有关声音目标的跟踪、机器人技术、地震监测、事件检测和普适计算等应用领域。

(a) MTS300/310

(b) MTS510

图 8.5 多传感器模块 MTS300/310 和 MTS510 的实物

图 8.6 所示为串行网关 MIB510，这种编码和串行接口板用做 MICA2 和 MICA2DOT 的编程连接器。例如，将 MICA2 插入到 MIB510，具有 RS-232 串行接口，可以采用交流电供电，通过 115K 波特串行端口，能将程序快速载入到网络节点。

图 8.7 所示为 Stargate 网关 SPB400，由母板和子板组成，下层为母板，上层为子板。Stargate 是 CrossBow 公司生产的一款较为高端的产品，价格稍贵。它提供了非常齐全的接口，主要作为无线传感器网络的网关节点，负责网络数据的汇聚和与计算机等设备的接口，也可作为普通传感器节点使用，计算与处理能力强。

图 8.6　串行网关 MIB510 的实物

图 8.7　Stargate 网关 SPB400 的实物

Stargate 作为一款高性能的单板机，采用 Intel 公司新一代的 X-Scale 处理器(PXA255)。Stargate 是 Intel 普适计算研发小组的研究成果，授权 Crossbow 生产。Stargate 板有 32MB 的 Intel StrataFlash 用于存储操作系统和应用程序，有 64MB SDRAM 内存足够支持较大的操作系统和应用程序，并可扩展包括串口、USB、以太网接口、Wi-Fi、JTAG 等在内的多种接口形式。

2. Mica 系列处理器/射频板

1) 微处理器电路

Mica 系列产品的处理器均采用 Atmel 公司的 ATmega128L。ATmega128 为基于 AVR

RISC 结构的 8 位低功耗 CMOS 微处理器。由于采用先进的指令集及单周期指令执行时间，ATmega128 的数据吞吐率高达 1MIPS/MHz，从而可以缓减系统在功耗和处理速度之间的矛盾。

这种微处理器的特点如下：

(1) 先进的 RISC 架构，内部具有 133 条功能强大的指令系统，而且大部分指令是单周期的；32 个 8 位通用工作寄存器和外围接口控制寄存器。

(2) 内部有 128KB 的在线可重复编程 Flash、4KB 的 EEPROM 和 4KB 的 SRAM。

(3) 具有 53 个 I/O 引脚，每个 I/O 口分别对应输入、输出、功能选择、中断等多个寄存器，增强了端口功能和灵活性，提高了对外围模块的控制能力。

(4) 内部有 2 个 8 位定时器/计数器和 2 个具有比较/捕捉寄存器的 16 位定时器/计数器；1 个具有独立振荡器的实时计数器；1 个可编程看门狗定时器；2 通道 8 位 PWM 通道；8 路 10 位 A/D 转换器；双向 I^2C 串行总线接口；主/从 SPI 串行接口；可编程串行通信接口；片内精确的模拟比较器等。

(5) 功耗低，具有 6 种低功耗模式：空闲模式、ADC 噪声抑制模式、省电模式、掉电模式、Standby 模式和扩展的 Standby 模式。在空闲模式时，CPU 停止工作，SR_AM、T/C、SPI 端口及中断系统继续工作。在 ADC 噪声抑制模式时，CPU 和所有的 I/O 模块停止运行，而异步定时器和 ADC 继续工作，以降低 ADC 转换时的开关噪声。在省电模式时，异步定时器继续运行，以允许用户维持时间基准，器件的其他部分则处于睡眠状态。在掉电模式时，晶体振荡器停止振荡，所有功能除了中断和硬件复位之外都停止工作，寄存器的内容则一直保持。在 Standby 模式时，振荡器工作而其他部分睡眠，使得器件只消耗极少的电流，同时具有快速启动能力。在扩展 Standby 模式时，允许振荡器和异步定时器继续工作。

ATmega128L 的软件结构也是针对低功耗而设计的，具有多种内外中断模式。丰富的中断能力减少了系统设计中查询的需要，可以方便地设计出中断程序结构的控制程序、上电复位和可编程的低电压检测。

(6) 带 JTAG 接口，便于调试。JTAG 仿真器通过 JTAG 口可以很方便地实现程序的在线调试和仿真。编译调试正确的代码通过 JTAG 口直接写入 ATmega128L 的 Flash 代码区中。

另外，它还支持 Bootloader 功能，即 MCU 上电后，首先通过驻留在 Flash 中的 Boot-Loader 程序，将存储在外部媒介中的应用程序搬移到 ATmega128L 的 Flash 代码区。搬移成功后自动执行代码，完成自启动。这为产品化后程序的升级和维护提供了极大的方便。

(7) 电源电压为 2.7～5.5 V，动态范围较大，能够适应恶劣的工作环境。

ATmega128L 的上述特点非常适合微小型的网络节点，尤其是低功耗特性有利于延长节点的寿命。

2) 射频板

Mica 节点的无线通信射频芯片均采用了 Chipcon 公司的 CCXXXX 系列射频产品。该系列产品是专门为低功耗、低速率的无线网络节点开发的。例如，MICAz 节点采用了 CC2420 通信芯片。

CC2420 是 Chipcon 公司推出的首款符合 2.4GHz IEEE 802.15.4 标准的射频收发器。该器件是第一款适用于 ZigBee 产品的 RF 器件。CC2420 的选择性和敏感性指数超过了 IEEE 802.15.4 标准的要求，可确保短距离通信的有效性和可靠性。

CC2420 的主要性能参数如下：工作频带范围是 2.400～2.4835GHz，共有 16 个可用信道，单位信道带宽 2MHz，信道间隔 5MHz；采用 IEEE 802.15.4 规范要求的直接序列扩频方式；数据速率达 250kb/s，码片速率达 2MChip/s，可以实现多点对多点的快速组网；采用 O-QPSK 调制方式；超低电流消耗(RX：19.7mA，TX：17.4mA)；高接收灵敏度(−94dBm)；抗邻频道干扰能力强(39dB)；内部集成有 VCO、LNA、PA 及电源整流器；采用低电压供电(2.1～3.6V)；输出功率编程可控；IEEE 802.15.4 MAC 层硬件可支持自动帧格式生成、同步插入与检测、16bit CRC 校验、电源检测和完全自动的 MAC 层安全保护(CTR，CBC-MAC，CCM)。

CC2420 只需要极少的外围元器件，外围电路包括晶振时钟电路、射频输入/输出匹配电路和微控制器接口电路三个部分。芯片本振信号既可由外部有源晶体提供，也可由内部电路提供。由内部电路提供时，需外加晶体振荡器和两个负载电容，电容的大小取决于晶体的频率和输入容抗等参数。射频输入/输出匹配电路主要用于匹配芯片的输入/输出阻抗，使其输入/输出阻抗为 50Ω。

3. Mica 系列采集板

Mica 系列采集板是较早实现商用的无线网络节点部件，它的电路原理图设计是公开的。这里简要介绍部分主要的电路设计内容。

1) 传感器电源供电电路

一些传感电路的工作电流较强，应采用突发式工作的方式，即在需要采集数据时才打开传感电路进行工作，从而降低能耗。由于一般的传感器都不具备休眠模式，因而最方便的办法是控制传感器的电源开关，实现对传感器的状态控制。

对于仅需要小电流驱动的传感器，可以考虑直接采用 MCU 的 I/O 端口作为供电电源。这种控制方式简单而灵活，对于需要大电流驱动的传感器，宜采用漏电流较小的开关场效应晶体管控制传感器的供电。在需要控制多路电压时，还可以考虑采用 MAX4678 等集成模拟开关实现电源控制。

2) 温湿度和照度检测电路

MTS300CA 使用的温湿度和照度传感器，分别是松下公司的 ERT-J1VR103J 和 Clairex 公司的 CL9P4L。由于温湿度传感器和照度传感器的特性曲线一般不是线性的，因而信号经过 A/D 转换采集进入到 MCU 后，还需根据器件特性曲线进行校正。

3) 磁性传感器电路

磁性传感器可用于车辆探测等场合，在本书第 3 章对传感器应用示例进行了介绍。在嵌入式设备中，最简单的磁性传感器是霍尔效应传感器。霍尔效应传感器是在硅片上制成的，产生的电压只有几微伏/高斯，需要采用高增益的放大器，把从霍尔元器件输出的信号放大到可用的范围。霍尔效应传感器已经把放大器与传感器单元集成在相同的封装中。

当要求传感器的输出与磁场成正比时，或者当磁场超过某一水平时开关要改变状态，此时可以采用霍尔效应传感器。霍尔效应传感器适用于需要知道磁铁距离传感器究竟有多远的场合，最适宜探测磁铁是否逼近传感器。

图 8.8 所示是采用美国 Honeywell 公司生产的双通道磁性传感器 HMC1002 的参考设计电路。传感器输出经放大后送给两个 A/D 转换器，放大器增益的控制通过 I^2C 总线控制数字电位计(D/A 转换器)的输出电压来实现。HMC1002 的磁心非常敏感，容易发生饱和现象，而 MTS300/310 的电路中没有设计自动饱和恢复电路，因而不能直接应用在罗盘等需要直流输出电压信号的应用中。MTS310 的 PCB 上预留了 4 个用于连接外部自动饱和恢复控制电路的引脚。

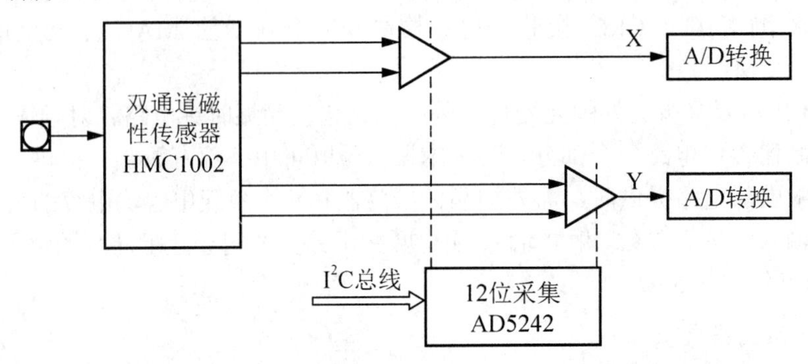

图 8.8　MTS300CA 传感器板的磁阻传感器电路设计框图

4. Mica 系列编程调试接口板

Mica 系列节点在很大程度上是作为教学和研究试验使用的。通过多个 Mica 节点组成的实验床，可以验证算法和体验多跳自组网的特性。为了方便开发，Crossbow 公司开发了一系列的编程调试工具，比较常见的是 MIB510 和 MIB600 接口板。

1) MIB300/MIB500/MIB510/MIB520 接口板

MIB300/MIB500 系列接口板是最早开发的编程调试工具，现在这两种开发工具已经由 MIB510 取代。使用 MIB510 串行接口板可以编程调试基于 ATMega128 处理器的 MICAz/Mica/Mica2/Mica2DOT 节点。

MIB510 接口板上主要是一些用于连接不同种类 Mica 节点的接口，另外还有一个在系统处理器(In-System Processor，ISP)Atmega16L，它用于编程 Motes 节点。从主机下载的代码首先通过 RS-232 串口下载到 ISP，然后由 ISP 编程 Motes 节点。ISP 和 Motes 共享同一个串口，ISP 采用固定的 115.2kb/s 的通信速率与主机通信。它不断监视串口数据包，一旦发现了符合固定格式的数据包(来自主机的命令)，则立刻关闭 Mote 节点的 RX 和 TX 串行总线，并接管串口，传输或转发调试命令。

MIB510 支持基于 JTAG 口的在线调试。在编程 Motes 节点的过程中，要求主机中安装有 TinyOS 操作系统。有关 TinyOS 的内容请参阅本章的后续内容。

例如，MIB510CA 型号的接口板可以将传感器网络数据汇总，并传输至个人计算机或其他计算机平台。任何 IRIS/MICAz/MICA2 节点与 MIB510 连接，均可做为基站使用。除了用于数据传输，MIB510CA 还提供 RS-232 串行编程接口。

由于 MIB510 带有一个板载处理器，可运行 Mote 处理器/射频板。处理器还能监测 MIB510CA 的电源电压，如果电压超出限制，则通过编程将其禁止。

总之，MIB510 的作用在于：①编程接口；②RS-232 串行网关；③可连接 IRIS、MICAz

和 MICA2。它的连线和节点装配如图 8.9 所示。

图 8.9　MIB510 的连线和节点的装配

在使用 MIB510 输入程序时，需要指明编程板型号和串口号，如：

```
bash% MIB510=/dev/ttyS1 make install mica2
```

在 Linux 中串口对应的设备文件为“/dev/ttyS*”，如果是 COM1 口，则对应“/dev/ttyS0”。如果不知道连接的是哪一个 COM 口，可以用以下命令测试：

```
bash% AT > /dev/ttyS1
```

若该端口不存在，会提示找不到相应的文件。

在 Windows 命令行中也可以使用“mode”命令查看串口信息。

MIB520 采用了 USB 总线与主机连接，使用更加方便。

2) MIB600 接口板

MIB600 接口板较之前面的 MIBXXX 接口板的主要区别在于，它提供了与以太网直接互联的能力，即 MIB600 可作为以太网和 Motes 网络之间的网关。MIB600 的另一个特点是实现了局域网接口供电协议，在连接支持供电功能的交换机时可以直接从交换机取电。

由于具有上述两个特点，MIB600 不仅可以作为一般的编程接口板使用，而且可以通过以太网对远程节点进行配置、编程、收集数据或调试，大大方便了开发过程。另外，MIB600 可以配合 Mica2 节点，直接作为网关汇聚节点(sink)来使用。

8.2　操作系统

8.2.1　节点操作系统的特点

这里先对常见的操作系统、嵌入式系统、嵌入式操作系统的概念进行简单介绍。通常操作系统(Operating System，OS)是指电子计算机系统中负责支撑应用程序运行环境和用户操作环境的系统软件。它是计算机系统的核心，职责包括对硬件的直接监管、对各种计算资源(如内存、处理器时间等)的管理，以及提供作业管理之类的面向应用程序的服务等。在操作系统的帮助下，用户使用计算机时，避免了对计算机系统硬件的直接操作。对计算机系统而言，操作系统是对所有系统资源进行管理的程序的集合；对用户而言，操作系统提供了对系统资源进行有效利用的简单抽象的方法。通常将安装了操作系统的计算机称为虚拟机(Virtual Machine，VM)，认为是对裸机的扩展。

嵌入式系统是指用于执行独立功能的专用计算机系统。它由微处理器、定时器、微控制器、存储器、传感器等一系列微电子芯片与器件，以及嵌入在存储器中的微型操作系统、控制应用软件组成，共同实现实时控制、监视、管理、移动计算、数据处理等各种自动化处理任务。

嵌入式操作系统是一种支持嵌入式系统应用的操作系统软件，它是嵌入式系统的重要组成部分。嵌入式操作系统具有通用操作系统的基本特点，能够有效管理复杂的系统资源，并且把硬件虚拟化。

以无线网络的终端节点为例，它们的软件系统属于典型的嵌入式系统，同样需要嵌入式操作系统来支撑它的运行。网络节点的操作系统是运行在每个节点上的基础核心软件，它能够有效地管理硬件资源和任务的执行，并且使应用程序的开发更为方便。网络节点操作系统的目的是有效地管理硬件资源和任务的执行，并且使用户不需要直接在硬件上编写开发程序，从而使应用程序的开发更为方便。这不仅提高了开发效率，而且能够增强软件的重用性。

但是，传统的嵌入式操作系统不能完全适用于物联网，通常这些操作系统对硬件资源有较高的要求，而物联网节点的有限资源很难满足这些要求。

物联网操作系统是面向具体应用的，这是与传统操作系统的主要区别。传统的操作系统一般为应用开发提供一些通用的编程接口，这些接口是独立于具体应用的，只需调用这些编程接口就能开发出各种各样的应用程序。这类操作系统需要复杂的进程管理和内存管理等功能，因而对硬件资源有较高的要求。

相对而言，物联网终端节点的操作系统具有如下特点：

(1) 由于物联网节点只有有限的能量、计算和存储资源，它的操作系统代码量必须尽可能小，复杂度尽可能低，从而尽可能降低系统的能耗；

(2) 由于物联网拓扑结构会动态变化，操作系统必须能适应网络拓扑动态变化的应用环境；

(3) 对监测环境发生的事件能快速响应，迅速执行相关的处理任务；

(4) 能有效地管理能量资源、计算资源、存储资源和通信资源，高效地管理多个并发任务的执行，使应用程序能快速切换并执行频繁发生的多个并发任务；

(5) 由于每个节点资源有限，有时希望多个节点协同工作，形成分布式的网络系统，才能完成复杂的监测任务，因而操作系统必须支持多个节点协作完成监测任务；

(6) 提供方便的编程方法，应使开发者方便、快速地开发应用程序，无需过多地关注对底层硬件的操作；

(7) 有时网络节点部署在危险的不可到达区域，某些应用要求对大量节点进行动态编程配置。在这种情况下，操作系统能通过可靠传输技术对大量的节点发布代码，实现对节点在线动态重新编程。

8.2.2　节点操作系统的使用案例

这里作为网络终端节点操作系统的一个案例，介绍 TinyOS 系统。这是一个开源的嵌入式操作系统，由加利福尼亚大学伯克利分校开发，主要应用于传感器网络。它是基于一种组件(Component-Based)的架构方式，能够快速实现各种应用。

TinyOS 程序采用的是模块化设计，程序核心往往都很小。一般来说，核心代码和数据大概在 400B 左右，能够突破节点存储资源少的限制，使得 TinyOS 可以有效地运行在网络节点上，并负责执行相应的管理工作。

TinyOS 本身提供了一系列的组件，可以很方便地编写用户的应用程序，用于获取和处理传感器的数据，并通过无线方式来传输信息。我们可以把 TinyOS 看成是一个与传感器进行交互的 API 接口，它们之间能实现各种交互功能。

在构建传感器网络时，TinyOS 通过网关汇聚节点来控制网络的各个终端探测节点，并聚集和处理它们所采集到的信息。TinyOS 通过发出管理信息，然后由各个节点通过无线网络互相传递，最后达到协同一致。

1. TinyOS 的特点

TinyOS 作为一种典型的传感器网络操作系统，通过 nesC 语言可以开发出自定义应用程序。它的主要特点如下。

(1) 采用基于组件的体系结构，这种体系结构已经被广泛应用在嵌入式操作系统。组件就是对软、硬件进行功能抽象。整个系统由组件构成，通过组件提高软件重用度和兼容性，程序员只关心组件的功能和业务逻辑，而不必关心组件的具体实现，从而提高了编程效率。

在 TinyOS 体系结构中，操作系统只包含必要的组件，提高了操作系统的紧凑性，减少了代码量和占用的存储资源。通过采用基于组件的体系结构，系统提供适用于传感器网络开发的一个编程框架，在这个框架内将用户设计的一些组件和操作系统组件连接起来，构成整个应用程序，因而用户能方便地完成自定义应用系统。

(2) 采用事件驱动机制，能够适用于节点众多、并发操作频繁发生的传感器网络应用。当事件对应的硬件中断发生时，系统能快速调用相关的事件处理程序，迅速响应外部事件，并且执行相应的操作处理任务。事件驱动机制可以使 CPU 在事件产生时迅速执行相关任务，并在处理完毕后进入休眠状态，有效提高了 CPU 的使用率，节省了能量。

(3) 采用轻量级线程技术和基于先进先出(First In First Out，FIFO)的任务队列调度方法。轻量级线程的提出是由于节点并发操作可能比较频繁，且线程比较短，而传统的进程/线程调度无法满足，因为传统调度算法会在无效的进程互换过程中产生大量能耗。轻线程技术和基于 FIFO 的任务队列调度方法，能使短流程的并发任务共享堆栈存储空间，并且快速地进行切换，从而使 TinyOS 适用于并发任务频繁发生的业务应用。当任务队列为空时，CPU 进入睡眠状态，外围器件处于工作模式，任何外部中断都能唤醒 CPU，这样可以节省能量。

(4) 采用基于事件驱动模式的主动消息通信方式，这种方式已经广泛用于分布式并行计算。主动消息是并行计算机中的概念，在发送消息的同时传送处理这种消息的相应函数和数据，接收方得到消息后可立即进行处理，从而减少通信量。由于传感器网络的规模可能非常大，导致通信的并行程度很高，传统的通信方式无法适应这样的环境。TinyOS 系统组件可以快速地响应主动消息通信方式传来的驱动事件，有效提高 CPU 的使用率。

2. TinyOS 的安装

TinyOS 软件包是开放源代码的，用户可以从网站(http://www.tinyos.net)下载。下面介绍 1.1.0 版本的 TinyOS 软件包的安装过程，其他版本的 TinyOS 软件包的安装与此类似。如果在 Windows XP 上安装，可下载“tinyos-1.1.0-lis.exe”，按照提示逐步执行，自动完成安装，然后在 Cygwin 环境下操作命令。

Cygwin 是一种在 Windows 平台上运行的 Linux 模拟环境，是 Cygnus Solutions 公司开发的自由软件。Linux 作为一种计算机操作系统，它是自由软件和开源发展中最著名的代表。通过 Cygwin 可以很容易地远程登录到任何一台个人计算机，在 UNIX/Linux 外壳下进行操作，即在任何一台 Windows 操作系统的计算机上运行外壳脚本命令。高级外壳脚本命令可以采用标准 shell、sed 和 awk 等创建。标准的 Windows 命令行工具甚至可以与 UNIX/Linux 外壳脚本环境共同管理 Windows 操作系统。

TinyOS 有两种安装方式，一种是使用安装向导自动安装，另一种是全手动安装。不管使用哪种方式，都需要安装相同的 RPM。RPM 即 Reliability Performance Measure，是广泛使用的用于交付开源软件的工具，用户可以轻松地安装或升级 RPM 打包的产品。

首先，需要从 TinyOS 网站上免费下载 Linux 版和 Windows 版程序。由于这里以 Windows 操作系统为例介绍安装过程，所以需要下载 Windows 版本的安装文件。如图 8.10 所示，Windows 操作系统下的 TinyOS 自动安装程序下载地址为“http://webs.cs.berkeley.edu/tos/dist-1.1.0/tinyos/windows/tinyos-1.1.0-lis.exe”。

TinyOS1.1.0 安装向导提供的软件包包括以下内容：

① TinyOS1.1.0

② TinyOS Tools 1.1.0

③ NesC 1.1.0

④ Cygwin

⑤ Support Tools

⑥ Java 1.4 JDK & Java COMM 2.0

⑦ Graphviz

⑧ AVR Tools

- avr-binutils 2.13.2.1
- avr-libc 20030512cvs
- avr-gcc 3.3-tinyos
- avarice 2.0.20030825cvs

⑨ avr-insight cvs-pre6.0-tinyos

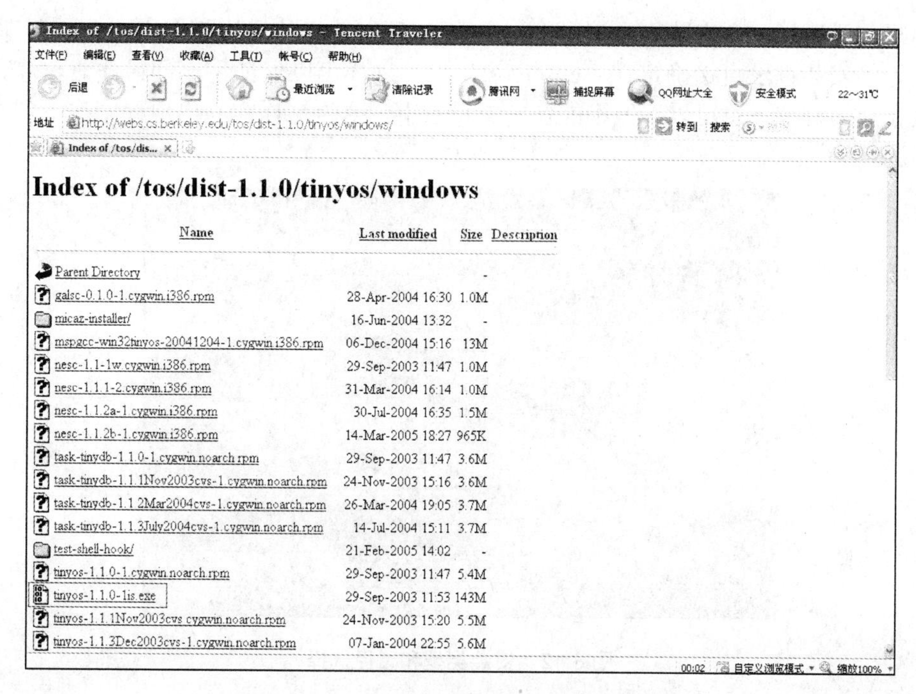

图 8.10　TinyOS 安装文件的下载地址

下载后保存到硬盘上，双击 setup.exe 图标进入安装向导(图 8.11)，整个安装过程跟大多数 Windows 的应用程序类似，只是需要运行的时间较长。

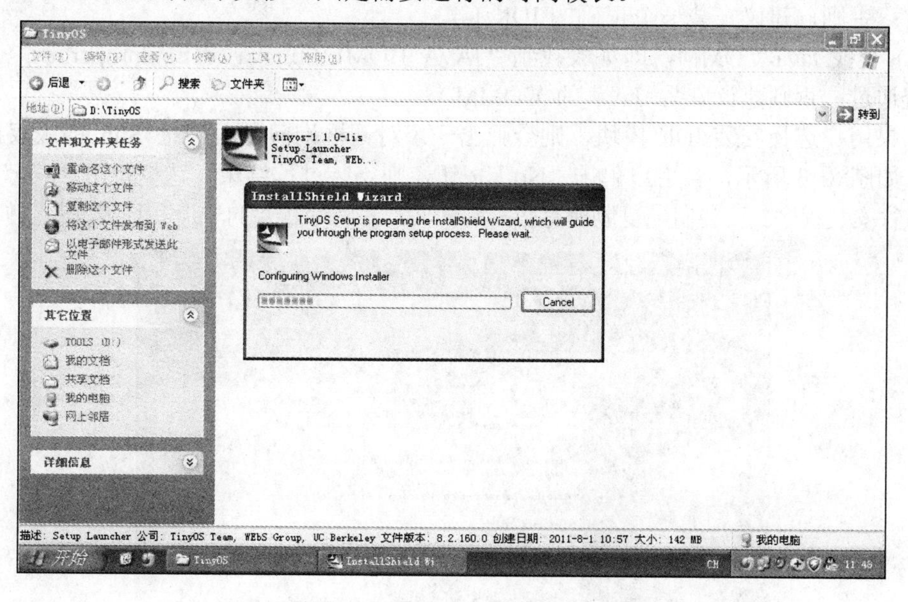

图 8.11　根据安装向导开始安装

用户可以选择完全安装和自定义安装两种类型之一。完全安装包括以上所有内容，而自定义安装允许用户选择需要的部分。安装的项目是单个的文件包。例如，用户可以选择安装“avr-binutils”，而不选择“avarice”。模块的选择可以通过模块树对话框进行。

用户需要选择一个安装目录，如图 8.12 所示。所有选择的模块都会安装在这个目录下。建议最好将安装目录直接确定在“c:\tinyos\”下，这样可以保证程序的最佳兼容性。如果要安装在别的目录下也可以，但不能在中文目录下，因为这样容易出现程序找不到文件路径的情况。

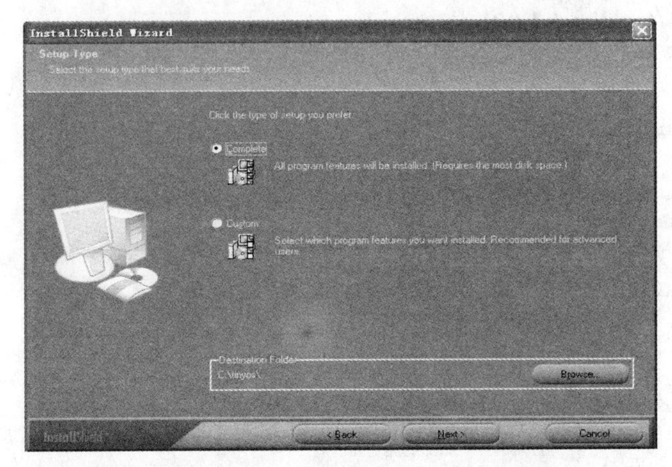

图 8.12　安装类型和路径选择

如果用户没有选择安装 JDK，则安装程序将执行两项检查：

(1) 查找 1.4 版的 JDK，即安装程序在注册表中查找以下表项：“HKEY_LOCAL_MACHINE\Software\JavaSoft\Java Development Kit\1.4\JavaHome”表项，如果存在，则检查通过；否则，建议安装一个正确的 JDK 1.4。

(2) 查找 Java COMM，即如果找到“JAVA_HOME\lib\javax.comm.properties”文件，则检查通过；否则建议安装 Java 的 COMM 包。

如果用户选择安装 JDK 模块，则会弹出一个对话框询问是否同意 Sun 的版权声明等内容，如图 8.13 所示，若用户单击“No”按钮，则安装过程结束；这里单击“Yes”按钮，继续执行安装程序。安装向导复制所有必需的文件，并进行必要的注册和环境变量的修改等。

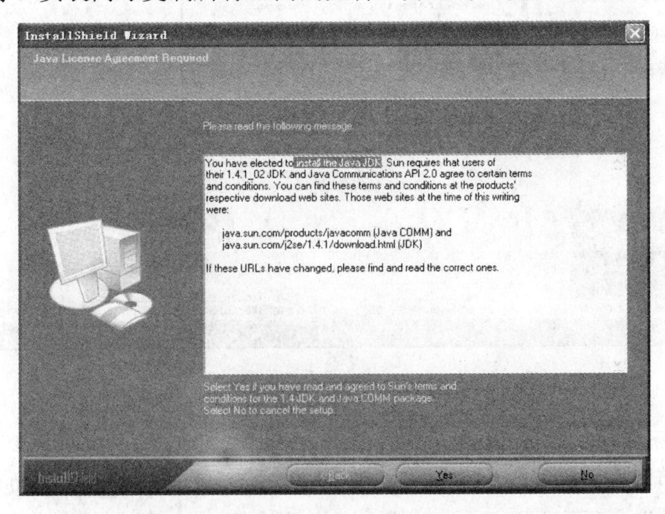

图 8.13　Java JDK 的版权声明

单击“Next”按钮，继续下一步，安装程序自动将 cygwin1.1.0 包中的所有内容复制到“c:\tinyos\cygwin-installationfiles”目录下，如图 8.14 所示。调用 setup.exe 程序，进行安装状态，将安装文件自动安装到“c:\tinyos\ cygwin”目录下。

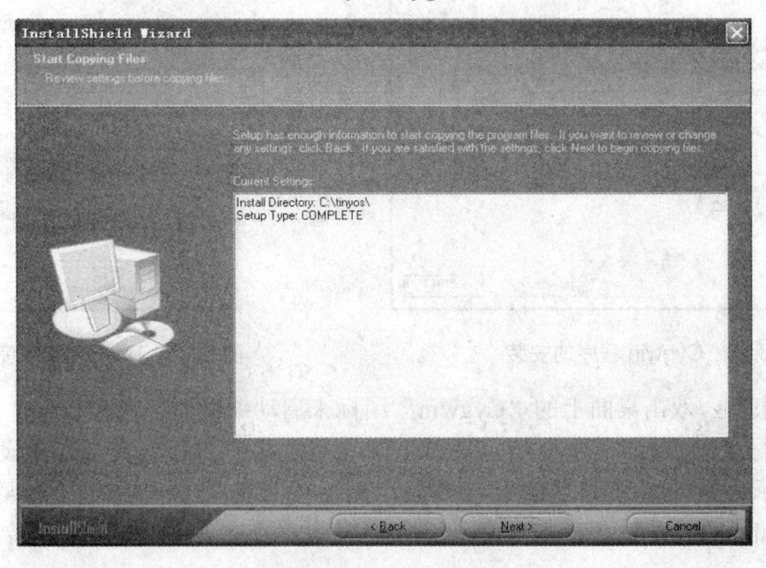

图 8.14　复制安装文件

完成安装文件的复制后，如图 8.15 所示，单击“Continue”按钮，安装向导继续安装，进入 Cygwin 的安装程序，如图 8.16 所示。

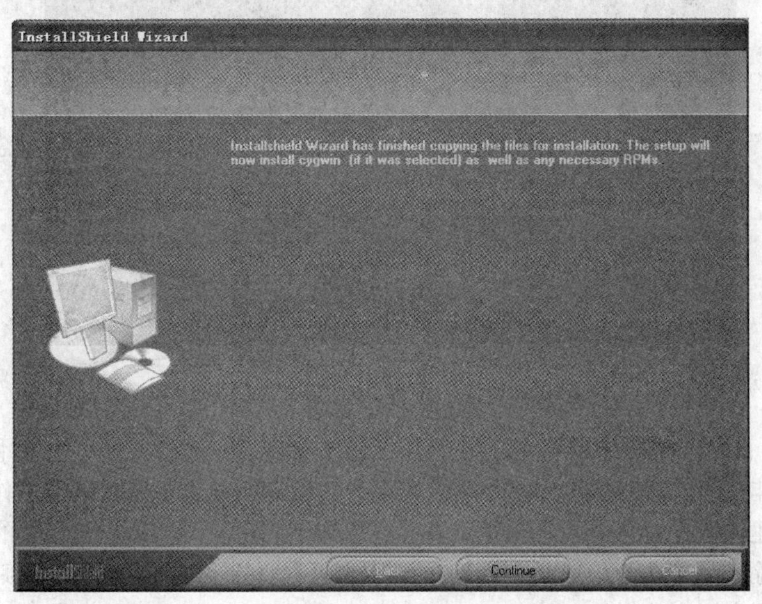

图 8.15　完成安装文件的复制

Cygwin 的自身程序安装完毕后，将在 Cygwin 的 shell 上安装具有 RPM 的模块，直到最后弹出安装完毕的消息框，如图 8.17 所示，至此安装过程结束。

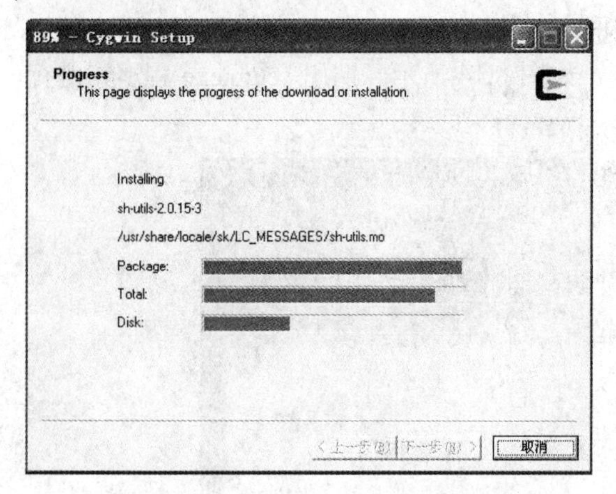

图 8.16　Cygwin 程序的安装

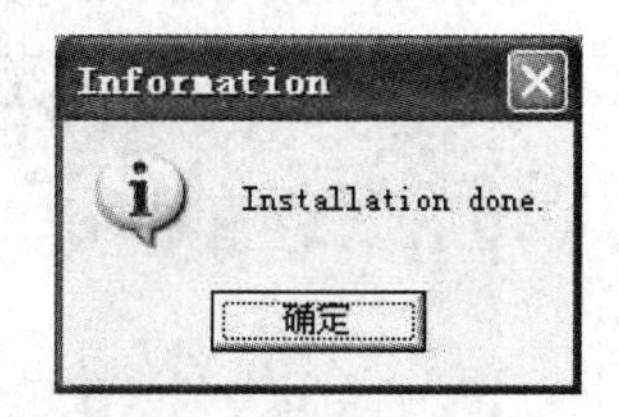

图 8.17　TinyOS 安装完毕

安装结束后，双击桌面上的“Cygwin”图标来启动编译器，在 Cygwin shell 命令行提示下，运行“toscheck”命令检验是否正确安装及相应的环境变量是否设置完好。如图 8.18 所示为系统安装成功的报告界面，最后一行的提示内容非常重要：“toscheck completed without error.”，只有显示了这一行才表明安装无误，否则，报告错误信息。

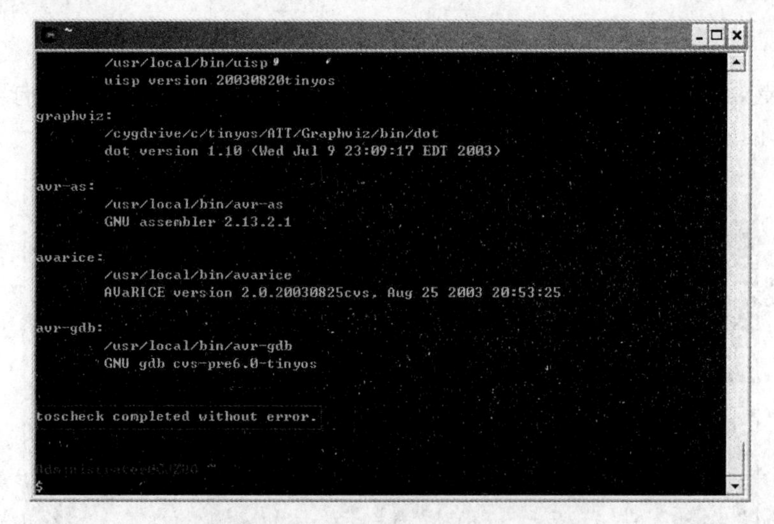

图 8.18　提示成功安装 TinyOS 的界面

TinyOS 自动安装向导虽然允许用户自主选择安装某些部分，也可选择不安装某些部分，但是除非使用者对 TinyOS 各个不同模块、工具之间的交互及其联合工作的版本完全清楚，否则建议选择完全安装。在开始安装之前，要将所有与 TinyOS 相关的安装内容及工具全部删除。另外，必须以具有管理员权限的用户身份安装 TinyOS，否则可能安装不成功，而且还会留下残损的文件。

在个人计算机的各种操作系统下安装完成 TinyOS 软件之后，还可以对软件进行升级。从“http://webs.cs.berkeley.edu/tos/dist-1.1.0/tinyos/linux”下载得到在 Linux 操作系统中升级 TinyOS 的 RPM 软件包，从“http://webs.cs.berkeley.edu/tos/dist-1.1.0/tinyos-/windows”

可以下载到在 Windows 操作系统中升级 TinyOS 的 RPM 软件包。使用如下命令安装：

```
rpm -ivh <rpm 文件名>(第一次安装);
rpm -Uvh <rpm 文件名>(更新)
```

在任何时候如果要检测 TinyOS 的环境是否搭建好，可以运行“tos-check-env”命令：

```
$ tos  check-env
```

系统会检测各个程序是否正常，如果最后出现正确的提示，则表明个人计算机上的 TinyOS 操作系统已经可以使用了。

3. 创建 TinyOS 应用程序文件

TinyOS 支持多种硬件平台，每种典型的平台在“…tos/platform”目录下都有相应的子目录，如图 8.19 所示。通过仿真调试确认应用程序确实能执行指定任务后，可以将应用程序编译成在实际节点硬件上运行的可执行代码。在应用程序所在的目录输入“make 平台名称”，就能编译出运行在该平台上的执行代码。

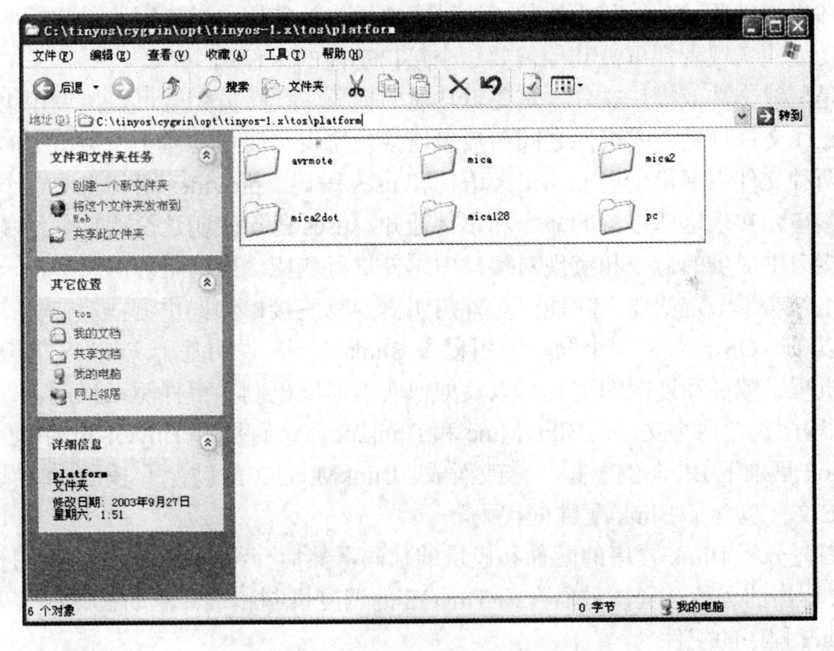

图 8.19　TinyOS 支持的典型硬件平台

在安装 TinyOS 系统后，可在“apps”目录下创建应用程序目录，用于存放应用程序文件。例如，在“apps”目录下创建“Blink”目录，用于存放 Blink 程序的文件。

用户为应用程序设计的每个组件都要独立地包含在单个文件中，而且文件名格式为“组件名.nc”。例如，Blink 程序包含 Blink 和 BlinkM 两个组件，Blink 组件包含在 Blink.nc 文件中，而 BlinkM 组件包含在 BlinkM.nc 文件中。这些文件可以用任何文本编辑软件来创建。

TinyOS 操作系统最初是用 C 语言实现的，产生的目标代码比较长。后来研究设计出基于组件化和并行模型的 nesC 语言，产生的目标代码相对较小。我们可以利用 nesC 语言编写出运行在 TinyOS 操作系统上的应用程序。

4. TinyOS 应用程序示例

在介绍应用程序示例之前，先介绍这里涉及的两个概念：接口和组件。

接口(Interface)是一个双向通道，表明接口具有的功能和事件通知能力是双向的，向调用者提供命令和实现命令者进行事件通告。

例如，下面是一个接口的例子：

```
interface NAME {
    asy commandresult_t CNAME(pram p);
    asy eventresult_tENAME(pram p);
}
```

在接口中声明命令和事件实现不同的功能，命令是接口具有的功能，事件是接口具有通告事件发生的能力。asy 能以命令或事件的形式在中断处理程序中调用。

接口体现事件驱动功能和模块化。通过事件通告让使用接口者对事件进行响应，任何满足接口功能的实现者都可被其他需要这个接口功能的组件调用。

组件是配线文件或模块文件，是逻辑功能的抽象。程序员完全可直接调用组件进行程序开发。配线文件只是完成组件之间的接口连接，模块文件则具体实现接口中的命令和事件。在这两种文件中都可使用 provides 语句和 uses 语句。provides 语句表明这个组件可以提供哪些接口，实现这些接口的命令和事件通知。uses 语句表明这个组件使用哪些接口，组件能以接口中提供的命令和实现对接口中事件进行响应。根据组件的思想，一个组件可通过多个组件实现一定的逻辑功能，对外声明需要哪些接口和提供哪些接口。

这里以 TinyOS 自带的一个简单应用程序 Blink 为例，说明基于 TinyOS 的应用程序结构、运行机理、编译和连接的过程，以及如何实现调度机制和事件驱动机制。

Blink 程序包含两个文件：BlinkM.nc 和 Blink.nc，它们是由 TinyOS 软件包 1.1.0 版本的 apps/blink 目录下 Blink 例子程序修改而成。BlinkM.nc 文件包含了 BlinkM 模块的代码，而 Blink.nc 文件包含了 Blink 配件的代码。

下面首先分析 Blink 程序的配件和模块的代码，然后介绍 ncc 编译 nesC 程序的过程，以及 Blink 程序的运行过程，最后介绍 TinyOS 的调度机制和事件驱动机制的实现。

1) Blink 程序的配件

Blink 程序的 Blink 配件代码如下：

```
configuration Blink{
    //Blink 配件没有提供或使用任何接口
}
implementation{
//Blink 配件包含了 Main 配件、BlinkM 模块、TimerC 配件
components Main, BlinkM, TimerC;
//Main 使用的 StdControl 接口实现由 TimerC 和 BlinkM 提供
//BlinkM 使用的 Timer 接口由 TimerC 提供的 Timer[unique("Timer")]接口实现
Main.StdControl-> TimerC. StdControl;
```

```
Main.StdControl-> BlinkM. StdControl;
BlinkM.StdControl-> TimerC. Timer[unique("Timer")];
```

这里 nesC 语句 A.C→B.C 代表 A 使用的接口 C 是由 B 提供的。在将 nesC 语句预编译为 C 语句时，该连接符会被转化为命令处理函数的调用。Blink 配件描述了 Blink 程序的整体结构，如图 8.20 所示。组件上部包含由该组件提供的接口，组件下部包含由该组件使用的接口，向下箭头代表调用命令处理程序，向上箭头代表触发事件处理程序。

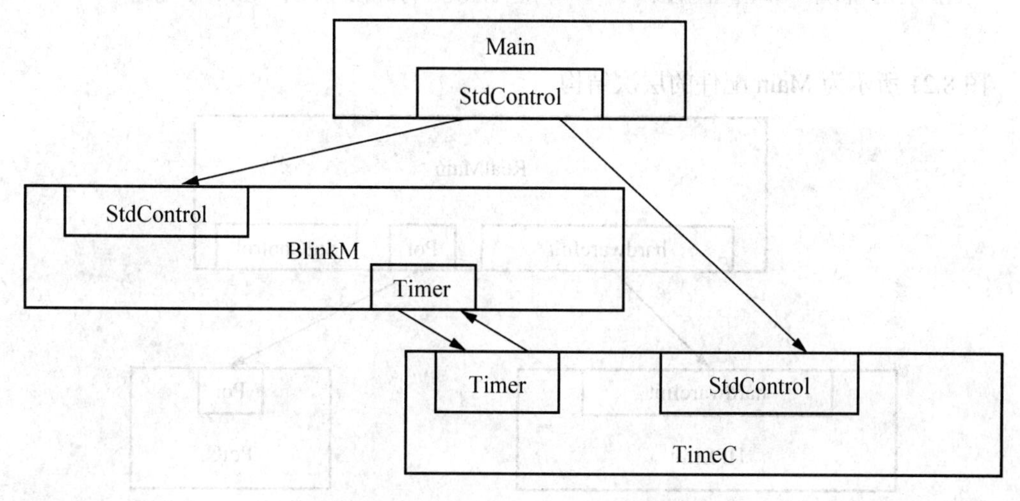

图 8.20　Blink 程序的层次结构

Main 配件和 TimerC 配件的实现细节如下。

① Main 配件在 Blink 程序的运行过程中发挥重要的作用。文件 tos/system/Main.nc 给出了 Main 配件的代码：

```
configuration Main{
                        uses interface StdControl;
                        }
implementation
{
  //Main 配件包含 RealMain 模块、PotC 配件、HPLinit 模块;
  components RealMain, PotC, HPLinit;
  StdControl= RealMain.StdControl;
  RealMain.hardwareInit-> HPLinit;  //将 HPLinit.init 缩写为 HPLinit
  RealMain.Pot-> Pot;               //将 PotC.Pot 缩写为 PotC
}
```

在语句“StdControl= RealMain.StdControl”中，连接符“=”表示如果给 Main 使用的 StdControl 接口指定了一个实现，那么 RealMain 使用的 StdControl 接口会采用相同的实现。这里使用 nesC 语句 A.C=B.C，代表接口 C 在模块 A 中的使用或实现等同于在模块 B 中的使用或实现，而且接口 C 被模块 A 和 B 同时使用或者同时提供，否则会产生编译错误。

Main 配件包含了 PotC 配件，文件 tos/system/PotC.nc 给出了 PotC 配件的代码：

```
configuration PotC{
```

```
                    provides interface Pot;
                    }
implementation
{
  //PotC 配件包含 PotM 模块、HPLPotC 模块
  components PotM,HPLPotC;
  Pot= PotM;                         //这是 PotC.Pot = PotM.Pot 的缩写
  PotM.HPLPot -> HPLPotC;            //HPLPotC 为 HPLPotC.HPLPPot 的缩写
}
```

图 8.21 所示为 Main 配件的层次结构。

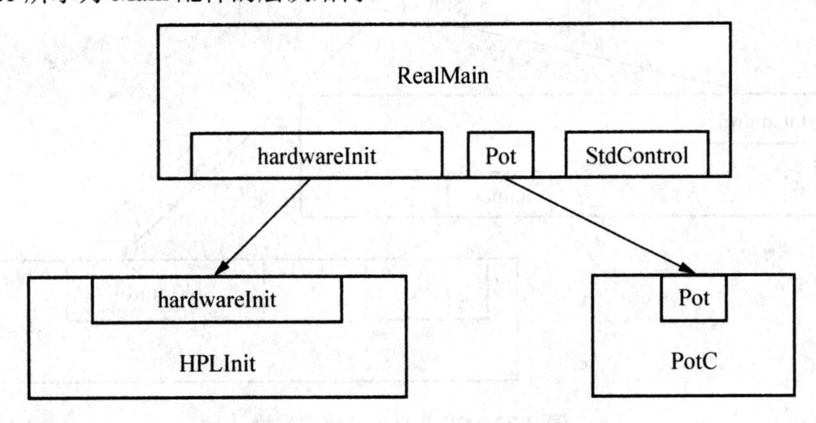

图 8.21　Main 配件的层次结构

② 文件 tos/system/TimerC.nc 给出了 TimerC 配件的代码：

```
configuration TimerC{
                        //提供 StdControl 接口和参数化的 Timer 接口
                        provides interface Timer[unit8_id];
                        provides interface StdControl;
                    }
implementation{
    //TimerC 配件包含 TimerM、NoLeds、HPLPowerMangement 模块和 ClockC 配件
    components TimerM, ClockC, NoLeds, HPLPowerMangementM;
    TimerM.Leds -> NoLeds;
    TimerM.Clock -> ClockC;
    TimerM.PowerMangement -> HPLPowerMangementM;
    StdControl = TimerM;  //这是 TimerC.StdControl = TimerM.StdControl 的缩写
    Timer = TimerM;       //这是 TimerC.Timer = TimerM.Timer 的缩写
}
```

TimerC 配件包含 ClockC 配件，文件 tos/system/ClockC.nc 给出了 ClockC 配件的代码：

```
configuration ClockC {
                        provides interface Clock;
                        provides interface StdControl;
                      }
implementation
{
```

```
    //ClockC 配件包含 HPClock 模块
    components HPClock;
    TimerM.Leds -> NoLeds;
    Clock= HPClock;       //这是 Clock.Clock = HPClock.Clock 的缩写
    StdControl= HPClock;  //这是 ClockC.StdControl= HPClock.StdControl 的缩写
}
```

图 8.22 所示为 TimerC 配件的层次结构。

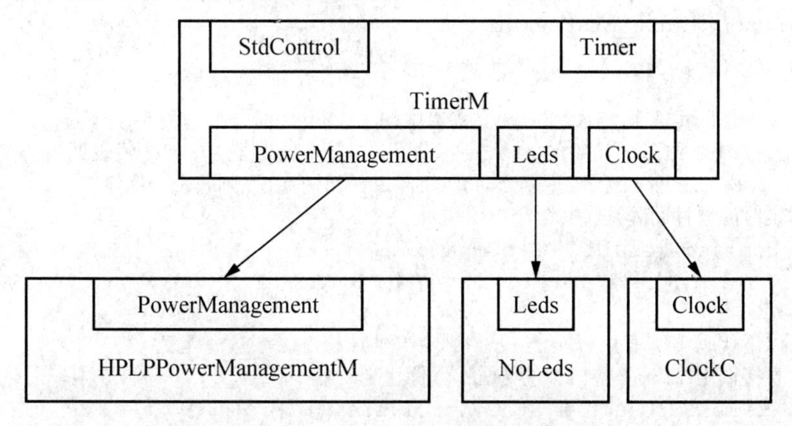

图 8.22　TimerC 配件的层次结构

2) BlinkM 模块

BlinkM 模块实现了 Blink 程序的主要功能，它的代码如下：

```
module BlinkM{
        provides{
    // BlinkM 提供 StdControl 接口，其他组件可以调用这个 StdControl 接口
    // StdControl 接口被声明为:
    //   interface StdControl {
    //    command result_t_init();
    //    command result_t_start();
    //    command result_t_stop();
    //                      }
    //根据 nesC 语言规范，BlinkM 实现 StdControl 接口中的三个命令处理程序
    interface StdControl;
        }
    uses{
     //BlinkM 使用了 Timer 接口
    // Timer 接口被声明为:
    //     interface Timer{
    //        command result_t statrt(char type, unit32_t interval);
    //             command result_t stop();
    //             event result_t fired();
    //                  }
    // 根据 nesC 语言规范，BlinkM 实现 Timer 接口中的 fired()事件处理程序
    // BlinkM 可以调用 Timer 接口中的两个命令处理程序
       interface Timer;
```

```
    }
  }
  implementation {
  // 以下代码实现了 StdControl 接口中的 init()命令处理程序
  // 关键字 command 定义了一个命令处理程序
  // result_t 是一个数据类型，在 tos/system/tos.h 中被定义为 unit8_t
  // success 是一个枚举型数据，在 tos/system/tos.h 中被定义为
  //  enum{FALL = 0, SUCCESS =1};
  command result_t StdControl.init(){
                              return SUCCESS;
                           }
  // 以下代码实现了 StdControl 接口中的 start()命令处理程序
  // 直接调用 Timer 接口的 start()设置并且开启定时器，call 代表调用
  // TIMER_REPEAT 代表重复定时，TIMER_ONE_SHOT 则表示一次定时
  // 定时的事件间隔是 1000 个单位事件
     command result_t StdControl.start() {
       return call Timer.start(TIMER_REPEAT, 1000);
                                             }
  // 以下代码实现了 StdControl 接口中的 stop()命令处理程序
  // 直接调用 Timer 接口中的 stop()停止定时器
     command result_t StdControl.stop() {
                               return call Timer.stop();
                                             }
  // 以下代码实现了 Timer 接口的 fired()事件处理程序
  // 关键字 event 定义了一个事件处理程序
     event result_t Timer.fired() {
                           return SUCCESS;
                                     }
         }
```

3) ncc 编译 nesC 程序

ncc 可以将 nesC 语言编写的程序编译成可执行文件。ncc 是在 gcc 的基础上修改和扩充而来的，ncc 首先将 nesC 程序预编译为 C 程序，然后用交叉编译器将 C 程序编译成为可执行文件。

在编译 nesC 程序时，ncc 的输入通常是描述程序整体结构的顶层配件文件，如包含 Blink 配件的 Blink.nc 文件。ncc 首先装入 tos.h 文件，该文件包含了基本的数据类型定义和一些基本函数，然后 ncc 装入需要的 C 文件、接口或组件。

ncc 编译 nesC 程序的具体步骤如下：

① 在装入 C 文件时，先定位 C 文件，然后进行预处理，如展开宏定义和包含的头文件；

② 在装入接口时，先定位接口，然后装入该接口包含的头文件；

③ 在装入组件时，先定位组件，然后递归装入该组件使用的其他组件和相关文件；

④ ncc 装入顶层配件文件。

在将 nesC 语言程序预编译为 C 语言程序时，ncc 按照下面的规则，将 nesC 语言程序中的标识符转化为 C 语言程序中的标识符：

① 如果 C 文件包含的标识符与 nesC 的关键字相同，则在该标识符前加上前缀“_nesC_keyworQ_”；否则，标识符保持不变。例如，C 文件定义了变量 module，预编译后该变量被转化为“_nesC_keyword_module”。

② 组件 C 中的变量 V 被转化为 C$V。

③ 组件 C 中的函数 F 被转化为 C$F。

④ 组件 C 中的命令或事件 A 被转化为 C$A。

⑤ 组件 C 中的接口 I 中的命令或事件 A 被转化为 cIA。

4) 应用程序导入节点

通过仿真调试确认应用程序确实能够执行指定任务后，可以将应用程序编译成为在实际节点硬件上运行的可执行代码。TinyOS 支持多种硬件平台，每个硬件平台对应的文件存放在目录 tos/platform 内对应该硬件平台的子目录。

在应用程序所在的目录输入“make 平台名称”，就能编译出运行在该平台的可执行代码。例如，在 apps/blink 目录中输入“make mica2”，就能编译出在 mica2 平台上的可执行代码 main.exe。

make 命令调用 ncc 执行编译任务。ncc 提供了一些选项，常用的选项包括以下三个：

```
-target =X              //指定硬件平台
-tosdir =dir            //制定 TinyOS 目录
-fnesC -file =file  //指定存放预编译生成的 C 代码的文件
```

这里以 mica2 平台为例，为 mica2 网络节点编译 Blink 应用程序，只需在“apps/Blink”目录下输入“make mica2”命令即可。其实，make 命令调用了 ncc 执行编译任务，调用 nesC 编译器本身需要使用基于 gcc 的命令 ncc。例如，“ncc -o main.exe -target=mica2 Blink.nc”，该命令将顶级配置 Blink.nc 编译成 mica2 网络节点中的可执行程序 main.exe。

至此，就把 Blink.nc 编译为在 mica2 平台上运行的可执行文件 main.exe。但是此时还不能把 main.exe 程序文件导入到节点中，必须先把 main.exe 转化为可下载的机器码。

硬件平台可能采用特定格式的机器码，如 mica 平台采用 Motorola 公司定义的 srec 格式的机器码，而其他平台采用 Intel 公司定义的 hex 格式的机器码。srec 是 Motorala 公司定义的 s-record 格式的二进制文件，另外一种常见的格式是 intel 的 hex 格式文件。如果使用其他只支持 hex 的编程器(如 avr-studio)对目标系统编写程序，则需要转换成 hex 格式文件。

以下命令可以将 main.exe 转化为 srec 格式的机器码 main.srec：

```
avr -objecopy -output-target = srec main.exe main.srec
```

这时可以通过下载工具把 main.srec 下载到网络节点中，这里是通过 uisp 工具下载的，可以分为三步进行：

① 擦除节点的 Flash 存放的原始代码；

② 把 main.srec 下载到节点的 Flash 中；

③ 验证写入程序和原始文件是否一致。

一般来说，不需要手动调用 ncc 或 avr-objcopy 等，make 已经做好了内部的细节工作。Crossbow 公司提供了 MIB500、MIB510 和 MIB600 三种编程板，下面以 MIB510(串口)为例说明程序烧录过程的实验细节。

首先，烧录过程所需要的设备包括：至少两个 Mote 节点(IRIS、MICAz 或 MICA2，本实验以 MICA2 为例)；至少一个传感器板(本实验以 MTS300 为例)；一个 MIB510 网关(或其他 MIB 系列网关，这里采用 MIB510 作为示例)；安装了 TinyOS 的个人计算机。

为了正确地对节点编程，设置硬件时必须注意以下几点：

(1) 网关必须供电，通过串口接口、USB 接口或以太网接口连接到个人计算机；

(2) 在使用 MIB510 时，SW2 开关应处于“OFF”位置；

(3) 节点必须牢固地连接到网关上；

(4) 节点必须在烧写程序前处于关闭状态；

(5) 烧写程序时禁止插拔 Mote 节点，否则可能造成 MIB510 的损坏。

具体的烧录过程步骤如下：

(1) 先将 Mote 节点主板插到编程主板上，再将 3 伏电源线接到编程主板的连接头上，或直接用电池供电。在加电之后，编程主板上的红色 LED 灯发亮，使用标准的串行端口电缆将 51 针连接头插入到个人计算机的并口，如图 8.9 所示。

(2) 打开 Cygwin 应用程序，在目录“apps\Blink”下输入命令：

```
make mica2 install
```

加载并运行 Blink，如图 8.23 所示。

```
/cygdrive/c/tinyos/cygwin/opt/tinyos-1.x/apps/Blink

Administrator@CJZUO /cygdrive/c/tinyos/cygwin/opt/tinyos-1.x/apps/Blink
$ make mica2 install
    compiling Blink to a mica2 binary
ncc -o build/mica2/main.exe -Os -board=micasb -target=mica2  -Wall -Wshadow -DDE
F_TOS_AM_GROUP=0x7d -Wnesc-all -finline-limit=100000 -fnesc-cfile=build/mica2/ap
p.c  Blink.nc -lm
    compiled Blink to build/mica2/main.exe
            1428 bytes in ROM
              44 bytes in RAM
avr-objcopy --output-target=srec build/mica2/main.exe build/mica2/main.srec
make[1]: Entering directory `/cygdrive/c/tinyos/cygwin/opt/tinyos-1.x/apps/Blink
'
    installing mica2 binary
uisp -dprog=dapa -dpart=ATmega128 --wr_fuse_e=ff  --erase
pulse
Atmel AVR ATmega128 is found.
Erasing device ...
pulse
Reinitializing device
Atmel AVR ATmega128 is found.

Fuse Extended Byte set to 0xff
sleep 1
搜狗拼音 半:
```

图 8.23　加载和运行 Blink 程序

在加载和运行 Blink 程序的过程中，如果出现图 8.24 所示的错误信息，则要检查电源是否打开，或者电源电量是否充足及 uisp 版本是否正确。如果程序加载没有问题，则出现的提示信息如图 8.25 所示。

```
uisp -dprog=dapa --erase
pulse
An error has occurred during the AVR initialization.
 * Target status:
   Vendor Code = 0xff, Part Family = 0xff, Part Number = 0xff

Probably the wiring is incorrect or target might be `damaged'.
make: *** [install] Error 2
```

图 8.24　程序加载出错时的信息提示

```
ncc -board=micasb -o build/mica/main.exe -Os -target=mica   -Wall -Wshadow
-DDEF_TOS_AM_GROUP=0x7d -finline-limit=200 -fnesc-cfile=build/mica/app.c  Blink.nc –lm
avr-objcopy --output-target=srec build/mica/main.exe
build/mica/main.srec
   compiled Blink to build/mica/main.srec
   installing mica binary
uisp -dprog=dapa   --erase
pulse
Atmel AVR ATmega128 is found.
Erasing device ...
Pulse
Reinitializing device
Atmel AVR ATmega128 is found.
sleep 1
uisp -dprog=dapa   --upload if=build/mica/main.srec
pulse
Atmel AVR ATmega128 is found.
Uploading: flash
sleep 1
uisp -dprog=dapa   --verify if=build/mica/main.srec
pulse
Atmel AVR ATmega128 is found.
Verifying: flash
```

图 8.25　程序加载正确时的信息提示

(3) 将 Mote 节点从编程主板上取下来，打开电源，若红色的 LED 灯每秒闪烁一下，则表明程序编译和加载成功。如果存在问题，请检查 TinyOS 是否安装正确或 Mica2 硬件是否完好。

(4) 使用“make clean”命令可以清除 Blink 目录下的二进制文件。

8.3　物联网软件设计

8.3.1　软件系统的分层结构

在多样化的物联网应用中，各类应用系统或中间件系统都是针对某类特定应用和特定环境的，开发应用程序是非常复杂的。通常是基于网络节点的操作系统，在此基础上进行扩展和添加自己的程序代码。根据前面的介绍，可以知道网络节点的操作系统用于控制底层硬件的工作行为，为各种算法、协议的设计提供一个可控的操作环境，同时便于用户有效管理网络，实现网络的自组织、协作、安全和能量优化等功能。

这里以传感器网络为例，分析网络节点的软件系统设计问题。通常网络的软件运行采用分层结构，如图 8.26 所示。

这里硬件抽象层在物理层之上，用于隔离具体硬件，为系统提供统一的硬件接口，如初始化指令、中断控制、数据收发等。系统内核负责进程调度，为应用数据功能和管理控制功能提供接口。应用数据功能协调数据收发、校验数据，并确定数据是否需要转发。管理控制功能实现网络的核心支撑技术和通信协议。在编写具体应用代码时，可以根据应用数据功能和管理控制功能提供的接口和一些全局变量来设计软件。

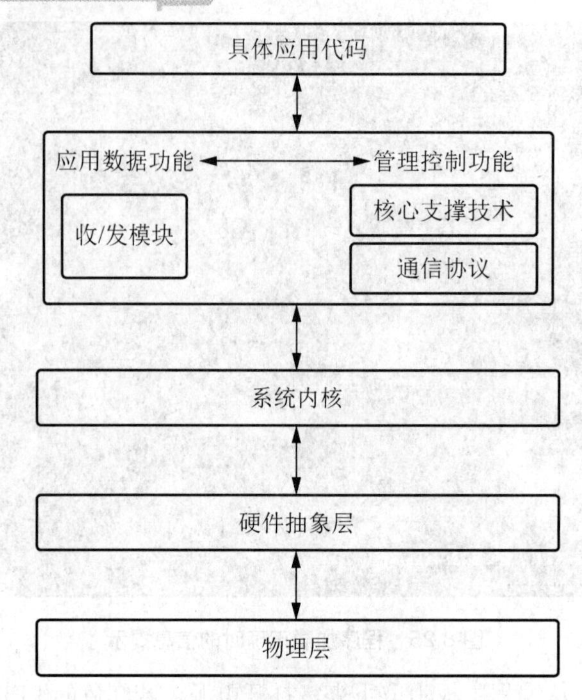

图 8.26　网络节点软件系统的分层结构

8.3.2　软件系统的开发内容

网络节点的软件开发也遵从软件工程的思想，通常需要使用基于框架的组件。这种框架运用自适应的中间件系统，通过动态地交换和运行组件，支撑高层的应用服务架构，从而加速和简化应用系统的设计。所谓中间件就是一类连接软件组件和应用的计算机软件，它包括一组服务，以便于运行在一台或多台机器上的多个应用软件通过网络进行交互。这里中间件是位于物联网的集成服务器端及感知层、传输层的嵌入式设备中。

网络节点设计的主要内容就是开发这些基于框架的组件，主要包括以下三个环节：

(1) 数据采集功能的设计。这项工作主要提供节点必要的本地数据操作，包括数据采集、本地存储、硬件访问和直接存取操作系统等。

(2) 单个节点功能的设计。这项工作主要针对专门应用的任务和用于建立与维护网络的中间件功能，涉及操作系统组件、传感驱动组件和中间件管理组件三部分。单个节点功能框架的组件如图 8.27 所示，各组件的作用简介如下。

操作系统组件：由裁剪过的只针对特定应用的软件组成，专门处理与节点硬件设备相关的任务，包括启动载入程序、硬件初始化、时序安排、内存管理和过程管理等。

传感驱动组件：负责初始化网络节点，驱动节点上的传感单元执行数据采集和测量任务，由于它封装了传感器探测功能，可以为中间件提供 API 接口。

中间件管理组件：作为一个上层软件，用于组织分布式节点间的协同工作。

模块组件：负责封装网络应用所需的通信协议和核心支撑技术。

算法组件：用于描述模块的具体实现算法。

服务组件：负责与其他节点协作完成任务，提供本地协同功能。

虚拟机组件：负责执行与平台无关的一些程序。

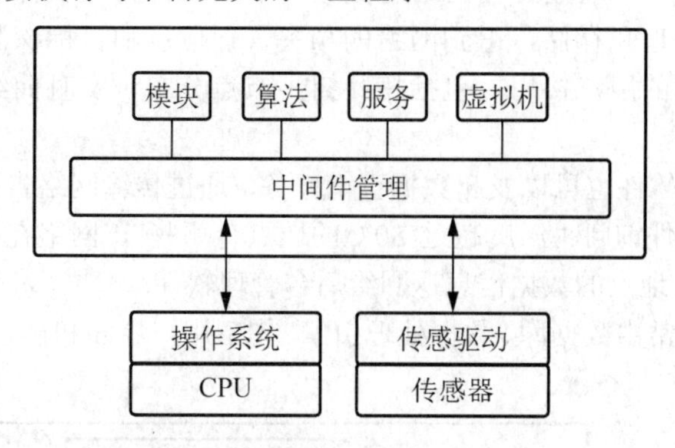

图 8.27　单个节点功能框架的组件

(3) 网络功能的设计。这项工作内容描述了整个网络应用的任务和所需要的服务，为用户提供操作界面，管理整个网络并评估运行效果。网络功能框架的组件结构如图 8.28 所示。

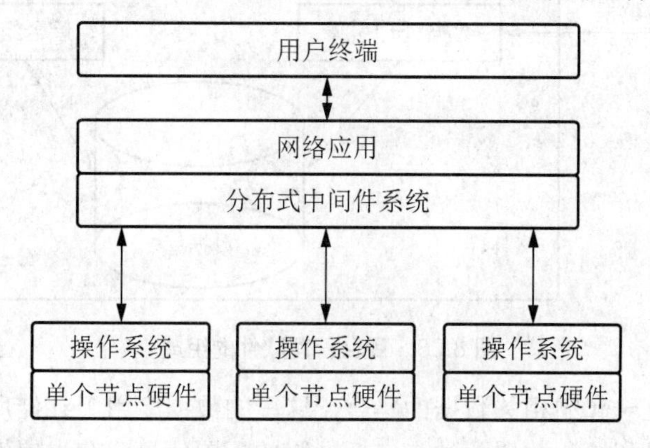

图 8.28　网络功能框架的组件

网络中的节点通过中间件的服务连接起来，协作地执行任务。中间件逻辑上是在网络层，但物理上仍存在于单个节点内，它在网络内协调服务间的互操作，灵活便捷地支撑起传感器网络的应用开发。

8.3.3　后台管理软件

1. 结构与组成

可视化的后台管理软件是物联网系统的一个重要组成部分，是获取和分析网络数据的重要工具。在选定物联网的硬件平台和操作系统之后，通过设计相应的网络通信协议，将这些硬件设备组建为网络，在这个过程中需要对网络进行分析，了解网络的拓扑结构变化、协议运行、功耗和数据处理等方面的情况。这都需要获取关于网络运行状态和网络性能的宏观和微观信息，通过对这些信息进行处理，才能对网络进行定性或定量分析。

从微观角度来看，物联网节点状态的获取难度远大于传统有线网络的节点。从宏观角度来看，物联网的运行效率和性能也比一般网络难以度量和分析。因此，物联网整体状态的分析与管理是应用的重点和难点，需要一个后台系统来支持。

通常在采集数据后，通过传输网络将数据传输给后台管理软件。后台管理软件对这些数据进行分析、处理和存储，得到网络的相关管理信息和目标探测信息。后台管理软件可以提供多种形式的用户接口，包括拓扑树、节点分布、实时曲线、数据查询和节点列表等。

另外，后台管理软件也可以发起数据查询任务，通过传输网络告知探测节点执行查询任务，如后台管理软件询问“温度超过 80℃的地点有哪些”，网络在接收到这种查询消息后，将温度超过 80℃地点的数据信息返回给后台管理软件。

后台管理软件通常由数据库、数据处理引擎、图形用户界面和后台组件四个部分组成，如图 8.29 所示。

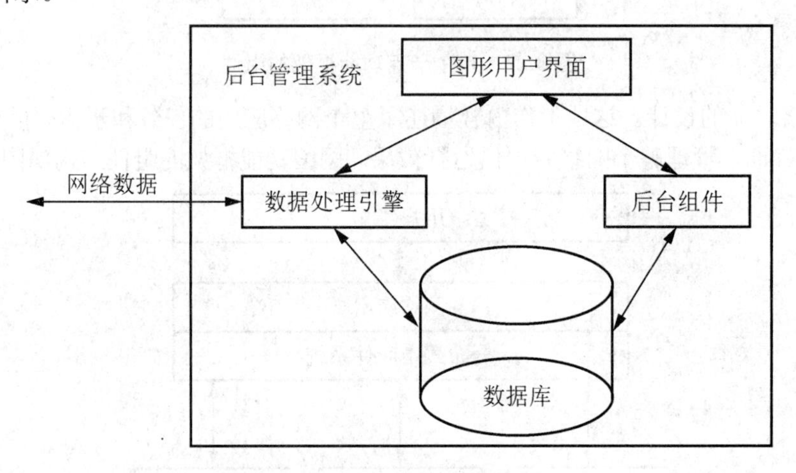

图 8.29　后台管理软件的组成

数据库是存储在一起的相关数据的集合。这里的数据库用于存储所有的网络信息，主要涉及网络管理信息和探测数据两种，包括网络的配置信息、节点属性、探测数据和网络运行的一些信息等。

数据处理引擎负责传输网络和后台管理软件之间的数据交换、分析和处理，将数据存储到数据库。另外它还负责从数据库中读取数据，将数据按照某种方式传递给图形用户界面，以及接受图形用户界面产生的数据等。

后台组件利用数据库中的数据实现一些逻辑功能或者图形显示功能，主要涉及网络拓扑显示组件、网络节点显示组件、图形绘制组件等。个人计算机的操作系统、选用的数据库系统和一些图形软件工具都可以提供这类组件，类似组件可以协助开发人员设计和丰富后台管理系统的功能。

图形用户界面是用户对网络进行检测的可视化窗口，用户通过它可以了解网络的运行状态，也可以给网络分配任务。该界面既要保证操作人员对整个网络系统的管理，又要方便使用和操作。

目前已有一些后台管理软件工具，比较著名的有克尔斯博公司开发的 MoteView、加利福尼亚大学伯克利分校开发的 TinyViz、加利福尼亚大学洛杉矶分校开发的 EmStar、中国科学院开发的 SNAMP 等。

2. 后台管理软件的案例介绍

1) MoteView 软件

MoteView 是 Windows 平台下支持传感器网络系统的可视化监控软件。无线网络中所有节点的数据通过基站储存在 PostreSQL 数据库中。MoteView 能够将这些数据从数据库中读取并显示出来，也能够实时地显示基站接收到的数据。网络管理者利用 MoteView 随时掌握目标监测的情况，可以通过数据、图表或节点拓扑结构的直接形式，快速整理、搜寻或查阅每个节点的数据信息。MoteView 还可以根据管理者的设置，采用手机短信和电子邮件的方式提供报警信息。

MoteView 作为传感器网络客户端管理和监控软件，提供 Windows 图形用户界面，主要作用包括管理和监控系统、发送命令指示、报警功能、Mote 编程功能和网络诊断。

例如，MoteView 可以提供实时数据和历史数据显示功能、可视化网络拓扑图功能、数据输出功能、图表打印功能、节点编程程序 MoteConfig、支持对传感器网络的命令发送、E-mail 报警服务。

MoteView 支持 CrossBow 公司的所有传感器和数据采集板、MICA 系列平台，包括 MICA2、MICA2DOT、MICAz，另外还可以配置和监测基于 MSP 系列节点的安全/入侵监测系统和基于 MEP 系列节点的环境监测系统。

MoteView 支持的应用程序包括 Surge-Reliable、Surge-Reliable-Dot 及运行 XMesh 和 XSensor 的应用程序。

MoteView 支持的操作系统包括 Windows XP 和 Windows 2000，使用 MIB510 时通过串口、使用 MIB600 和 Stargate 时通过以太网端口来与计算机连接，并配置 PostgreSQL 8.0 数据库服务、PostgreSQL ODBC 驱动和微软.NET 构架。

其中，PostgreSQL 是一个开放源代码的免费数据库系统，提供 SQL92/SQL99 语言支持、事务处理、引用集成、存储过程及类型扩展。PostgreSQL 可以说是最富特色的自由数据库管理系统，它基本包括了目前世界上最丰富的数据类型，有些数据类型连商业数据库都不具备，如 IP 类型和几何类型等。

MoteView 在使用时需要链接到数据库，并与传感器网络连接。在链接数据库时，需要选择被链接的数据库名称和表的名称；在连接传感器网络时，需要选择被连接的设备和设备的地址。

在以上的设备和连接配置正确实施之后，MoteView 即可运行，对整个传感器网络进行监测。它支持节点自动发现功能，提供许多菜单和工具条方便用户使用。MoteView 具有节点列表，显示数据和服务器消息，进行系统管理和数据库管理。节点列表能够显示部署的所有节点及其状态，并且可以对节点进行操作，如添加节点、修改节点属性、节点排序等。数据可以通过多种视图方式进行显示，包括数据视图、命令视图、图形视图和拓扑视图。服务器消息显示部分包括服务器端消息、数据库错误和一般状态消息的显示。

图 8.30 所示为 MoteView 显示的传感器数据列表示例。图 8.31 所示为 MoteView 输出的传感器信号波形示例。

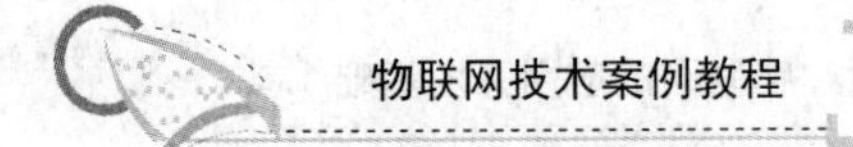

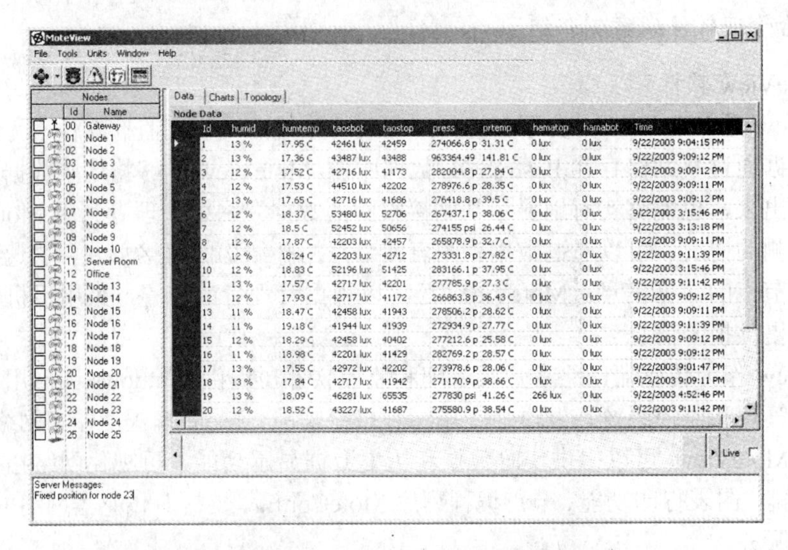

图 8.30　MoteView 显示的传感器数据列表

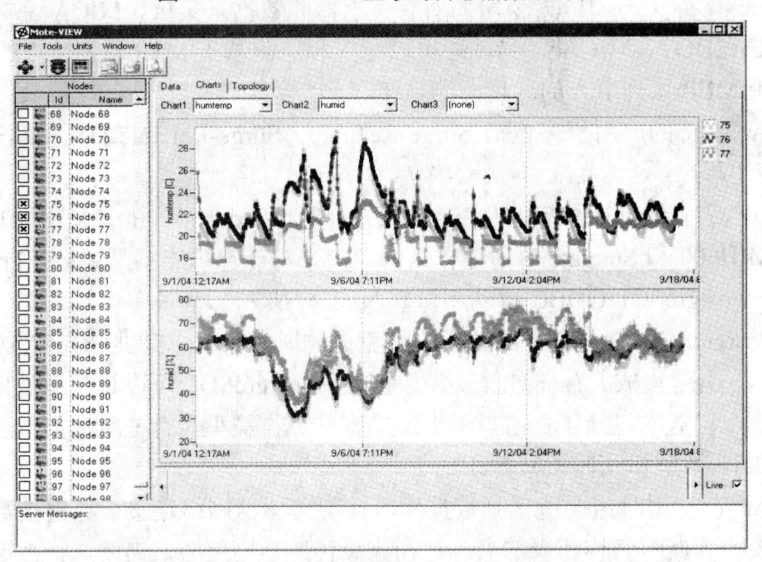

图 8.31　MoteView 输出的传感器信号波形

2) SNAMP 软件

由中国科学院开发的 SNAMP(Sensor Network Analysis and Management Platform)软件包括串口、数据处理模块、实时显示模块等主要模块。模块化的设计使得整个系统层次扩展性好。SNAMP 还提供了多种形式的用户接口，包括拓扑树、实时节点列表等，满足用户在分析和管理传感器网络时的多种需求。

SNAMP 后台管理软件运行在与网关汇聚节点相连的主机上，通过串口可以读取网关汇聚节点收集到的数据，并且对这些数据进行分析，还可以显示网络运行时的动态效果。计算机的后台界面程序负责从串口读取数据包，并进行解析、曲线绘制等。后台显示的节点拓扑的一个示例如图 8.32 所示，这里 Base Station 表示网关汇聚节点，5、6、7 表示数据采集节点，实线表示两个节点之间有数据包正在传输。

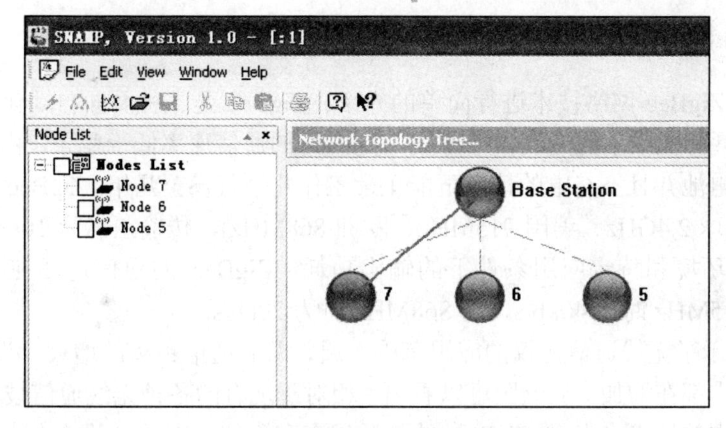

图 8.32　SNAMP 实时显示传感器网络拓扑结构的示例

SNAMP 的实时曲线部分采用了 Gigasoft 公司(www.gigasoft.com)的“ProEssentials”控件(试用版)，它是应用于 Windows 服务器端和客户端开发的一种图表组件，是对绘制图表和图表分析功能所需要的数据和方法的简单封装。它的图表类型较多，包括一般图表、科学图表、三维图表、极坐标图表、饼状图表，几乎覆盖了所有常见的图表类型。

如果将上述节点的感知数据以曲线形式实时地在表格中绘制出来，结果如图 8.33 所示，这是采用 ProEssentials 控件实现探测数据的实时显示。

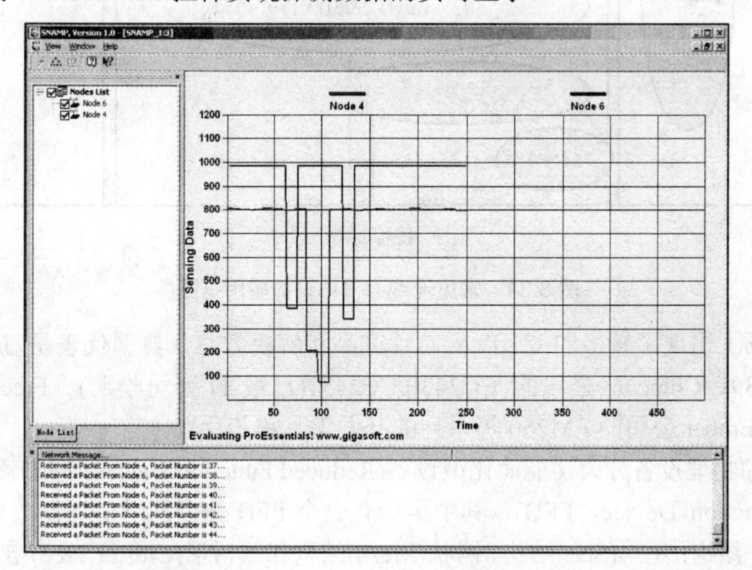

图 8.33　SNAMP 实时显示感知数据的信号波形

8.4　ZigBee 网络系统的设计开发案例

本章前面内容介绍了物联网的硬件设计和软件开发内容。下面以 ZigBee 网络系统为例，介绍一个完整物联网的综合设计过程。另外，ZigBee 网络也是物联网的一种典型网络通信方案，理解它的设计过程具有重要意义。

8.4.1 ZigBee 概述

这里先对 ZigBee 网络技术进行简单的介绍。ZigBee 是一种面向自动化和无线控制的低速率、低功耗和低成本的无线网络方案。ZigBee 的通信速率低于蓝牙，由电池供电，并希望在不更换电池并且不充电的情况下能正常工作几个月甚至几年。ZigBee 无线设备工作在公共频段(全球 2.4GHz、美国 915MHz、欧洲 868MHz)，传输距离为 10～75m，具体数值取决于射频环境和特定应用条件下的输出功耗。ZigBee 的通信速率在 2.4GHz 时为 250kb/s，在 915MHz 时为 40kb/s，在 868MHz 时为 20kb/s。

图 8.34 显示了无线通信协议的应用范围。通常随着通信距离的增大，设备的复杂度、功耗和系统成本都在增加。从该图可以看出，相对于现有的各种无线通信技术，ZigBee 是最低功耗和成本的技术。由于 ZigBee 的低数据率和通信范围较小的特点，决定了它适合于承载数据流量较小的通信业务。

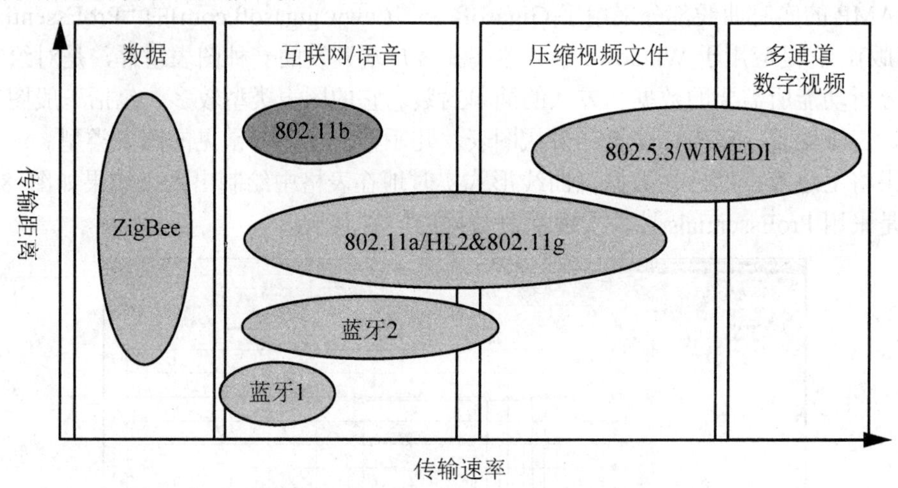

图 8.34 常见无线通信协议的应用范围

目前市场上出现了较多的 ZigBee 芯片产品和解决方案，典型代表是 Jennic 公司的 JN5121/JN5139、Chipcon 公司的 CC2430/CC2431(已被 TI 公司收购)、Freescale 公司的 MC13192 和 Ember 公司的 EM250 等系列的开发工具和芯片。

ZigBee 的物理设备分为功能简化型设备(Reduced Function Device，RFD)和功能完备型设备(Full Function Device，FFD)，其中至少有一个 FFD 充当网络协调器的角色。ZigBee 支持三种拓扑结构：星形(Star)结构、网状(Mesh)结构和簇树形(Cluster Tree)结构，如图 8.35 所示。星形网络最常见，可提供很长时间的电池使用寿命。网状网络可有多条传输路径，它具有较高的可靠性。簇树形网络结合了星形和网状形结构，既有较高的可靠性，又节省电池能量。

ZigBee 网络的特点如下：

(1) 数据传输速率低。数据传输速率只有 10～250kb/s，专注于低传输应用。

(2) 有效范围小。有效覆盖范围在 10～75m 之间，具体依据实际发射功率的大小和各种应用模式而定。

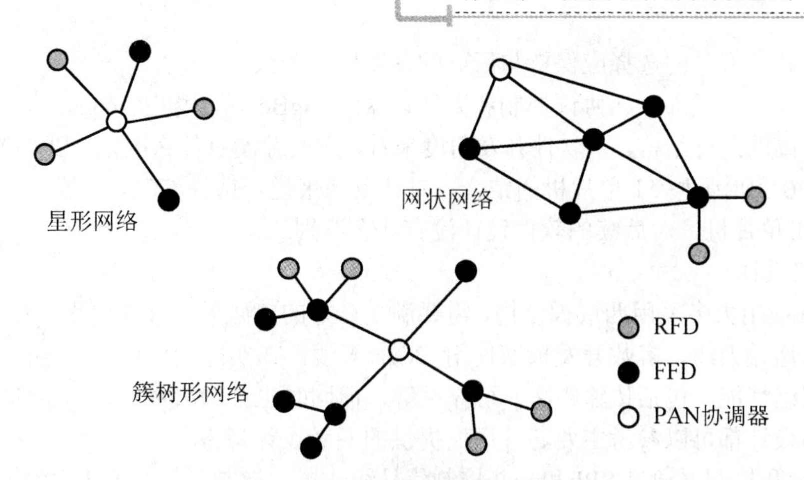

图 8.35　ZigBee 网络的拓扑结构

(3) 工作频段灵活。工作使用的频段分别为 2.4GHz、868MHz 及 915MHz，均为无需申请的 ISM 频段。

(4) 省电。由于工作周期很短，收发信息功耗较低，以及采用了休眠模式，ZigBee 可确保两节五号电池支持长达六个月至两年左右的使用时间，不同应用的功耗有所不同。

(5) 可靠。采用碰撞避免机制，并为需要固定带宽的通信业务预留专用时隙，避免了发送数据时的竞争和冲突。MAC 层采用完全确认的数据传输机制，每个发送的数据包都必须等待接收方的确认信息。

(6) 成本低。由于数据传输速率低，并且协议简单，降低了成本，另外使用 ZigBee 协议可免专利费。

(7) 时延短。针对时延敏感的应用做了优化，通信时延和从休眠状态激活的时延都非常短。设备搜索时延的典型值为 30ms，休眠激活时延的典型值是 15ms，活动设备信道接入时延为 15ms。

(8) 网络容量大。一个 ZigBee 网络可容纳多达 254 个从设备和一个主设备，一个区域内可同时布置多达 100 个 ZigBee 网络。

(9) 安全性能好。ZigBee 提供了数据完整性检查和认证功能，加密算法采用 AES-128。应用层安全属性可根据需求来配置。

8.4.2　ZigBee 网络系统的设计

1. 硬件设计要点

1) ZigBee 芯片

芯片厂商提供的主流 ZigBee 芯片在性能上大同小异，比较流行的有 Freescale 公司的 MC13192 和 Chipcon 公司的 CC2420，它们在性能上基本相同。两家公司提供的免费协议栈 MC13192-802.15 和 MpZBee v1.0-3.3 都可以实现 ZigBee 网络的三种拓扑结构。

硬件设计的要点在于 ZigBee 芯片和微处理器(MCU)之间的配合，每个协议栈都是在某个型号或序列的微处理器和 ZigBee 芯片配合的基础上编写的。如果要将协议栈移植到其他微处理器上运行，需要对协议的物理层和 MAC 层进行修改，在开发初期这会非常复杂。因此，芯片型号的选择应保持与厂商的开发板相一致。

对于集成了射频部分、协议控制和微处理器的 ZigBee 单片机及 ZigBee 协议控制与微处理器相分离的两种结构，从软件开发角度来看，它们并没有什么区别。以 CC2430 为例，它是 CC2420 和增强型 51 单片机的结合，对开发者来说，选择 CC2430 或者选择 CC2420 加增强型 51 单片机，对后续的软件设计没有什么区别。

2) 电路设计

ZigBee 应用大多采用四层板结构，需要满足良好的电磁兼容性能要求。天线分为 PCB 天线和外置增益天线。多数开发板都使用 PCB 天线。在实际应用中外置增益天线可以大幅度提高网络性能，包括传输距离、可靠性等，但同时也会增大体积，需要均衡考虑。制版和天线的设计都可以参考主要芯片厂商提供的参考设计指南。

RF 芯片和控制器通过 SPI 和一些控制信号线连接。控制器作为 SPI 主设备，RF 射频芯片为从设备。控制器负责 IEEE 802.15.4 MAC 层和 ZigBee 部分的工作。协议栈集成了完善的 RF 芯片的驱动功能，用户无需处理这些问题。通过非 SPI 控制信号驱动所需要的其他硬件，如各种传感器和伺服器等。

微控制器可以选用任何一款低功耗单片机，但程序和内存空间应满足协议栈的要求。射频芯片可以选用任何一款满足 IEEE 802.15.4 要求的芯片，通常可以使用 Chipcon 公司的 CC2420 射频芯片。硬件在开发初期应以厂家提供的开发板为基础进行制作，在能够实现基本功能后，再进行设备精简或者扩充。

通常为微控制器和 RF 芯片提供 3.3V 电源，根据不同的情况可以使用电池或市电供电。一般来说，ZigBee 的端点设备可以使用电池供电，要注意 RF 射频芯片工作电压范围的设置。

2. 软件设计步骤

ZigBee 系统软件的开发是在厂商提供的 ZigBee 协议栈 MAC 层和物理层基础上进行的，协议栈分有偿和无偿两种。无偿的协议栈能满足简单应用开发的需求，但不能提供 ZigBee 规范定义的所有服务，有些内容需要用户自己开发。例如，MicroChip 公司为产品 PICDEMO 开发套件提供了免费的 MP ZigBee 协议栈，Freescale 公司为产品 13192DSK 套件提供了 Smac 协议栈。

有偿的协议栈能完全满足 ZigBee 规范，提供丰富的应用层软件实例、强大的协议栈配置工具和应用开发工具。一般的开发板都提供有偿协议栈的有限使用权，如购买 Freescale 公司的 13192DSK 和 TI 公司的 Chipcon 开发套件，可以获得 F8 的 Z-Stack 和 Z-Trace 等工具的 90 天使用权。单独购买有偿的协议栈及开发工具比较昂贵，在产品有希望大规模上市的前提下可以考虑购买。

ZigBee 网络系统的软件设计步骤如下：

1) 建立 Profile

Profile 是关于逻辑器件及其接口的定义。Profile 约定了节点间进行通信时的应用层消息。ZigBee 设备生产厂家之间通过共用 Profile，实现良好的互操作性。研发一种新的应用可以使用已经发布的 Profile，也可以自己建立 Profile。

2) 初始化

这个步骤包括 ZigBee 协议栈的初始化和外围设备的初始化。在初始化协议栈之前，需要先进行硬件初始化。例如，首先对 CC2420 和单片机之间的 SPI 接口进行初始化，然后对连接硬件的端口进行初始化，如连接 LED、按键、AD/DA 等的接口。

在硬件初始化完成后，就要对 ZigBee 协议栈进行初始化了。这一步骤决定了设备类型、网络拓扑结构、通信信道等重要的 ZigBee 特性。一些公司的协议栈提供专用的工具对这些参数进行设置，如 Microchip 公司的 ZENA，ChipCon 公司的 SmartRF 等。如果没有这些工具，就需要参考 ZigBee 规范在程序中进行人工设置。

以上初始化完成后，开启中断，然后程序进入循环检测，等待某个事件触发协议栈状态改变并做相应处理。每次处理完事件，协议栈又重新进入循环检测状态。

3) 编写应用层代码

ZigBee 设备都需要设置一个变量来保存协议栈当前执行的原语。不同的应用代码通过 ZigBee 和 IEEE 802.15.4 定义的原语与协议栈进行交互。也就是说，应用层代码通过改变当前执行的原语，使协议栈进行某些工作；而协议栈也可以通过改变当前执行的原语，告诉应用层需要做哪些工作。

协议栈通过 ZigBee 任务处理函数的调用而被触发改变状态，并对某条原语进行操作，这时程序将连续执行整条原语的操作，或者响应一个应用层原语。协议栈一次只能处理一条原语，所以所有原语用一个集合表示。每次执行完一条原语后，必须设置下一条原语作为当前执行的原语，或者将当前执行的原语设置为空，以确保协议栈保持工作。

8.4.3　ZigBee 网络设计实例

下面介绍 ZigBee 网络系统的一个实际设计方案，即燃气表数据无线传输系统，它的无线通信部分使用了 ZigBee 规范。

利用 ZigBee 技术和 IEEE 1451.2 协议来构建传感器节点，其中智能变送器接口模块部分包括传感器、放大和滤波电路、A/D 转换，变送器独立接口部分主要由控制单元组成，网络适配器负责通信。

智能变送器接口模块选用 CG-L-J2.5/4D 型号的燃气表。变送器独立接口选用 Atmel 公司的 80C51，这是一种 8 位的 CPU。网络适配器选用赫立讯公司 IP·Link 1000-B 无线模块。这里燃气表的数据是已经处理好的数据。由于燃气表数据为一个月抄一次，所以在设计过程中不用考虑数据的实时性问题。

IP·Link 1000-B 模块为赫立讯公司为 ZigBee 技术而开发的一款无线通信模块。它的主要特点如下：支持多达 40 个网络节点的链接方式；300～1000MHz 的无线收发器；高效率发射、高灵敏度接收；高达 76.8kb/s 的无线数据速率；IEEE 802.15.4 标准兼容产品；内置高性能微处理器；具有 2 个 UART 接口；10 位、23K 采样率 ADC 接口；微功耗待机模式。这种无线通信模块为传感器网络降低功率损耗提供了一种灵活的电源管理方案。

存储芯片选用具有 64KB 存储空间的 Atmel 公司 24C512 EEPROM 芯片；按一户需要 8B 的信息量计算，可以存储 8000 多个用户的海量信息，这对一个小区完全够用。

所有芯片选用 3.3V 的低压芯片，可以降低设备的能源消耗。

在无线传输中，数据结构的表示是一个关键内容，它往往可以决定设备的使用性能，这里将它设计成以下结构：

数据头	命令字	数据长度	数据	CRC 校验

数据头：3 字节，固定为“AAAAAA”。

命令字：1 字节，是具体的命令。01 为发送数据，02 为接收数据，03 为进入休眠，04 为唤醒、休眠。

数据长度：1 字节，为后面“数据”长度的字节数。

数据：0～20 字节，为具体的有效数据。

CRC 校检：2 字节，是对从命令字到数据的所有数据进行校检。

在完整接收到以上格式的数据后，通过 CRC 校检来完成对数据是否正确进行判读，这在无线通信中是十分必要的。

IEEE 802.15.4 提供三种有效的网络结构(簇树形、网状、星形)和三种器件工作模式(协调器、全功能模式、简化功能模式)。燃气表数据无线传输系统采用的是星形拓扑结构，因为其结构简单，实现方便，不需要大量的协调器节点，且可降低成本。每个终端传感器节点为每家的气表(平时无线通信模块为掉电方式，通过路由节点来激活)，手持式接收机为移动的路由节点。整个网络的建立是随机的、临时的。当手持接收机在小区内移动时，通过发出激活命令来激活所有能激活的节点，临时建立一个星形的网络。

这里网络建立和数据流的传输过程如下：

① 路由节点发出激活命令；

② 终端无线传感器节点被激活；

③ 每个终端节点分别延长某固定时间段的随机倍数后，节点通知路由节点自己被激活；

④ 节点建立激活终端无线传感器节点表；

⑤ 路由节点通过此表对激活节点进行点名通信，直到表中的节点数据全部下载完成；

⑥ 重复①～⑤，直到小区中所有终端节点数据下载完毕。

这样当一个移动接收机在小区内移动时，可以通过动态组网将小区内的用户燃气信息下载到接收机，再将接收机中的数据提交到处理中心进行集中处理。通过以上步骤建立的通信过程，在小区的无线抄表实际系统中得到了很好的应用。

小　　结

物联网的应用开发是一项实践性很强的技术，涉及多门学科知识，通过有机结合形成物联网的应用功能。本章介绍了物联网应用开发所涉及的硬件设计、节点操作系统和软件设计的内容，并以 ZigBee 网络系统为例，介绍了具体的设计开发案例。本章内容属于物联网应用的基础知识，通过学习应能掌握常见网络应用方案的设计方法，理解物联网设计的基本原理。

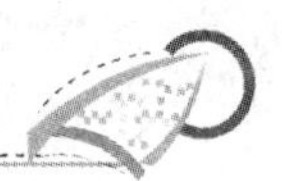

习　题　8

一、选择题

1．IEEE 仪器和测量协会传感器技术委员会制定的(　　)标准，解决了变送器模块与数据处理模块之间的数据接口问题。

A．IEEE 1451 系列　　B．IEEE 802.11b
C．IEEE 802.15.4　　D．ZigBee

2．传感器网络节点的(　　)模块是节点硬件中最主要的耗能部件。

A．数据处理　　B．采集识别　　C．无线通信　　D．外围电路

3．下面的(　　)芯片不属于常见的短距离无线通信芯片类型。

A．CC1000　　B．CC2420　　C．ATMega128L　　D．nRF2401

4．(　　)是指天线以电磁波的形式发射到空中的能量与自身消耗能量的比值。

A．天线增益　　B．天线效率　　C．天线电压驻波比　　D．阻抗匹配

5．(　　)具有便于携带、免受机械和外界环境损害、成本低的特点，它采用印制电路板上的金属印刷线作为天线。

A．内置天线　　B．导线天线　　C．陶瓷天线　　D．外置天线

6．TinyOS 系统程序的核心代码和数据大约在(　　)左右。

A．100B　　B．400B　　C．1K　　D．128K

7．Cygwin 是一种在 Windows 操作系统上运行的(　　)模拟环境，人们通过它可以很容易地远程登录到任何一台个人计算机。

A．Windows　　B．Linux　　C．TinyOS　　D．nesC

8．Mica 硬件节点采用了 Motorola 公司特别定义的(　　)格式机器码，通过下载工具烧录到节点中。

A．srec　　B．hex　　C．exe　　D．ncc

9．传感器网络后台管理软件的(　　)负责网络和后台管理软件之间的数据交换、分析和处理，并负责将数据按照某种方式传递给图形用户界面和接受图形用户界面产生的数据。

A．数据库　　B．数据处理引擎
C．图形用户界面　　D．后台组件

二、填空题

1．______是将一种物理能量变为另一种物理能量的器件，包括传感器和执行器两种类型。

2．传感器网络节点的无线通信模块由______和______组成。

3．通信芯片的传输距离受多种因素的影响，主要的影响因素是芯片的______和接收机的______。

4．通信芯片的发射功率和接收灵敏度通常采用______作为度 单位，绝对值为 1mW 的功率相当于______dBm。

5．设计天线的指标有多种，通常根据______、______和______三项指标来衡 天线的性能。

6．采用______供电是目前最常见的无线网络节点供电方式。

7．物联网的后台管理软件通常由______、______、______和______四部分组成。

8．ZigBee 支持三种网络拓扑结构：______结构、______结构和______结构。

三、问答与实践题

1．列举几种常见的微控制器芯片。

2．通信芯片的传输距离主要取决于哪些因素？

3．设计无线射频电路需要考虑哪些问题？

4．天线的性能评价有哪些指标？

5．天线有哪些不同种类？

6．看门狗电路的作用是什么？

7．TinyOS 操作系统具有哪些特点？

8．试写(画)出传感器网络节点软件系统的分层结构。

9．画出物联网后台管理软件的组成框图，并给予解释说明。

10．ZigBee 网络具有哪些特点？

11．简述 ZigBee 网络系统的软件设计步骤。

12．上机安装 TinyOS 系统软件包。

13．上机调试并编译 Blink 程序。

14．上机完成实验将 Blink 程序烧录到某一传感器节点。

15．在教师的指导下，由两或三名学生合作完成某物联网课题项目的方案设计任务，要求以技术报告的形式写出项目需求、设备选择、解决方案和现实应用价值等内容。

第 9 章 物联网的仿真技术

利用仿真技术对物联网的性能进行评估和测试，是物联网实际部署之前可能进行的一个步骤。对于大规模部署的网络节点，其运行的性能是否可靠、网络是否稳定，通过仿真的方法可以预先分析这些问题和模拟实际部署后的情况，这对设计大规模、复杂的物联网具有重要意义。

仿真软件平台也是物联网学术研究和科研项目实验的一个重要辅助工具，可以帮助科研人员快速构建物联网模拟系统，验证新型理论和技术的可行性、创新性和可靠性。例如，NS2 作为一种开源软件网络仿真平台，在学术界使用广泛，利用这种工具得出的研究结论能被学术界认可。本章主要介绍物联网仿真技术所涉及的仿真软件平台和工程测试床。

9.1 仿真技术概述

9.1.1 物联网设计的评估方法

物联网设计的评估方法与传统网络设计的评估方法是类似的，包括数学方法、物理测试和计算机仿真。

数学方法是对网络系统进行初步分析，根据一定的限定条件和合理假设，对系统进行描述，抽象出研究对象的数学分析模型。这种方法通过数学推理证明，或与现实实例对照，或与模拟的结果进行比较等手段，验证模型的有效性和精确性，对模型进行校验修正，最后利用修正后的数学分析模型对问题进行解答。

数学方法的优点在于灵活性好，不受硬件或软件性能等资源的限制，但模型的有效性和精确性受假设条件的限制。这种方法适用于网络节点协议理论研究和简单的网络行为分析。

物理测试是建立测试床和实验室，搭建网络研究所需的硬件和软件配置环境，建立具有特定特性的实际网络，实现对网络协议、网络行为和网络性能的测试分析。这种方法具有针对性，可以获得更真实的数据，不会丢失重要的详细资料，不过成本高，适用于小规模的网络性能评估。

计算机仿真是在个人计算机上利用网络模拟软件来仿真网络系统的运行效果。通过自行开发或选用一种网络模拟工具，设计网络系统模拟模型，并在计算机上运行这个模型，分析运行的输出结果。模拟方法比较灵活，可以根据需要设计网络模型，以相对少的时间和费用来了解网络在不同条件下的各种特性，获取丰富有效的网络数据，只是受资源限制，难以同

时展现现实网络的全部特性。模拟方法适用于网络协议研究、网络性能研究和各种网络设计。

9.1.2 物联网仿真的意义

人们一方面要为物联网的发展考虑新的协议和算法等基础技术，另一方面要分析如何对现有物联网方案进行整合和规划，使得达到最佳性能。如果待设计的物联网规模较小，网络拓扑结构比较简单，网络流量不大，通过数学建模分析和物理试验测试，结合个人经验就能够满足网络的设计要求。

如果物联网规模大、网络结构复杂，网络流量就会很大，往往难以进行数学建模分析，也几乎不可能开展与待构建的网络规模相近的物理测试试验环境，因而需要采用计算机仿真技术。计算机仿真技术是通过建立网络设备、链路和协议模型，并模拟网络流量的传输，来获得网络设计所需的网络性能数据。

相对而言，在物联网设计的三种评估方法中，计算机仿真的方法最具有应用优势。因为计算机仿真可以有效解决大规模物联网系统构建的困难，节约成本。

从应用的角度来看，计算机仿真方法具有以下特点：

(1) 模拟实验机理科学，使得这项技术具有在高度复杂的网络环境下得到高可信度结果的特点，它的预测功能是其他方法无法比拟的；

(2) 使用范围广，既可用于现有网络的优化和扩容，也可用于新网络的设计，特别适用于大中型规模网络的设计和优化；

(3) 初期应用成本不高，建好的网络模型可以延续使用，后期投资还会不断下降。

计算机仿真通常包括如下过程：模型建立和配置、仿真实现、结果分析。计算机仿真通过对网络设备、通信链路、网络流量等进行建模，模拟网络数据在网络中的传输、交换等过程，并通过统计分析获得网络各项性能指标的估计，使设计者能评价网络性能，并做出必要的修改完善，优化网络运行的性能。

通常计算机仿真的模拟软件体系结构如图 9.1 所示，下面分别给予简略介绍。

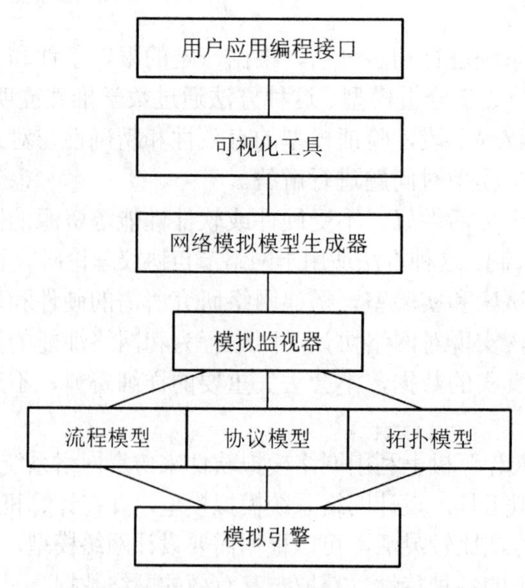

图 9.1　计算机仿真的软件体系结构

用户应用编程接口负责提供各层用户的编程接口，以便用户增加新的模型、新的工具等。

可视化工具包括：①网络模拟动态显示工具，动态显示网络模拟的全过程，按需求对不同的粒度和不同的采集数据进行选择性的显示，网络性能参数的统计和分析图形显示；②分析统计工具，对网络模拟数据进行统计分析，以图表、图形显示出结果。

网络模拟模型生成器负责通过图形化的方法生成网络模拟模型，对网络进行不同的配置，它包括网络拓扑模拟模型的建立(网络节点、 链接和属性)、选择流量模型、网络动态运行行为。

模拟监视器的任务包括如下内容：

(1) 跟踪和监测网络模拟的全过程，采集模拟网络的状态参数和结果数据，包括网络的各种性能参数(带宽、延迟、延迟抖动、丢包率、拥塞状况等)，形成统计数据；

(2) 提供配置各种监测粒度和范围的参数接口，提供跟踪网络行为和获取网络模拟过程中各种网络性能参数的函数；

(3) 设置基于阈值的报警。

计算机仿真工具中的网络模拟模型包括如下三种：

(1) 流量模型：负责提供产生各种类型流量的模型，在模拟过程中根据用户的配置(速率、包的大小和分布等)加载到网络模拟模型，产生动态数据流。

(2) 协议模型：负责模拟网络协议如链路协议、路由协议等操作过程，对动态数据流进行相应操作。

(3) 拓扑模型：提供网络拓扑的基本组件，包括各类节点、链路和拓扑原型等。

模拟引擎是模拟器的核心部分，包括线程调度、处理器分配、事件队列、同步设置，根据设定的模拟模型进行调度和控制整个模拟过程的执行。

9.2　常用的仿真平台

9.2.1　TOSSIM

1. TOSSIM 简介

TinyOS 是为传感器网络节点而设计的一种事件驱动的操作系统，由加利福尼亚大学伯利克分校开发，采用 nesC 编程语言和组件架构方式，能快速实现各种应用。本书的后续章节将对 TinyOS 的具体操作给予详细介绍。

TOSSIM 是 TinyOS 附带的仿真工具，可同时模拟传感器网络的多个节点运行同一个程序，提供运行时的调试和配置功能，用于实时监测网络状况，并能向网络注入调试信息，与网络进行交互式操作。由于 TOSSIM 仿真程序直接编译来自实际运行于硬件环境的代码，因而可用于调试真正运行的实际程序代码。

TOSSIM 仿真软件工具的体系结构内容如下：

(1) 编译器支持。TOSSIM 的 nesC 编译器通过选择不同的选项，用户可以将硬件节点上的代码编译成仿真程序。

(2) 执行模式。TOSSIM 的核心是仿真事件队列。硬件中断被模拟成仿真事件插入队列，仿真事件调用中断处理程序，中断处理程序又调用 TinyOS 的命令或触发 TinyOS 的事件。这些 TinyOS 的事件和命令处理程序可以生成新的任务，并将新的仿真事件插入队列，重复此过程直到仿真过程结束。

(3) 硬件模拟。TinyOS 将节点的硬件资源抽象为一系列组件，通过将硬件中断替换为离散事件，以替换硬件资源。TOSSIM 通过模拟硬件资源被抽象后的组件的行为，为上层提供与硬件相同的标准接口。硬件模拟为模拟真实物理环境提供了接入点。通过修改硬件抽象组件，可以为用户提供各种性能的硬件环境，满足不同用户和不同仿真配置的需求。

(4) 无线模型。TOSSIM 允许开发者选择具有不同精度和复杂度的无线模型。用户可以通过一个有向图指定不同节点之间的通信误码率，表示在该链路上发送比特数据时可能出现错误的概率。

(5) 仿真监控。用户可自行开发应用软件来监控 TOSSIM 的仿真执行过程，TOSSIM 为监控软件提供实时的仿真数据，包括在 TinyOS 源代码中加入 Debug 信息、各种数据包和传感器的采样值等。监控软件可根据这些数据显示仿真执行情况，同时允许以命令调用的方式来更改仿真程序的内部状态，达到控制仿真进程的目的。TinyOS 提供了一个自带的仿真监控软件界面工具 TinyViz。

总之，TOSSIM 是一个支持 TinyOS、在个人计算机上运行的模拟器，它能模拟 nesC 程序的运行过程。在编写 TinyOS 程序的过程中，可以先在 TOSSIM 模拟器上运行和调试。TinyOS 模拟器提供运行时的调试输出信息，允许用户从不同的角度来分析和观察程序的执行过程。用户通过 TinyViz 程序可以输入信息，也可以输出调试信息。

2. TOSSIM 模拟器运行程序

下面介绍如何采用 TOSSIM 模拟器运行 TinyOS 程序。

在个人计算机上安装好 TinyOS 之后(参阅 8.2.2 节的内容)，可以按照如下步骤打开 TinyViz 界面，执行某个应用程序的仿真任务。

(1) 打开 cygwin 应用程序，进入目录“c:/tinyos/cygwin/opt/tinyos-1.x/apps/TestTinyViz”，其中最后一级的目录为应用程序，用户可以自行选择，如图 9.2 所示。

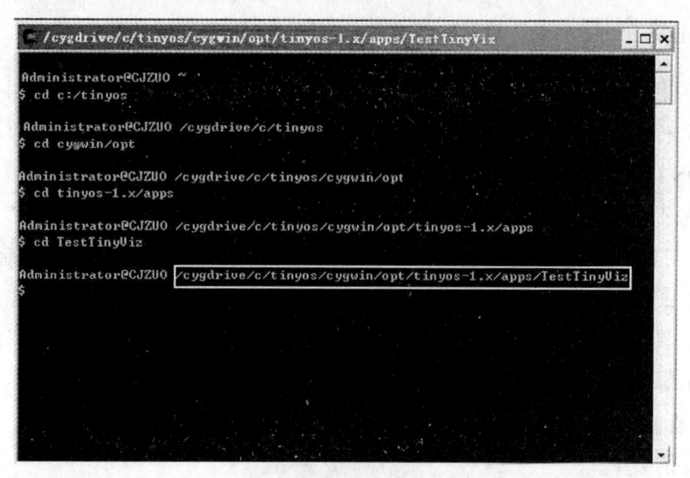

图 9.2　进入应用程序目录

(2) 运行命令：make pc，如图 9.3 所示。

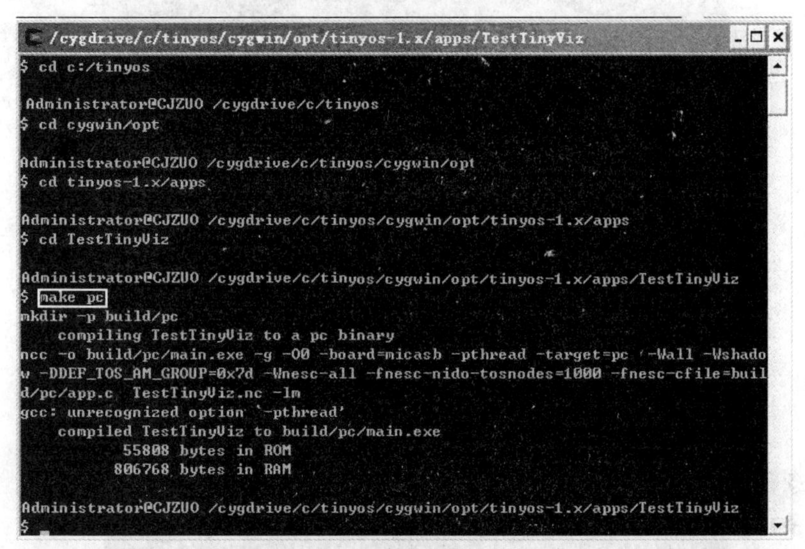

图 9.3　make pc 命令运行的结果

(3) 运行命令“build/pc/main.exe -pthread 26”。该命令的格式为“build/pc/main.exe [options] node_nums”，其中 options 的参数值可以查阅相关的帮助文档。这里模拟的网络节点数目 node_nums 取为 26，运行结果如图 9.4 所示。

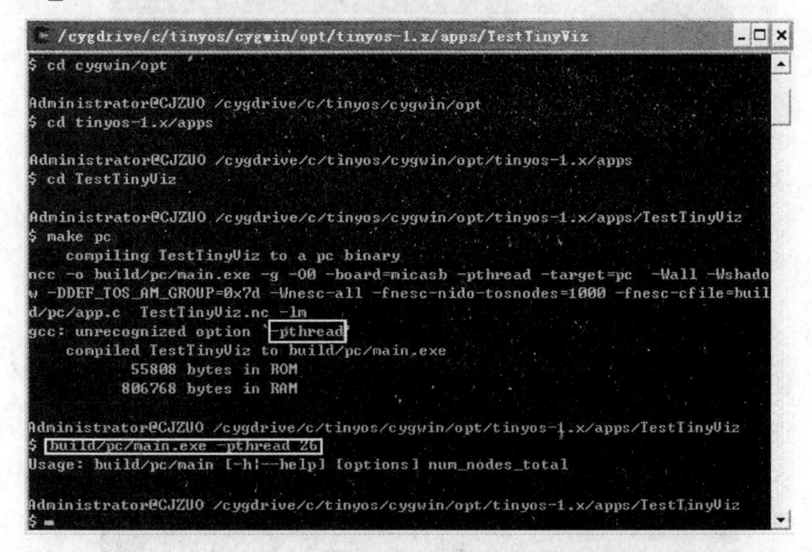

图 9.4　build pc 命令运行的结果

(4) 运行命令“export DBG=usr1”，如图 9.5 所示。

(5) 打开另外一个 cygwin 应用程序(注意不要关闭 cygwin 先前的应用程序)，进入“c:/tinyos/cygwin/opt/tinyos-1.x/tools/java/net/tinyos/sim”目录，如图 9.6 所示。

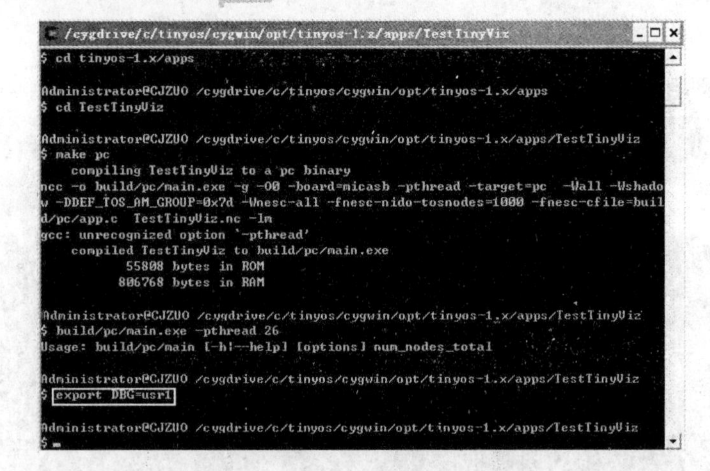

图 9.5　export 命令运行的结果

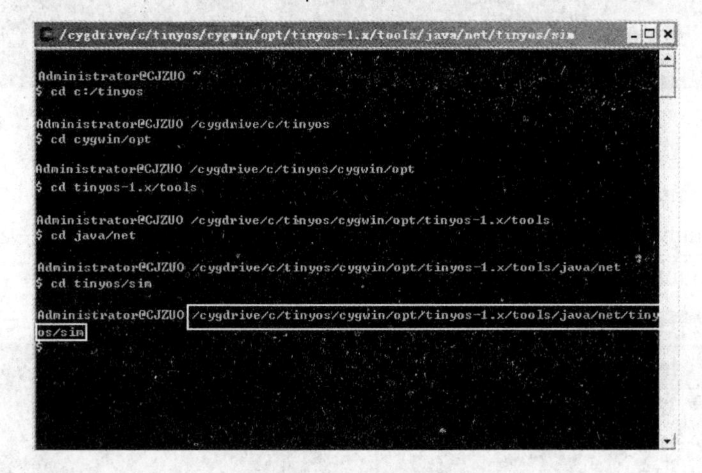

图 9.6　进入 sim 目录

(6) 运行命令“make”，如图 9.7 所示。

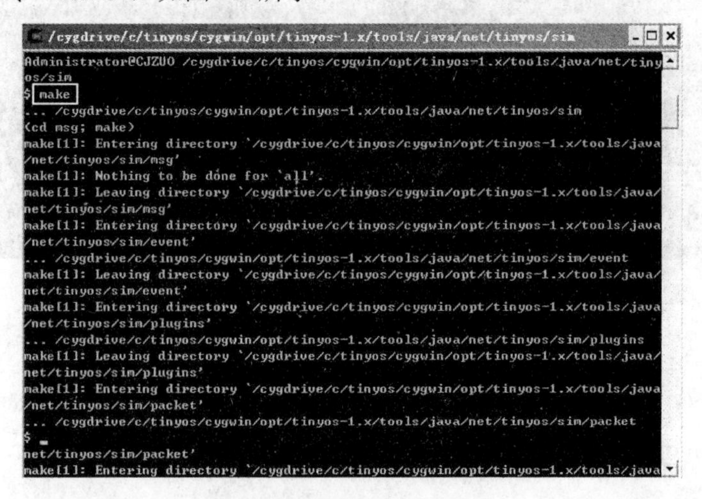

图 9.7　make 命令运行的结果

(7) 运行命令“tinyviz –run build/pc/main.exe 26”，如图 9.8 所示。

```
/cygdrive/c/tinyos/cygwin/opt/tinyos-1.x/apps/TestTinyViz
ncc -o build/pc/main.exe -g -O0 -board=micasb -pthread -target=pc  -Wall -Wshado
w -DDEF_TOS_AM_GROUP=0x7d -Wnesc-all -fnesc-nido-tosnodes=1000 -fnesc-cfile=buil
d/pc/app.c  TestTinyViz.nc -lm
gcc: unrecognized option '-pthread'
    compiled TestTinyViz to build/pc/main.exe
           55808 bytes in ROM
          806768 bytes in RAM

Administrator@CJZUO /cygdrive/c/tinyos/cygwin/opt/tinyos-1.x/apps/TestTinyViz
$ build/pc/main.exe -pthread 26
Usage: build/pc/main [-h|--help] [options] num_nodes_total

Administrator@CJZUO /cygdrive/c/tinyos/cygwin/opt/tinyos-1.x/apps/TestTinyViz
$ export DBG=usr1

Administrator@CJZUO /cygdrive/c/tinyos/cygwin/opt/tinyos-1.x/apps/TestTinyViz
$ tinyviz -run build/pc/main.exe 26
AUTORUN: Initializing simulation.
AUTORUN: Running simulation: build/pc/main.exe -gui -r=lossy 26
AUTORUN: Connecting...
SimComm: TossimInitEvent received, pausing system...
SimComm: Continuing
AUTORUN: Connecting...
AUTORUN: Simulation running.
```

图 9.8　run 命令运行的结果

此时就可以看到 TinyViz 仿真结果的显示界面，图 9.9 所示为运行 26 个节点的 TOSSIM 仿真界面。

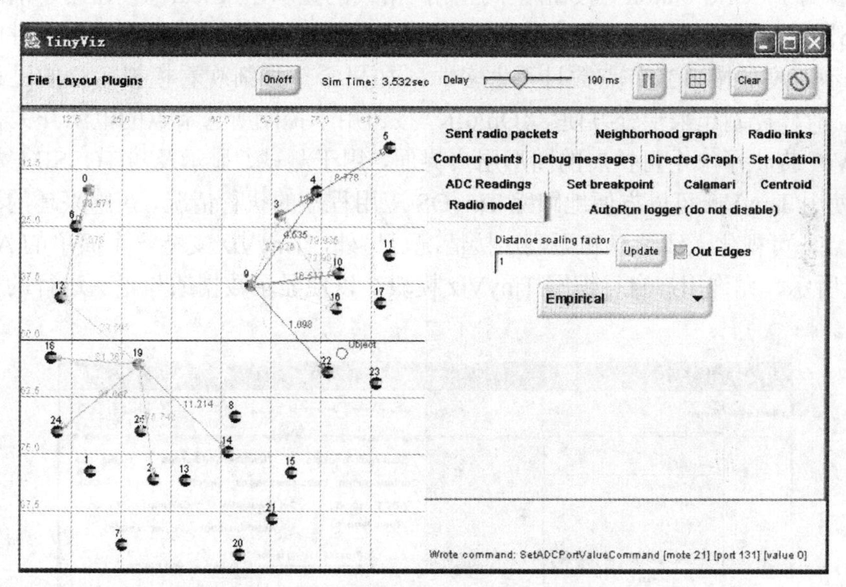

图 9.9　TOSSIM 运行结果的界面显示

下面以图 9.9 为例，介绍仿真监控软件界面工具 TinyViz 的 GUI 界面。窗口的左半部分是网络节点的图形显示，右半部分是一个控制面板，利用它可以与一系列控制 TinyViz 工作的插件进行交互。在显示节点的左侧窗口中，可以单击某个节点查看相关信息，也可以用鼠标拖出一个矩形区域来选择一组节点，甚至还可以拖动这些节点向别处移动。

“Layout(布局)”下拉菜单如图 9.10 所示，用于对窗口中显示的网络节点进行控制和管理。

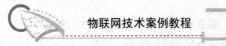

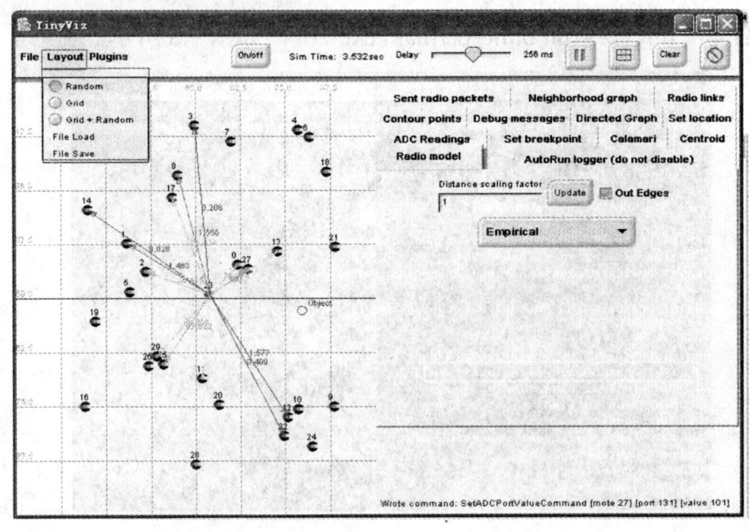

图 9.10 “Layout(布局)”下拉菜单

在“TinyViz”界面的上方，“Pause/play”按钮是一个开关按钮，用于控制模拟程序暂停或继续执行。“Grid button”按钮用于控制网格线的显示，“Clear”按钮用于清除显示状态，“Stop”按钮用于终止本次模拟。“Delay”滑杆用于延迟每个 TOSSIM 事件的处理过程，使显示速度放慢。当节点数目不太多时，如果希望详细观看模拟运行的过程，使用“Display”滑杆控制起来十分方便。“On/off”按钮用于控制所选节点的电源开关状态。

TinyViz 提供了一个可扩展的图形用户界面，用于测试、显示及与 TOSSIM 模拟器进行交互。使用 TinyViz 可以方便地跟踪 TinyOS 应用程序的执行情况，在感兴趣的事件发生时设置断点，可视化无线消息和无线连接情况。另外，TinyViz 支持一个简单的 API 插件，如图 9.11 所示，允许用户自行编写 TinyViz 模块，以便显示数据或与正在进行的模拟程序进行交互。

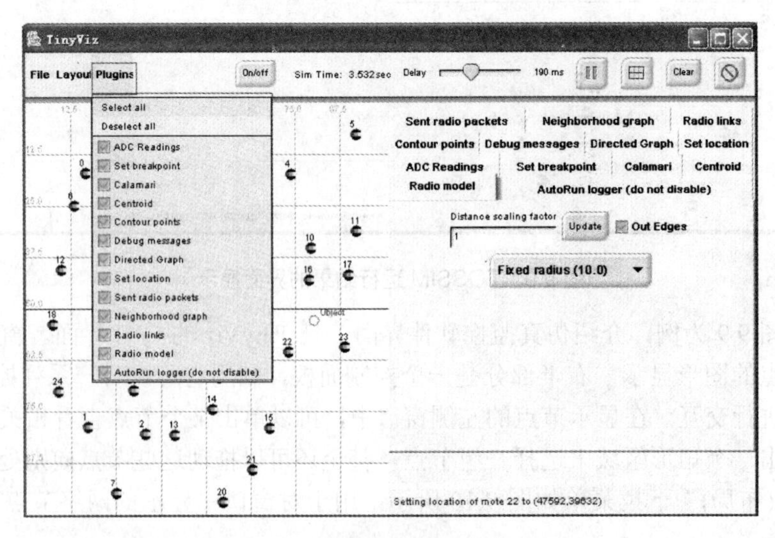

图 9.11 “Plugins(插件)”下拉菜单

注意在模拟过程中，不要直接单击窗口右上角的“Exit”按钮来关闭窗口，否则会导致不能重新运行仿真程序。我们可以先暂停当前仿真的运行过程(“Pause”按钮)，然后单击“Stop”按钮，选择自然退出，结果如图 9.12 所示。如果不小心单击了“Exit”按钮来退出，可以在“Bash”下用“ps –a”命令找到相关进程号，然后用“kill 进程号”的方式来杀掉进程，只有这样才能启动新的进程。

```
/cygdrive/c/tinyos/cygwin/opt/tinyos-1.x/apps/TestTinyViz
$ build/pc/main.exe -pthread 26
Usage: build/pc/main [-h|--help] [options] num_nodes_total

Administrator@CJZUO /cygdrive/c/tinyos/cygwin/opt/tinyos-1.x/apps/TestTinyViz
$ export DBG=usr1

Administrator@CJZUO /cygdrive/c/tinyos/cygwin/opt/tinyos-1.x/apps/TestTinyViz
$ tinyviz -run build/pc/main.exe 26
AUTORUN: Initializing simulation.
AUTORUN: Running simulation: build/pc/main.exe -gui -r=lossy 26
AUTORUN: Connecting...
SimComm: TossimInitEvent received, pausing system...
SimComm: Continuing
AUTORUN: Connecting...
AUTORUN: Simulation running.
AUTORUN: Stopping simulation.
AUTORUN: Done with run.
AUTORUN: Stopping simulation.
AUTORUN: Destroyed process.
tossim-serial@localhost died - restarting (java.net.SocketException: Connection
reset)
Goodbye!

Administrator@CJZUO /cygdrive/c/tinyos/cygwin/opt/tinyos-1.x/apps/TestTinyViz
$
```

图 9.12　正常退出 TOSSIM 模拟器

例如，如果希望针对 TinyOS 自带的 Blink 应用程序，模拟编译出可以在 TOSSIM 模拟器上运行的程序，则在应用程序目录下运行“make pc”命令，就可以把源代码编译在 TOSSIM 模拟器上运行 Blink 应用程序。Blink 应用程序可以在 mote 硬件节点上以 1Hz 频率使 LED 红灯显示。如果执行命令“$ ./tinyviz –run build/pc/main.exe 30”，则出现图 9.13 所示的界面。

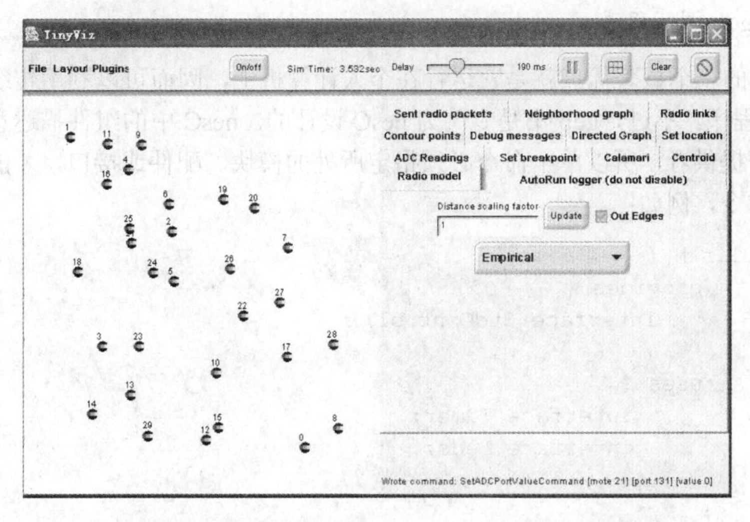

图 9.13　Blink 应用程序的 TOSSIM 模拟运行结果

在 TOSSIM 模拟器运行 Blink 应用程序的操作步骤如下：

```
cd app/Blink
make pc
```

这时会出现如下编译信息：

```
mkdir -p build/pc
compiling Blink to a pc binary
ncc -o build/pc/main.exe -g -O0 -board=micasb -pthread -target=pc
   -Wall -Wshadow -DDEF_TOS_AM_GROUP = 0x7d
   -WnesC -all -fnesC -nido -tosnodes= 1000
   -fnesC -cfile= build/pc/app.c  Blink.nc -lm
compiled Blink to build/pc/main.exe
   24784 bytes in ROM
   617960 bytes in RAM
```

最终编译器在“blink/build/pc”下生成可执行文件 main.exe。按照下面的命令运行 main.exe，在默认条件下，TOSSIM 打印出所有的调试信息如下：

```
[root@localhost Blink]# ./build/pc/main.exe 1
SIM: Initializing sockets
SIM: Created server socket listening on port 10584.
SIM: Created server socket listening on port 10585.
SIM: clientAcceptThread running.
SIM: commandReadThread running.
SIM: EEPROM system initialized.
SIM: spatial model initialized.
SIM: RFM model initialized at 40 kbit/sec.
```

按 Ctrl+C 组合键可以终止该程序的运行。通过设置环境变量“export DBG=crc”可以关闭调试信息，输入“build/pc/main.exe-help”命令能打印出所有选项。

3．使用 gdb 调试程序

TOSSIM 的一个显著优点就是它运行在个人计算机上，因而可以利用传统的调试工具来调试 nesC 程序。不过，gdb 不是专门为 nesC 设计的。nesC 中的组件描述意味着单个命令可能有多个提供者，所以单个命令必须指定所处的模块、配件或接口，才能唯一地确定究竟是哪个命令，例如：

```
module BlinkM {
          provides {
             interface StdControl;
             }
          uses {
              interface Timer;
              interface Leds;
              }
         }
   Configuration SingleTimer {
                  provides interface Timer;
```

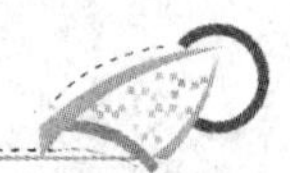

```
                    provides interface StdControl;
                    }
```

编译生成C代码时就将它们的名字分别改写，如StdControl接口中的“init( )”命令在编译为C代码的时候，被改写为“BlinkM $ StdControl $ init( )”和“SingleTimer $ StdControl $ init( )”。使用gdb进行调试与采用传统的调试方法大致相同，只是使用命令(如在命令处设断点)时必须按照上面的规则。

例如，调试Blink程序的过程如下：

```
    [root@localhost Blink] # gdb build/pc/main.exe
    GNU gdb Red Hat Linux
    Copyright 2003 Free Software Foundation, Inc.
    GDB is free software, covered by the GNU General Public License, and you
are welcome to change it and/or distribute copies of it under certain conditions.
    Type "show copying" to see the conditions.
    There is absolutely no warranty for GDB. Type "show warranty" for details.
    This GDB was configured as "i386-redhat-linux-gnu"
    (gdb) break main
    Breakpoint 1 at 0xS049e10: file Nido.nc, line 113.
    (gdb) run
    Starting program: /opt/TinyOS/tinyos-2.x/apps/Blink/build/pc/main.exe
    [New Thread 1074102912 (LWP 5803)]
    [Switching to Thread 1074102912 (LWP 5803)]
    Breakpoint 1, main (argc= 1, argv=0xbffff714) at Nido.nc: 113
    113      int num nodes start = -1;
    (gdb) s
    115      unsigned long long maxrun_time = 0;
    (gdb) break * BlinkM $ StdControl $ init
    Note: breakpoint 1 also set at pc 0xS04d894.
    Breakpoint 2 at 0xS04d894: file BlinkM.nc, line 52.
    (gdb)
```

注意在这里“BlinkM $ Std Control $ init”是必要的，因为只有这样gdb才能够正确解析该命令。

9.2.2　OMNeT++

OMNeT++是Objective Modular Network Testbed的简写，也被称为离散事件模拟系统(Discrete Event Simulation System，DESS)。它是一种面向对象的、离散事件建模仿真器，属于开源的网络仿真软件。

与大部分的网络模拟器一样，为了更有效地模拟实际网络的运行功能，并使整个系统具有较好的可扩充性，OMNeT采用了将网络结构定义与网络功能定义分开的方式。对于网络的拓扑结构，由于在模拟的过程中可能需要根据不同的条件进行反复的重定义，并且可能会经常进行相关参数的改动。因此根据这个特点，即不具有很高的复杂度，但要求具有较好的可重用性和较短的开发周期，这种仿真软件工具采用了特别定义的NED语言来完成。

对于主要的模块实现和算法实现部分，由于常常会涉及很复杂的数据结构定义，并且在引入面向对象的编程方法后，通过封装也可以实现良好的可扩展性，因此采用了 C++来作为功能实现语言。

与其他网络模拟器不同的是，OMNeT++采用的是以 C++为核心的工作模式。用 NED 语言生成的网络拓扑结构的脚本，在生成模拟器的目标文件时，是通过特殊的编译器改写成 C 语言代码，再嵌入到整个工程当中的。在 C++进行模拟功能部分的实现时，则充分引入和利用了面向对象的编程方法，即由 OMNeT++的开发者通过类封装的方式，向用户提供包含了各种不同的基本网络器件和相关操作库，而用户可以根据需要，通过对这些包含了基本功能和底层实现接口的库(类)进行重载，从而适应不同应用场合的需要。

这种工作方式可以将较为复杂的底层实现操作与上层用户隔离开来，同时由于采用了封装的方式，使各个功能模块之间具有较好的功能独立性，从而大大降低了实现的复杂程度，同时也方便调试，缩短开发周期。

在 OMNeT++中，网络功能的模拟是针对每一个具体网络来进行的。在每一个具体实现中，所模拟的网络被设计成若干个模块(Module)的集合，对应不同类型的模块在 NED 文件中通过专用对象互相连接成网络。所有的网络元素都是以模块形式实现的，每种网络元素在 C++代码中对应一个特定的类，用户可对基本类进行重载来加入自己的算法。关键是 OMNeT++允许用户进行模块的嵌套定义，即由若干个基本模块组成一个复合模块，从而实现复杂的网络功能定义。

有些网络模拟器在模拟任务的运行方面所采取的方式，是将用户所编写的与本次任务有关的代码，与其他所有代码一起编译到一个共同的可执行文件中。当执行模拟任务时，用户通过另外编写一个运行脚本，指示可执行文件的动作。这一方式与 UNIX 中的内核编程方式比较相似，所生成的可执行文件实际上是一个命令解释器，通过它对脚本中的语句进行解释执行，从而生成网络拓扑，并执行相对应的功能。

OMNeT++在这方面所采用的方式则不同，它为每个模拟任务生成独立的可执行文件。当用户需要改变网络参数，或需要改变网络动作时，则必须重新修改源代码，再重新进行编译。OMNeT++的优点在于所生成的可执行文件只包含本次任务所需要的功能，所以在生成时间和稳定性上都有优势。但是，其不足在于可扩展性较差。一些网络仿真软件工具在改变网络拓扑、参数和网络动作时，只需要修改相应的脚本，而 OMNeT++要对源代码进行修改，再重新编译。

OMNeT++所采用的编译方式与大多数的网络编译器类似，也是通过使用一个预先生成的编译脚本(通常为 makefile.vc)，利用 C 语言的编译器 nmake 完成编译工作。OMNeT++提供相应的工具，根据不同的工程自动生成编译脚本。

NED 语言是 OMNeT++的专用语言，用于生成静态的网络拓扑，设置网络的相关参数，并对这些参数进行初始化。在编译阶段 NED 代码通过专用的编译器转换为 C++代码，进行二次编译，其中网络拓扑结构和相关参数的设置也可以在 C++代码中进行动态的修改。

为了满足用户的不同需要，OMNeT++为模拟程序的运行提供了可选择的两种不同的方式，即通过命令行运行的 Cmdenv 方式和具有图形界面、便于直观分析的 Tkenv 方式。OMNeT++的模拟程序采用扩展名为.vec 的文件格式作为模拟输出，并提供相应的工具进行分析。

OMNeT++在模拟程序的运行和结果的分析方面，为用户提供了许多功能选项，这些选项中的绝大部分是在模拟工程的omnetpp.ini配置文件中设定的。omnetpp.ini文件是每一个OMNeT++模拟程序的默认配置文件，在模拟过程开始时，系统模块自动在当前目录寻找并读取这个文件，根据它的指令设置运行方式和相关参数。

9.2.3　OPNET

OPNET是MIL3公司开发的网络仿真软件产品。这是一款图形化、支持面向对象建模的大型网络仿真软件。它几乎可以模拟任何网络设备、支持各种网络技术，能模拟固定通信模型、无线分组网模型和卫星通信网模型。OPNET还提供交互式的运行调试工具和功能强大、直观的图形化结果分析器，以及提供能实时观测模型动态行为的动态观测器。

OPNET面向专业人士，帮助客户进行网络应用的设计、分析和管理。OPNET产品针对三类客户，即网络服务提供商、网络设备制造商和一般企业。它的四个产品核心如下：

(1) OPNET Modeler：为技术人员提供一个网络技术和产品开发平台，用于设计和分析网络和通信协议。

(2) ITGuru™：帮助网络专业人士预测和分析网络的性能，查找影响系统性能的瓶颈，提出并验证解决方案。

(3) ServiceProviderGuru：一种面向网络服务提供商的智能化网络管理软件。

(4) WDM Guru：用于波分复用光纤网络的分析、评测。

OPNET的主要特点如下：

(1) 采用面向对象的技术。对象的属性可以任意配置，每一对象属于相应行为和功能的类，可以通过定义新的类来满足不同的系统要求。

(2) 提供了各种通信网络和信息系统的处理构件和模块。

(3) 采用图形化界面来建模，为使用者提供建模机制来描述现实的系统。

(4) 在过程层次中使用有限状态机来对其他协议和过程进行建模，用户模型和OPNET的内置模型自动生成C语言，实现可执行的离散事件模拟。

(5) 内建了很多性能分析器，自动采集模拟过程的结果数据。

(6) 几乎预定义了所有常用的业务模型，如均匀分布、泊松分布和爱尔兰分布等。

Modeler采用阶层性的模拟方式，从协议间的关系来看，节点模块建模完全符合OSI标准，即业务层→TCP层→IP层→IP封装层→ARP层→MAC层→物理层。从网络层次关系来看，提供了三层建模机制，最底层为进程模型，采用状态机来描述协议；其次为节点模型，由相应的协议模型构成，反映设备特性；最上层为网络模型。三层模型和实际的协议、设备、网络完全对应，反映了网络的特性。

Modeler采用面向对象建模(Object-oriented Modeling，OOM)方式，每一类节点开始都采用相同的节点模型，再针对不同的对象，设置特定的参数。采用离散事件驱动的模拟机理，与时间驱动相比，计算效率得到了很大提高。例如，在仿真路由协议时，如果要了解封包是否到达，不必要每隔很短时间地查看一次，而是收到封包、事件到达时才查看。在Modeler中所有代码包括各种协议的代码都完全公开，每一个代码的注释也非常清楚，使得用户容易理解协议的内部运作。

Modeler 还提供了多种业务模拟方式，具有丰富的收集分析统计量、查看动画和调试等功能。它可以直接收集常用的各个网络层次的性能统计参数，能够方便地编制和输出仿真结果的报告，如图 9.14 所示。

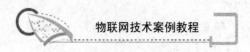

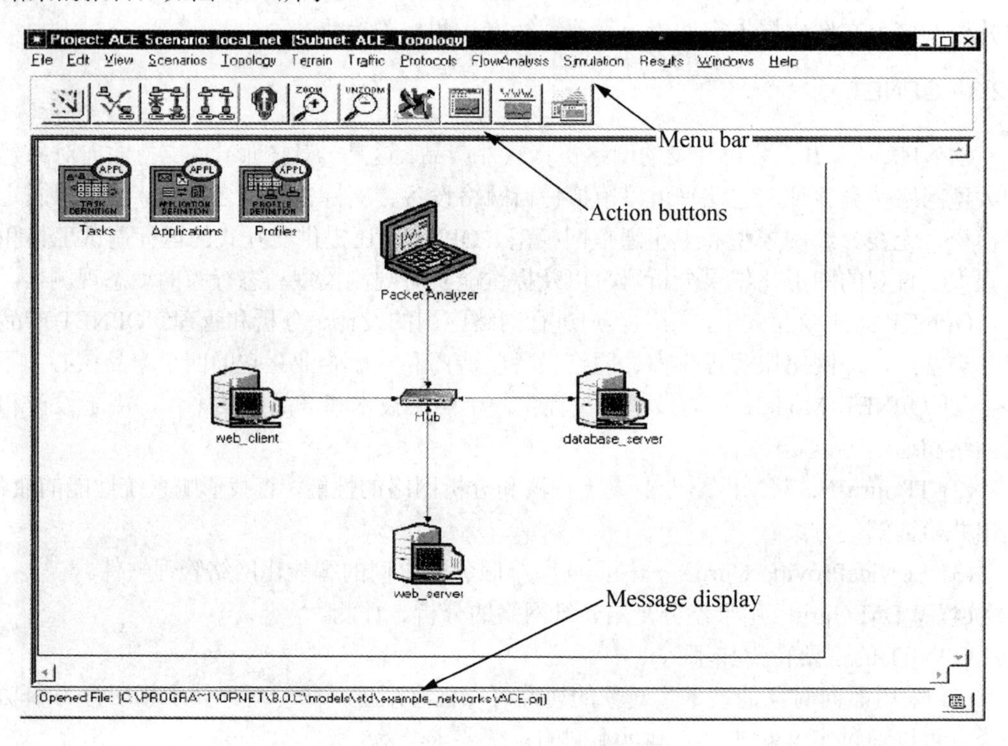

图 9.14 OPNET 的 Modeler 运行界面

总之，OPNET 是目前最先进的网络仿真软件平台之一，已被许多大型通信设备商、电信运营商、政府研发机构、高等院校、大中型企业所采用，也可进行物联网各种应用业务仿真和网络协议模拟。当然，OPNET 作为一种商业化高端网络仿真产品，价格昂贵。

9.2.4 NS2

NS(Network Simulator)是一种源代码公开的、免费的网络模拟软件工具，所包含的模块内容非常丰富，几乎涉及网络技术的所有方面，成为了目前学术界广泛使用的一种网络模拟软件。在每年国内外发表的有关网络技术的学术论文中，利用 NS 给出模拟结果的文章最多，通过这种方法得出的研究结果也是被学术界所普遍认可的。

NS 也可作为一种辅助教学的工具，广泛应用在网络技术的教学方面。目前这种网络仿真软件工具已经发展到第二个版本，即 NS2(Network Simulator version 2)。

作为一种面向对象的网络仿真器，NS2 本质上是一个离散事件模拟器，它本身有一个虚拟时钟，所有的仿真都由离散事件驱动。NS2 使用 C++和 Otcl 作为开发语言。NS 可以说是 Otcl 的脚本解释器，它包含仿真事件调度器、网络组件对象库及网络构建模型库等。

事件调度器用于计算仿真时间，并且激活事件队列中的当前事件，执行一些相关的事件，网络组件通过传递分组来相互通信，但这并不耗费仿真时间。所有需要花费仿真时间

来处理分组的网络组件都必须使用事件调度器。它先为这个分组发出一个事件，然后等待这个事件被调度回来之后，才能做下一步的处理工作。事件调度器的另一个用处就是计时。由于效率的原因，NS 将数据通道和控制通道相分离。为了减少分组和事件的处理时间，事件调度器和数据通道上的基本网络组件对象都使用 C++写出并编译。

在仿真过程完成之后，NS 产生一个或多个基于文本的跟踪文件。只要在脚本中加入一些简单的语句，这些文件中就会包含详细的跟踪信息。这些数据可以用于下一步的分析处理，也可将整个仿真过程展示出来。

在进行网络仿真之前，首先分析仿真涉及哪个层次，NS 仿真分两个层次：一是基于 OTcl 编程的层次。利用 NS 已有的网络元素实现仿真，无需修改 NS 本身，只需编写 OTcl 脚本。二是基于 C++和 OTcl 编程的层次。如果 NS 中没有所需的网络元素，则需要对 NS 进行扩展，添加所需网络元素，即添加新的 C++和 OTcl 类，编写新的 OTcl 脚本。

仿真过程的步骤如下：

(1) 编写 OTcl 脚本。首先配置模拟网络的拓扑结构，确定链路的基本特性，如延迟、带宽和丢包率等。

(2) 建立协议代理，包括端设备的协议绑定和通信业务量模型的建立。

(3) 配置业务量模型的参数，确定网络的业务量分布。

(4) 设置 Trace 对象。NS 通过 Trace 文件来保存整个模拟过程，在仿真过程结束之后用户可以对 Trace 文件进行分析。

(5) 编写其他的辅助过程，设定模拟结束时间，至此 OTcl 脚本编写完成。

(6) 用 NS 解释执行刚才编写的 OTcl 脚本。

(7) 对 Trace 文件进行分析，得出有用的数据。

(8) 调整配置拓扑结构和业务量模型，重新进行上述模拟过程。

NS2 采用两级体系结构，将数据操作与控制部分的实现相分离。事件调度器和基本的网络组件使用 C++编译，称为编译层，主要功能是实现对数据包的处理。NS2 的前端是 OTcl 解释器，称为解释层，主要完成模拟环境的配置和建立。

从用户角度来看，NS2 是一个具有仿真事件驱动、网络构件对象库和网络配置模块库的 OTcl 脚本解释器。NS2 中编译类对象通过 OTcl 连接建立相应的解释类对象，这样用户之间便于对 C++对象的函数进行修改与配置，体现仿真器的一致性和灵活性。

NS2 仿真器封装了许多功能模块，包括事件调度器、节点、链路、代理和数据包格式等。各个模块的大致情况如下：

(1) 事件调度器：NS2 提供了四种具有不同数据结构的调度器，分别是链表、堆、日历表和实时调度器。

(2) 节点(Node)：由 TclObject 对象组成的复合组件，在 NS2 中可以表示端节点和路由器。

(3) 链路(Link)：由多个组件组成，用于连接网络节点。所有的链路都以队列的形式来管理分组的到达、离开和丢弃。

(4) 代理(Agent)：负责网络层分组的产生和接收，也可用于各个层次的协议实现。每个代理连接到一个网络节点，由该节点给它分配一个端口号。

(5) 包(Packet)：由头部和数据两部分组成。一般情况下 packet 只有头部、没有数据部分。

NS2 软件由 Tcl/Tk、OTcl、NS 和 Tclcl 构成。这里 Tcl 是开放脚本语言，用于对 NS2 进行编程；Tk 是 Tcl 的图形界面开发工具，帮助用户在图形环境下开发图形界面。OTcl 是基于 Tcl/Tk 的面向对象扩展，具有自己的类层次结构。NS 模块作为这种软件包的核心，是面向对象的仿真器，采用 C++编写，以 OTcl 解释器作为前端。Tclcl 模块提供 NS 和 OTcl 的接口，使对象和变量出现在两种语言中。为了直观观察和分析仿真结果，NS2 提供了可选的 Xgraphy 和 Nam 工具。

9.3 仿真平台的选择和设计

1. 仿真平台的选择

物联网的仿真要能够在一个可控制的环境里，分析和研究它的网络性能和应用业务的实现情况，包括操作系统和网络协议栈，能够仿真数量众多的节点，并可以观察由不可预测的干扰和噪声引起的节点之间的相互作用，从而获取节点间组网和数据传输的具体细节，提高节点投放后的网络运行成功率，减少投放后的网络维护工作。

例如，在传感器网络中，通常单个传感器节点具有两个突出特点：一个特点是它的并发性很密集，另一个特点是传感器节点的模块化程度很高。上述特点使得传感器网络仿真技术需要解决可扩展性与仿真效率、分布与异步特性、动态性、综合仿真平台等问题。

通过对任务需求和现有仿真平台的分析，我们要了解选择的仿真平台是否满足需求。如果现有平台能满足要求，则选择现有平台，否则需要设计新的仿真平台。

根据前面的内容介绍，我们知道现有的仿真平台种类较多、功能各异，每个仿真软件平台的侧重点也不同。仿真平台所采用的设计方法也不一样，如面向对象设计和面向组件设计等，也会影响仿真平台的执行效率、速度、扩展性、重用性和易用性等。每个仿真器都是在某些性能方面比较突出，而在其他方面又不重视。在选择仿真平台时，需要综合考虑各个因素，在其中寻找一个平衡点以获得较佳的仿真效果。

2. 仿真平台的自主设计

如果开发者决定构建一套自己的网络仿真工具，首先需要决定是在现有仿真平台上开发还是单独构建。如果开发时间有限，并且在现有工具中只有一些需要用到的特定特性是不存在的，那么最好是在现有仿真平台上做开发。如果有足够的开发时间，以及开发者感觉自己的设计思路比现有工具在仿真规模、执行速度和特点等方面更优越，则从头开始创建一个仿真工具是最有效的。

从底层构建一套仿真工具需要做许多工作，主要是做好方案的选择。开发者必须考虑不同的编程语言的优缺点、仿真驱动的方式(即基于事件还是时间)、基于组件结构还是基于面向对象结构、仿真器的复杂程度、是否使用并行执行、与实际节点交互的能力等。

为了提高效率，许多仿真器使用离散事件模型来驱动引擎。基于组件的结构比面向对

象结构更优越，但模块化的方式比较难以实现。定义每个网络节点为对象，也可以确保节点之间的独立性。在面向对象设计中，不同协议之间新算法的交换也较容易。

通常自主构建仿真器的复杂程度与设计者的目的和时间有关。在大多数情况下，人们使用简单的 MAC 协议就足够满足网络组网的通信仿真需求。其他的设计内容还取决于具体应用业务的特定场景、编程能力和设计时间等。

9.4　工程测试床

在设计物联网方案时，计算机仿真是一种重要的研究手段。但是计算机仿真通常仅局限于特定问题的分析，不能预先获得网络节点和网络通信的真实详细信息，只有实际的工程测试床(Testbed)才能捕获这些信息。通过实际的网络工程测试床，可以真正理解资源约束、通信损耗和能源限制等问题。

另外，有些物联网在实际部署之后难以进行网络测试，如环境险恶、人员难以抵达的地域，因而需要建立工程测试床来预先分析网络运行的真实情况。在测试床实验过程中，可以对许多节点反复地进行重编程、调试，获得其中的一些数据信息。通过测试床的验证，可以对网络的许多问题进行研究，简化实际系统的部署、调试等步骤，使得网络应用变得相对容易。

近年来传感器网络的发展已渐成熟，人们设计出了一些测试床来分析和验证这些传感器网络系统的性能。这里主要介绍三种应用于传感器网络的测试床：Motelab、SensoNet 和 IBM 的无线传感器网络测试床。

Motelab 是哈佛大学开发的一个开放式传感器网络实验环境，是基于 Web 的传感器网络测试床。如图 9.15 所示，它包括一组长期部署的传感器网络节点和一个中心服务器。中心服务器负责处理重编程、数据访问，并提供创建和调度测试床的 Web 接口。Motelab 可以访问大型和固定的网络设备，便于应用程序的部署。各地用户通过互联网可以实现自动的数据访问，允许离线对传感器网络软件的性能进行验证，方便系统调试和开发。

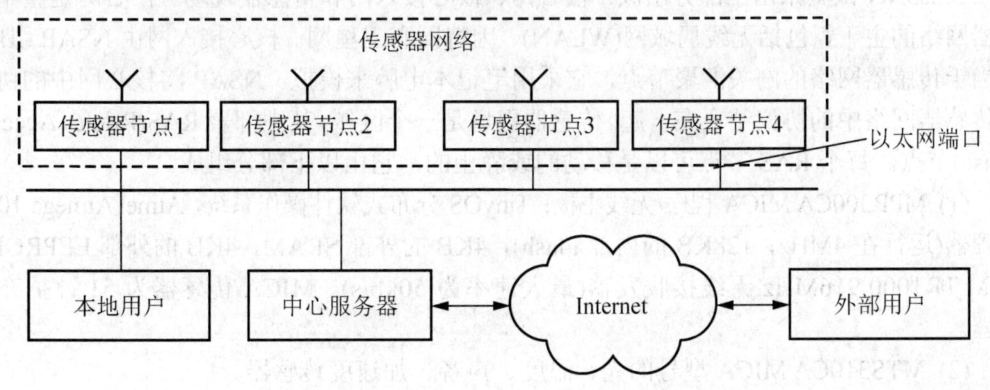

图 9.15　Motelab 工程测试床的结构组成

Motelab 的重要特点是允许本地和远程用户通过 Web 接口接入测试床，如可以通过互联网上传数据和文件，进行网络测试。Motelab 已经在多个项目的研究和开发中得到应用，而且也可以用于教学。

SensoNet 是美国乔治亚理工学院宽带＆无线网络实验室研制的传感器网络试验床。该试验床的体系结构如图 9.16 所示。

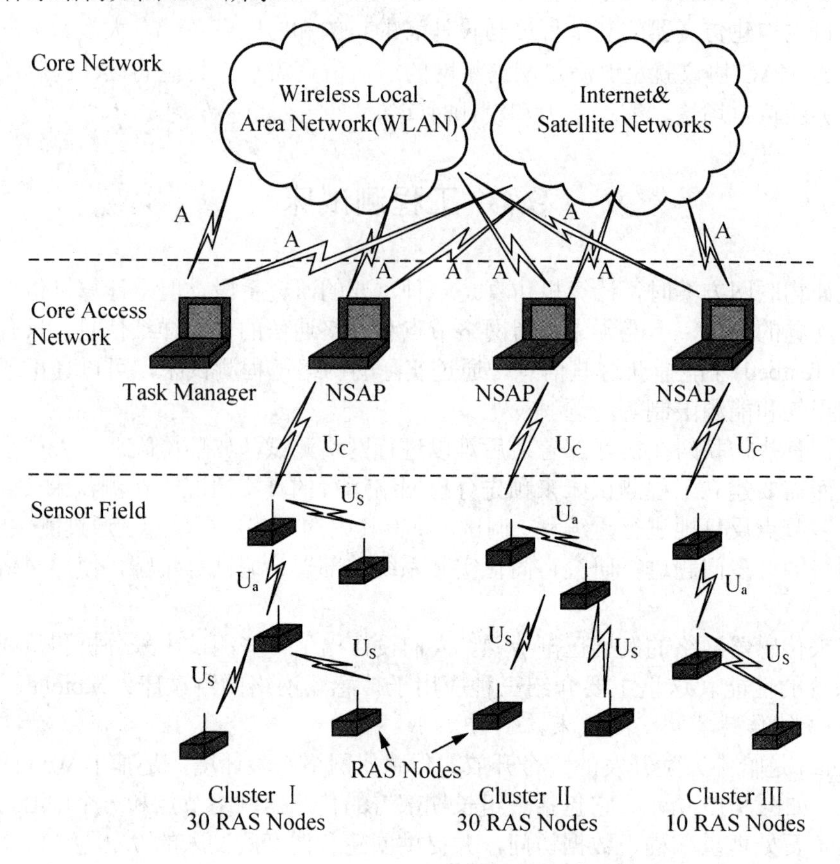

图 9.16　SensoNet 工程试验床的结构组成

SensoNet 试验床由三部分组成：核心网、核心接入网和传感器现场。核心网是整个传感器网络的主干，包括无线局域网(WLAN)、因特网和卫星网。核心接入网由 NSAP 组成，相当于传感器网络的网关汇聚节点，它采用笔记本电脑来模拟。NSAP 将核心网中的协议与传感器网络中的协议结合在一起。传感器现场是一个区域，其中部署 RAS(Route，Access，Sense)节点。每个 RAS 节点可以是移动的或静止的，它由以下部分组成。

(1) MPR300CA MICA 程序/无线主板：TinyOS 分布式软件操作系统，Atmel Atmega 103L 处理器(运行在 4MHz，128KB 的内部 Flash)，4KB 的外部 SRAM，4KB 的外部 EEPROM，RFM TR1000 916MHz 无线接收发器(最大速率为 50kb/s)，MICA 传感器为 51 针扩充连接器。

(2) MTS310CA MICA 型号的光、温度、声音、加速度传感器。

(3) 笔记本电脑，带有 WLAN 和 916MHz 的无线收发器。

(4) 视频和音频获取装置。

(5) 差分 GPS。

(6) 遥控车。

SensoNet 工程试验床的部分场景和实物图片如图 9.17 所示。

图 9.17　SensoNet 工程试验床的场景和部分实物

IBM 苏黎世研究实验室开发的试验床提供了完整的端到端解决方案，包括从传感器与执行机构到运行企业服务器上的应用软件。它由多种传感器网络、传感器网关、连接传感器网络与企业网络的中间件和应用软件组成。这个试验床用于评估与传感器网络相关的无线通信技术(如 IEEE 802.15.4/ZigBee 网络、蓝牙和 IEEE 802.11b 无线局域网)的性能，测试在传感器和应用服务器之间实现异步通信的轻量级消息协议，并可以开发具体的应用，如实现远程测量和位置感知。

具体地说，该试验床包括以下几部分：

(1) 配有多种类型传感器的传感单元(如加速度计、温度计、陀螺仪等)；

(2) 一个传感器网络；

(3) 一个连接传感器网络与企业网络的网关节点；

(4) 分发传感器数据到各种应用的中间件组件；

(5) 传感器应用软件。

小　结

利用仿真技术可以预先掌握物联网设计方案的运行效果，并可在科研项目实验中用于检验新型物联网理论和技术的性能。本章主要介绍了物联网仿真技术经常涉及的一些仿真平台，并介绍了物联网工程试验床的若干案例。通过本章内容的学习，应理解物联网仿真技术的应用场合和时机，必须掌握常用的物联网仿真软件平台的特点，并能结合实际应用问题，正确地选择仿真平台。

习　题　9

一、选择题

1. (　　)是在个人计算机上利用网络模拟软件来仿真网络系统的运行效果。

   A．数学方法　　B．物理测试　　C．工程试验床　D．计算机仿真

2．为了模拟网络的运行性能，计算机仿真软件平台提供了多种模型，下面的(　　)不属于其提供的模型。

A．数学模型　　B．流量模型　　C．协议模型　　D．拓扑模型

3．(　　)是 TinyOS 自带的仿真工具，可同时模拟传感器网络的多个节点运行同一个程序，用于实时监测网络状况。

A．TOSSIM　　B．OMNET++　　C．OPNET　　D．NS2

4．仿真平台 TOSSIM 运行在个人计算机上，采用的编程语言与实际节点操作系统 TinyOS 的编程语言是相同的，都是采用(　　)语言。

A．NED　　B．nesC　　C．C++　　D．Tcl

5．OPNET 作为一种支持面向对象建模的大型网络仿真软件，它是(　　)。

A．开源的　　B．商业产品　　C．免费使用的　　D．某种操作系统附带的

二、填空题

1．物联网设计的评估方法包括______、______和______。

2．计算机仿真工具中的网络模拟模型包括______模型、______模型和______模型。

3．______是计算机仿真模拟器的核心部分，它根据设定的模拟模型进行调度和控制整个模拟过程的执行。

4．______是 MIL3 公司开发的一款商用网络仿真软件产品，价格昂贵，其中的 Modeler 提供了多种业务模拟方式。

5．利用 NS 网络仿真工具进行仿真过程的第一步是编写______，用于配置模拟网络的拓扑结构和确定链路的基本特性。

6．计算机仿真的方法不能预先获得网络节点和网络通信的真实详细信息，只有实际的______才能捕获这些信息。

三、问答题

1．采用物理测试方法评估网络设计方案的特点是什么？

2．简述计算机仿真方法的特点。

3．试述计算机仿真的软件体系结构。

4．列举物联网仿真的常用软件平台，并说明各种平台的特点。

5．简述 TOSSIM 的体系结构和功能。

6．选择网络仿真平台时应该注意哪些问题？

7．物联网工程试验床的作用是什么？

8．简述 SensoNet 试验床的组成和模拟方法。

第10章 物联网领域应用的典型案例

美国未来学家托尔勒说过：谁掌握了信息，谁控制了网络，谁就将拥有整个世界。物联网技术集信息与网络之大成，使得人们可以在任何时间和地点看到整个世界。无论任何技术，应用是决定其成败的关键。物联网的丰富内涵正催生出非常多的外延应用。物联网的应用以“物”或者物理世界为中心，涵盖很多领域，具有多样化、规模化和行业化的特点。

本章介绍当前三个典型领域的应用案例，即现代交通领域、现代农业领域和国防军事领域。我们从社会实际需求入手，分析物联网应用环节的特点，旨在起到抛砖引玉的作用，对其他领域的应用和类似网络系统的研制也具有借鉴和参考价值。

10.1 现代交通领域的应用

现代信息和通信技术在道路和车辆上的应用，带来了交通领域的巨大变革，孕育着新一代的交通系统。智能交通系统(Intelligent Transportation System，ITS)是指在较为完善的交通基础设施上，将先进的信息技术、数据通信传输技术、传感技术、控制技术和计算机处理技术等，有效集成运用于整个地面交通管理系统，提高交通系统的运行效率，减少交通事故，降低环境污染，从而建立高效、便捷、安全、环保和舒适的综合交通运输体系。随着物联网技术的日益发展和完善，它在智能交通系统中的应用也越来越广泛，主要体现在以下几个方面：

(1) 为智能交通提供全面的感知。道路基础设施中的传感器和车载传感器设备实时监控交通流量和车辆状态信息，监测数据通过移动通信网络传送到管理中心。

(2) 为智能交通提供灵活的互联互通。遍布于道路基础设施和车辆中的无线和有线网络技术的有机整合，为移动用户提供了泛在的网络服务，使人们在旅途中能随时获得实时的道路和周边环境咨询信息。

(3) 为智能交通提供智能化的服务。智能化的交通管理和调度机制能充分发挥道路基础设施的效能，最大化交通网络流量并提高安全性。

下面侧重介绍智能交通系统中的信息采集和网络传输技术，并介绍一个监测疲劳驾驶的体域网案例。

10.1.1 信息采集技术

准确的交通参数信息是交通管理和调控的依据。为了更好地实现交通管理，需要对交通参数进行检测。典型的交通参数包括车辆出现、车流量、车速、车型识别、车间距、车位占用、车重及路表状态(积水、积雪、结冰)等。交通参数的信息采集通常由传感器完成，智能交通系统应用的传感器分为侵入式和非侵入式两类。

1. 侵入式交通信息采集

用于侵入式交通信息采集的传感器包括电感线圈、磁量计、微环探头、气电管、压电线、称重传感器等。它们一般通过粘贴固定在车道表面，或切割路面安装在路面下，侵入到被测对象的实体中。侵入式交通信息采集传感器的安装、修理和维护会暂时影响正常的交通。

(1) 电感线圈。由于相对成本低、发展成熟的特点，电感线圈在交通中应用广泛，在交通流量探测和信号灯控制等方面仍然占主导地位，属于一种经典的交通参数采集传感器。电感线圈检测器能够提供基础的交通参数信息，主要应用在道口收费、交通控制、停车场和车辆计数等方面。它的优点包括线圈电子放大器已经标准化，技术成熟、易于掌握、计数准确。它的不足之处是安装过程对可靠性和寿命影响大，修理和安装成本高、通常需要中断交通，安装时需要切割路面，易被重型车辆损坏，线圈易受路面压力和温度的影响。

(2) 气电管。气电管通过粘贴一个长橡胶管，在垂直于车行方向安装于路面上。当有车轮压过气电管时，气压脉冲沿着管子方向传输，当气压脉冲关闭空气阀门时将产生一个电信号来表征探测到车辆。通过计算车辆轮轴数和轮轴间距，可以分别进行车流量统计和车型识别。它的优点是硬件配置简单、安装方便、低功耗、安装与维护成本相对较低。它的不足之处是当卡车或公交车等大型车辆通过时，利用轮轴计数来推算车辆经过的精度不高，空气阀门有温度依赖性，橡胶管易磨损，需要经常维护。

(3) 压电薄膜交通传感器。以美国 MEAS 公司为代表研制的压电薄膜交通传感器，可用于检测车轴数、轴距、车速监控、车型分类、动态称重、收费站地磅、闯红灯拍照、停车区域监控、交通信息采集和机场滑行道。它的优点在于可获取精确的、具体的数据，如精确的速度信号、触发信号、分类信息和长期反馈交通信息的统计数据。但是压电薄膜交通传感器在检测经过传感器的车辆轮胎时，要求产生一个与施加到传感器上的压力成正比的模拟信号，并且要求输出的周期与轮胎停留在传感器上的时间相同。

(4) 移动称重传感器。由于车辆超载会破坏路面，必须对车辆装载量进行监测。当车轮通过传感器测量区域时，移动称重传感器可以估算出车辆的总重量，从而提高高速公路装载监测部门的监测能力。通过统计车轴数和车轴间距，移动称重传感器同样可以实现车流量和车辆类型的探测，当前它在我国的实用价值和意义很大。

(5) 磁力检测传感器。磁力检测传感器通过检测磁场强度的异常来确定车辆是否出现。用于车辆检测的磁力传感器包括两种类型：一种是双轴磁力计，它可检测出由于车辆通过时对地磁场所造成的垂直和水平方向的磁场强度变化；另一种是磁力检测器，当车辆通过检测区域时，磁力检测器通过检测地磁场的磁力线扭曲情况，来判断是否有车辆通过。

2. 非侵入式交通信息采集

非侵入式交通参数信息采集传感器包括微波雷达传感器、红外传感器、视频图像传感器、超声波传感器等。这些传感器通常安装在所监测道路的路边或路面上，因而这类传感器的安装、修理和维护等操作很少影响交通。研究表明，当前非侵入式交通参数信息采集传感器提供的数据，可以满足公路和街道等很多场合。

(1) 微波雷达车辆检测传感器。雷达能够通过发射和接受无线电波来探测目标物体，并能测定目标物体的方向、距离和速度。微波指的是波长范围在 1～30cm 之间的电磁波。典型的微波雷达车辆检测传感器的安装如图 10.1 所示。

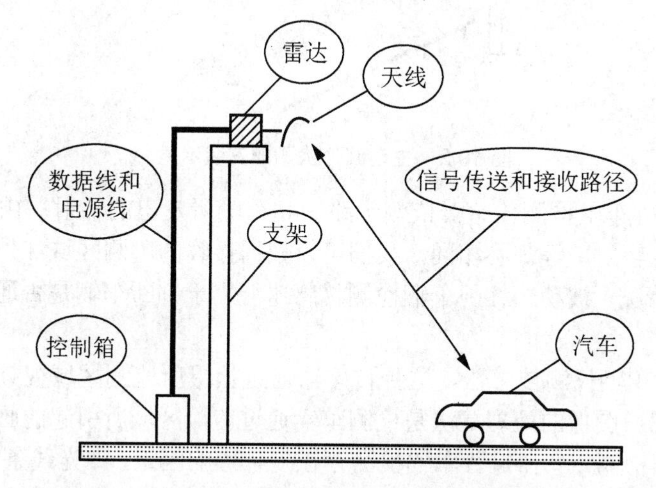

图 10.1　用于车辆检测的微波雷达传感器安装示意

目前应用比较成功的交通参数采集微波雷达有两种类型：

① 连续波多普勒雷达。它能发射固定频率的信号，当车辆通过检测区域时，反射信号将产生一个频率偏移即多普勒效应。通过这种频率偏移能进行移动车辆的探测和速度评估，但它不能探测静止车辆。

② 频率调制的连续波雷达。它能发射频率固定变化的信号，通过发射和接受信号之间的时间差来确定接收器和目标车辆之间的距离，也能确定车辆的出现。这种雷达能探测静止车辆，如果有两个探测区域，就能完成车速计算。

(2) 红外车辆检测传感器。红外线辐射是一种电磁辐射，其波长大于可见光波长、小于无线电波波长。一般红外车辆检测传感器的红外线频率范围在 100～105GHz 之间。

红外检测传感器分为主动式和被动式两种：

① 主动式红外车辆检测传感器通过发光二极管发射低能量的电磁辐射，或者通过激光二极管发射高能量的电磁辐射。图 10.2 所示为主动式红外检测的安装示意图，测量发射的红外辐射信号和接收检测区域的反射信号之间的时间差，若时间差较小，则说明有车辆出现。通过向检测区域的多个地点发射红外辐射信号，可进行车速评估。

主动式红外车辆检测传感器通过红外线的发射、反射与接收，来提供车流中的各种参数，如流量、车道占有率、车速、车辆长度、车辆排队长度和车辆分类。如果在一个交叉口上安装多个红外线检测器，则不存在发射红外线和接收红外线之间的相互干扰。为了适应车辆分类的应用需要，许多先进的红外线检测器能自动生成二维或三维的监视图像。

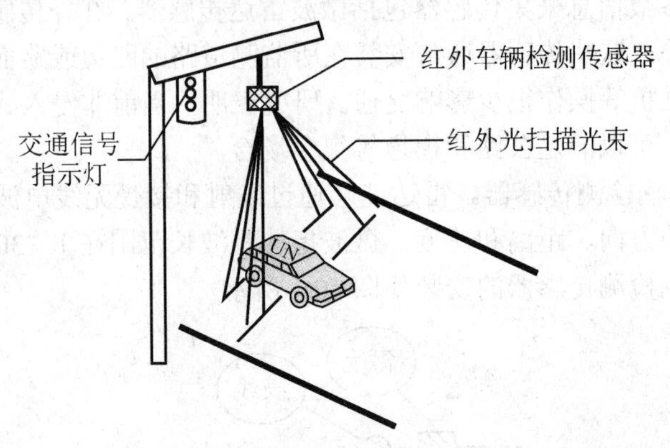

图 10.2　主动红外检测的安装示意

② 被动式红外车辆检测传感器依赖于路面和车辆所发出的辐射。由于监测区域的路面和车辆的温度、辐射率等都不相同，我们可以根据接收的监测区域红外辐射的变化，探测到车辆的出现情况。被动式红外车辆检测传感器能用于判断车辆是否通过和存在，但不能用于计算车速。

(3) 视频图像车辆检测传感器。这种传感器通过拍摄所监测区域视频图像的变化，来实现车辆检测。黑白图像的处理算法是检测车辆通过监测区域所引起的画面像素的灰度变化。利用视频图像检测传感器进行车辆检测存在多种影响因素，如光线条件(日光或车的前灯)、车辆阴影、积雪、雾和大风引起的摄像头的振动等。由于这些影响因素的存在，可以通过多种图像处理算法来提高或确保非理想条件下的车辆检测精度。

视频图像检测传感器可提供全面的交通数据信息和事故检测信息，如车辆的流量、平均速度、车道占用率、车型分类、停车、逆行、拥堵等信息，可为管理人员提供可视图像，并且单台摄像机可检测多条车道。

(4) 超声波车辆检测传感器。超声波传感器作为一种传统的车辆检测设备，它包括超声波脉冲发射器和接收器。发射器用于发送超声波脉冲信号，接收器用于接收由路面或车辆反射回来的脉冲信号。

利用超声波检测车辆的出现有两种方法。一是通过计算超声波的传输时间来确定接收器和路面(或车辆)之间的距离。如果测算出的距离小于接收器和路面之间的距离，则可以确定检测区域有车辆出现。

另一种方法是通过分析接收器接收到的反射脉冲信号的波形差别，确定路面上有无车辆通过。通过在两个或多个区域配置超声波车辆检测传感器，还可以测算出车速。超声波车辆检测传感器的缺点是其性能易受温度变化和空气振动的影响。一些超声波传感器产品的电路中包含了温度补偿电路，可以消除温度变化的影响。

(5) 车辆自动识别 RFID 系统。RFID 技术是从 20 世纪 80 年代走向成熟的一项自动识别技术。基于 RFID 技术的车辆自动识别系统包括阅读器和标签两部分。车辆的相关信息预先写入到标签中，粘贴在车辆的前挡风玻璃上。当车辆经过装有自动识别系统的地点时，

阅读器和标签进行无线通信，获得车辆的相关信息。通过相隔一定距离安放的两个或多个阅读器所读取的车辆信息的时间差，可推算出车速。基于 RFID 技术的车辆识别系统已逐步应用在门禁系统、高速公路不停车收费管理、停车场管理、公共汽车到站或离站的信息管理等方面。

3. 交通信息采集的新技术

交通参数信息采集新技术与当前所广泛应用的传统采集技术不同，其特点是不需要在路面或路边安装硬件设备。这些新技术包括基于 GPS 的、基于移动电话的、基于遥感技术的交通参数信息采集技术等。

(1) GPS(全球定位系统)。利用 GPS 能探测出车辆的行驶速度和位置信息，实时传输给交管部门，进行位置、车速和通行时间的分析，目前已在我国很多车辆电子系统上装配。基于 GPS 的交通参数信息采集系统结构如图 10.3 所示，它的应用涉及人们日常生活的方方面面。例如，我国城市的出租车数量大，在各个路段行驶具有随机性，正常情况下某路段上的出租车数量反映了该路段的车流量，因此交管部门可通过装备有 GPS 接收设备的出租车辆运行情况，来估算出道路车流量。

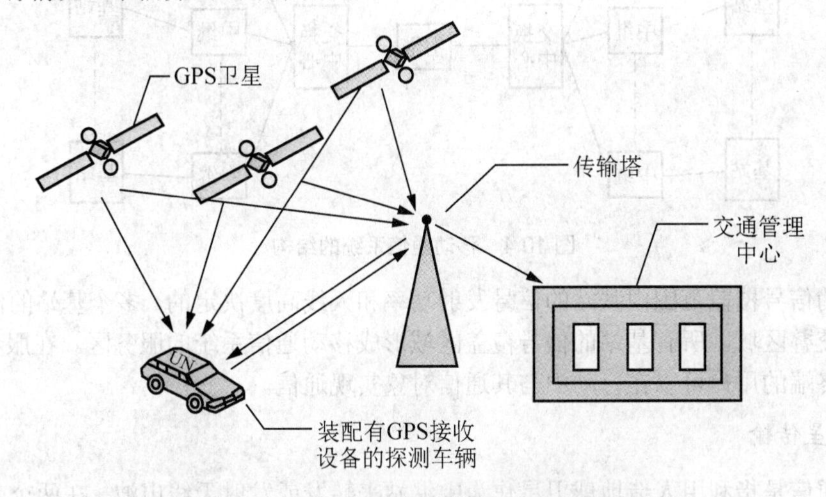

图 10.3　基于 GPS 的交通参数信息采集系统结构

(2) 移动电话。采用移动电话进行交通参数信息采集的原理，与 GPS 采集交通参数的方法相类似。移动电话信号基站相当于 GPS 的卫星，移动电话终端相当于 GPS 接收设备。随着移动电话普及程度的提高，行驶车辆上通常至少有一部移动电话，通过它的定位功能来实现车辆定位。定位精度取决于移动电话信号基站的密度。由于该技术涉及移动电话用户的隐私，基于移动电话业务的交通参数信息采集技术主要应用于特定行业。

(3) 激光传感器。以芬兰 Noptel 公司为代表研制的激光传感器，可实现快速测量距离、触发交通摄像开关、车辆超速测量等。这种新型传感器能保证在各种温度和环境条件下可靠操作，一种典型应用是机动车探测。激光传感器一般安装在离地面 5～7m 的地方，斜向下指向路面。当机动车进入到根据参数设定的触发区时，激光传感器发送脉冲到摄像机，触发摄像机开始摄像，精度可达到 5～10cm(或 1ms)，也可测量驶近或驶离速度(10～250km/h)。

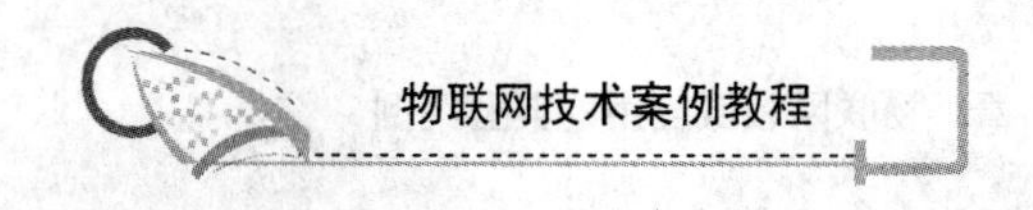

10.1.2 网络传输技术

智能交通系统离不开先进的网络传输技术，它通过多种先进的信息传输技术，为人们出行提供及时的信息服务。智能交通系统中的组网技术主要包括有线网络和无线网络，实际中根据需要采用灵活多样的网络传输技术，常见的组网通信技术如下。

1. 移动通信

移动通信是指移动终端与固定终端或移动终端相互之间通过有线和无线信道进行的通信。移动通信克服了有线通信地点固定的限制，特别是近年来随着移动网络覆盖率的提高，人们在日常生活中随时通过移动终端实现通信。如图 10.4 所示，移动通信系统由移动通信交换中心、基站、移动终端及中继线组成，属于一种有线、无线相结合的综合通信系统。

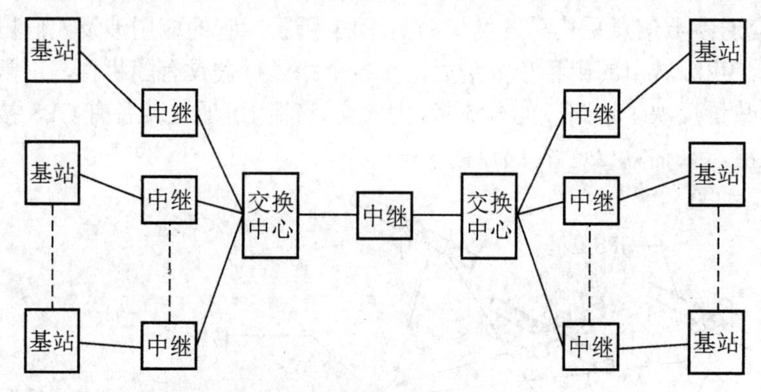

图 10.4 移动通信系统的结构

基站的信号覆盖范围由基站的信号发射功率和天线高度决定的，多个基站的信号覆盖范围存在交叠区域，所有基站的信号覆盖区域形成移动通信系统的服务区。在服务区内，持有移动终端的用户可以在行动中与其通信对象实现通信。

2. 卫星传输

卫星通信是指利用人造地球卫星作为中继站来转发或发射无线电波，在两个或多个地球站之间进行的通信。地球站为安置在地球表面(包括地面、海洋和低层大气中)的无线电通信站。实现这种通信目的的人造卫星称为通信卫星。图 10.5 所示为地球站 1 与地球站 2 之间的卫星通信。

科学家们通过周密细致地分析和计算，发现有一个轨道很特殊，就是在赤道上空、高度为 35786.5km 的轨道，运行在该轨道的卫星绕地球运行的角速度与地球自转角速度相同，因而相对于地球表面是静止不动的，这种卫星称为同步卫星。利用这种卫星作为中继的通信系统，称为同步卫星通信系统，只有同步卫星才能传播广播电视节目信号。

如果以 120° 的等间隔在同步卫星运行轨道上配置三颗卫星，则卫星波束就能够覆盖除地球两极之外的所有地区，并且有些地区还是两颗同步卫星波束覆盖的交叠区域。借助于安置在交叠区域地球站的中继，不同卫星覆盖区域的地球站之间可以实现相互通信，从而实现全球通信。

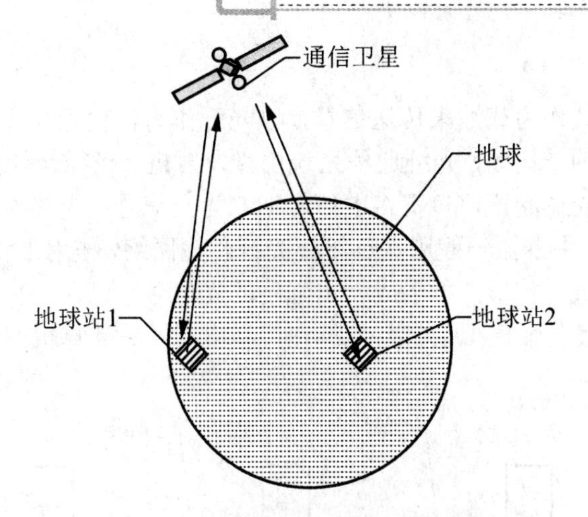

图 10.5　地球站之间的卫星通信

在智能交通领域，卫星通信技术在车辆定位导航、车辆救援及智能公交站牌显示等方面得到广泛应用。

(1) 车辆定位导航。通过利用基于卫星通信的车载导航设备，出行者可以获得定位信息和导航服务。

(2) 车辆救援。出行者在远离市区且无其他通信网络可以利用的情况下，可利用卫星通信技术发出求救信息，救援人员利用卫星定位技术获得求救车辆的位置信息，使求救人员能够得到及时救助。

(3) 智能公交站牌显示。利用卫星定位技术可以确定公交车辆的车速信息及与下一站的距离信息，由此计算出公交车辆的到站时间，并通过电子显示屏幕实时显示在公交站牌上，这样乘客在车站候车时可以随时了解下一班车的到达时刻等信息。

3. 因特网传输

随着因特网带宽的提高，基于因特网的传输技术已经深入千家万户。在智能交通领域通过因特网的道路监控传输技术逐步得到应用。特别是在城区道路监控信息的传输方面，利用城市中已经铺设完备的因特网设备，将道路监控现场的信息实时传送到交通管理中心，如图 10.6 所示。

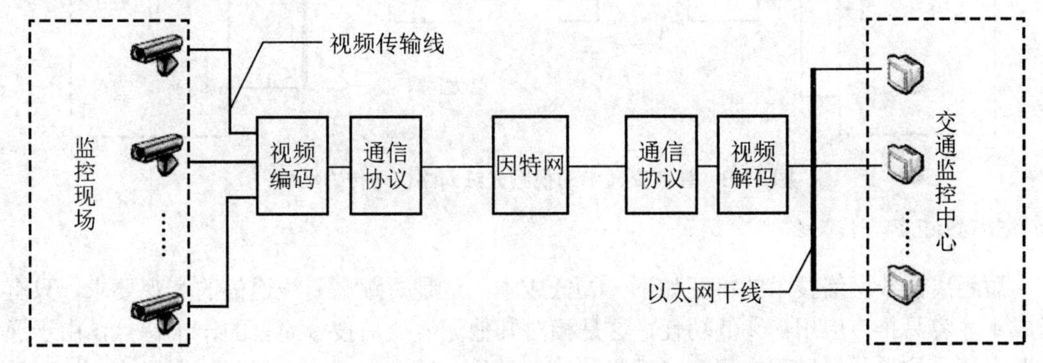

图 10.6　基于因特网传输交通信息的示意

4. 光纤网络

光纤通信利用光波作为载波来传送信息，以光纤作为传输媒介实现信息传输。图 10.7 所示为光纤通信系统的结构图，光纤通信系统由光发射机、光纤、中继器、光接收机组成。光发射机含有光源和光调制器，负责将电信号调制为光信号；光接收机含有光解调器，将光信号解调为电信号。中继器一般用在远距离光纤传输网络，作用是将远距离传输而衰减、畸变的微弱光信号放大、整形，再生成一定强度的光信号，以保证良好的通信质量。光纤可传输数字信号，也可传输模拟信号。光纤在广播电视网、计算机网及其他数据传输系统中得到广泛应用。

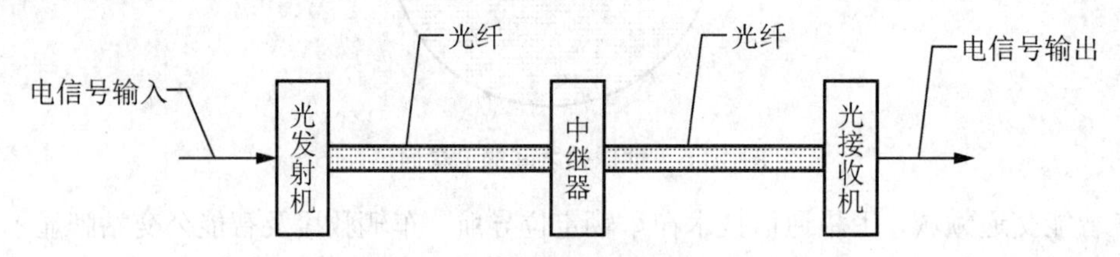

图 10.7　光纤通信系统的结构

光纤通信技术在智能交通系统中的应用越来越普遍。光信号通过光纤传输衰减很小，适用于远距离的信息传输。在智能交通领域视频监控信号的传输大多采用光纤网络。例如，城区主要交通道路口安装有视频监控设备，这种视频信号和高速公路收费站的收费监控、车道监控信号等的传输，通常都采用光纤网络方式。

智能交通中的视频光纤网络信号传输结构如图 10.8 所示，其中发送端机完成对模拟视音频信号的编码和光发送，接收端机完成光接收、数字分接和解码，恢复出模拟视音频信号。在远距离视音频信号传输时，为了节约光纤资源，通常采用复用光端机即多路视音频数字光端机，这样每根光纤可以传输多达 10 路以上的视频信号和 20 路以上的音频信号。

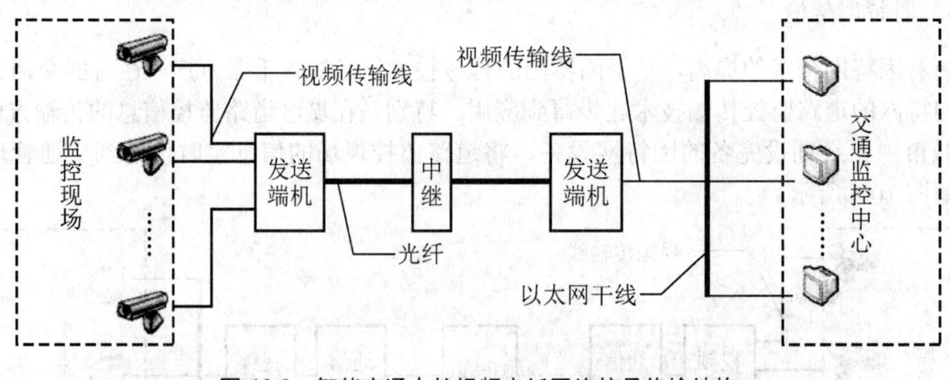

图 10.8　智能交通中的视频光纤网络信号传输结构

5. 短距离无线网络

短距离无线网络技术的特征如下：①低成本，这是短距离无线通信的客观要求，只有低成本才容易推广应用；②低功耗，这是相对其他无线通信技术而言的一个特点，由于通信距离短，信息传播过程中遇到障碍物的可能性小，因此发射功率很低，通常在 1mW 量级；③对等通信，这是短距离无线通信的一个重要特征，终端之间对等通信无需网络设备

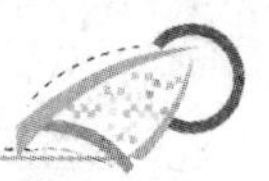

中转，因而通信接口设计和高层协议相对比较简单，无线资源管理采用载波侦听等竞争方式。

在智能交通系统中几种主流的短距离无线通信技术包括 WPAN 技术、Wireless USB 技术、IEEE 802.15.4/ZigBee 技术和 RFID 技术。

利用部署在监测路段的传感器节点，采用 ZigBee 组网形式，可获得车流量、车速、车长等参数和路况信息(如积水、积雪、结冰)，传送给路边主控节点，完成数据收集任务。如图 10.9 所示，路况监测节点采用适当措施埋藏于路面下，交通参数检测节点可安放在路边，主控节点安置在远离路边的地点，它们之间的传输距离通常维持在 100m 左右。

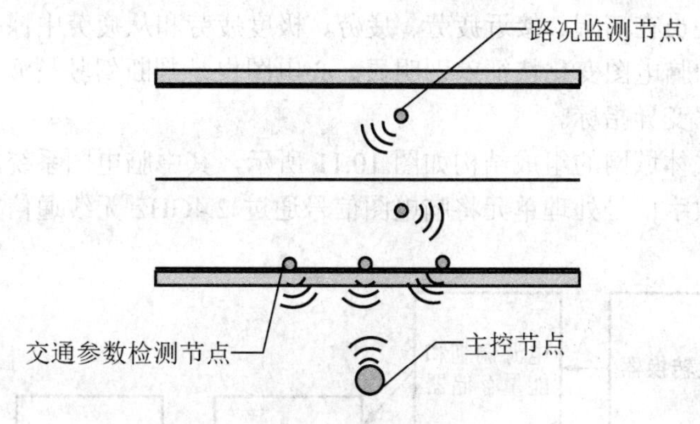

图 10.9　基于 ZigBee 技术的路段网络结构示意

在电子不停车收费系统中，通常应用 RFID 技术进行车辆识别，综合利用移动 GSM 网络和因特网作为传输网络，不仅无需专门构建传输网，大大降低了成本，而且系统扩容方便，覆盖范围广，典型的网络架构如图 10.10 所示。

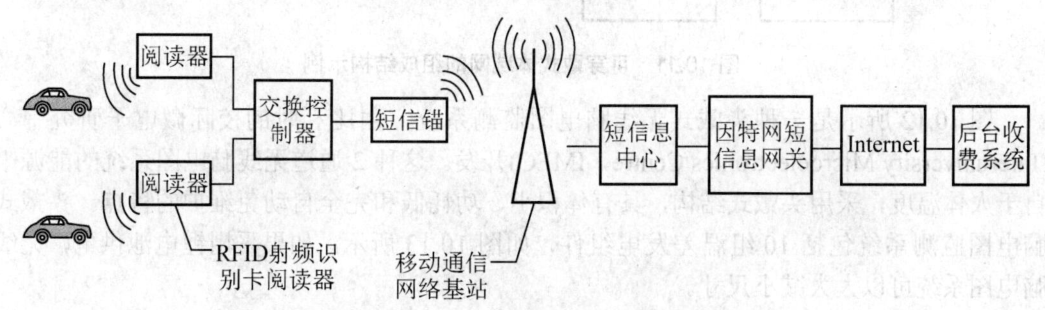

图 10.10　电子不停车收费系统的网络架构

当车辆经过不停车收费通道时，阅读器与车辆识别卡进行通信，获取到车辆信息后，以短信的形式发出，通过移动网络将信息传输到短消息中心。短消息中心根据服务提供商的特服号码，再将信息发送给特定的因特网短消息网关。当网关识别出此消息为高速公路的收费信息后，将通过因特网传送给后台收费系统。收费成功后，又以短消息的形式将收费成功信息发送给移动网络短消息中心，短消息中心将给用户登记的手机终端发送收费成功信息，至此信息传输过程完毕。

10.1.3 监测疲劳驾驶的体域网案例

据统计在特大交通伤亡事故中，疲劳驾驶原因占很大比例。疲劳驾驶不但会影响司机的视觉、反应和判断能力，而且影响司机的警觉性和对问题的处理能力。特别是由于疲劳而产生的短暂“微睡眠”增多，是交通事故发生的重要诱因。采用布置在驾驶员身上的体域网，可以有效监测驾驶员的生理状态。

驾驶员状态监测是通过对行车过程的生理和心理上的特异指标进行监测，如脑电图(Electroencephalogram，EEG)、心电图和肌电图等。脑电图是反应疲劳的最重要指标，科学家们分析了驾驶员在清醒、接近疲劳、疲劳、极度疲劳和从疲劳中惊醒五个阶段变化的特点，不同阶段的脑电图变化特征差别明显。心电图也是判断驾驶员疲劳的一项指标，包括心率指标和心率变异指标。

一种可穿戴式体域网的组成结构如图 10.11 所示，其中脑电图系统的电极采集高质量的脑电图信号，数字信号处理单元将脑电图信号通过 2.4GHz 无线通信方式送到个人计算机进行处理。

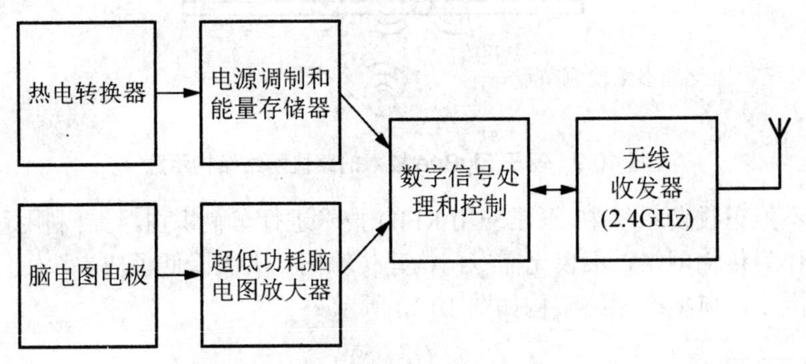

图 10.11 可穿戴式体域网的组成结构示例

图 10.12 所示是一种头戴式无线脑电图监测系统，由比利时的校际微电子研究中心(Interuniversity Microelectronics Centre，IMEC)开发。这种 2 通道无线脑电图系统的能源来自于人体温度，采用头戴式结构，具有体积小、功耗低和完全自动免维护的特点。头戴式脑电图监测系统包括 10 组温差发电组件，如图 10.13 所示。如果采用锂电池供电，无线脑电图系统可以大大减小尺寸。

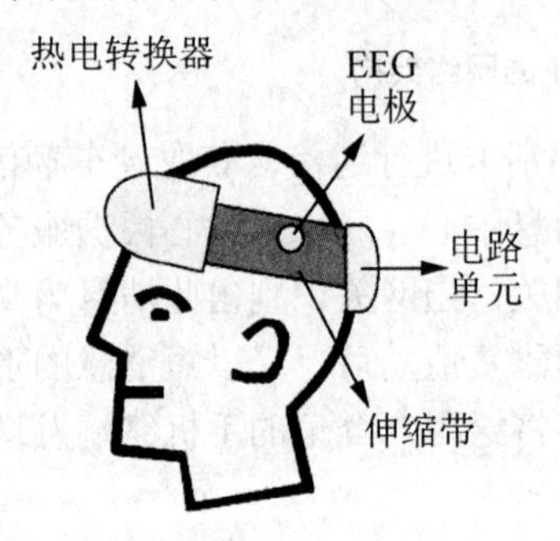

图 10.12 头戴式脑电图系统的构造

图 10.13 头戴式脑电图系统的供电装置

IMEC 中心还研制出一种无线体域网的心电图监测节点，采用柔软片状结构，具有低功耗和全心电图功能的特点，如图 10.14 所示。这种节点采用了 IMEC 自行研制的低功耗生物电势 ASIC 芯片、TI 的 MSP430 微处理器、Nordic nRF2401 射频芯片，采用的 175mA • h 锂电池可以工作 12h 以上。这种心电图和脑电图无线监测节点可以构成无线网络，利用信息融合方法能有效监测司机的疲劳状况，提高驾驶安全性。

图 10.14　无线体域网的心电图监测节点

10.2　现代农业领域的应用

信息的获取(测试、传感、计量技术)、传输(通信技术)、处理(计算技术)和应用(系统集成与建设现代农业)是现代数字农业的四大要素。先进传感技术和智能信息处理是保证精确获取农业信息的重要手段。物联网为现代农业领域的信息采集与处理提供了新的手段，成为农业科技工作者的研究热点。

物联网技术能实时提供地面信息(空气温湿度、风速风向、光照参数、CO_2 浓度)、土壤信息(土壤温湿度、张力、墒情)、营养信息(pH、EC 值、离子浓度)、有害物监测与报警(动物疾病和植物病虫害)、生长信息(植物生理生态信息、动物健康监测)等，帮助农民及时发现问题，并准确地确定发生问题的位置，实现无处不在的数字农业。

下面介绍物联网在现代农业领域应用的典型系统和应用案例。

10.2.1　ēKo pro 精准农业系统

2008 年 CrossBow 公司推出了专门为精准农业设计的 ēKo pro 专业套件。ēKo pro 是为作物测量、微气候研究和环境监测而设计的农业环境无线测量系统，代表了用于精准农业监测的前沿技术，通过网页浏览器为客户提供农作物健康状态和生长情况的实时数据。

ēKo pro 系统构成如图 10.15 所示，由传感器节点和网关组成。传感器节点监测土壤湿度和温度、空气温度和湿度、叶面水分、太阳辐射、气象变化(如降雨量、风速和风向)、水量压力、径流水流量等参数，每个探测节点可接插四个传感器。网关采用 ZigBee 标准协议，具有基于 Web 的可视化数据分析界面和基于 XML 格式的数据远程服务功能。

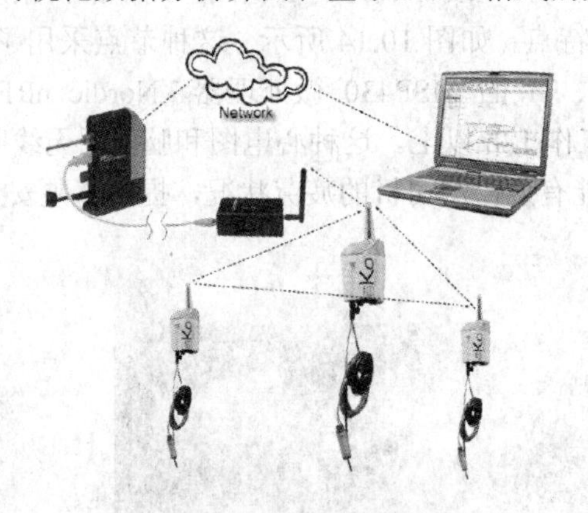

图 10.15　ēKo pro 系统构成示意

ēKo pro 的特点如下：

(1) 太阳能供电，部署在野外的无线节点不需要电源供电；

(2) 安装简单，方便使用，通过 Web 可以远程查看网络数据，客户可设置自定义的趋势图和报警值；

(3) 可靠的无线 Mesh 网络结构，具有自组织、自愈合的特性。

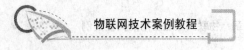

ēKo pro 系统具有可扩展性，节点可以自动加入网络，它的部署和使用情况如图 10.16 所示。用户可以获得自定义的网络节点地图，实现传感器命名、数据查询和报警级别的设置，以 SMS 和电子邮件形式发送信息，完成监测网络性能和节点的健康状态等应用服务。ēKo pro 系统的无线 Mesh 网络结构具有数据重发、自组织、自动检索新节点的功能，容易部署和扩展网络的覆盖范围。

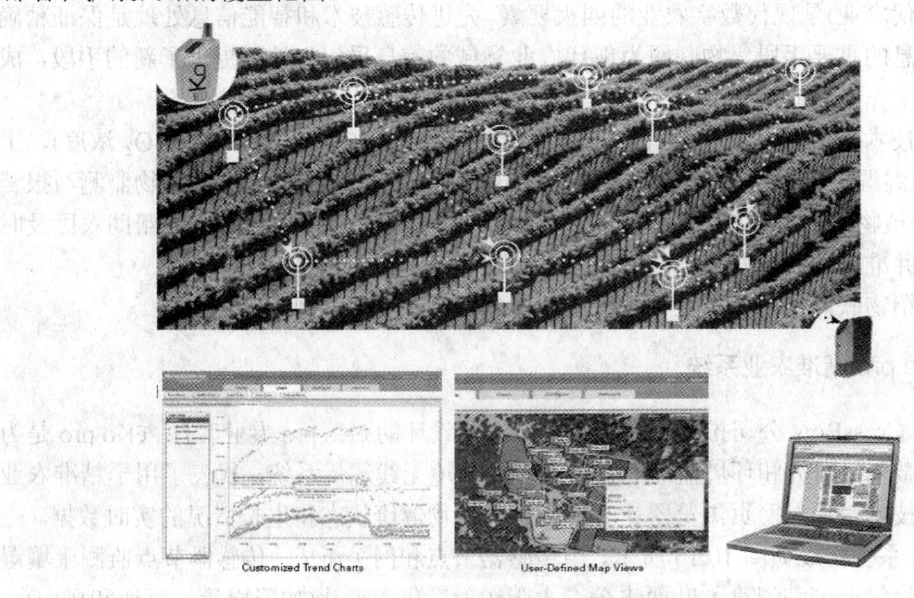

图 10.16　ēKo pro 系统的部署和使用

由于 ēKo pro 系统的防尘和防水功能完善，比较适合在高温、高湿的温室环境下使用。通常温室测量的高度是 1～1.5m，采用水平布置的四个传感器节点来测量温室内空气和土壤温湿度等参数。温室内各节点与网关的距离小于 75m，通过多跳自组网技术，使得节点相互之间传输的距离能达到 500m 以上，测试结果表明可以实现可靠的多跳数据传输。

10.2.2　农产品安全生产与物流配送

集成 RFID、GIS、GPS 和传感器网络为一体的农产品安全生产与物流配送系统，具有实时跟踪和监控功能。RFID 作为一种非接触式的自动识别技术，具有识别快速准确、重复性好、穿透性强和数据容量大等优点，适用于农产品物流领域的不同环节对农产品信息的监控，为构建农产品生产管理和质量追溯体系提供了良好的技术方法。

将 GPS 技术引入到农产品物流领域，可实现物流过程中产品地理位置的定位和跟踪。在数据传输方面，依靠已有的 GSM/GPRS 无线网络进行监测数据的实时传输，将有效提高物流过程中监测数据的传送效率，实现大容量数据的无线传输。

图 10.17 所示为一种农产品物流过程品质的动态监测和跟踪示例。这种基于多通道信息采集技术的农产品物流过程品质动态监测系统，可以便捷地监测物流过程中农产品品质的变化情况，为控制和保障农产品的质量和安全、建立完善的物流监督机制提供技术保障。将物联网技术引入到农产品现代物流行业，可以大幅度提高我国农产品现代物流过程的信息化技术水平，提高流通速度，降低流通成本，减少损失，保障农产品的质量和安全。

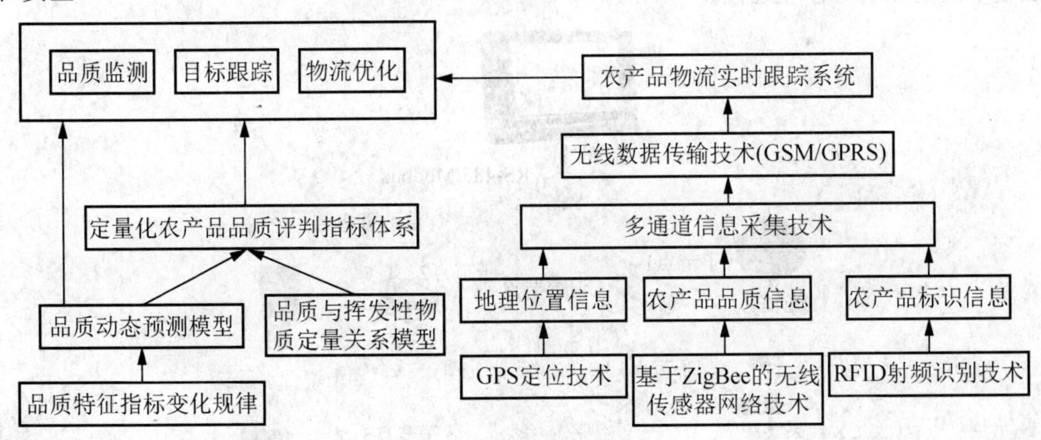

图 10.17　农产品物流过程品质的动态监测和跟踪示例

图 10.18 所示为一种农产品配送跟踪系统示例。借助多种技术手段，实现物流过程中产品品质、标识和地理位置的跟踪定位和分析处理，可以建立高效、低成本的现代农产品物流跟踪系统。这种配送系统对增加农民收入、减少土地资源浪费和降低环境污染具有积极的作用。减少农产品中途运输过程的不安全因素，在我国具有十分重要的现实意义。

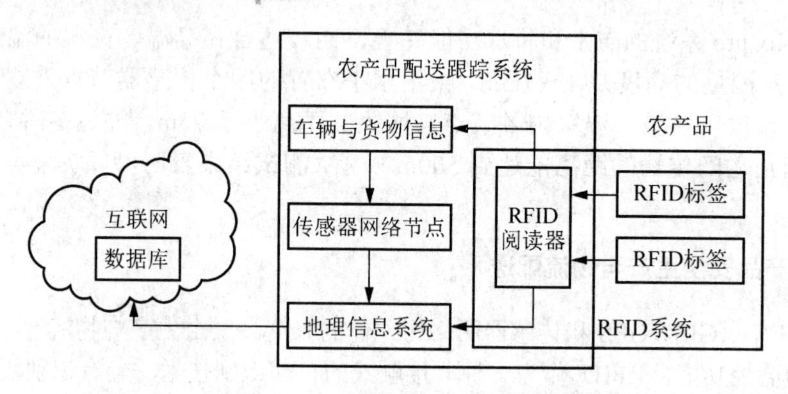

图 10.18　农产品配送跟踪系统示例

10.2.3　菊花生产基地的应用案例

下面介绍国家农业信息化工程技术研究中心在北京市大兴区菊花生产基地部署传感器网络的应用案例。

1. 温室控制与管理系统

这里温室控制与管理系统以平板电脑为核心，以无线数据采集控制模块为节点，实施数据的采集和设备的控制，如图 10.19 所示。平板电脑采用 ARM9 作为核心处理系统，外扩标准 RS-232/485 和网络接口，内嵌 WinCE 操作系统。平板电脑结合自控软件系统，可以方便地进行数据采集、管理、存储、设备控制和报表统计等。这种自动化的采集控制方法便于温室控制与管理过程。

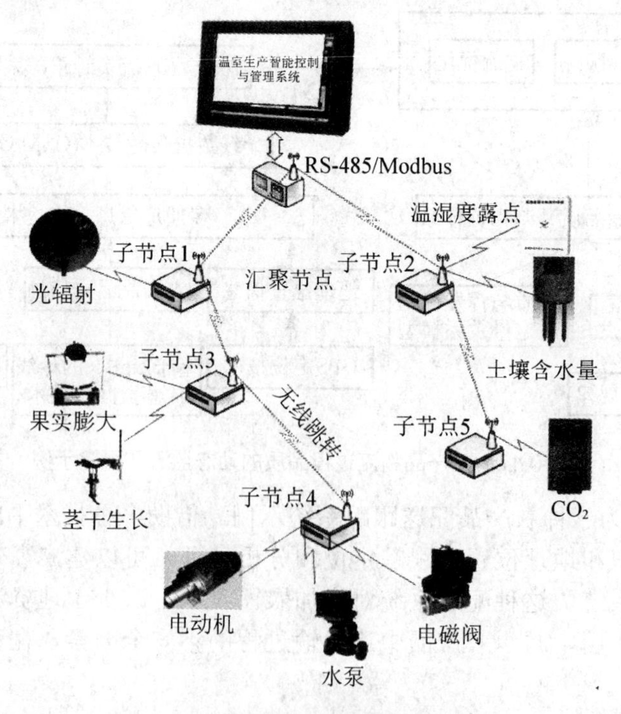

图 10.19　温室控制与管理系统的组成

温室控制与管理系统前端采用 ZigBee 协议的无线测控模块，具有 4 路检测通道和 4 路控制通道，可监测温度、湿度、光照和土壤含水量等农田信息，也可用于控制风机、卷帘、湿帘和水泵等设备。模块配置根据现场情况灵活地进行搭配连接和节点安装。数据采用无线通信方式自由跳转，最终传送到汇聚节点，由汇聚节点汇聚所有数据完成上传。

2. “温室娃娃”系统

科研人员将温室探测节点称为“温室娃娃”，这种节点系统通过连接传感器模块，实现单线级联，由两个温室数据采集器进行数据读取和控制，采集器通过网络线与交换机连接，最后进入总监控室。采用单线级联方式对不同温室的温湿度和露点进行数据采集，并保存历史数据。图 10.20 所示为“温室娃娃”系统实物和相关的传感器、室外气象站等附属设备。

(a) 环境信息监控传感器

(b) 温湿度露点传感器

(c) “温室娃娃”监测系统

(d) 室外环境信息监测系统

(e) 无线通信系统

图 10.20　“温室娃娃”系统及其附属设备

“温室娃娃”探测节点分布在不同的温室里，通过通用串行接口以 485 总线方式实现互连，利用串口线接入主监控室的计算机。系统以便携式的方式实现对温湿度、露点、光照和地温的测量，并以语音形式进行报警。内部集成的智能管理系统可根据用户需求，进行温室管理的自动提醒。

“温室娃娃”系统还对室外气象参数进行检测，主要测量局部气候条件，包含室外空气温度、湿度、露点、光照、降雨量、风力和风向，为温室的管理提供参考。

3. 网络系统的实施效果

菊花生产基地在安装了一系列的数据采集网络系统后，有效地提高了菊花生产的管理水平，对菊花在不同生长阶段的温度控制、灌溉控制和通风等具有很好的指导效果，不但节省了人力，而且节约了大量的水、电和煤等资源。采用视频语音对讲系统进行本地生产管理，可以通过外部网络进行远程数据服务和视频语音对讲。图 10.21 所示为现场视频监控系统和环境监控系统的操作平台，提供视频监控、语音对讲、数据查询分析和网络服务支持等功能。

图 10.21 网络系统的监控管理平台

图 10.22 所示为用户远程访问时显示的数据表界面。用户通过网络可以直接查询温室中的环境参数信息，这样无论在任何地方，只要能够上网，就可以获知农业基地温室中的信息。

北京市大兴采育菊花生产基地 - Microsoft Internet Explorer

文件(F) 编辑(E) 查看(V) 收藏(A) 工具(T) 帮助(H)

后退 搜索 收藏夹 媒体

地址(D) http://61.50.218.98:801

北京大兴采育菊花基地温湿度巡检系统

编号	温度 +0	湿度 +0	温度 +10	湿度 +10	温度 +20	湿度 +20	温度 +30	湿度 +30	温度 +40	湿度 +40	温度 +50	湿度 +50
1	23.8	73	20.1	89	8.8	38	24.1	59	13.4	31	26.5	73
2	20.6	71	5.4	43	10.4	38	20	72	19	33	25.5	72
3	26.9	70	11.3	32	9.6	39	20.9	58	13.3	31	21.6	66
4	25.6	72	5.8	45	9	38	21.6	76	12.8	30	28.4	69
5	26.7	79	6	46	24.7	64	25.8	73	13.3	31	25.1	64
6	24	72	6.2	46	28.4	64	9.7	36	15.2	29	10.3	42
7	23	76	5.9	42	25.5	59	11.5	33	15	47	9	42
8	19.2	66	13	32	24.7	73	13.1	32	27.5	65	8.3	41
9	24	74	10.7	36	19.3	67	11.9	35	29	69	8.8	44
10	23.6	75	11.3	34	21.8	58	9.5	36	27.2	71		

A区一号温室测控数据

室内温度	室内湿度	室内露点	室内光照	土壤温度	二氧化碳	土壤湿度
20.3	82.5	17.2	17.2	14.5	1302	37

B区一号温室测控数据

室内温度	室内湿度	室内露点	室内光照	土壤温度	二氧化碳	土壤湿度
20.6	87.2	18.4	15.2	18	1482	32.8

室外气象站数据

室外温度	室外湿度	室外露点	室外光照	室外风向	室外风速	降雨量
-0.3	43.8	-11.1	45.1	295	2	244

图 10.22 网络远程访问时显示的数据表界面

10.3　国防军事领域的应用

现代战争被人们喻为“感知者的胜利”，在新的军事竞争背景下，掌控“透明战场”既是军事信息技术发展的必然结果，也是当今各军事强国的建设重点。美国、英国、法国、澳大利亚、俄罗斯等国开展了一系列旨在提高战场态势感知能力的研究。

分布式传感器在军事领域的应用已有几十年的历史。在 20 世纪 60 年代的越南战争期间，美军就使用了当时被称为“热带树”的无人值守传感器，来对付北越的“胡志明小道”。所谓“热带树”实际上是由震动传感器和声传感器组成的小型探测系统，它由飞机投放，落地后插入泥土中，仅露出伪装成树枝的无线电天线，与当地的热带树木非常相似，因而被称为“热带树”。当人员、车辆等目标在“热带树”的附近行进时，它便探测到目标产生的震动和声信息，并立即将信息通过无线电发送给指挥中心。指挥中心对信息数据进行处理后，得到行进人员、车辆等目标的地点、规模和行进方向等信息。“热带树”在越南战争中的成功应用，促使许多国家在战后纷纷研制和装备各种无人值守的地面传感器系统。

10.3.1　常见的地面战场微型传感器

地面侦察设备通常包括战场监视雷达、地面传感器和电子侦察设备等。目标信息感知系统充分利用这些先进的情报采集手段，接收和处理它们所提供的各种情报。在陆军地面侦察设备系统中，地面传感器可以充当现代战场的隐形侦察兵。所谓地面传感器，顾名思义就是一种专门植于地面，通过对地面目标所引起的电磁波、声波、微震动和红外辐射等物理量的变化进行探测，并转化为电信号后对目标进行侦察与识别的探测设备。

地面传感器与其他侦察设备相比，具有结构简单、便于携带和埋伏、易于伪装等特点。它可用飞机空投、火炮发射或人工设置在敌人可能入侵的地段，特别是在其他侦察器材“视线”达不到的地域。另外，它不受地形和气候的限制，能有效弥补雷达和光学侦察系统的不足，从而扩大了战场信息探测的时空范围。

正是基于上述原因，地面传感器自诞生之日起就备受军事家们的青睐。目前地面微型传感器已发展成为系列产品，包括震动传感器、磁性传感器、声响传感器、红外传感器、压力传感器和超声波传感器等。

1. *震动传感器*

震动传感器类似于记录地震和原子弹爆炸震波的地震仪，在智能交通系统和建筑物的防震监测中也有应用。这种传感器在侦察目标时，主要是通过装置的震动探头(又称拾震器)来捕捉人员或车辆活动造成的地面震动信号。

在战场使用震动传感器时，可采用人工部署、火炮发射和飞机空投等方式。通常拾震器要设在地表层，一旦人员或车辆经过传感器的有效探测地域时，传感器将目标引起的地面震动信号转化为电信号，经放大处理后发送给监控中心。

目前电子市场上常见的震动传感器产品及型号有美国 ADI 公司的 ADXL 系列加速度传感器(单轴向、双轴向、三轴向)、飞思卡尔公司的 MMA62xxQ 系列 MEMS 加速度传感

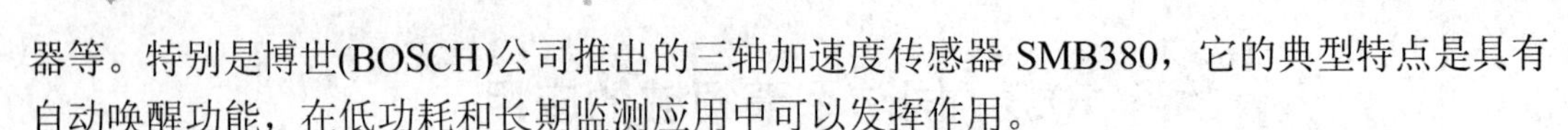

器等。特别是博世(BOSCH)公司推出的三轴加速度传感器 SMB380，它的典型特点是具有自动唤醒功能，在低功耗和长期监测应用中可以发挥作用。

震动传感器的优点是探测距离远、灵敏度高，通常可探测到 30m 以内运动的人员和 300m 以内行进的车辆，是所有传感器中探测距离较远的一种。另外，震动传感器还具有一定的目标分类能力，不仅可区分人为震动与自然扰动，还能区分人员和车辆，因为目标的震动信号强度通常差别很大。

震动传感器的耗电量很小，自备电池可使用数月甚至若干年都不需要更换，且传感器可在开启后不中断地进行长期侦察与监视，不会漏掉目标。震动传感器的不足之处在于它的探测距离受地面土质变化影响较大。土质硬，则探测距离远；土质软，则探测距离近。如果震动传感器抛撒在洼地、沟壑和水溪等地带，则它会丧失对运动人员和车辆的探测功能。

美国陆军正在使用的一种轻型震动入侵探测装置，可以用于远程侦察巡逻队。这种装置能有效探测大约 130m 以内的人员活动引起的震动，且能在 5min 内设置完毕。侦察巡逻队可在距离 1800m 远的位置监控震动传感器，有效采集地面战场的目标活动信息。

2. 声响传感器

声响传感器是一种通过对声源目标发出的声响信号进行接收、处理后，实现对声源目标进行侦察的装置。实际上声响传感器的探测器就相当于我们生活中的“话筒”。声响传感器的最大优点是分辨力强，它能鉴别目标的性质。在对人员进行探测时，不仅可以直接听到声音，还能根据话音判明其国籍、身份和谈话内容。如果探测的目标是车辆，则可根据声响判断车辆的种类，还能准确分辨出是人为的声响还是自然声响，从而排除自然干扰。另外，声响传感器的探测范围也较大，一般对人员正常谈话的探测距离可以达到 40m，对运动车辆可以达到数百米。

声响传感器的不足之处是耗电量大，在实际工作时为了保持较长的工作时间，通常根据人工指令来控制探测的启动过程，或者与震动传感器联用。也就是说，平时震动传感器处于工作状态，声响传感器处于休眠状态，当震动传感器探测到目标后再启动声响传感器。这种方式将震动传感器耗电量少与声响传感器鉴别目标能力强的优点结合起来，达到取长补短、相互配合的效果。

例如，BOSCH 公司的三轴加速度传感器 SMB380，如果 SMB380 震动传感器探测到有目标经过时，则唤醒声响传感器与微控制器，再进行目标信号特征的详细分析。

声响传感器的典型应用是美国陆军使用的一种可悬挂在树上，称为“音响浮标”的传感器，它的探测距离可达 300～400m，已接近人耳的听力范围。

3. 磁性传感器

磁性传感器的探测器为磁性探头，磁性探头工作时在周围形成一个静磁场。当铁磁金属制成的物体，如步枪、车辆等进入这个静磁场时，就会感应产生一个新的磁场，干扰了原来的地球静磁场，由于目标的运动变化所产生的干扰使磁场发生变化，引起磁力计指针的偏转，由此产生一个电信号，实现对携带武器的人员和运动车辆的探测。

磁性传感器鉴别目标性质的能力较强，能区分徒手人员、武装人员和各种车辆；同时对目标探测的反应速度比较快，一般为 2.5s，可实时探测快速运动的目标。与其他传感器相比，磁性传感器还有一个突出特点，就是它能适应各种条件下的战场探测，特别适用于震动传感器难以探测的沼泽、滩涂和水网等地区，从而弥补了震动传感器的不足。但是磁性传感器的能量有限，这使得它的探测距离较近，一般对人员的探测距离为 3～4m，对轮式车辆的探测距离为 15m 以内，对履带式车辆的探测距离为 25m 以内。

磁性传感器的典型产品是 Honeywell 公司的 HMC 系列微型磁阻传感器，这是磁阻系列传感器中灵敏度最高、对微型金属目标信号探测距离最远的一类传感器。另外，我国研究较为成熟的磁通门传感器也具有较好的探测灵敏度和分辨率，有的磁通门产品灵敏度可以达到 0.5mV/nT、分辨率优于 1nT。

4. 红外传感器

红外传感器是一种能够感应目标辐射的红外线，并将其转换为电信号后对目标进行探测和识别的设备。这种传感器通常分为有源式和无源式两种。有源式红外传感器的工作原理是，当战场上运动的人员或车辆通过传感器的工作区域时，传感器发出的红外线即被切断，此时传感器便被启动，同时监控站的警报器便自动报警。

无源式红外传感器的工作原理是，当目标发出热辐射使传感器工作区域的温度突然发生变化时，传感器被启动。这种装置非常灵敏，在 15m 的范围内人的正常体温足以启动该装置。

红外传感器通常隐蔽地布设在需要监视的道路和目标附近，可探测到视角扇面区 20m 以内的人员和 50m 以内的车辆目标。它的优点是体积小，属于无源探测，隐蔽性好，响应速度快，能探测快速运动的目标，还可探测目标运动的方向，并计算出目标的数量。红外传感器的不足之处是只能进行人工布设，探测范围有限，只局限于正对探测器的扇形地区，无辨别目标性质的能力。

考虑到战场使用的隐蔽性问题，通常采用被动式的热释电红外传感器，如德国海曼 LHI958 型红外传感器是一种值得推荐的选择。试验表明随着距离的增加，红外信号逐渐减弱，人的红外信号要比其他目标信号减弱得快。

5. 压力传感器

压力传感器的探头通常是一根极细的应变电缆，使用时埋设在目标可能通过的路面下。当运动目标压过浅埋的应变电缆时，电缆因受挤压而变形，从而引起电阻发生变化，产生的电信号起到报警作用。

压力传感器是使用最早、种类较多的一类地面战场侦察传感器。在 20 世纪 60 年代中期的越南战争中，美军曾使用很多压力传感器。使用最多的是应变钢丝传感器和平衡压力传感器。随着科学技术的发展，震动磁性电缆传感器、驻极体电缆和光纤压力传感器等作为侦察装备也得到了广泛应用。

压力传感器的特点是它的虚警率较低、目标信息判断准确、抗电磁干扰能力强及响应速度快。但这种传感器只有当运动目标压过电缆时，才能发现目标，探测范围与电缆的布设长度相等，通常只有 30m 左右，而且只能人工布设。

6. 超声波传感器

超声波传感器一般采用独立的发射器和接收器，发射器由高频信号(40～80kHz)来激励。通过测量发射一个超声波脉冲与接收反射信号所用的时间间隔，可以简单地估计出被测物体的距离。这种传感器的优点是成本较低，尺寸较小，缺点是有些目标物(如土壤和草木)的反射信号很弱而无法探测。另外，超声波在空气中的传播时间随温度而变化，从而影响测量的时间值。如果超声波传感器使用在温度变化范围较大的场合，必须进行温度补偿。

目前正在发展中的常见地面战场传感器还包括：①智能传感器，所谓智能传感器是指探测节点带有微处理机，因而兼有探测与信息处理能力；②CMOS 图像传感器，它利用光电器件的光电转换功能，将光面上的所成像转换为与光对应的电信号图像，用以观察战场上声像并存的敌方活动情况；③微量气体传感器，这种传感器通过测量敌方车辆排出气体的气味和含量浓度来判断车辆种类和数量。

10.3.2 美军沙地直线项目案例

美国陆军于 2003 年在俄亥俄州开发了沙地直线(A Line in the Sand)系统，这是一个用于战场探测的传感器网络系统项目。沙地直线项目主要研究如何将低成本的传感器覆盖整个战场，获得精细的战场信息。

1. 项目背景

沙地直线项目集成了协作式，具有感知、计算和通信能力的节点，替换了以前手工布置、稀疏分布、非网络式的感知系统，对已有的地面战场探测系统进行了彻底改进。利用沙地直线项目设计的系统和方案，可以协助部队人员非常方便地利用低功耗的传感器来覆盖战场区域。

沙地直线项目主要研究传感器网络在侦察入侵检测方面的应用，以及目标分类和跟踪等问题。美军研制的这种传感器网络系统，具有密集型、分布式的特征。多种异构的传感器节点采用了松散连接的传感器阵列，提供现地探测、评估、数据压缩和发送信息的功能。他们专门对传感器技术、信号处理算法、无线通信技术、网络技术和中间件服务等关键技术进行探索，整个试验工作在佛罗里达州坦帕市 MacDill 空军基地完成。

美军研制沙地直线项目的目的是希望识别出入侵的目标，入侵目标可以是徒手人员、携带兵器的士兵或车辆。该项目的主要功能包括目标探测、分类和跟踪。沙地直线项目研制的传感器网络节点，被命名为“超大规模微尘节点”(eXtreme Scale Mote，XSM)。它的实物如图 10.23 所示，左边为正面，右边为背面。这是一种具有特殊功能的传感器网络节点，技术含量高，能可靠地、大范围地实施长久监视。

目标跟踪是当目标在传感器网络覆盖的区域内运动时，探测系统能感知其位置。正确的跟踪过程需要以一定的准确度、在可接受的探测反应时间内，估计出目标进入的初始点和当前位置。由于目标在传感器网络覆盖区域内移动，所以目标随时间移动的位置要能始终被跟踪和记录。

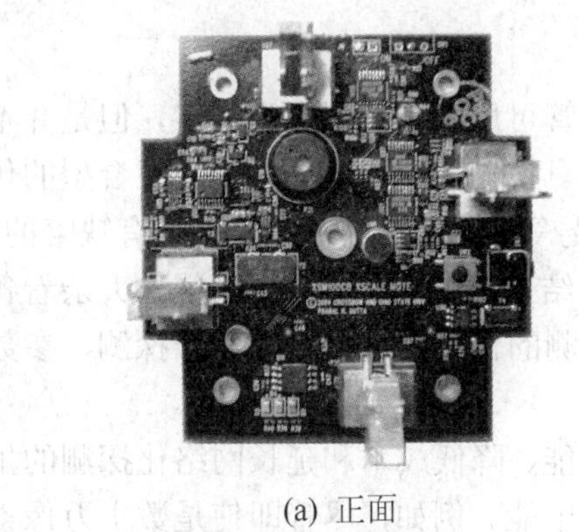

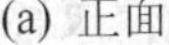

(a) 正面

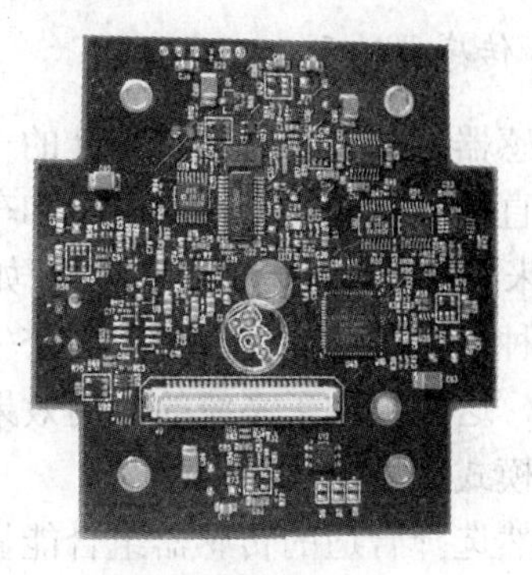

(b) 背面

图 10.23　XSM 节点实物图

通常战场探测需要区分出目标的出现与消失情况。正确的探测要求传感器节点能可靠地估计出目标的存在，在没有目标出现时避免错误检测。这里战场目标分类标准是将目标分为平民、士兵和车辆三种，分类(Classification)简记为 C，它的关键性能指标是正确分类概率和错误概率，将平民或徒手人员(Person)简记为 P，将士兵或武装人员(Soldier)简记为 S，将车辆类目标(Vehicle)简记为 V。

表 10-1 总结了沙地直线项目要求的传感器探测工作特性和战术技术指标。表 10-2 所示为目标分类的详细技术指标，其中垂直栏表示实际种类，水平栏表示要求的分类指标。这里 C、P、S 和 V 是上述的简记写法。对于分类混合矩阵来说，某一类目标的分类概率指标不能小于规定值；不同种类目标之间存在错误分类问题，它们之间有一个错误分类的上限概率，这就是表中符号所表达的含义。

表 10-1　沙地直线项目的工作特性和战术技术指标

指　标	量　值	指标含义
P_{D}	>0.95	探测概率
P_{FA}	<0.10	错误告警率
T_{D}	<15	探测持续时间(s)
$P_{C_{i,j\|i=j}}$	见表 10-2	正确分类率
$P_{C_{i,j\|i\neq j}}$	见表 10-2	错误分类率
$\left(\hat{x},\hat{y}\right)$	$\in(x,y)\pm(2.5,2.5)$	位置估计误差(m)

表 10-2　沙地直线项目的目标分类的详细技术指标

分　类	徒手人员	士　兵	车　辆
徒手人员	$P_{C_{P,P}}>90\%$	$P_{C_{P,S}}<9\%$	$P_{C_{P,V}}<1\%$
士兵	$P_{C_{S,P}}<1\%$	$P_{C_{S,S}}>95\%$	$P_{C_{S,V}}<4\%$
车辆	$P_{C_{V,P}}=0\%$	$P_{C_{V,S}}<1\%$	$P_{C_{V,V}}>99\%$

2. 传感器选型

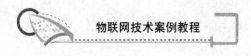

传感器选型是项目系统设计的一项基本工作。尽管可用的传感器类型很多，但是并不存在能直接探测所感兴趣的人员和车辆的原始传感器。换句话说，这里采用了混合型的传感器，来共同探测目标的各种特征如热信号、铁磁信号等。当然，这种方法也是有缺陷的，因为多种不相关的探测现象可能产生无法确认的输出结果。另外，实际探测信号夹杂着各种噪声，这也限制了系统的使用效果。因此，目标探测的传感器选型是与信号探测、参数估计和模式识别相关联的。

虽然选择合适的传感器组合能显著提高系统的性能、降低成本和延长网络化探测的生命期，然而传感器大量输出信息和处理信号需要耗费电能。例如，尽管即使是数十万像素的 CMOS 图像传感器也能提供大量的信息，但是由于视觉处理算法需要运算的内存、时间和复杂度方面条件苛刻，会占用较多的计算和通信资源。

这里主要介绍沙地直线项目用于探测下述三类目标的传感器模式，分析它们引起六种基本能量域(光、机械、热、电、磁、化学)的变化。首先确立目标现象，即潜在目标可能导致的环境扰动特征，然后确定出能探测这些扰动特征的一组传感器，从这些探测信号中提取出有意义的信息。在沙地直线项目的研究中，研究人员希望找出同类目标的相似特征，以区别于不同种类目标的相异特征，从光、机械、热、电、磁、化学六个基本能量域来识别目标。

(1) 徒手人员。徒手人员可以从热量、地震动、声音、电场、化学、视觉等方面扰动周围环境。人体的热量以红外能量方式向四周发散，因而能采用红外传感器进行感测。人员的脚步可以引起地面自然频率回响的脉冲信号，这种共振信号以阻尼振荡方式通过地面进行传播，因而可以采用震动传感器收集震动信号。脚步声还能引起声音脉冲信号，并通过空气进行传播，它的传播速度不同于通过地面传播的地震动信号，但可以运用声响传感器收集这种脚步声信号。

(2) 武装人员。持械士兵或武装人员可以具有一些徒手人员所不具备的信号特征。通常士兵应该持有枪支和其他含有铁质或金属的装备，因而行进中的士兵具有产生磁信号的特征，这些磁信号是大多数徒手人员所不具有的。这种磁信号是由于铁磁质材料对周围地磁环境的扰动而产生的，因此这里采用磁阻传感器来探测这类目标。

(3) 车辆。车辆可以从热量、地震动、声音、电场、磁场、化学、视觉等方面特征表现出来。车辆与人员类似，会产生热信号特征，如机车车头部分和尾气排气位置都会产生比周围温度高的现象。

轮式和履带式的车辆具有能被探测到的震动和声波信号。特别是履带式车辆由于具有节奏的“咔嗒”声和履带振动，具有非常明显的机械特征信号。车辆相对于武装人员而言，它们本身的金属含量大，更显著地影响周围某一区域的电磁场。另外，车辆的燃油燃烧时会释放一些化学物质，如一氧化碳、二氧化碳等。车辆也反射、散射和吸收光线信号。根据这些目标现象，沙地直线项目采取了相应的传感器进行探测车辆目标。

沙地直线项目的信号处理系统用于感知、检测、判断、分类和跟踪目标，主要完成信号检测和信号判断。信号检测是在感兴趣的信号出现时做出决定，信号判断是根据信号的相关参数做出情报判断。

下面结合具体的传感器类型介绍目标信号的检测技术。

(1) 声音传感器采用 JL1 型电子 F6027AP 麦克风声音传感器，它是声音子系统的核心部件。这种麦克风声音传感器的灵敏度是–46±2dB，响应频率在 20Hz 和 16kHz 之间。这种麦克风是高为 2.5mm、地面直径为 6mm 的圆柱形状。选择这种传感器的原因在于它的灵敏性好、尺寸小、铅制终端、性价比高。

(2) 被动红外传感器采用 Kube Electronics 的 C172 型传感器，它是被动红外子系统的核心部件。该传感器包含两个相隔一定距离的热电感应元件和一个 JFET 放大器。放大器密封在封闭的金属盒内，自带一个光学滤波器。该传感器安装有一个圆锥形光学反射镜，因而不再需要其他的透镜设备。

被动红外探测器是根据警戒区域内的背景和入侵者身体辐射出的远红外能量差进行探测。这种传感器非常适合对人员和车辆的探测，对移动目标运动轨迹的探测来说，它具有低功耗、小尺寸、高灵敏性和低成本等特点。

(3) 磁传感器采用 Honeywell HMC1052 型磁阻传感器，作为磁感应子系统的核心部件，用于检测士兵和车辆目标，提供分析结果。例如，如果坐标点(x_m, y_m, z_m)处存在机动的士兵或车辆，他(它)被认为是一个携带铁磁质的运动物体，可以视为一个中心在(x_m, y_m, z_m)处的运动磁偶极子。如果坐标(x_m, y_m, z_m)可以相应地表示为$x_m(t)$、$y_m(t)$和$z_m(t)$，则磁偶极子的位置可描述为时间函数。

(4) 多普勒雷达传感器采用 TWR-ISM-002 脉冲多普勒传感器作为雷达平台。该传感器能探测半径为 60ft 的活动范围，使用电位计可以把探测范围调整为较短的距离。根据当时使用的环境情况，还可以调整灵敏度，以适应嘈杂的环境。

3. 网络节点的封装

研究人员考虑到对于入侵探测这种战场应用，传感器节点必须承受恶劣的环境，如风、雨、雪、洪水、炎热、寒冷和复杂地形等。通过对传感器节点进行封装，能够保护这些元件中的精密电子元器件。封装性能的优劣也直接影响传感器的探测和无线通信功能。

图 10.24 所示为沙地直线项目研制的传感器节点 XSM 的封装剖视图。它的塑料罩由一种不透明的红外线材料制造，但每一个侧边可安装红外线能透过的观察孔，并且在每一个侧边有许多小孔允许声音信号被成功探测。传感器密封罩内安装的一种防水挡风玻璃，可以降低风和噪声的影响，保护电子元器件不受光照和雨淋。天线安装在电路板上，在密封罩的顶部露出长杆。

研究人员提出并研制了以下系列的封装方式：密封罩、曲棍球冲压罩、锥形罩、简易检测罩、改进型检测罩，这里简要介绍前三种封装方式。

(1) 密封罩。密封形的封装罩表面光滑，具有自动调整自身位置的能力，可以在节点位置或姿态变化时，仍然能完成可靠的探测和无线通信功能，如图 10.25 所示。这种罩体能保证光线照到里面的太阳能电池板上。

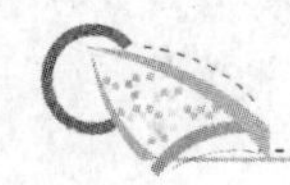

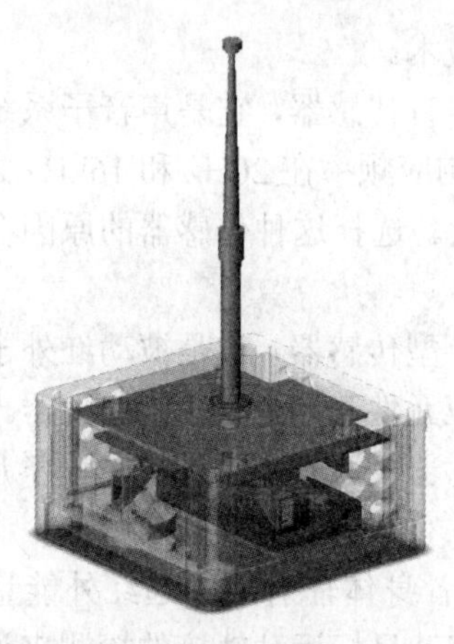

图 10.24　XSM 节点的封装剖视图

图 10.25　密封形封装罩

传感器节点的电子元器件安装在一个固定框架上，框架使用一种简单的万向节机械装置，连接在罩壳上。万向节机构绕着罩的长轴(横向轴)可以自由旋转。安装电池的一边在框架底部，安装太阳能电池的一边在框架顶部。当万向节机构在增加了圆柱形罩的转动自由度之后，可以增加雷达和无线电天线的水平性，从而使它们垂直于地面，太阳能电池板也可以直接面向天空，从而增加节点的探测感应范围、无线通信距离和使用寿命。

(2) 曲棍球冲压罩。图 10.27 所示为曲棍球冲压罩的剖视图，它由顶盖、罩身和底基组成。底基由立体圆柱和塑料块组成，密封装置底部的重量变重了，从而降低密封装置翻倒的可能性。底基有一个正方形孔用来存放电池，有一个圆柱状孔从电池部位伸出来。另外，还有一个圆柱状孔从音响器部位延伸出来，从而在底基的顶端处露出一个圆孔。这个小孔用做音响器与周围环境的声音传导、无线通信的导向孔。

(3) 锥形罩。锥形罩的结构如图 10.27 所示，它具有自动调整姿态的功能，节点可以像交通锥标的使用方式一样，从空中扔下，然后锥形罩自已调整姿态，保证它正面朝上，其中的磁力计也处于水平状态。宽大的底基能避免锥形罩翻倒，而且锥形罩的底基重量足够大，在意外情况下出现翻倒时，仍能自正位，保证天线指向始终朝上。

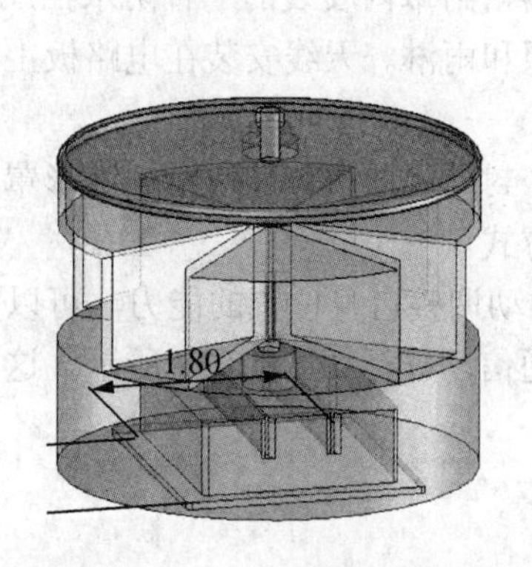

图 10.26　曲棍球冲压罩剖视图

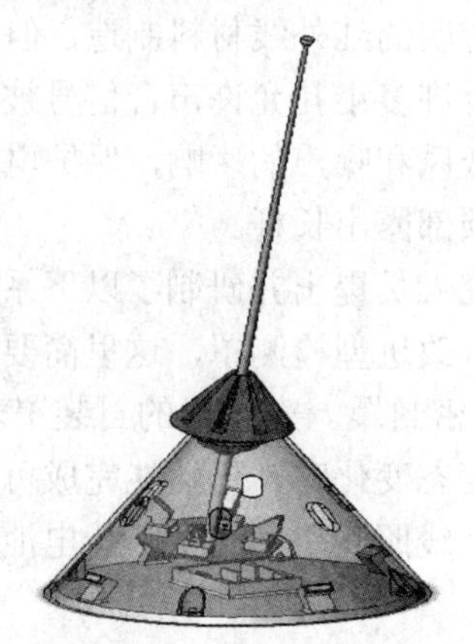

图 10.27　锥形罩剖视图

锥形罩的“悬垂钟摆式”电路板由天线悬挂着，天线本身被装在锥形罩的顶部。假设锥形罩里的传感器节点电路板旋转范围在±10°～±15°之间，则它在倾斜电路板上产生的磁场变化量不会超过 2%～4%。

这种锥形罩的设计方式可以适用于从无人驾驶飞机上抛撒节点，在自动抛撒后，在地面上由这些落地的节点自动组网。尽管会有少数节点失效，但可以保证大多数节点能够有效探测和无线通信。

4. 试验实施

沙地直线项目的研究人员在俄亥俄州和佛罗里达州等不同地方进行了试验。另外，在其他几个地方布置了数十个网络，目的是试验探测、分类、跟踪、时钟同步和路由等各种模块的性能，并检查试验系统和节点硬件封装问题。

如图 10.28 所示，项目试验的网络包括了 78 个磁传感器节点，布置在长、宽分别为 60ft、25ft 的范围。在该网络中有 12 个协同定位的雷达传感器节点，它们分别布置在 2、3、6、7、28、29、34、35、67、68、76、77 号节点的位置附近。在试验区域除了沿着两条小路布置的磁传感器节点放置不均匀以外，其他节点的部署是均匀的。小路宽度能保证车辆行驶经过时，不会压到节点。这些磁传感器的标号为 0～77，整个网络通过基站(位于 0 节点)和远程无线转发器连接到远端计算机。

磁探测采用 Mica 节点底板上的磁阻传感器，利用 TWR-ISM-002 电波探测传感器来感知机动的徒手人员、武装士兵和车辆。通过可视化的软件界面系统，可以观察传感器节点的状况和目标的活动情况。该软件平台支持窗口放大和缩小，可重放最近记录，随时观察网络拓扑布局，显示目标的运动踪迹。

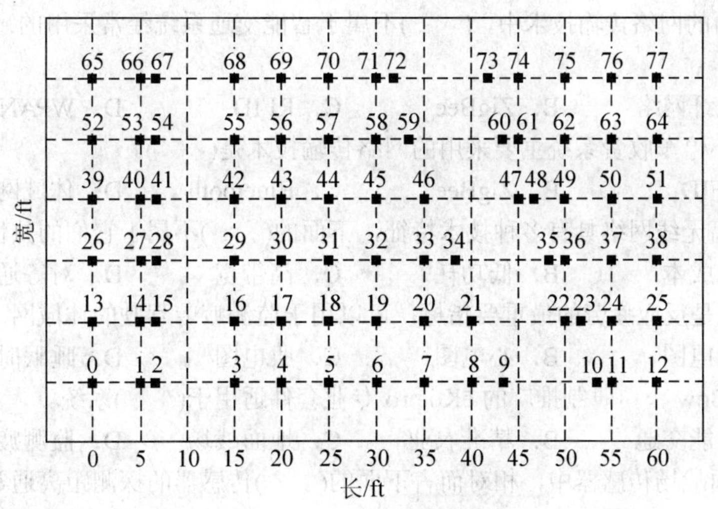

图 10.28　沙地直线项目的传感器网络部署

小　结

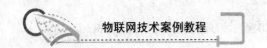

通过典型领域的案例分析，可以了解物联网应用的更深细节。本章以物联网在现代交通、现代农业和军事领域的应用为例，介绍了它们的具体技术内容和系统应用情况，并分别以实际案例，从信息采集和组网传输两个方面阐述了应用系统的设计技术。尽管各人从事的物联网应用问题未必属于这三种领域，但仍然具有参考借鉴价值，特别是其中属于物联网应用前沿的内容。通过本章内容的学习，需要掌握类似物联网系统的设计方法，能正确实施传感器或识别器的选型，确定出恰当和合理的网络传输方案。

习　题　10

一、选择题

1. (　　)通过检测磁场强度的异常来确定是否有车辆出现。
   A. 电感线圈　　B. 超声波车辆检测传感器
   C. 压电薄膜交通传感器　　D. 磁力检测传感器
2. 下面的(　　)不属于非侵入式交通信息采集设备的类型。
   A. 压电薄膜交通传感器　　B. 车辆自动识别 RFID 系统
   C. 微波雷达　　D. 视频图像
3. 在智能交通系统中，下面的(　　)技术不具备采集交通信息的功能。
   A. GPS　　B. 移动电话　　C. 激光传感器　　D. 因特网
4. 在下面的网络传输技术中，(　　)不属于智能交通系统经常采用的短距离无线网络技术。
   A. 光纤网络　　B. ZigBee　　C. RFID　　D. WPAN
5. 电子不停车收费系统主要采用的网络传输技术是(　　)。
   A. RFID　　B. ZigBee　　C. Bluetooth　　D. 体域网
6. 短距离无线网络具有多种技术特征，下面的(　　)不属于它们的共性特征内容。
   A. 低成本　　B. 低功耗　　C. 高带宽　　D. 对等通信
7. (　　)是反应疲劳的最重要指标，可以用于监测疲劳驾驶的体域网。
   A. 脑电图　　B. 心电图　　C. 肌电图　　D. 睡眠时间
8. CrossBow 公司研制推广的 ēKo pro 专业套件适用于(　　)系统。
   A. 智能交通　　B. 精准农业　　C. 地面战场　　D. 监测疲劳驾驶
9. 在地面战场传感器中，相对而言下面的(　　)传感器的探测距离通常是最远的。
   A. 震动　　B. 磁性　　C. 红外　　D. 压力
10. 下面的(　　)传感器可以用于识别和区分地面战场上的徒手人员、武装人员和车辆三类目标。
   A. 声音　　B. 被动红外　　C. 磁阻　　D. 多普勒雷达

11．为了适应地面战场的野外环境，需要对传感器节点进行封装，(　　)封装方式采用了“悬垂钟摆式”电路板，并由天线悬挂着。

A．密封罩　　　　B．曲棍球冲压罩

C．锥形罩　　　　D．简易检测罩

二、问答题

1．如何利用 RFID 技术进行车辆的自动识别？

2．简述用于车辆检测的主动式红外传感器的工作原理。

3．简述 RFID 技术在农产品安全生产与物流配送中的作用。

4．常见的地面战场微型传感器有哪些？

5．简述震动传感器、磁性传感器、红外传感器的特点及其探测距离，并分析它们的使用方法。

6．沙地直线项目如何解决网络节点的封装问题？

7．沙地直线项目是如何解决战场目标分类问题的？

第 11 章

传感器网络的演示实验

实验操作是学习的重要环节。由于物联网是一门实践性很强的技术，要想对其进行深入的学习，必须掌握它的环境建立、软件开发和程序调试等基本技能。本章以传感器网络为例，介绍物联网实验的内容。本章先介绍实验所涉及的硬件设备，然后检验实验所搭设的硬件和软件环境是否功能正常。具体实验内容包括传感器网络数据的采集、发送、接收和显示，最后对安装和使用 MoteView 软件工具的操作步骤进行了介绍。如果学时数有限，教师在讲授本章内容时，可以在课堂上由教师本人完成本章实验内容的操作，将实验过程和结果演示给学生观看。

11.1 实验设备

本章的演示实验除了采用普通计算机以外，还需要的实验硬件设备清单如表 11-1 所示。

表 11-1　实验设备清单

序号	设备名称	用途	实物
1	MIB510 编程板	用于传感器网络节点的编程，以及充当无线通信的网关汇聚节点	
2	MICA2 传感器网络节点	充当运行 TinyOS 操作系统的处理器，负责无线传输和接收，具有用于接插传感器板的标准 51 针接口	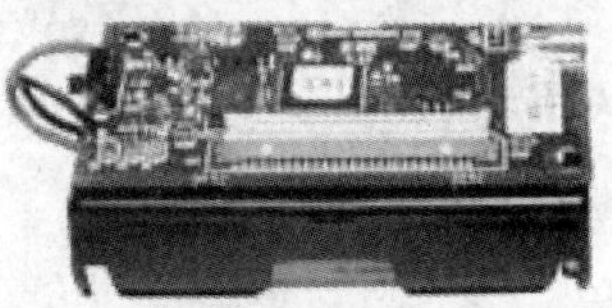
3	MTS300 传感器板	负责探测数据的采集，并利用处理器和无线模块进行数据发送	

MIB510 的具体型号通常为 MIB510CA，它的各部分组成如图 11.1 所示。图中所示各

标号部件的含义分别如下：

1—9 针的 RS-232 接口；

2—与 MICAz/MICA2 相连的 51 针接口；

3—与 MICA2DOT 相连的 19 针接口；

4—MICAz/MICA2 发光二极管指示器：红、绿、黄；

5—编程指示器：发光二极管为绿色表示“电源开启”，为红色表示“编程中”；

6—编程接口开关：On/Off 开关控制串行传输；

7—临时开关：复位编程处理器和 Mote；

8—10 针 Jtag 接口；

9—电源：5V@50mA 应用外接电源。

图 11.1　MIB510CA 编程板的组成

Mica2 的具体型号为 MPR400CB，它的各部分组成如图 11.2 所示。图中所示各标号部件的含义分别如下：

1—51 针的接口(插针型)；

2—电源 On/Off 开关；

3—外接电源的接口；

4—MMCX 接口(插孔型)。

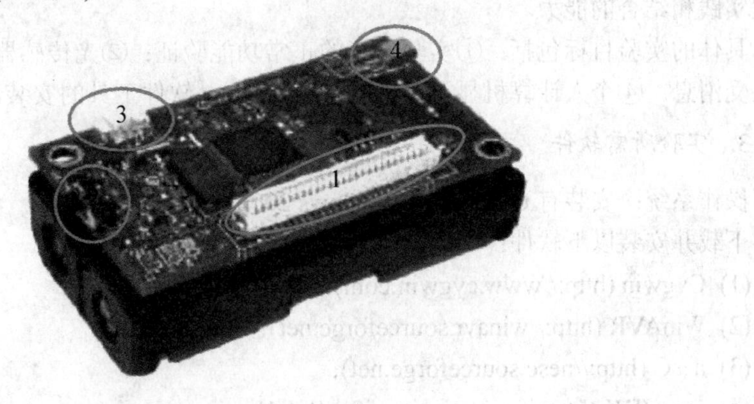

图 11.2　MPR400CB 节点的组成

传感器板的具体型号为 MTS300，它的各部分组成如图 11.3 所示。图中所示各标号部件的含义分别如下：

1—51 针的接口(插座型)；

2—光传感器；

3—声音传感器(4kHz)；

4—蜂鸣器。

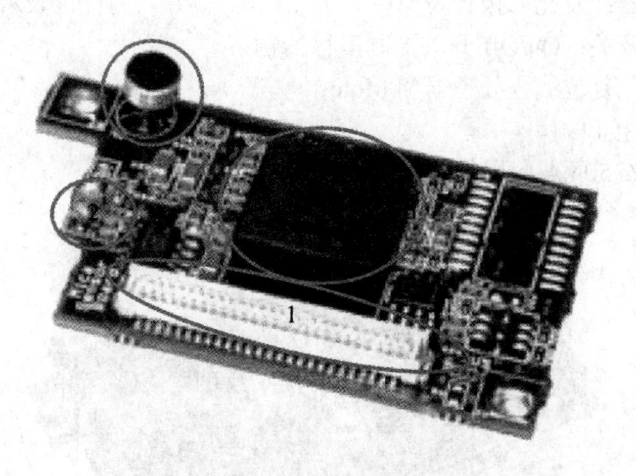

图 11.3　MTS300 传感器板的组成

11.2　实验背景和设计

1. 实验名称

Mica 系列传感器网络的编程实验。

2. 实验目的

实验目的是学习安装和使用 CrossBow 公司的 Mica 传感器网络，练习传感器网络的基本应用，加深学生对传感器网络基本工作原理和实现方法的理解，强化学生将课本知识与工程实践相结合的能力。

具体的实验目标包括：①实验环境的正常功能验证；②光传感器的数据采集；③发送与接受消息；④个人计算机显示数据；⑤MoteView 软件工具的安装和使用。

3. 实验所需软件

操作系统：安装有 Cygwin 的 Windows 2000/XP 操作系统。

下载并安装以下软件：

(1) Cygwin (http://www.cygwin.com)；

(2) WinAVR (http://winavr.sourceforge.net)；

(3) nesC (http://nesc.sourceforge.net)；

(4) Java JDK (http://java.sun.com/j2se/1.4.1)；

(5) TinyOS (http://sourceforge.net/projects/tinyos)。

4. 实验内容提纲

(1) 安装 TinyOS，完成软件与硬件验证。
(2) 光传感器的数据获取。
(3) 发送与接受消息。
(4) 个人计算机显示数据。
(5) MoteView 软件的安装和使用。

5. 预习要求

(1) 复习本书第 8 章的内容“物联网的应用开发基础”。
(2) 熟悉 TinyOS 开发工具环境及其编程语言。

6. 注意事项

(1) 遵守实验纪律，爱护实验设备。
(2) 提交详细实验报告一份。

11.3 演示实验的内容和步骤

11.3.1 实验环境的功能验证

根据本书第 8.2.2 节的内容，先在个人计算机上完成安装 TinyOS 系统。

在使用嵌入式设备时，调试应用程序通常比较困难，因此在工作前一定要确保所使用的工具工作正常及各硬件系统功能完好。一旦某个部件或工具存在某些问题而未及时发现，将耗费大量的时间去调试。

下面介绍如何检查各硬件设备和软件系统。

1. PC 工具验证

如果在 Windows 平台下使用 TinyOS 开发环境，toscheck 是一个专门用于检验这些软件是否正确安装及相应的环境变量是否设置完好的工具。

在 cygwin shell 命令行的提示下，转到“tinyos-1.x/tools/scripts”目录，运行 toscheck，输出结果可能会报告环境变量设置不正确，TinyOS 运行检查不通过，如图 11.4 所示。

根据系统的提示，需要自己设置一下环境变量。对于 TinyOS 1.x 的环境变量设置问题，可以修改“C:\Program Files\UCB\cygwin\etc\profile.d\tinyos.sh”文件，内容如下：

```
    # 设置 TinyOS 根路径
    export TOSROOT='/opt/tinyos-1.x'
    # 设置 TinyOS 核心组件所在的目录
    export TOSDIR='$TOSROOT/tos'
    # classpath 的设置需要根据自己的安装路径进行设置
    export CLASSPATH='.;$CLASSPATH;C:\Program Files\UCB\cygwin\opt\tinyos-.x\
tools\java\javapath;C:\Program Files\UCB\cygwin\opt\tinyos-1.x\tools\java;'
```

```
# 设置 Make 入口点
export MAKERULES='$TOSROOT/tools/make/Makerules'
```

重新启动 Cygwin 之后，再运行 toscheck 进行验证，系统会报告安装成功。

```
uisp:
        /usr/local/bin/uisp
        uisp version 20030820tinyos

graphviz:
        /cygdrive/c/Program Files/UCB/ATT/Graphviz/bin/dot
        dot version 1.10 (Wed Jul 9 23:09:17 EDT 2003)

avr-as:
        /usr/local/bin/avr-as
        GNU assembler 2.13.2.1

avarice:
        /usr/local/bin/avarice
        AVaRICE version 2.0.20030825cvs, Aug 25 2003 20:53:25

avr-gdb:
        /usr/local/bin/avr-gdb
        GNU gdb cvs-pre6.0-tinyos


toscheck completed with errors:

--> WARNING: CLASSPATH may not include '.' (that is,  the symbol for the current
 working directory). Please add '.' to your CLASSPATH or you may experience conf
iguration problems.

tshcui@cui ~
$ _
```

图 11.4　TinyOS 安装不成功的界面示例

2. 硬件验证

TinyOS 的“apps”目录下有一个应用程序“MicaHWVerify”，是专门用于测试 mica/mica2/mica2dot 系列硬件设备是否功能完好的验证工具。若使用不同的硬件平台，则不适宜使用该程序。

在对传感器节点进行硬件编程时，如果使用配套的电源给编程接口板供电，则将传感器节点插到接口板前要保证节点上的电池已取出；如果利用传感器节点上的电池给编程接口板供电，则不需要再接电源，并保证电池电量大于等于 3.0V，且节点上开关状态为 On。如果既外接电源，又采用电池供电，很可能会烧毁电路板。

以下步骤是以 MICA2 节点为例进行操作实验，对 MICA2DOT 节点只需修改相应参数即可。

(1) 运行 Cygwin 后，在“C:\Program Files\UCB\cygwin\opt\tinyos-1.x\apps”目录下，输入“make mica2”来编译 MicaHWVerify 程序。

在使用 MICA2/MICA2DOT 平台时，输入如下完整的命令：

```
PFLAGS=-DCC1K_MANUAL_FREQ=<freq> make <mica2|mica2dot>
```

其中，<freq>可以根据需要在 315MHz，433MHz 和 915MHz 中选择一种。针对 Mica2 系列的节点，手动设置频率为 916.7MHz。这里的命令格式如下：

```
PFLAGS=-DCC1K_MANUAL_FREQ=916700000 make mica2
```

若编译没问题，将输出一个内存描述，显示如下的类似内容：

```
compiled MicaHWVerify to build/mica2/main.exe
10386 bytes in ROM
```

```
390 bytes in RAM
avr-objcopy --output-target=srec build/mica2/main.exe build/mica2/main.srec
```

如果输出结果与上述描述类似，则说明应用程序已经编译好，下一步就将它加载到节点中。

(2) 将 MICA2 节点插到编程接口板上(MIB510)，用电池或电源供电，通电后编程接口板上的绿灯亮。

(3) 将编程接口板连到计算机，将程序装载到 MICA2 节点，输入命令：

```
MIB510=COM# make reinstall mica2
```

其中，COM#表示 MIB510 连接在计算机端口 COM#上，#=1，2，3，…。这里假设取为 COM1。reinstall 是直接将已编译过的程序装载到指定节点，而不再重新编译程序，因此速度较快。如果使用命令 install 代替 reinstall，则先对目标平台编译，再将程序装载到节点。

MIB510 编程接口板的典型输出如下：

```
$ mib510 make reinstall mica2
installing mica2 binary
uisp -dprog=mib510 -dserial=COM1 -dpart=ATmega128 --
wr_fuse_e=ff --erase --upload if=build/mica2/main.srec
Firmware Version: 2.1
Atmel AVR ATmega128 is found.
Uploading: flash
Fuse Extended Byte set to 0xff
```

这时可以知道编程接口板和计算机串口工作正常，然后验证传感器节点硬件。

(4) 输入命令：

```
make -f jmakefile
```

然后再输入命令：

```
MOTECOM=serial@COM1:57600 java hardware_check
```

这时计算机的输出会出现如下类似内容：

```
hardware_check started
hardware verification successful
Node Serial ID: 1 60 48 fb 6 0 0 1d
```

其中，Node Serial ID 是 MicaHWVerify 程序分配给 MICA2 节点的序列号。这个程序检查节点序列号、闪存连通性、UART 功能和外部时钟。当这些状态都正常时，屏幕打印出硬件检测成功的消息。由于 MICA2DOT 没有序列号，当编译 MicaHWVerify 时会提示警告信息“SerialID not supported on mica2dot platform”，最终运行结果 serial ID 输出全为 0xFF。

(5) 验证传感器节点间的无线通信。通信时传感器节点间使用统一的频率，即“PFLAGS=-DCC1K_MANUAL_FREQ=916700000”。

为了操作方便，可以在“apps/”目录下建立一个 Makelocal 文件来设定参数的默认值，内容如下：

```
CFLAGS=-DCC1K_DEFAULT_FREQ=CC1K_915_998_MHZ
MIB510=COM1
```

这样以后就不必每次输入 MIB510=…PFLAGS=…等参数。通信实验至少需要两个传感器节点，因此先对另一个传感器节点进行硬件检测，再按下述步骤操作，使它充当第一个节点的网关汇聚节点。

(6) 进入“/apps/TOSBase”目录，输入“make mica2”编译 TOSBase 程序。

(7) 将 TOSBase 程序装载到插在 MIB510 编程接口板的传感器节点，并将另一个传感器节点放在附近，该节点装载的是 MicaHWVerify 程序。

(8) 输入命令：

```
MOTECOM=serial@COM1:57600TH java hardware_check
```

这是运行“hardware_check Java”程序，输出结果类似如下内容：

```
hardware_check started
Hardware verification successful.
Node Serial ID: 1 60 48 fb 6 0 0 1e
```

这里返回远端节点的序列号，表示传感器节点之间进行无线通信已经成功。如果远端传感器节点关闭或工作不正常，将返回提示信息“Node transmission failure”。

如果系统通过了上述测试，就可以进行 TinyOS 的开发工作了。

11.3.2 光强数据的采集

为了演示事件驱动的传感器数据获取，这里选用简单的传感器应用示例程序 Sense，它从传感器主板的光传感器上获取光强度值，并将其低三位值显示在节点的 LED 上。如图 11.5 所示，该应用程序位于“...apps/Sense”目录下，其配置文件为“Sense.nc”，实现模块文件为“SenseM.nc”。

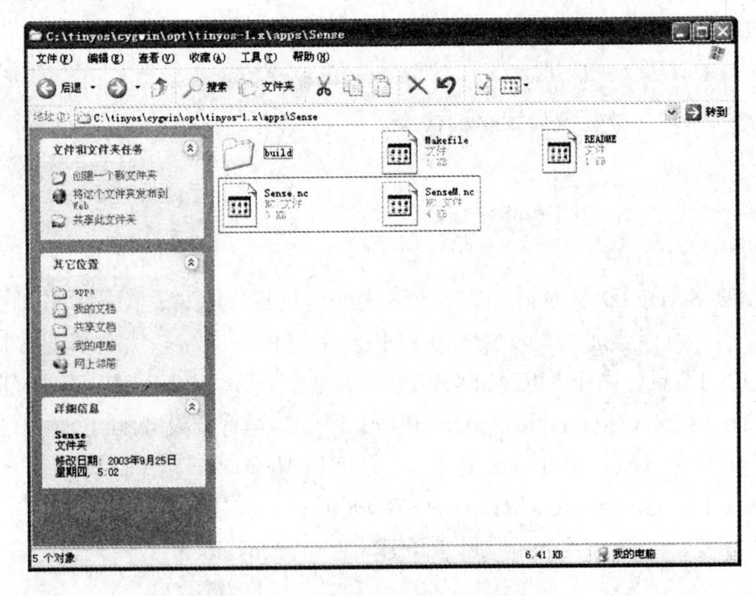

图 11.5 光传感器的应用程序

SenseM.nc 模块的程序代码如下：

```
module SenseM {
  provides {
    interface StdControl;
  }
  uses {
    interface Timer;
    interface ADC;
    interface StdControl as ADCControl;
    interface Leds;
  }
}

implementation {
  // declare module static variables here
  /** Module scoped method.  Displays the lowest 3 bits to the LEDs,
    * with RED being the most significant and YELLOW being the least significant. **/
  // display is module static function
  result_t display(uint16_t value)
  {
    if (value &1) call Leds.yellowOn();
    else call Leds.yellowOff();
    if (value &2) call Leds.greenOn();
    else call Leds.greenOff();
    if (value &4) call Leds.redOn();
    else call Leds.redOff();
    return SUCCESS;
  }
  /**
   * Initialize the component. Initialize ADCControl, Leds
    * @return returns <code>SUCCESS</code> or <code>FAILED</code>
   **/
  // implement StdControl interface
  command result_t StdControl.init() {
   return rcombine(call ADCControl.init(), call Leds.init());
  }
  /**  Start the component. Start the clock.
   * @return returns <code>SUCCESS</code> or <code>FAILED</code>   **/
  command result_t StdControl.start() {
   return call Timer.start(TIMER_REPEAT, 500);
  }
  /**  Stop the component. Stop the clock.
   * @return returns <code>SUCCESS</code> or <code>FAILED</code>   **/
  command result_t StdControl.stop() {
   return call Timer.stop();
  }
```

```
  /**  Read sensor data in response to the <code>Timer.fired</code> event.
   * @return The result of calling ADC.getData().   **/
  event result_t Timer.fired() {
    return call ADC.getData();
  }
  /**  Display the upper 3 bits of sensor reading to LEDs
   * in response to the <code>ADC.dataReady</code> event.
   * @return Always returns <code>SUCCESS</code>   **/
  // ADC data ready event handler
  async event result_t ADC.dataReady(uint16_t data) {
    display(7-((data>>7) &0x7));
    return SUCCESS;
  }
}
```

与 BlinkM 类似，SenseM 提供了 StdControl 接口并使用了 Timer 和 Leds 接口，同时还使用了另外两个接口即 ADC 接口(用于从 A/D 转换器上存取数据)、StdControl 接口(用于初始化 ADC 组件)。

该程序还使用了一个新的组件 TimerC，代替前面使用过的 SingleTimer。原因是 TimerC 允许使用多个定时器实例，而 SingleTimer 仅提供一个组件能使用的单个计时器。

程序行“interface StdControl as ADCControl”的意义是本组件使用 StdControl 接口，但将该接口的实例命名为“ADCControl”。通过使用这种方式，一个组件可以使用同一接口的多个实例，但可将它们分别命以不同的名字。例如，某个组件可能同时需要两个 StdControl 接口来分别控制 ADC 和 Sounder 两个组件，那么可以按如下方式声明：

```
interface StdControl as ADCControl ;
interface StdControl as SounderControl ;
```

然后利用该模块的配置，负责将每个接口实例与真实的实现导通起来。

接口 StdControl 用于对组件(通常为一片物理硬件)进行初始化，并对之加电；接口 ADC 用于从 ADC 信道获取数据。若数据在 ADC 信道上已经准备好了，则 ADC 接口会触发事件 dataReady( )。在 ADC 接口中使用了关键字“async”，它表示所声明的命令和事件为异步代码。异步代码是可以对硬件中断给予及时响应的代码。

通过分析 SenseM.nc 源代码，不难看出，每当 Timer.fired( )事件触发时就会调用 ADC.getData( )函数；同样，当 ADC.dataReady( )事件触发时，就调用内部函数 display( )，该显示函数利用 ADC 值的低序位上的数值来设置 LED。

StdControl.init( ) 的实现中使用了函数 rcombine( )，即 return rcombine(call ADCControl.init( ), call Leds.init( ))。该函数是一个特殊的 nesC 连接函数，返回值为结果类型同为“result_t”的两个命令的逻辑“与”。

Sense.nc 配置程序代码如下：

```
configuration Sense {
  // this module does not provide any interface
}
```

```
implementation
{
  components Main, SenseM, LedsC, TimerC, Photo;
  Main.StdControl -> SenseM;
  Main.StdControl -> TimerC;
  SenseM.ADC -> Photo;
  SenseM.ADCControl -> Photo;
  SenseM.Leds -> LedsC;
  SenseM.Timer -> TimerC.Timer[unique("Timer")];
}
```

该文件代码中大部分语句与 Blink 中的语句类似，如将 Main.StdControl 与 SenseM.StdControl 接口导通起来，Leds 接口也类似。对于 ADC 的导通语句：

```
SenseM.ADC -> Photo;
SenseM.ADCControl -> Photo;
```

它们的作用是将 ADC 接口(被 SenseM 使用的)绑定到一个新的称为“Photo”的组件上；ADCControl 接口也一样，而这个接口是 SenseM 使用的 StdControl 接口的一个实例。

采用事件驱动方式从传感器读取光强数据的实现过程如下：

(1) 将带有光传感器的网络节点(如 Mica2 传感器主板使用 51 针的连接头)与编程板相连；

(2) 打开 Cygwin 应用程序窗口，进入目录“c:/tinyos/cygwin/opt/tinyos-1.x/apps/ Sense”，如图 11.6 所示；

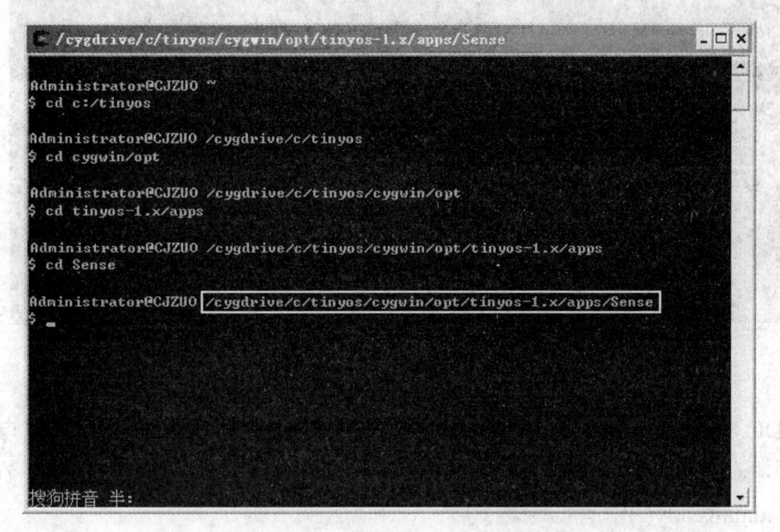

图 11.6　进入应用程序目录

(3) 运行命令“make mica install”，如图 11.7 所示；

(4) make 命令完成应用程序的编译，并安装到传感器节点，Cygwin 编译命令的运行结果如图 11.8 所示，此时可以观察到传感器主板上的光传感器将获取的光强度值显示在节点的 LED 上。

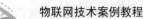

```
/cygdrive/c/tinyos/cygwin/opt/tinyos-1.x/apps/Sense

Administrator@CJZUO ~
$ cd c:/tinyos

Administrator@CJZUO /cygdrive/c/tinyos
$ cd cygwin/opt

Administrator@CJZUO /cygdrive/c/tinyos/cygwin/opt
$ cd tinyos-1.x/apps

Administrator@CJZUO /cygdrive/c/tinyos/cygwin/opt/tinyos-1.x/apps
$ cd Sense

Administrator@CJZUO /cygdrive/c/tinyos/cygwin/opt/tinyos-1.x/apps/Sense
$ make mica install

搜狗拼音 半:
```

图 11.7 make 命令

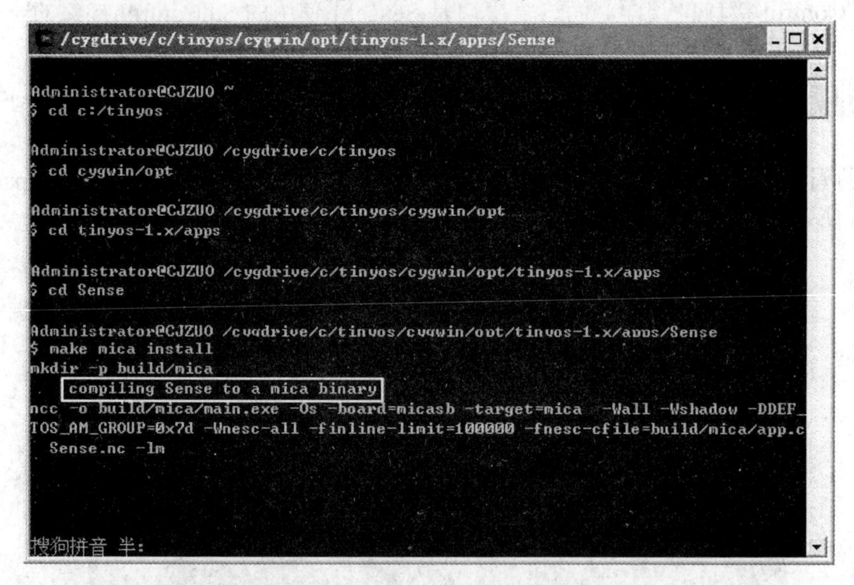

图 11.8 程序编译的结果

这里 ADC 将光传感器获得的大样本数据转化为 10 位的数字，表示当节点在光亮处时 LED 灯熄灭，在黑暗中 LED 则发光，因而将该数据的高三位求反。因此，在 SenseM.nc 的函数 ADC.dataReady( )中有如下语句：

```
display(7-((data>>7) &0x7));
```

就是为了实现这个用途。

11.3.3 消息的发送和接收

这个实验是对传感器节点编写“CntToLedsAndRfm”程序，它通过无线方式传输计数

器的数值，假设命名为“节点 1”。对另外一个传感器节点编写“RfmToLeds”程序，这个节点负责用 **LED** 灯显示所接收到的计数器数值，假设命名为“节点 **2**”。具体操作步骤如下。

(1) 将网络节点 Mica2 通过串口与 MIB510 编程板相连。

(2) 打开 Cygwin 应用程序窗口，进入目录“c:/tinyos/cygwin/opt/tinyos-1.x/apps/CntToLedsAndRfm”，如图 11.9 所示。

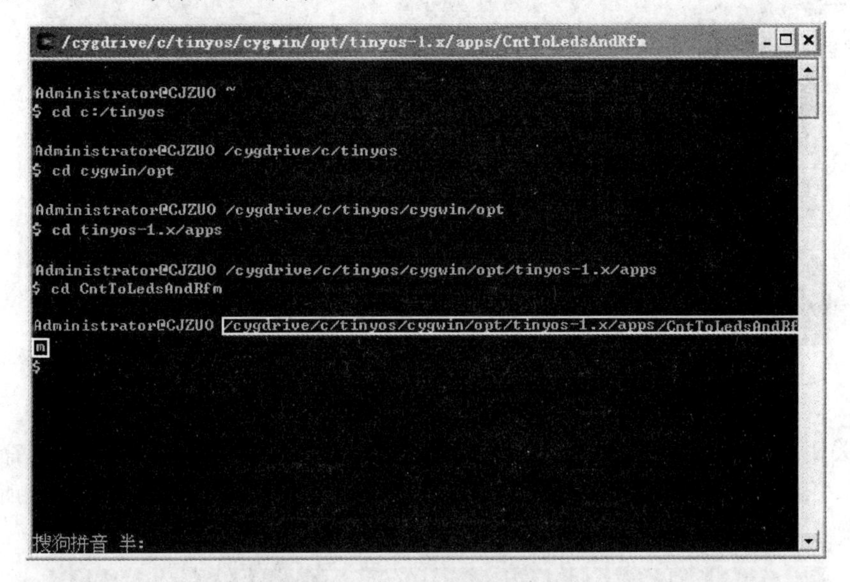

图 11.9　进入应用程序目录

(3) 运行命令“make mica2 install”，如图 11.10 所示。

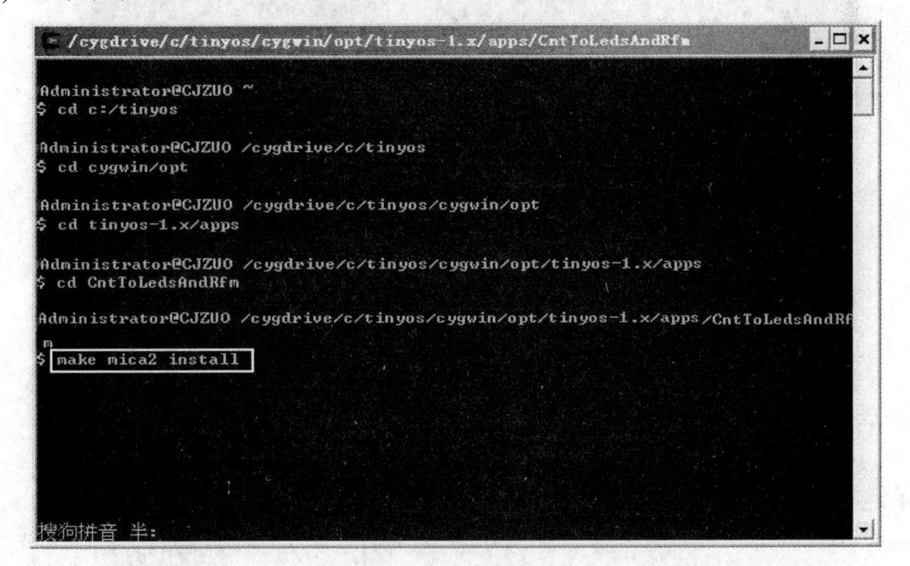

图 11.10　make 命令

Cygwin 编译命令结果如图 11.11 所示，这时可以观察到节点 2 的 LED 灯会显示出三位的二进制计数器，这也是节点 1 通过无线发送的数据结果。

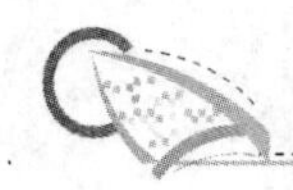

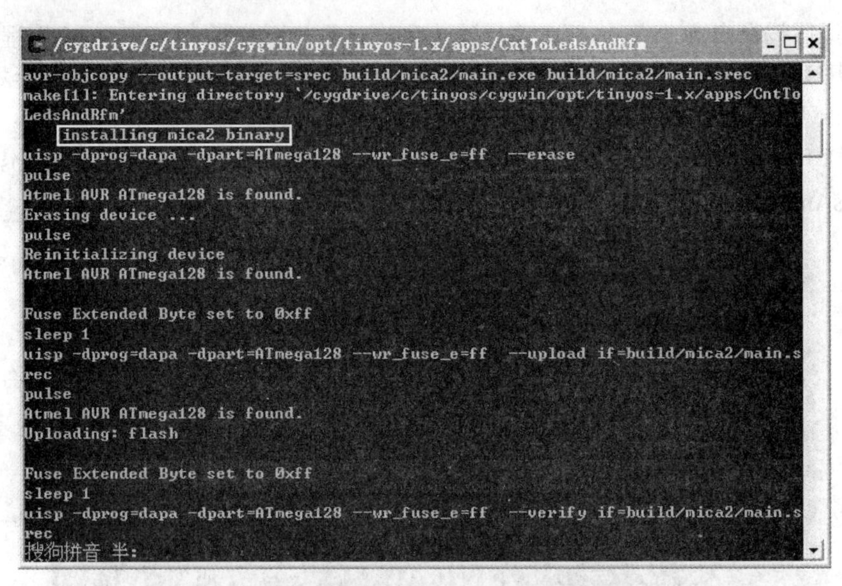

图 11.11　编译的结果

(4) 关闭节点 1 的电源，另选一个其他的节点与编程板相连，假设这个节点命名为“节点 3”，进入目录“c:/tinyos/cygwin/opt/tinyos-1.x/apps/RfmToLeds”，如图 11.12 所示。

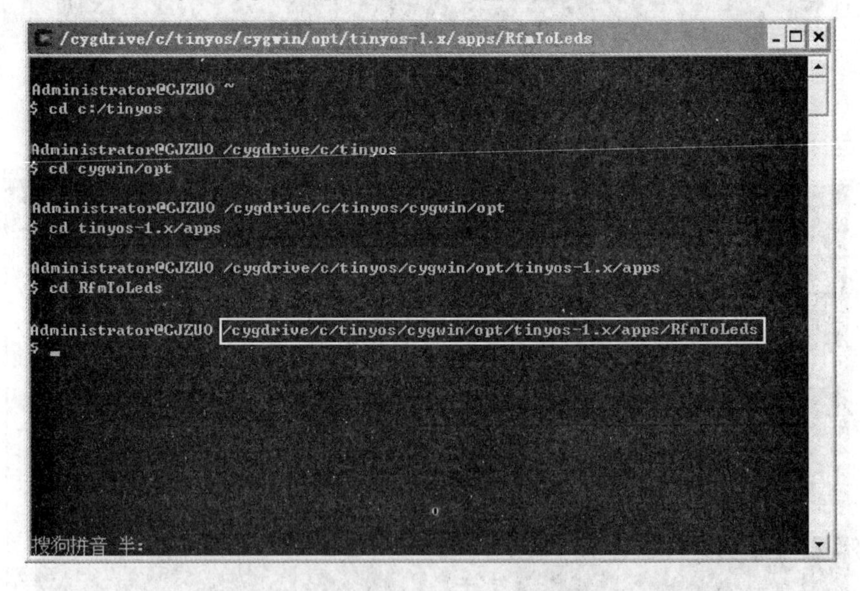

图 11.12　进入 RfmToLeds 目录

(5) 运行命令“make mica2 install.2”，如图 11.13 所示。

(6) 打开节点 1 和节点 3，就观察到节点 1 通过无线发送计数器的数据，节点 3 通过 LED 灯显示所接收到的计数值。

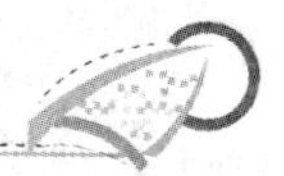

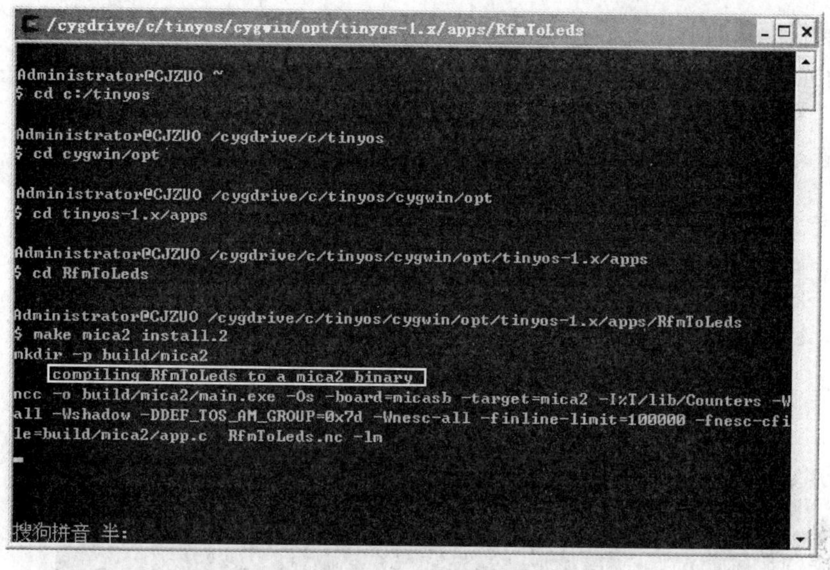

图 11.13 编译 RfmToLeds 的结果

11.3.4 数据显示

本实验的目标是将传感器网络与个人计算机集成起来，使传感器数据在个人计算机上显示出来。下面将首先介绍计算机通过串口读取传感器网络数据的基本工具操作，然后展示一个图形化地显示传感数据的 Java 应用程序。

1. Oscilloscope 应用程序

这里使用的传感器网络应用程序位于“…apps/Oscilloscope”目录下，如图 11.14 所示。该应用程序仅包含一个从光传感器上读取数据的模块。每当读取到 10 个传感数据时，该模块就向串口发送一个包含这些数据的包。传感器网络仅仅只用串口发送数据包。

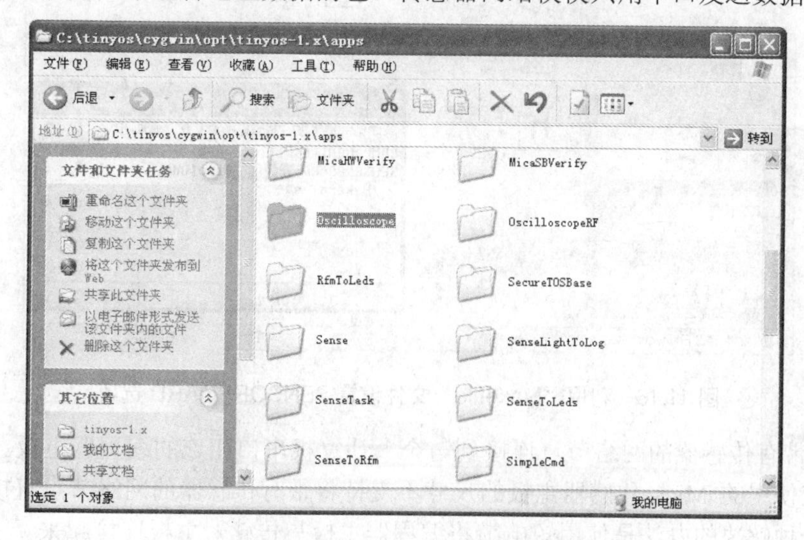

图 11.14 Oscilloscope 应用程序所在目录

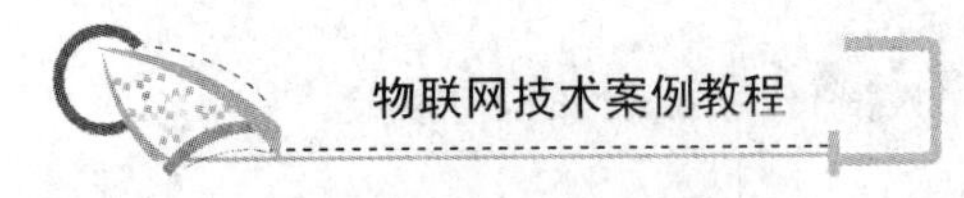

具体操作步骤如下。

(1) 首先编译 Oscilloscope 应用程序，如图 11.15 所示，并将其安装到一个传感器网络节点中。

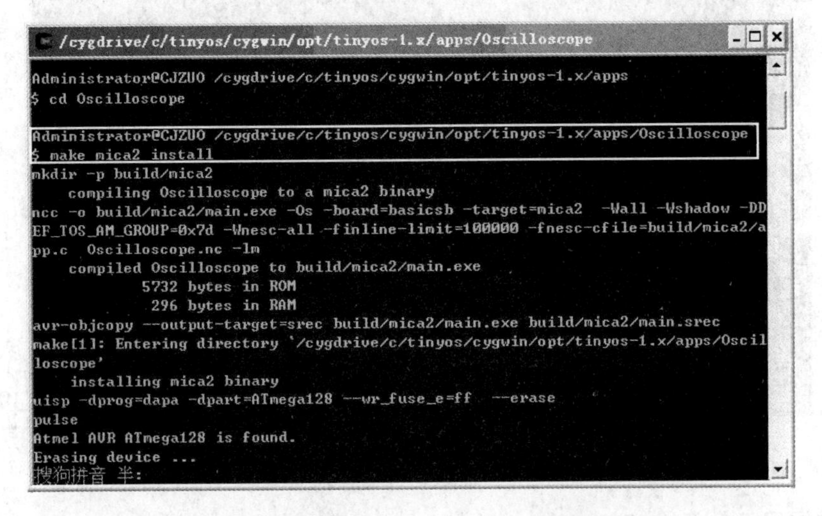

图 11.15　编译并安装 Oscilloscope 应用程序到节点

(2) 将传感器主板连接到网络节点上，以便可以获得光强数据。根据传感器主板的类型，在“apps/Oscilloscope/Makefile”，文件中设置“SENSORBOARD”选项，如图 11.16 所示，这里可以是“micasb”，也可以是“basicsb”。

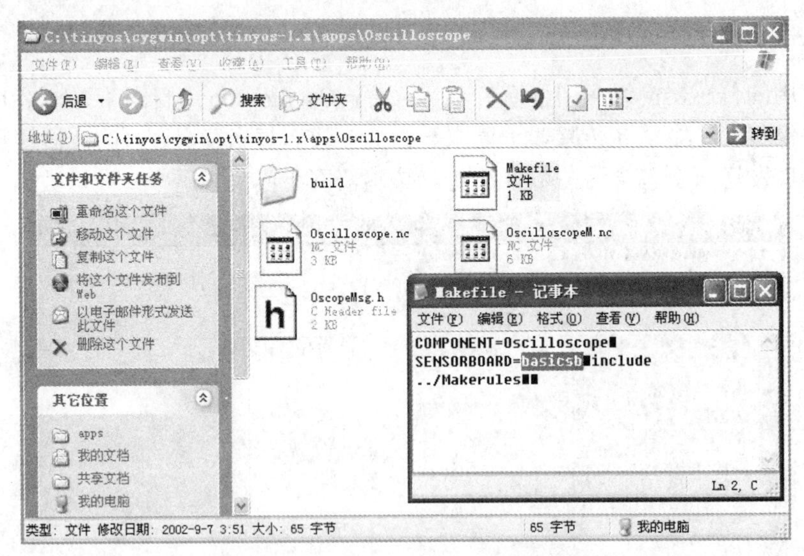

图 11.16　利用“Makefile”文件设置 SENSORBOARD 选项

(3) 将带有传感器的网络节点连接到与个人计算机串口相连的编程器主板。值得注意的是，当前使用的 Mica 传感器主板的尺寸不支持将带有传感器的网络节点直接插入编程器主板。一种解决的办法是使用短电缆将编程器主板与传感器主板连接起来。

(4) 在 Oscilloscope 应用程序运行时，如果传感数据超过某一阈值(需要在代码中设置，默认为 0x0300)，则红色的 LED 灯会发亮。每当一个数据包被传回给串口时，黄色的 LED 灯就发亮。

2. “监听”工具

使用“监听”工具来显示原始数据包中的数据，是为了在个人计算机和网络节点之间建立通信，具体实现过程如下。

(1) 将串口电缆连接到编程器主板上，检查 JDK 及 javax.comm 包是否安装完好。

(2) 将 Oscilloscope 代码编译完成和安装到网络节点之后，转到“tools/java”目录下，运行 make 命令，如图 11.17 所示。

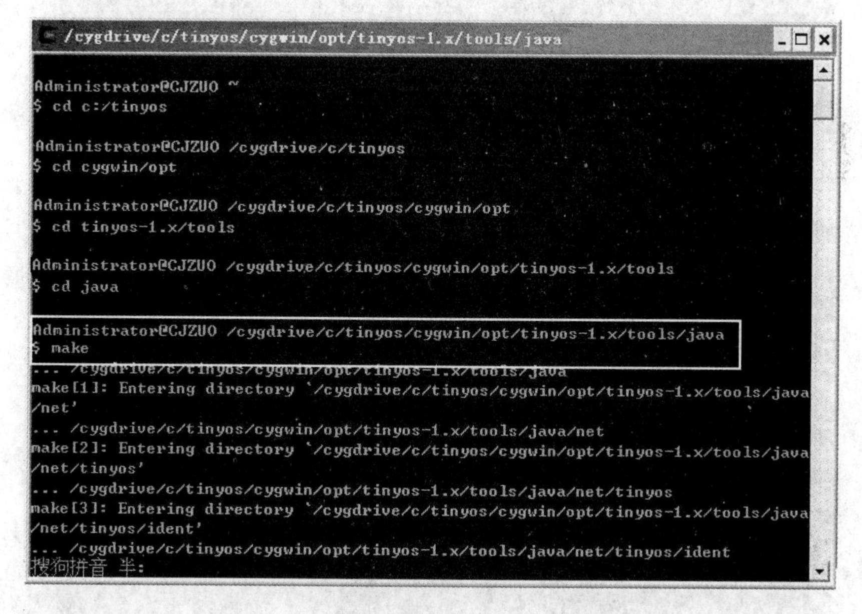

图 11.17　在 Java 目录下运行 make 命令

(3) 设置 MOTECOM 参数，运行命令：

```
export MOTECOM=serial@COM1:57600
```

运行结果如图 11.18 所示。

该命令的格式为“export MOTECOM=serial@serialport:baudrate”。环境变量 MOTECOM 在这里用于“告诉”Java listen 工具要监听哪些数据包。这里“serial@ serialport:baudrate”的含义是监听连接到串口的网络节点，其中 serialport 是连接到编程器主板的串行端口，baudrate 是网络节点的波特率。mica 和 mica2dot 节点的波特率是 19200，mica2 节点的波特率是 57600。

(4) 在设置好 MOTECOM 参数后，运行命令“java net.tinyos.tools.Listen”，并得到一些输出信息，如图 11.19 所示，它仅仅只是简单地将从串口接收到的每个数据包的原始数据打印出来。

```
/cygdrive/c/tinyos/cygwin/opt/tinyos-1.x/tools/java
 0 productions never reduced.
 0 conflicts detected (0 expected).
 Code written to "senseParser.java", and "sym.java".
---------------------------------------------------- (v0.10j)
java JLex.Main senseParser.lex

Processing second section -- JLex declarations.
Processing third section -- lexical rules.
Creating NFA machine representation.
NFA comprised of 473 states.
Working on character classes.::::.::::.:.:::.::::..:::..::::::::.:.:::.:.::::...
.:.:::...:::.:...:.:.:::....:.:::::..............................:.......:......
................................................................................
.................:.......:...............................:..:..................:..
:..:.:.
NFA has 67 distinct character classes.
Creating DFA transition table.
Working on DFA states...........................................................
................................................................................

Administrator@CJZUO /cygdrive/c/tinyos/cygwin/opt/tinyos-1.x/tools/java
$export MOTECOM=serial@COM1:57600
Administrator@CJZUO /cygdrive/c/tinyos/cygwin/opt/tinyos-1.x/tools/java
$
搜狗拼音 半:
```

图 11.18　运行设置 MOTECOM 参数的命令

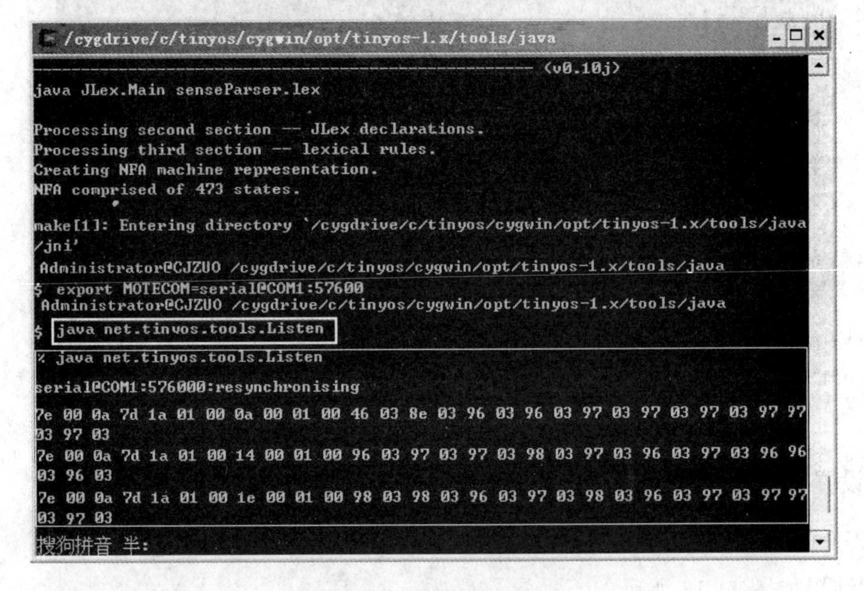

图 11.19　串口信息输出

(5) 最后执行“unset MOTECOM”命令，以免导致其他所有 Java 应用程序都使用该串口来获取数据包。

如果没有正确地安装 javax.comm 包，那么程序将会提示不能够找到串口。如果屏幕上没有出现类似于图 11.19 所示的数据输出，原因可能是使用的 COM 端口不对，或者网络节点到个人计算机之间的连接线路存在问题。

3. SerialForwarder 程序

“监听”程序是与网络节点进行通信的基本方式，这种方式要做的事情仅仅只是打开

串口，并将数据包“堆”到屏幕上而已。显然，使用这种方式不易于将传感数据可视化地展现在用户面前，用户需要一种更好的获取传感器网络数据的方法。

SerialForwarder 程序用于从串口读取数据包的数据，并将其在互联网上转发，这样就可以用其他的程序通过互联网来与传感器网络进行通信。

具体操作步骤如下。

(1) 先进入 Cygwin 应用程序，如果要运行串口转发器程序，如图 11.20 所示要先转到“tools/java”目录下。

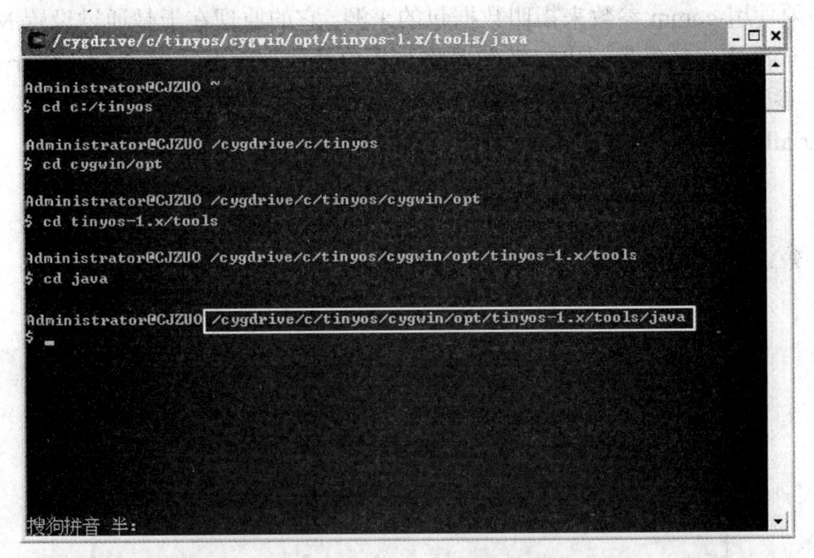

图 11.20　进入“java”目录

(2) 运行串口转发器程序，如图 11.21 所示，打开一个 GUI 窗口，输入如下命令：

```
java net.tinyos.sf.SerialForwarder -comm serial@COM1:19200
```

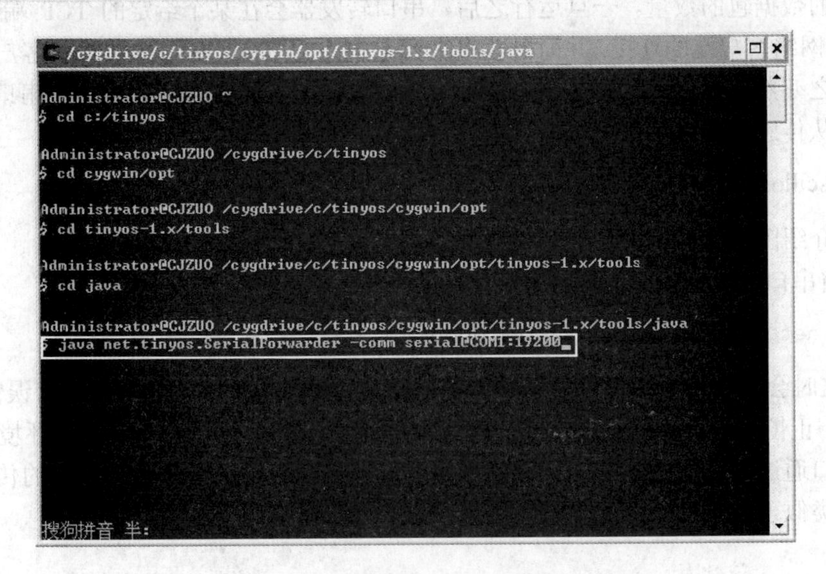

图 11.21　运行串口转发器程序命令

通常该命令的格式为：

```
java net.tinyos.sf.SerialForwarder -comm serial@serialport:baudrate
```

参数-comm“告诉”SerialForwarder 使用串口 COM1 进行通信，该参数指定 SerialForwarder 将要进行转发的数据包来自于何处，使用语法与前面用到过的 MOTECOM 环境变量类似。运行“java net.tinyos.packet.BuildSource”命令可以获得一个包含所有来源的列表。与大多数程序不一样的是，SerialForwarder 并不识别 MOTECOM 环境变量，必须使用-comm 参数来指明数据包的来源。它的原理在于是通过设置 MOTECOM 参数来指定一个串口转发器，串口转发器将与串口通信，而不能指望 SerialForwarder 与它自己通信。参数 baud rate 用于指定 SerialForwarder 通信时的波特率。

(3) SerialForwarder 程序的 GUI 窗口打开之后，如图 11.22 所示。

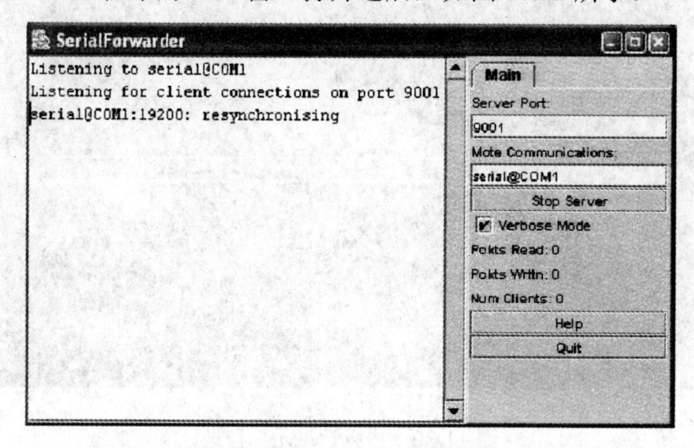

图 11.22　SerialForwarder 程序的 GUI 窗口

SerialForwarder 程序的 GUI 窗口并不显示自身数据包的数据，而是更新窗口的右下部分所显示的数据包的数量。一旦运行之后，串口转发器会在某个给定的 TCP 端口(默认为 9001)监听网络客户端的连接，并简单地将来自于串口的 TinyOS 消息转发到客户端的网络连接，反之亦然。值得注意的是，多个应用程序可以一次同时连接到同一个串口转发器，它们都将从传感器网络获得一份消息拷贝。

4. Oscilloscope 的图形用户界面 GUI

下面介绍图形化显示来自于网络节点的采集数据。

(1) 将串口转发器保持运行状态，执行命令：

```
java net.tinyos.oscope.oscilloscope
```

(2) 这时会弹出一个图形化显示来自于网络节点的数据窗口。如果提示错误信息：“端口 COM1 正忙”，可能是因为 Listen 程序执行完后没有重置 MOTECOM 环境变量。这个数据窗口通过网络连接到串口转发器，并获取数据，通过解析每个数据包的传感数值，然后画出类似于图 11.23 所示的图形。

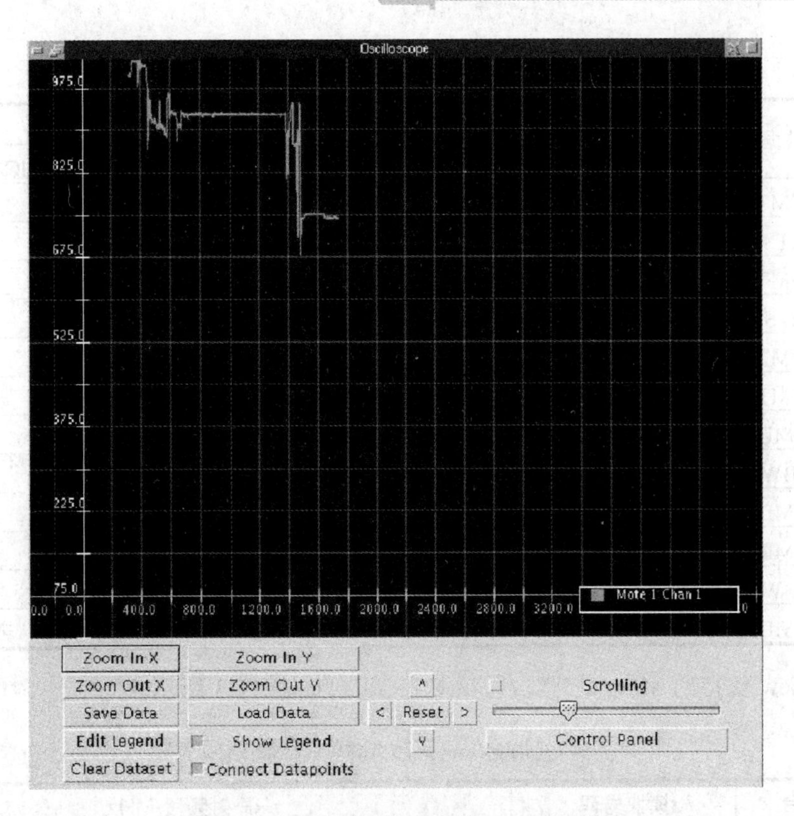

图 11.23　解析得到的串口数据可视化图形

该图形的 X 轴表示数据包的数量值，Y 轴表示传感器的光强数值。如果网络节点运行过久，数据包数值会较大，所以图中可能会显示不出传感器数据。这时只需将网络节点的电源断开、再打开，这样可将数据包计数器重置为 0。如果在显示区看不到传感器的光强数据，需将其缩放到适当大小。

11.3.5　MoteView 的安装与使用

在 8.3.3 节中，已经简略介绍了后台管理软件之一的 MoteView 工具。本实验将详细介绍安装和使用 MoteView 软件的具体步骤。

MoteView 是一款基于客户端层的可视化工具，为用户与传感器网络之间的交互提供了一个强大的接口。它提供了用于分析和监测的图形化工具，同时还能够与数据库进行连接，方便用户对数据进行分析和比较。

MoteView 支持所有的 CrossBow 传感器和数据采集板，并支持 Mica2、MicaZ 和 IRIS 等传感器网络节点。它还能用于传感器集成平台的部署和检测，如 MSP 节点安全/入侵检测系统和 MEP 节点环境检测系统。MoteView 支持的数据采集板及 Mote 平台如表 11-2 所示。

表 11-2 MoteView 支持的数据采集板与 Mote 平台

数据采集板	Mote 平台			
	IRIS	MICAz	MICA2	MICA2DOT
MTS101		兼容	兼容	
MTS300/310	兼容	兼容	兼容	
MTS410		兼容		
MTS400/420	兼容	兼容	兼容	
MTS450		兼容	兼容	
MTS510				兼容
MDA100	兼容	兼容	兼容	
XBW-DA100		兼容		
MDA300	兼容	兼容	兼容	
MDA320	兼容	兼容	兼容	
XBW-DA325		兼容		
MDA500				兼容

MoteView 支持的 Mote 处理器/射频(MPR)平台如表 11-3 所示。

表 11-3 MoteView 支持 Mote 处理器/射频平台

Mote 平台	模块号码	RF 射频段/MHz
IRIS	XM2110	2400～2483.5
	M2110	2400～2483.5
MICAz	MPR2400	2400～2483.5
	MPR2600	2400～2483.5
MICA2	MPR400	868～870；903～928
	MPR410	433.05～434.8
	MPR420	315(日本专属)
	MPR600	868～870；903～928
MICA2DOT	MPR500	868～870；903～928
	MPR510	433.05～434.8
	MPR520	315(日本专属)

1. MoteView 软件的安装

MoteView 软件的安装步骤如下。

(1) 首先下载 MoteView 安装文件，或从光盘将安装文件复制到磁盘。

(2) 在“MoteView”的目录下双击“MoteViewSetup.exe”文件开始安装，如图 11.24 所示。

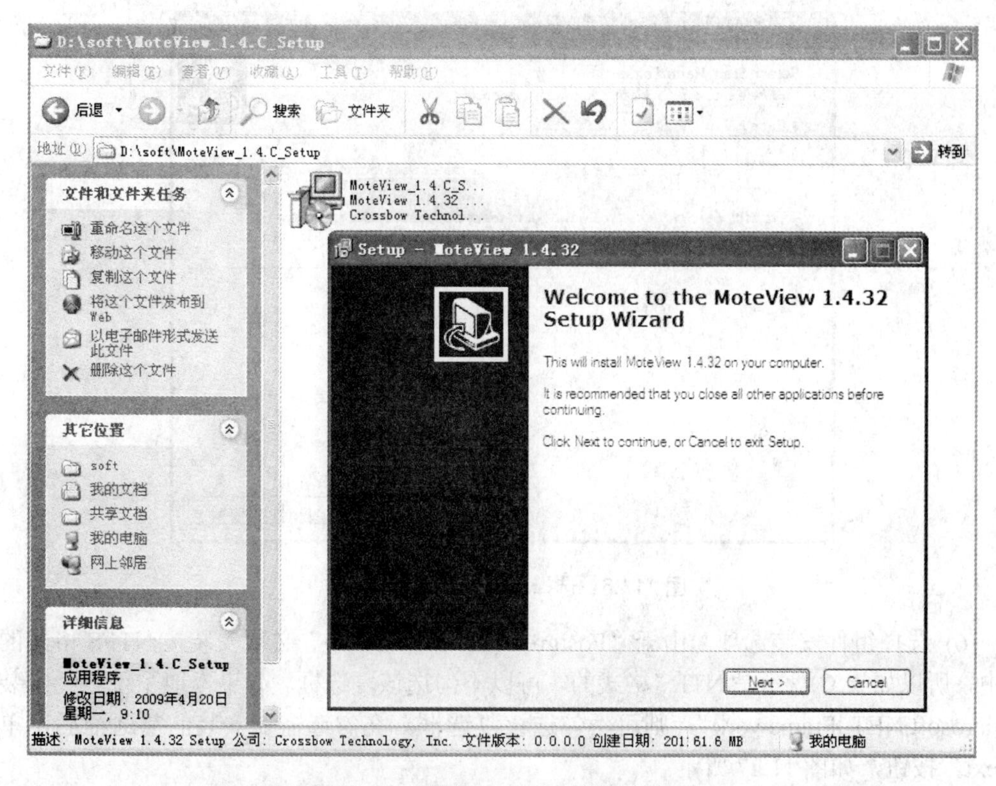

图 11.24　开始 MoteView 的安装向导

(3) 在欢迎安装向导的窗口中单击“Next”按钮。

(4) 选择安装的路径，单击“Next”按钮，如图 11.25 所示。

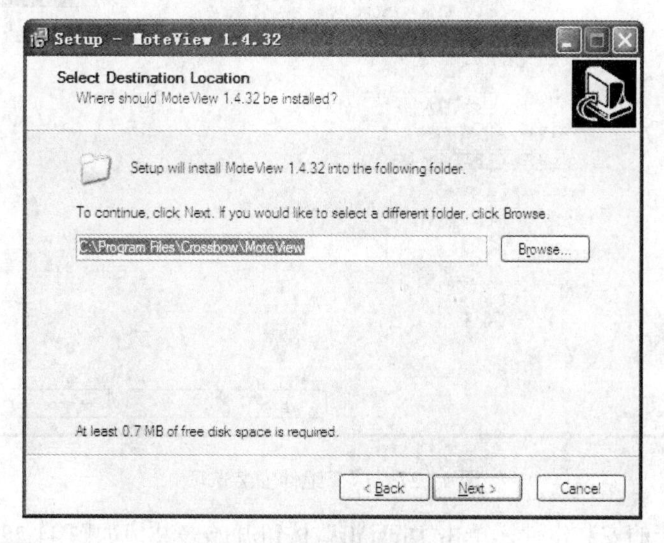

图 11.25　选择安装路径

(5) 选择在开始菜单中的名称，这里保持默认名称“Crossbow”不变，单击“Next”按钮，如图 11.26 所示。

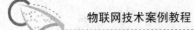

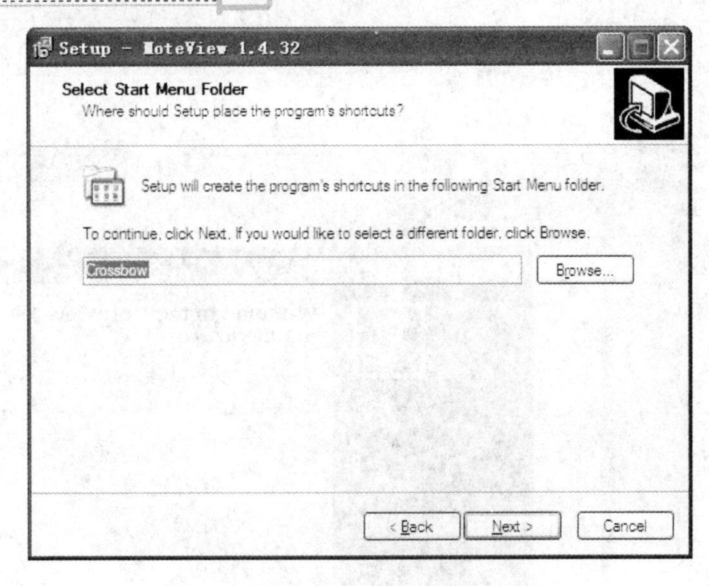

图 11.26　选择在开始菜单中的名称

(6) 选择组件安装选项，由于“PostgreSQL8.0 Database”必须安装在 NTFS 格式的磁盘中，所以如果 C 盘不是 NTFS 格式的，可以不勾选该复选框。如果本地系统已经安装了“Microsoft.NET Framework”，则可不勾选该复选框。在勾选需要安装的复选框后，单击“Next”按钮，如图 11.27 所示。

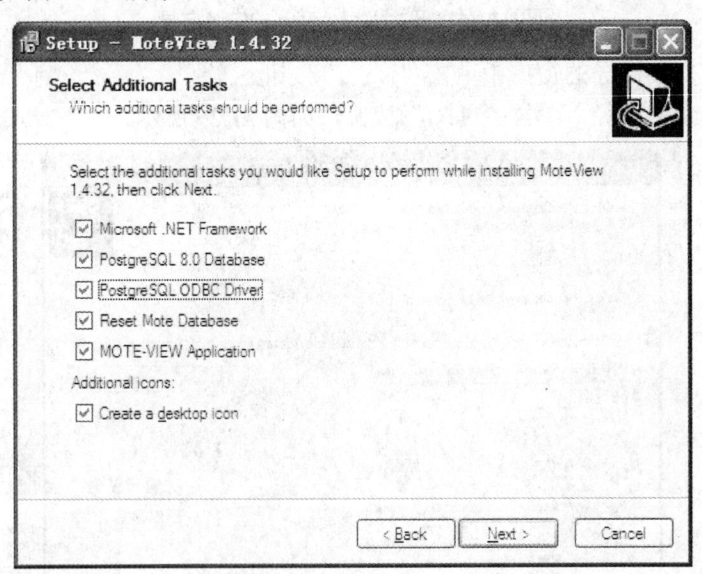

图 11.27　选择组件安装选项

(7) 确认选择的安装组件，单击“Install”按钮开始安装，如图 11.28 所示。

(8) 当窗口提示完成安装后，用户需要重启计算机。至此为止，MoteView 及其相关组件已经安装完成，如图 11.29 所示。如果在第(6)步没有选择安装“PostgreSQL8.0 Database”，则需要继续进入第(9)步。

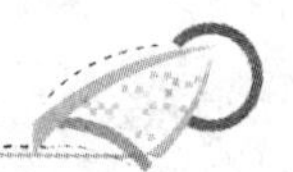

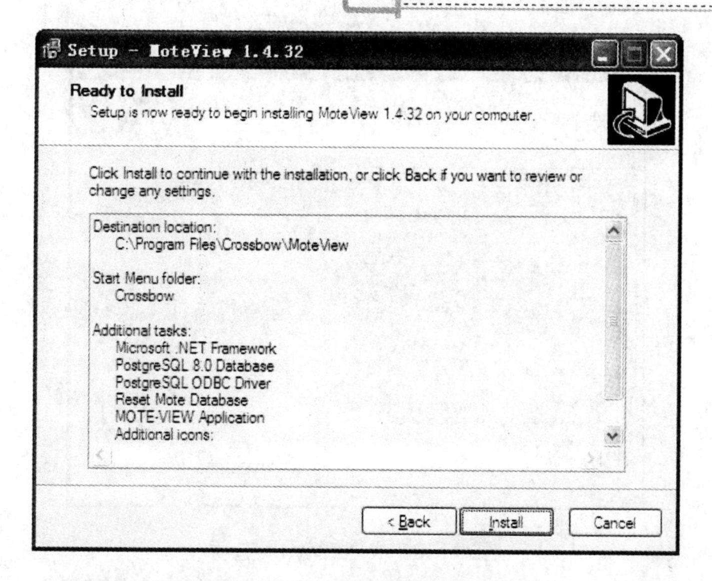

图 11.28　确认选择的安装组件

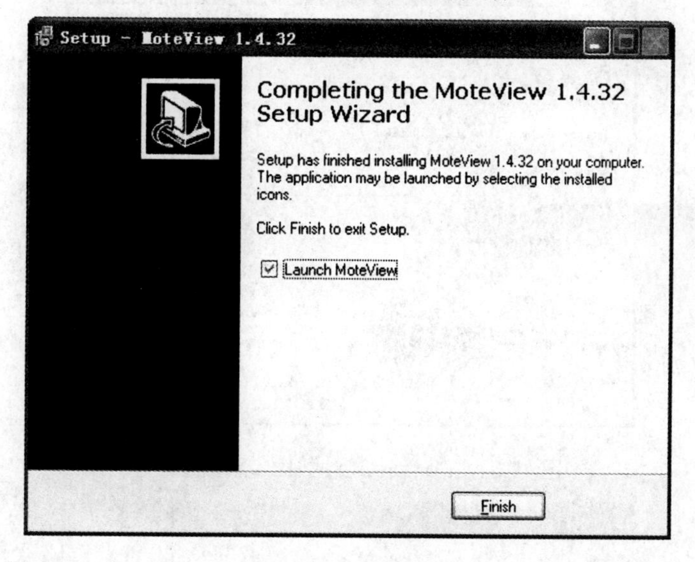

图 11.29　安装完成

(9) 下载 Windows 操作系统下的 PostgreSQL 数据库安装软件，双击其图标进入安装步骤。

(10) 如图 11.30 所示，右击“PL/Java”选项，在弹出的快捷菜单中选择“安装 PL/Java”命令，单击“Next”按钮进入下一步。

(11) 如图 11.31 所示，在“Account name”文本框中输入“tele”，在“Account password”文本框中输入“tiny”，单击“Next”按钮进入下一步。

(12) 输入数据库初始化信息，如图 11.32 所示，同样在“Superuser name”文本框中输入“tele”，在“Password”文本框中输入“tiny”，单击“Next”按钮，进入下一步。

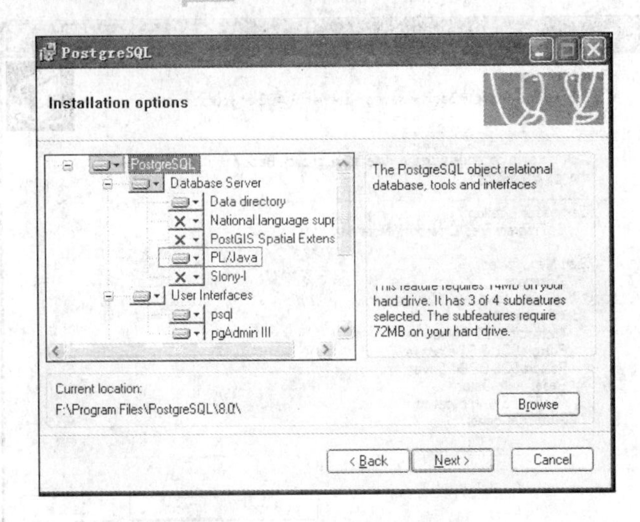

图 11.30 “PL/Java”选项

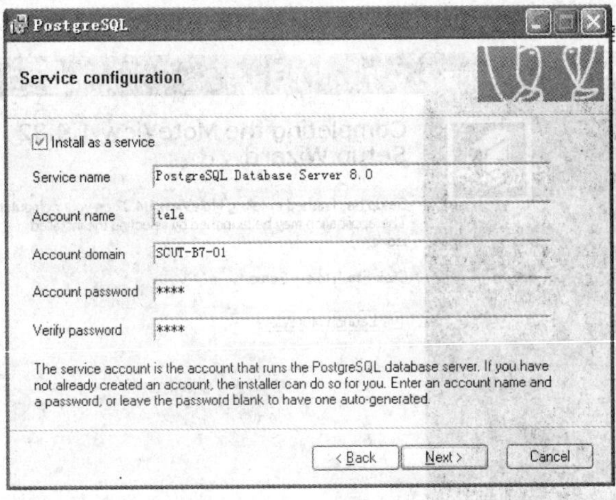

PostgreSQL

Service configuration

Install as a service

Service name PostgreSQL Database Server 8.0

Account name tele

Account domain SCUT-B7-01

Account password ****

Verify password ****

The service account is the account that runs the PostgreSQL database server. If you have not already created an account, the installer can do so for you. Enter an account name and a password, or leave the password blank to have one auto-generated.

< Back Next > Cancel

图 11.31 PostgreSQL 数据库服务的配置

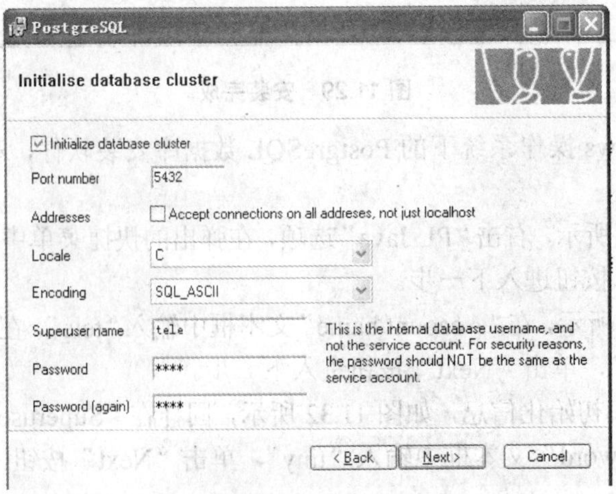

PostgreSQL

Initialise database cluster

Initialize database cluster

Port number 5432

Addresses Accept connections on all addreses, not just localhost

Locale C

Encoding SQL_ASCII

Superuser name tele

Password ****

Password (again) ****

This is the internal database username, and not the service account. For security reasons, the password should NOT be the same as the service account.

< Back Next > Cancel

图 11.32 PostgreSQL 数据库初始化的配置

(13) 如图 11.33 所示，勾选“PL/pgsql”复选框。

PostgreSQL

Enable procedural languages

Select procedural languages to enable in the default database

☑ PL/pgsql

☐ PL/perl

☐ PL/perl (untrusted)

☐ PL/python (untrusted)

☐ PL/tcl

☐ PL/tcl (untrusted)

☐ PL/java (trusted and untrusted)

< Back　Next >　Cancel

图 11.33　选择默认的数据库语言

(14) 如图 11.34 所示，接受选中的默认属性模块，单击“Next”按钮进入下一步。

PostgreSQL

Enable contrib modules

Contrib modules provide additional, often specialised, functionality. Select those you wish to install in the default template database. All files will be installed so modules may be added later simply by executing the appropriate SQL script.

☑ Adminpack	☐ Integer Aggregator	☐ Crypto. Functions	☐ Time Travel
☐ B-Tree GiST	☐ Integer Array	☐ Row lock functions	☐ SSL Info
☐ Chkpass	☐ ISN	☐ PGStatTuple	☐ Table Functions
☑ Cube	☐ Large Objects (lo)	☐ SEG	☐ TSearch2
☑ DBlink	☐ L-Tree	☑ AutoInc	☑ XML 2
☐ Earth Distance	☐ Buffercache	☑ Insert Username	
☐ Fuzzy String Match	☐ Freespace map	☑ ModDateTime	
☐ Hstore	☐ Trigram Matching	☐ RefInt	

< Back　Next >　Cancel

图 11.34　选择属性模块

(15) 等待安装完成，并单击“Next”按钮，进入下一步，如图 11.35 所示。

PostgreSQL

Installing...

File: Npgsql.NpgsqlParameterConstructor9.html, Directory: F:\Program Files\PostgreSQ...: 6718

Copying new files

Cancel

图 11.35　安装进行中

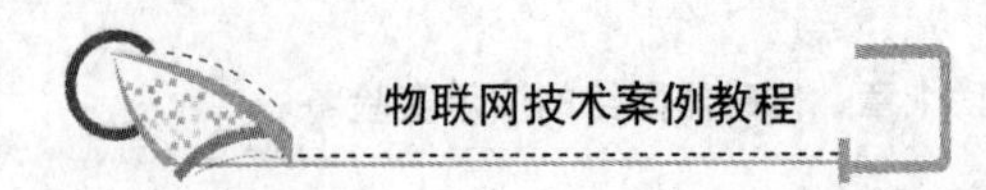

(16) 当进入图 11.36 所示的界面时，单击“Finish”按钮完成安装。

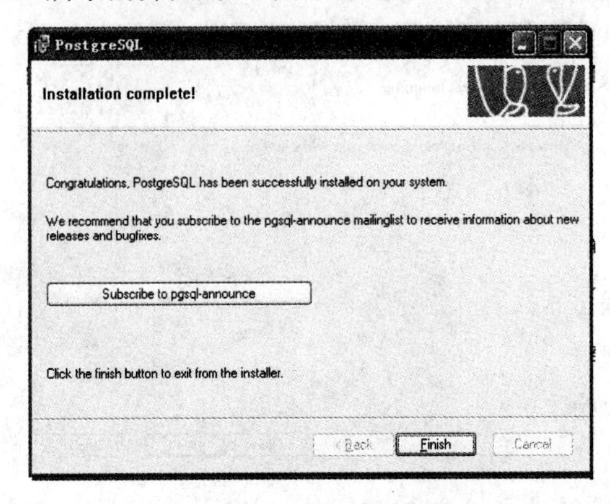

图 11.36　PostgreSQL 安装完毕

(17) 下面进行 task 数据库的创建，如图 11.37 所示，在“开始”菜单中选择“PostgreSQL 8.2→pgAdmin III”命令，打开“pgAdmin III”窗口。

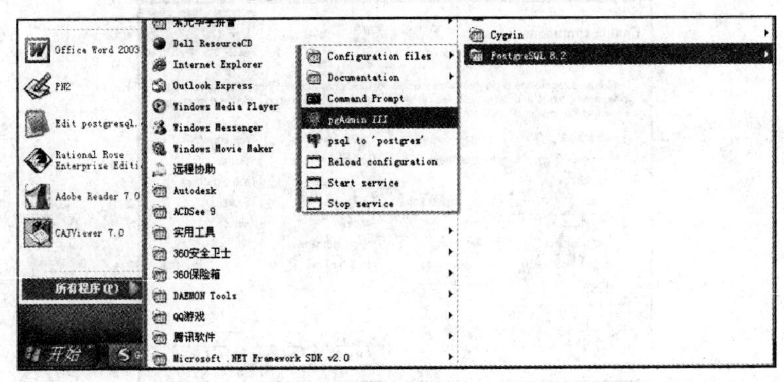

图 11.37　打开 PostgreSQL 的 pgAdmin III 工具

(18) 选择“文件→新增服务器”命令，如图 11.38 所示，打开“新服务器登录”对话框，添加一个 localhost 服务器，如图 11.39 所示。

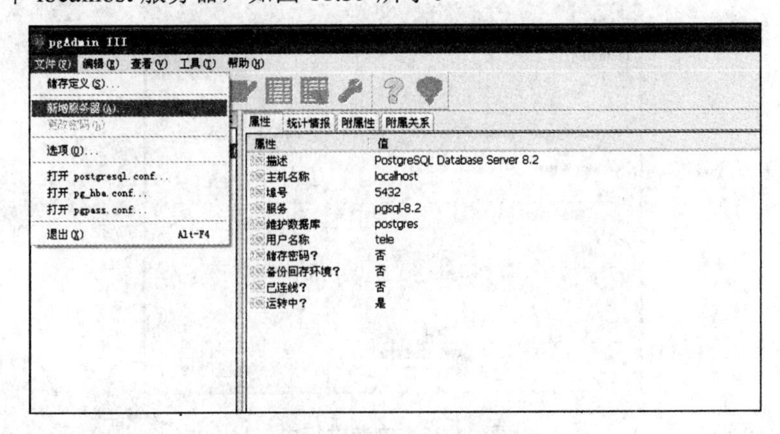

图 11.38　添加 localhost 服务器

(19) 按照图 11.39 所示进行配置，“密码”文本框中输入的是“tiny”，单击“确定”按钮。

图 11.39　“新增服务器登录”对话框

(20) 如图 11.40 所示，选中“localhost→数据库”选项，右击“数据库”选项，在弹出的快捷菜单中选择“新数据库”命令，如图 11.41 所示。

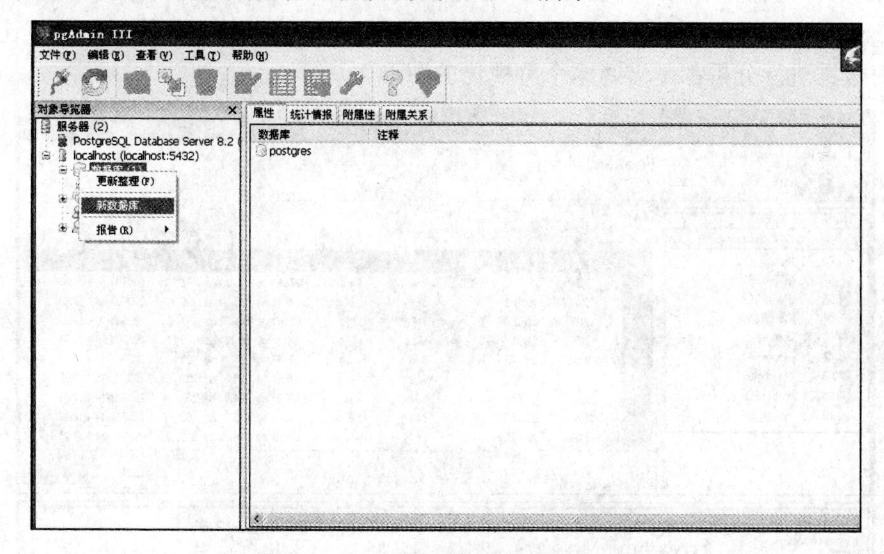

图 11.40　选择“新数据库”命令

(21) 按照图 11.41 所示的提示内容，输入配置选项，单击“确定”按钮，完成 PostgreSQL8.0 Database 的安装和配置。

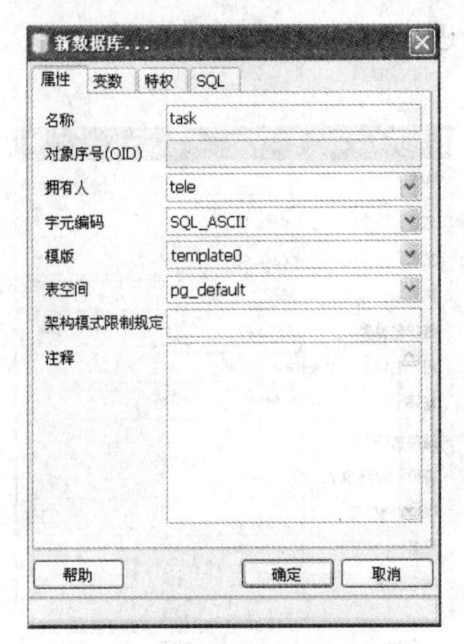

图 11.41　新数据库的配置

至此为止，MoteView 软件完全安装完毕。

2. MoteView 软件的使用

MoteView 具有四个用户界面：Toolbar/Menus、Node List、Visualization Tabs 和 Server/Error Messages，如图 11.42 所示。用户与传感器网络之间的交互、与数据库进行连接，以及用户对数据进行分析都是借助这个可视化的图形工具。

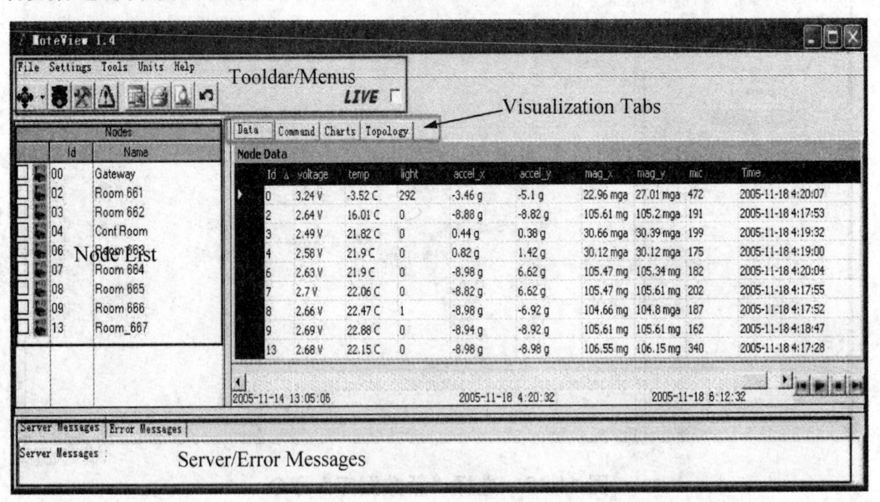

图 11.42　MoteView 的用户界面

MoteView 通过与本地个人计算机连接的 MIB510、MIB520 或 MIB600 网关，从一个活动的传感器网络中采集实时数据。

下面介绍如何与 MIB510 接口板进行连接，具体步骤如下。

(1) 单击工具栏上“Connect to MIB510/MIB520/MIB600”图标，或者如图 11.43 所示，

选择“File→Connect→Connect to MIB510/MIB520/MIB600”命令，打开“Connect to MIB510/MIB520/MIB600”窗口。

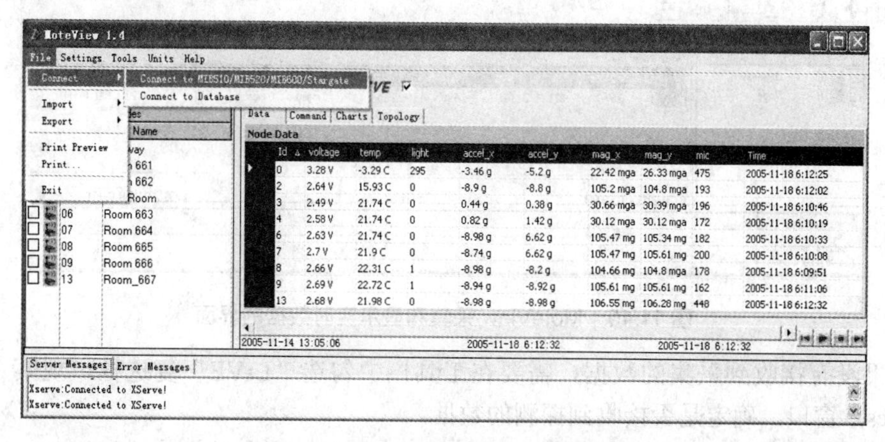

图 11.43　选择准备连接的接口板型号

(2) 按照图 11.44 所示，选择正确的 MIB510 端口号，并设置波特率为 57600。

如果要查询 MIB510 的端口号，可以在计算机系统中进行如下操作：在“开始”菜单中选择：控制面板命令，打开“控制面板”窗口，双击“系统”图标，打开“系统属性”对话框，选择“硬件”选项卡，单击“设备管理器”按钮，打开“设备管理器”窗口，即可查询，或者右击“我的电脑”图标，在弹出的快捷菜单中选择“属性”命令，同样可打开“系统属性”对话框，从而查询 MIB510 的端口号。

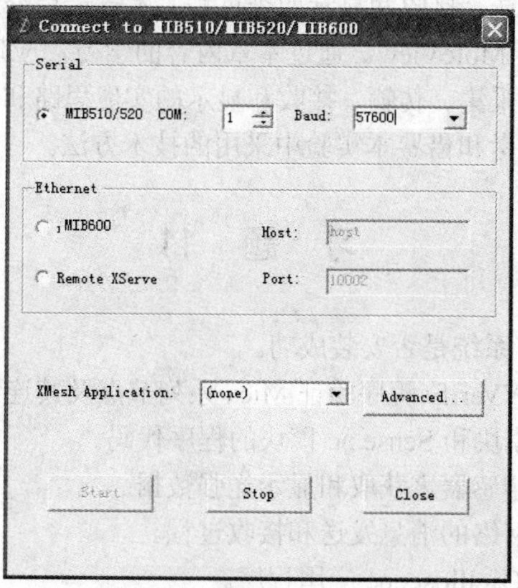

图 11.44　设置端口号和波特率

(3) 单击图 11.44 中所示的“Start”按钮，启动并连接到网关，此时 MoteView 就能采集和显示来自于传感器网络的实时数据，如图 11.45 所示。

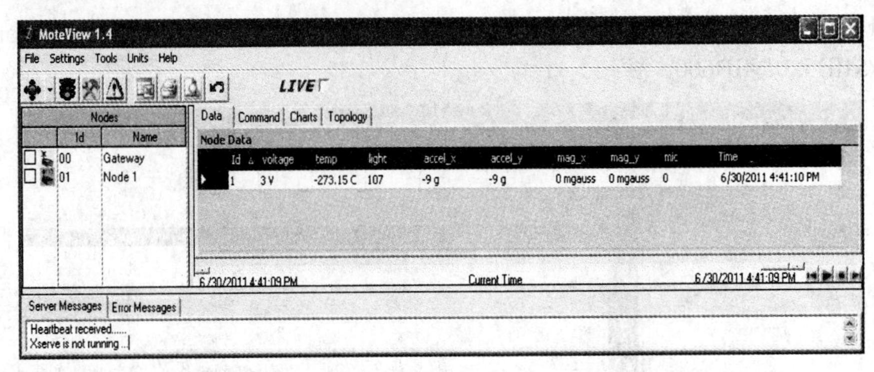

图 11.45 MoteView 采集和显示实时数据的界面

如果没有接收到采集的数据，需要在工具栏中勾选“LIVE”复选框，观察“Server Messages”窗口，确定是否接收到探测的数据。

如果希望获取 MoteView 软件安装和使用方面更详细的内容，可以参考 MoteView 附带的英文使用指南。

小 结

本章以 Mica 系列的传感器网络节点为实物，介绍了传感器网络的演示实验操作步骤和过程。在正式实验之前，需要对实验的硬软件环境是否正常进行功能验证，具体实验内容包括网络数据采集、发送、接收和显示四个过程。本章最后介绍了一种可在个人计算机上运行的后台管理工具即 MoteView。通过本章内容的学习，应理解传感网/物联网整体运行的直观过程，掌握数据采集、传输、接收和显示的实现思路和操作方法。在今后的类似网络应用设计时，可以参考和借鉴本实验中采用的技术方法。

习 题 11

1．上机验证 TinyOS 系统是否安装成功。
2．上机利用 MicaHWVerify 程序验证 Mica 系列节点及其连线是否正常。
3．分析 SenseM.nc 模块和 Sense.nc 模块的程序代码。
4．上机实验利用光传感器来获取和显示光强数据。
5．上机实验传感器网络的消息发送和接收过程。
6．上机安装和运行 Oscilloscope 应用程序。
7．上机实验“监听”工具的操作过程。
8．上机运行 SerialForwarder 程序。
9．上机实验 Oscilloscope 的图形用户界面功能。
10．上机安装 MoteView 软件工具，并对可能出现的安装问题进行分析和排除。
11．上机实验 MoteView 软件工具的使用，并说明显示界面所提供的采集数据的含义。

第 12 章

传感器网络的应用实验

本章介绍传感器网络的应用实验，着重提高实践和动手操作能力。这里以 AVR 集成开发环境为例，以 CC1000 芯片作为实验的通信芯片、以 ATmega128L 芯片为实验的处理器芯片，分别介绍程序下载烧录、数据采集和组网通信三项实验的操作步骤，并附以程序代码进行说明。这些实验内容所涉及的芯片和开发工具是工程设计中经常遇到的典型情况，因而对实际应用具有借鉴价值。如果设备条件允许，尽量使每个学生一人一套实验设备进行独立操作，并留有充足的时间能使学生理解和分析具体实验的基本原理。

12.1　CC1000 芯片

本实验所用的无线通信模块采用 CC1000 射频芯片。CC1000 是根据 Chipcon 公司的 SmartRF 技术，在 0.35μm CMOS 工艺下制造的一种理想的超高频单片收发通信芯片。它的工作频带在 315、868 及 915MHz，但很容易通过编程使其工作在 300～1000MHz 范围内。

CC1000 的特点包括低电压(2.3～3.6V)、低功耗、可编程输出功率(-20～10dBm)、高灵敏度(一般为-109dBm)、小尺寸(TSSOP-28 封装)和集成了位同步器。CC1000 的 FSK 数据传输率可达 72.8kb/s，具有 250Hz 步长可编程频率能力，能用于跳频协议。它的主要工作参数能通过串行总线接口编程进行调整，使用非常灵活。

1. CC1000 芯片电路结构

CC1000 芯片的内部功能模块如图 12.1 所示。

在接收模式下，CC1000 可看做是一个传统的超外差接收器。射频(RF)输入信号经低噪声放大器(LNA)放大后翻转进入混频器，通过混频器混频产生中频(IF)信号。在中频处理阶段，该信号在送入解调器之前被放大和滤波。引脚 RSSI/IF 通过混频可以产生出可选的 RSSI 信号和 IF 信号，CC1000 从引脚 DIO 输出解调数字信号，解调信号的同步性由芯片上的 PCLK 提供的时钟信号来完成。

在发送模式下，压控振荡器(VCO)输出的信号直接送入功率放大器(PA)。射频输出是通过加在 DIO 引脚上的数据进行控制的，称为移频键控(FSK)。这种内部 T/R 切换电路使天线的连接和匹配设计更容易。

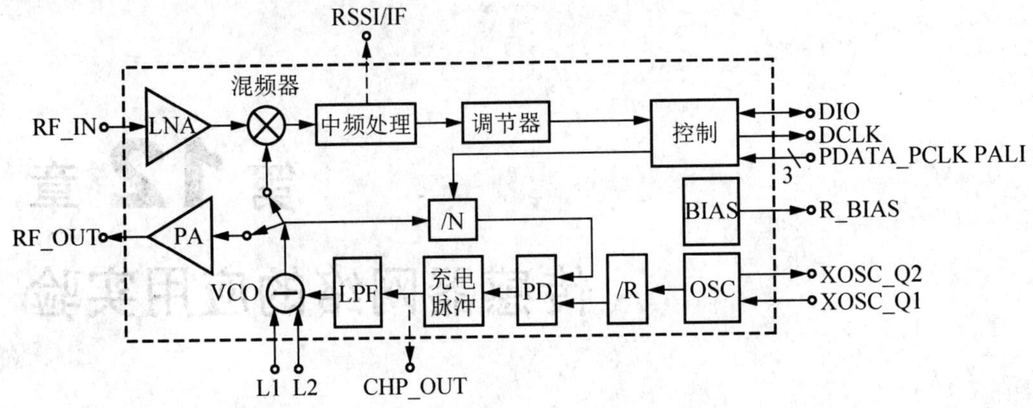

图 12.1　CC1000 芯片的内部结构

频率合成器产生的本振信号在接收状态下送入功率放大器(简称功放)。频率合成器是由晶振(XOSC)、鉴相器(PD)、充电脉冲、VCO 及分频器(/R 和/N)构成的，外接的晶体必须与 XOSC 引脚相连，只有外围电感需要与 VCO 相连。

2. 应用电路

CC1000 芯片工作时的外围元件很少，典型的应用电路如图 12.2 所示。当配置 CC1000 不同的发射频率时，外围元器件参数也不同。

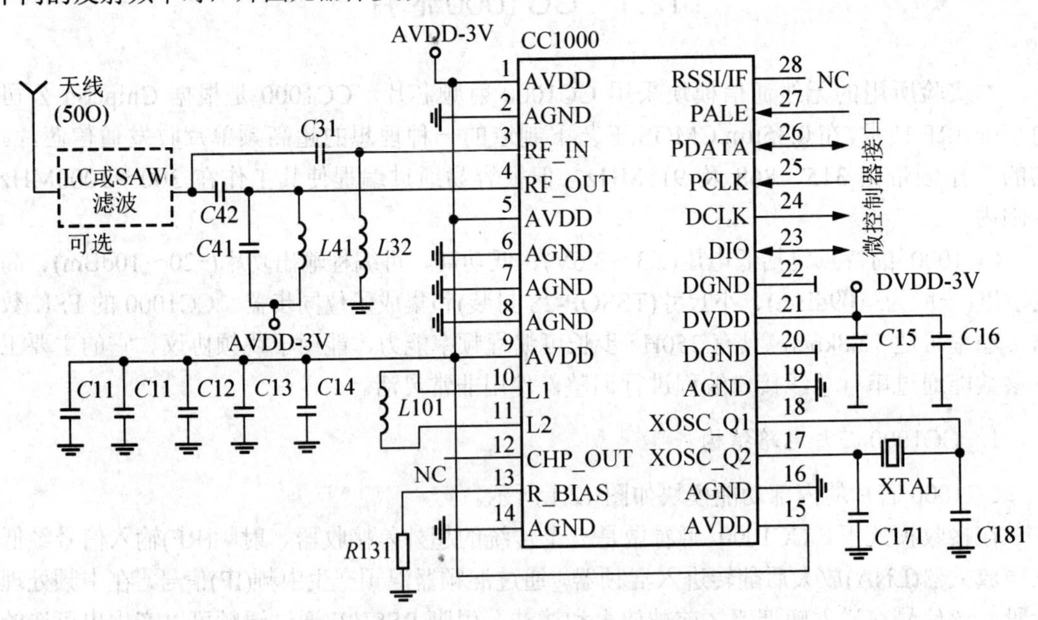

图 12.2　CC1000 芯片的外围电路

3. 三线串行数据口

CC1000 可通过简单的三线串行接口(PDATA、PCLK 和 PALE)进行编程，具有 36 个 8 位配置寄存器，每个由 7 位地址寻址。一个完整的 CC1000 配置要求发送 29 个数据帧，每个数据帧是 16 位(7 个地址位、1 个读/写位和 8 个数据位)。

PCLK 频率决定了完全配置所需的时间。在 10MHz 的 PCLK 频率工作下，完成整个配置所需时间少于 60μs。在低电位模式设置时，仅需发射一个帧，所需时间少于 2μs，所有寄存器都可读。如图 12.3 所示，在每次写循环中，16 位字节送入 PDATA 通道，每个数据帧中 7 个最重要的位(A6：0)是地址位，A6 是 MSB(最高位)，首先被发送。下一个发送的位是读/写位(高电平写、低电平读)，在传输地址和读/写位期间，PALE (编程地址锁存使能)必须保持低电平，接着传输 8 个数据位(D7：0)。

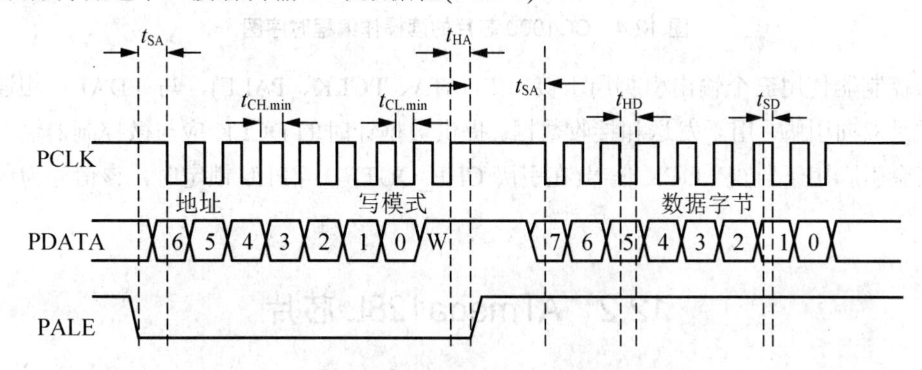

图 12.3　CC1000 芯片的写操作编程时序图

表 12-1 是对各参数的说明。PDATA 在 PCLK 下降沿有效。当 8 位数据位中的最后一个字节位 D0 装入后，整个数据字才被装入内部配置寄存器中。经过低电位状态下编程的配置信息才会有效，但是不能关闭电源。

表 12-1　串行接口的时序说明

参数名称	符号/单位	最小值	说　明
PCLK 频率	$f_{CLOCK/MHz}$	—	—
PCLK 低电平持续时间	$t_{CL,min/ns}$	50	PCLK 保持低电平的最短时间
PCLK 高电平持续时间	$t_{CH,min/ns}$	50	PCLK 保持高电平的最短时间
PALE 启动时间	$t_{SA/ns}$	10	PCLK 转到下降沿前，PALE 保持低电平的最短时间
PALE 持续时间	$t_{HA/ns}$	10	PCLK 转到上升沿后，PALE 保持低电平的最短时间
PDATA 启动时间	$t_{SD/ns}$	10	PCLK 转到下降沿前，PALE 上数据准备好的最短时间
PDATA 持续时间	$t_{HD/ns}$	10	PCLK 转到下降沿后，PALE 上数据准备好的最短时间
上升时间	$t_{rise/ns}$	—	PCLK 和 PALE 上升时间的最大值
下降时间	$t_{fall/ns}$	—	PCLK 和 PALE 下降时间的最大值

微控制器通过相同的接口也能读出配置寄存器。如图 12.4 所示，首先发送 7 位地址位，读/写位设为低电平，用于初始化读回的数据，然后 CC1000 从寻址寄存器中返回数据。此时 PDATA 用做输出口，在读回数据期间(D7：0)微控制器必须将它设成三态，或者在引脚开路时设为高电平。

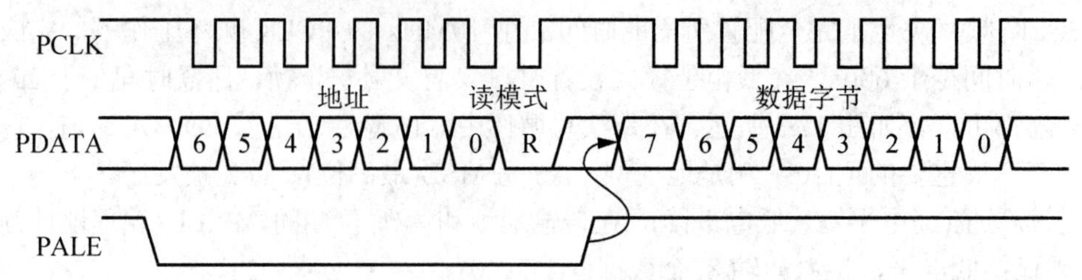

图 12.4 CC1000 芯片的读操作编程时序图

微控制器使用三个输出引脚用于接口(PDATA、PCLK、PALE)，与 PDATA 相连的引脚必须是双向引脚，用于发送和接收数据。提供数据计时的 DCLK 应与微控制器输入端相连，其余引脚用于监视 LOCK 信号(在引脚 CHP_OUT)。当 PLL 锁定时，该信号为逻辑高电平。

12.2 ATmega128L 芯片

这里的实验开发平台采用 ATmega128L(“L”表示为低功耗版本)单片机，它采用精简指令集，以字作为指令长度单位，将内容丰富的操作数与操作码安排在一字之中，取指周期短，又可预取指令，实现流水作业，可高速执行指令，在软/硬件开销、速度、性能和成本等方面取得了优化平衡。

1. ATmega128L 的特点

(1) 先进的 RISC 精简指令集结构

① 高性能低功耗的 AVR 8 位微控制器。

② 133 条功能强大的指令大部分在单时钟周期内执行。

③ 32×8 个通用工作寄存器+外设控制寄存器。

④ 全静态操作。

⑤ 工作在 16MHz 下具有 16MIPS 的性能。

⑥ 片内带有执行时间为两个时钟周期的硬件乘法器。

(2) 非易失性程序和数据存储器

① 128KB 在线可重复编程 Flash，擦写次数 10000 次。

② BOOT 区具有独立的加密位，可通过片内的引导程序实现在系统编程，写操作时真正可读。

③ 4KB EEPROM，擦写次数 100000 次。

④ 4KB 内部 SRAM。

⑤ 支持最大 64KB 的可选外部存储器空间。

⑥ 可编程的程序加密位。

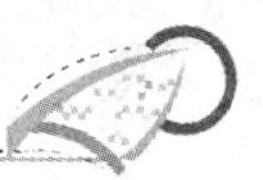

⑦ 在线可编程 SPI 接口。

(3) JTAG(符合 IEEE std.1149.1 标准)接口

① 边界扫描能力。

② 广泛的片内调试支持。

③ 通过 JTAG 接口对 Flash、E^2PROM、熔丝位和加密位编程。

(4) 外设特点

① 两个带预分频器和一种比较模式的 8 位定时器/计数器。

② 片内模拟比较器。

③ 两个扩充的带预分频器和比较模式、捕获模式的 16 位定时器/计数器。

④ 具有独立振荡器的实时计数器。

⑤ 二通道 8 位 PWM。

⑥ 6 通道 2～16 位精度 PWM。

⑦ 输出比较调节器。

⑧ 8 通道 10 位 A/D 转换。

⑨ 8 个单端通道。

⑩ 7 个微分通道。

⑪ 2 个增益为 1×、10×或 200×的微分通道。

⑫ 两线(IIC)串行接口。

⑬ 二路可编程串行 UART 接口。

⑭ 主/从 SPI 串行接口。

⑮ 带内部振荡器的可编程看门狗定时器。

(5) 特别的 MCU 特点

① 上电复位和可编程的低电压检测。

② 内部可校准的 *RC* 振荡器。

③ 外部和内部中断源。

④ 五种睡眠模式：空闲模式、ADC 噪声抑制模式、省电模式、掉电模式、待命模式和扩展待命模式。

⑤ 可软件选择时钟频率。

⑥ 通过一个熔丝选定 ATmega103 兼容模式。

⑦ 全局上拉禁止。

2. ATmega128L 的封装和引脚

ATmega128L 的封装图如图 12.5 所示。

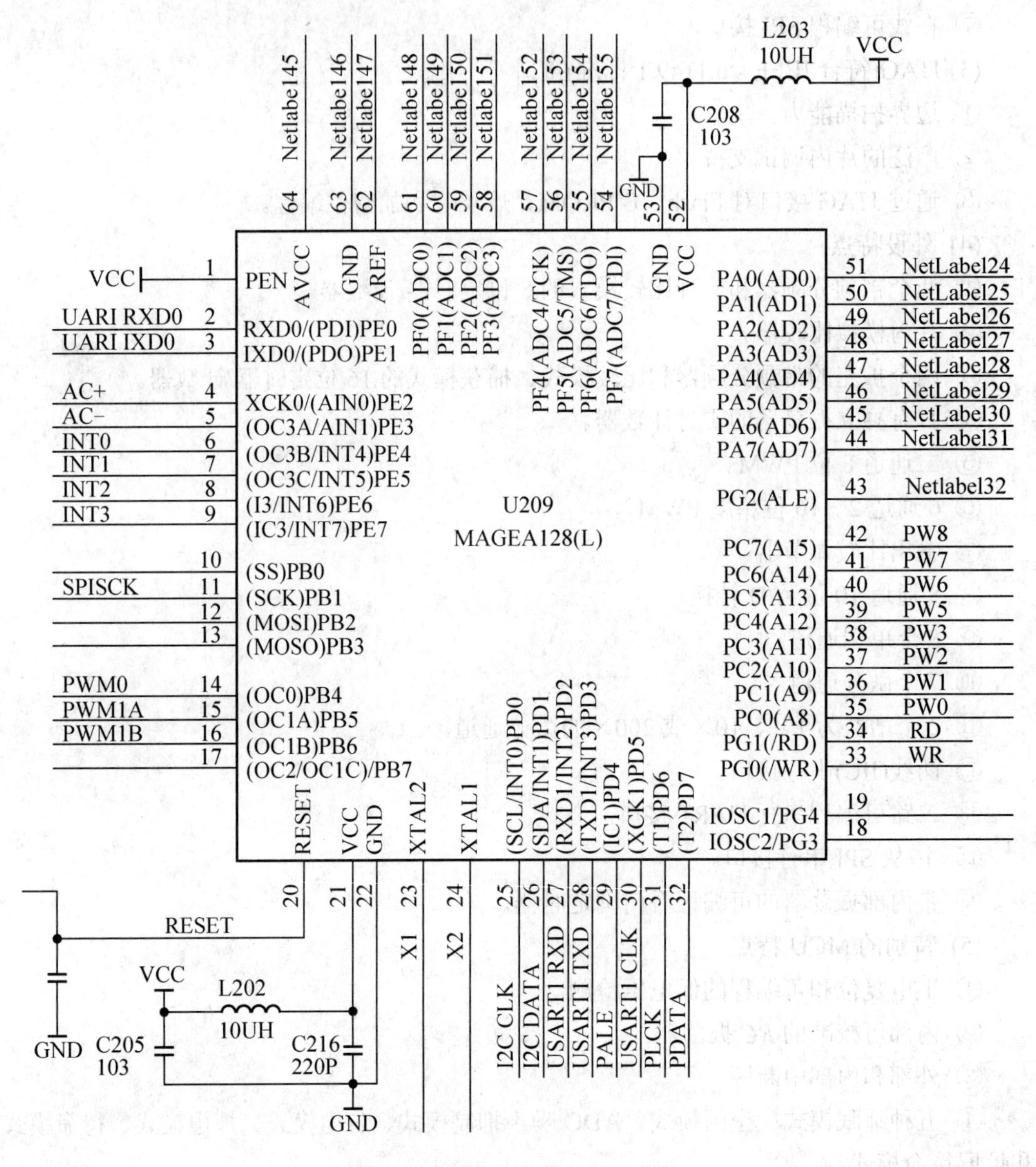

图 12.5 ATmega128L 的封装图

ATmega128L 具有如下引脚。

(1) VCC：数字电路的电源。

(2) GND：接地。

(3) 端口 A(PA7…PA0)、端口 B(PB7…PB0)、端口 C(PC7…PC0)、端口 D(PD7…PD0)、端口 E(PE7…PE0)：都为 8 位双向 I/O 口，并具有可编程的内部上拉电阻，它们的输出缓冲器具有对称的驱动特性，可以输出和吸收大电流。作为输入使用时，若内部上拉电阻使能，则端口被外部电路拉低时将输出电流。复位发生时端口 A 为三态。

(4) 端口 F(PF7…PF0)：为 ADC 的模拟输入引脚。如果不作为 ADC 的模拟输入，端

口 F 可以作为 8 位双向 I/O 口，并具有可编程的内部上拉电阻。其输出缓冲器具有对称的驱动特性，可以输出和吸收大电流。作为输入使用时，若内部上拉电阻使能，则端口被外部电路拉低时将输出电流。复位发生时端口 F 为三态。如果使能了 JTAG 接口，则复位发生时引脚 PF7(TD1)、PF5(TMS)和 PF4(TCK)的上拉电阻使能。另外，端口 F 也可以作为 JTAG 接口。

(5) 端口 G(PG4…PG0)：5 位双向 I/O 口，并具有可编程的内部上拉电阻，它的输出缓冲器具有对称的驱动特性，可以输出和吸收大电流。作为输入使用时，若内部上拉电阻使能，则端口被外部电路拉低时将输出电流。复位发生时端口 G 为三态。

上述 I/O 口均具有第二功能。

(6) RESET：复位输入引脚。超过最小门限时间的低电平将引起系统复位。门限时间在 ATmega128L 数据手册中有具体的说明。低于此时间的脉冲不能保证可靠复位。

(7) XTAL1：反向振荡器放大器及片内时钟操作电路的输入。

(8) XTAL2：反向振荡器放大器的输出。

(9) AVCC：AVCC 为端口 F 及 ADC 转换器的电源，需要与 VCC 相连接，即使没有使用 ADC 也应该如此。使用 ADC 时应该通过一个低通滤波器与 VCC 连接。

(10) AREF：AREF 为 ADC 的模拟基准输入引脚。

(11) PEN：PEN 是 SPI 串行下载的使能引脚。在上电复位时保持 PEN 为低电平，将使器件进入 SPI 串行下载模式。在正常工作过程中 PEN 引脚没有其他功能。

3. ATmega128L 寄存器

对 ATmega128L 单片机的控制基本上都是通过读写寄存器的相关位来实现的。作为一款功能强大的单片机，ATmega128L 增加了更多的外围接口，它除了具备通常 AVR 所具有的 64 个 I/O 寄存器外，还提供 160 个扩展 I/O 寄存器。ATmega128L 的所有 I/O 及外围设备的控制寄存器和数据寄存器都放置在 I/O 寄存器空间。

经常使用到的包括两个 8 位、两个 16 位定时器/计数器相关的寄存器，如定时器/计数器控制寄存器、定时器/计数器寄存器、输出比较寄存器、定时器/计数器中断屏蔽寄存器、定时器/寄存器中断标志寄存器；两个通用同步和异步串行接收器和发送器(USART)，其相关寄存器包括 USART IO 数据寄存器 UDR、USART 控制和状态寄存器 A/B/C(UCS-RnA/UCS-RnB/UCS-RnC)等；模数转换(ADC)相关寄存器，如 16 位的 ADC 数据寄存器。

12.3　应用实验的内容

这里的实验内容主要是针对传感器网络节点设置的一些应用性基础实验，涉及软硬件环境的搭建、定时器、中断、串口、A/D、D/A 等具体操作和使用细节。

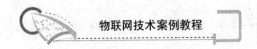

12.3.1 AVR 集成开发环境

1. 实验目的

了解 AVR 集成开发环境。

2. 实验设备

硬件：个人计算机一台。
软件：WinAVR 20040720。

3. 实验内容

(1) 安装 WinAVR。
(2) 建立一个 C 程序并添加到工程中。

4. 实验准备

提前预习 WinAVR 的相关使用文档。

5. 实验步骤

(1) 安装 WinAVR。
双击安装文件，打开安装语言对话框，选择中文简体语言，如图 12.6 所示。

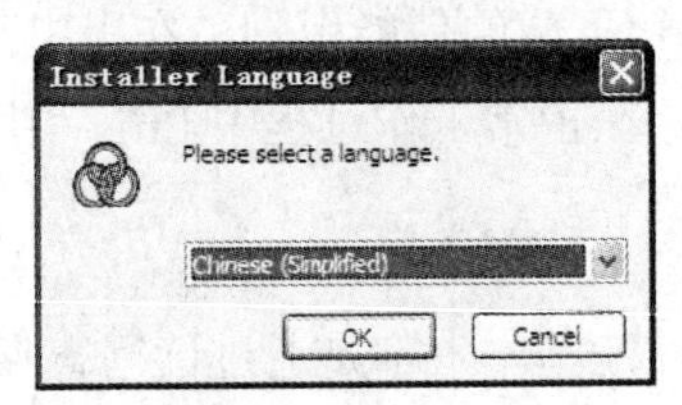

图 12.6 选择安装语言

单击“OK”按钮，进入 WinAVR 安装向导，如图 12.7 所示。单击“下一步”按钮，选择安装路径，单击“下一步”按钮，选择需要安装的组件，如图 12.8 所示，建议安装全部组件。

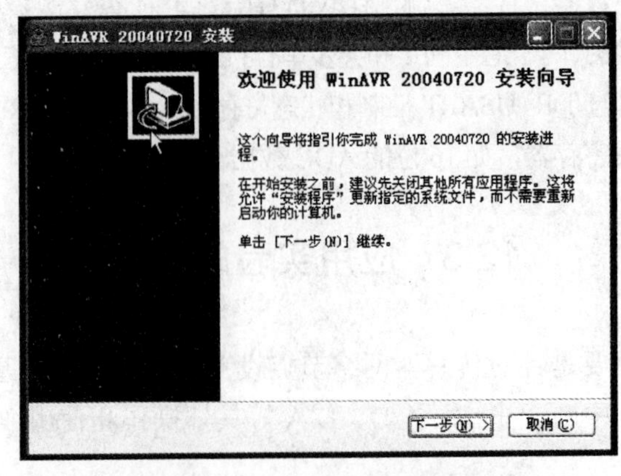

图 12.7 WinAVR 的安装向导

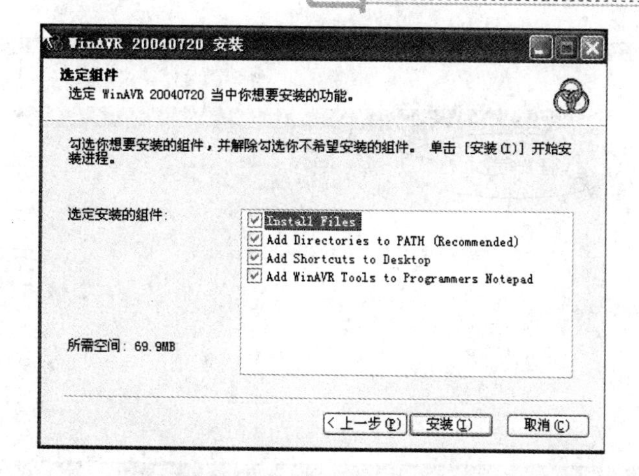

图 12.8　选定 WinAVR 的安装组件

(2) 启动 WinAVR。

安装结束后，在“开始”菜单中选择“所有程序→WinAVR→Programmers Notepad [WinAVR]”命令，即可打开 WinAVR 编译环境“Programmers Notepad2”窗口，如图 12.9 所示。现在就可以在该环境下进行编译，也可以用其他的编辑工具如 Ultraedit 来预先编写程序代码。

图 12.9　WinAVR 的编译环境

(3) 编写一个简单的 C 程序。

启动 Programmers Notepad 集成开发环境，选择“File→New→Project”命令，新建一个工程，如图 12.10 所示，并保存在工程文件夹中，工程名称为“myproject”，如图 12.11 所示。

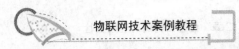

图 12.10　新建 AVR 工程文件

图 12.11　保存 AVR 工程文件

因为这里实验涉及的程序多是与硬件相关的单片机程序，所以推荐使用 C 语言编写。选择“File→New→C/C++”命令，新建 C 语言源程序文件，如图 12.12 所示，选择“File→Save as”命令，打开“另存为”对话框，以文件名“file0”保存新文件，如图 12.13 所示。此时即可在文件 file0.c 中编写程序。

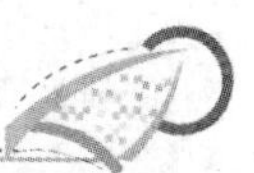

图 12.12　新建 C 语言的源程序文件

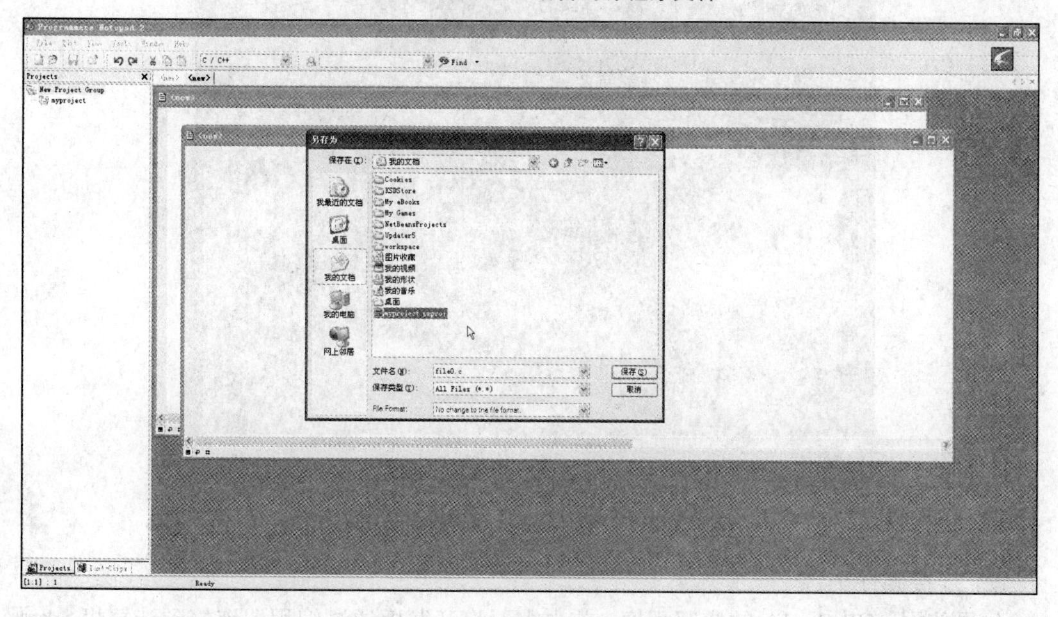

图 12.13　源程序文件的保存

12.3.2　程序烧录实验

1. 实验目的

学习使用 AVR Studio 进行程序的烧录。

2. 实验设备

硬件：个人计算机一台，传感器节点开发板一套。

软件：WinAVR 20040720，AVR Studio。

3. 实验内容

(1) 安装 AVR Studio；
(2) 连接计算机与开发平台；
(3) 设置编程程序的参数；
(4) 下载烧录程序。

4. 实验准备

提前预习 AVR Studio 的相关文档。

5. 实验步骤

(1) 安装 AVRStudio

双击 AVR Studiov4.07 文件夹中的安装文件，进入开始安装程序，如图 12.14 所示，单击“Next”按钮，指定安装路径，安装结束后按照提示单击“Close”按钮，关闭安装程序。

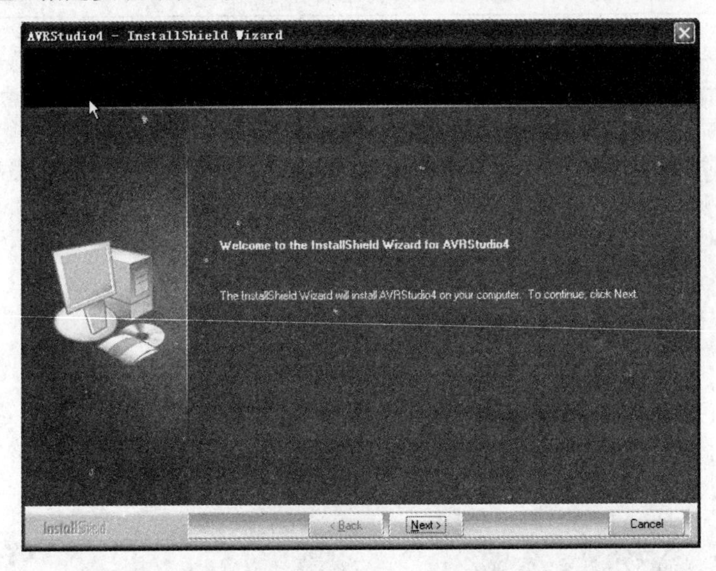

图 12.14 开始 AVRStudio 的安装向导

(2) 连接硬件平台

如果使用 AVR Studio 的烧写程序，首先需要将开发板通过编程器连接到计算机，步骤如下：

① 将传感器子板安装到开发板。在将传感器子板的插排插接到开发板时，注意传感器子板上的电阻、电感和传感器一侧朝向开发板的串口一侧。

② 将编程器连至计算机，即将编程器使用串口连接至计算机，并将下载数据线的一端连接至编程器。

③ 将开发板与编程器相连接。在将下载数据线的另一端连接至开发板上的 JTAG 接口时，注意下载数据线插头的凹凸槽一侧是面向串口的。

④ 上电。具体过程是先连接编程器的电源，再打开节点开关，这时可以看到编程器的指示灯点亮，表示硬件连接成功。到这里准备工作基本完成，硬件平台已经搭建完成，下面就可以通过 AVR Studio 软件向节点下载烧录程序了。

(3) 设置参数

选择“程序→Atmel AVR Tools→AVR Studio 4”命令，打开“AVRStudio”主窗口。在“Welcome to AVR Studio 4”对话框中会显示最近使用过的文件或工程以供用户选择，如图 12.15 所示，单击“Cancel”按钮，进入该软件的编程窗口，在编程窗口中开始下载烧录程序。

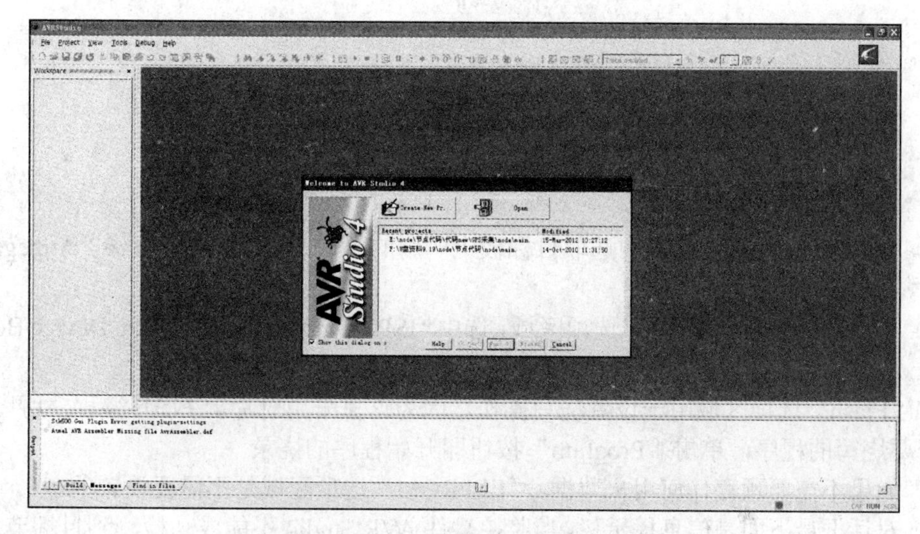

图 12.15　AVR Studio 软件的主窗口

在确保硬件连接正确的前提下，打开节点电源开关，如图 12.16 所示，选择“Tools→ATK500/AVRISP/JTAG ICE→STK500/AVRISP/ JTAG ICE”命令，打开“JTAG ICE”对话框，如图 12.17 所示。

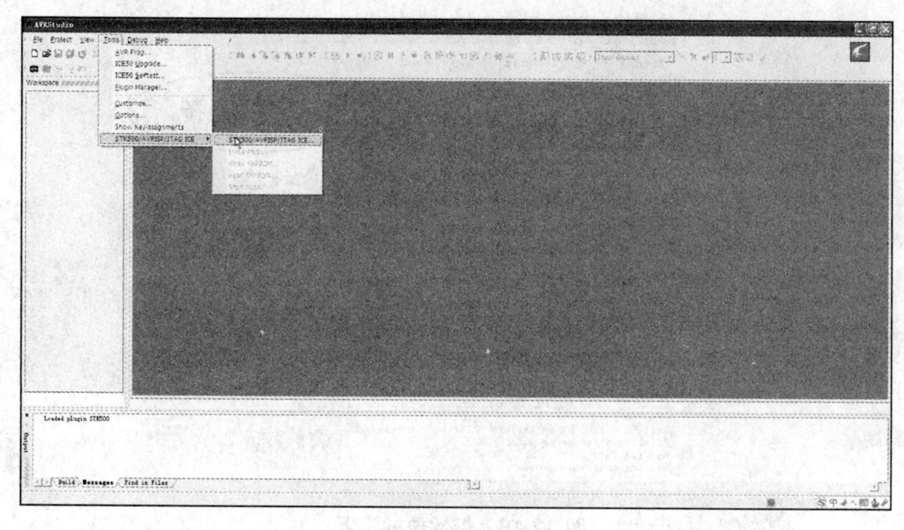

图 12.16　编程窗口

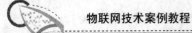

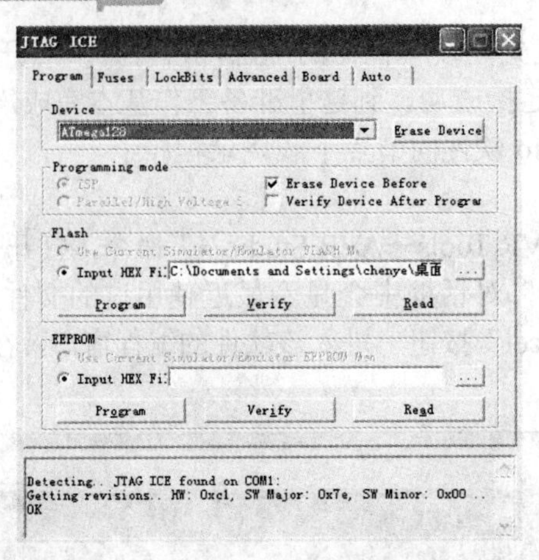

图 12.17　单片机设置

设置编程参数的细节如下：

① 在“Device”下拉列表中选取目标板上所用的 MCU 型号，这里选择“Atmega128”选项。

② 在“Programming Mode”选项区域，选中“ISP”单选按钮勾选“Erase Device Before”复选框。

③“Flash”选项区域用于设置烧写操作，因为这里采用对片上 Flash 编程，所以只需要选择要烧写的程序，单击“Program”按钮即开始程序的烧录。

④ 如果不需要预存任何用户数据，“EEPROM”选项区域是不需要设置的。

⑤ 对话框最下面是信息提示栏，当监控软件 AVR Studio 不能成功检测到目标节点时，提示连线有误，应该进行重新连接。

“Fuses”选项卡中的内容用于设置 MCU 熔丝位，按照图 12.18 所示，勾选第 3、4、5、11、13 及倒数第六个复选框，然后单击“Program”按钮进行熔丝位激活，注意在程序烧录之前就应该完成本项内容的设置。

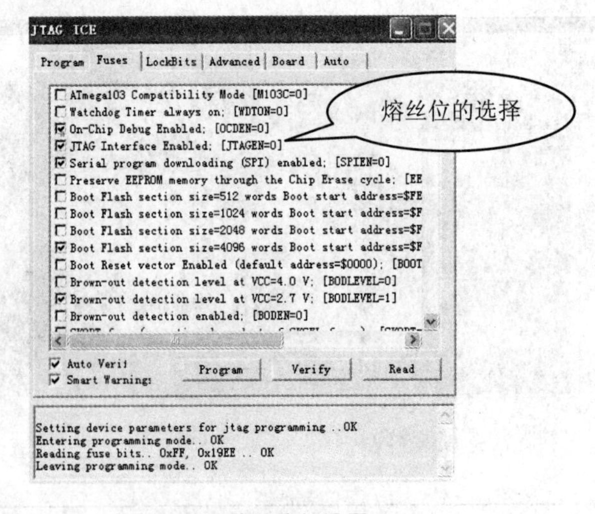

图 12.18　熔丝位的设置

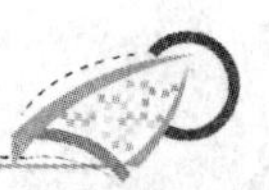

在“Advanced”选项卡中，可能涉及的设置是“COMPort Settings”选项区域的“Baud”设置，即波特率设置。用户可以根据不同的环境采用合适的波特率，以便烧写过程稳定，可以参照图 12.19 所示进行设置。

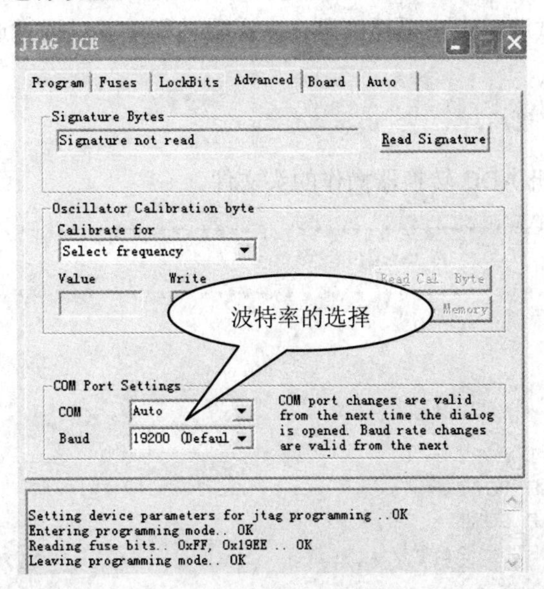

图 12.19　波特率的设置

另外，对于“LockBits”、“Board”和“Auto”选项卡中的内容可以采用默认设置。

当完成上述的一系列设置后，需要返回“Program”选项卡，在“Flash”选项区域选择要烧写的程序，单击“Program”按钮，完成要下载烧录的程序。

12.3.3　数据采集实验

1. 实验目的

学习使用 AVR 单片机中断方式，实现 AD 采样。

2. 实验设备

硬件：个人计算机一台，传感器节点开发板一套。

软件：WinAVR 20040720，AVR Studio V4.07，串口调试助手。

3. 实验内容

使用中断方式实现 AD 采样。

4. 实验准备

预先阅读 ATmega128L 器件手册中关于 UART 和 I/O 端口的说明和 D/A 转换器的内容。

5. 实验步骤

(1) 启动 WinAVR，建立一个新的工程文件。

(2) 编写主程序代码，或将技术服务网站上相应的源代码添加进工程。

(3) 建立 makefile 文件，并编译得到 hex 文件。

(4) 使用 AVR Studio 将 hex 文件下载烧录到节点。

(5) 使用串口调试助手观察采样结果，在实验过程中可以通过遮挡光传感器，来观察采样结果的变化。

6. 本实验的参考程序

下面是控制单片机 ADC 转换器操作的头文件。

```
/***********************************************************************
*  文件名：ADC.h
***********************************************************************/
#ifndef _ADC_H
#define _ADC_H
#include "type.h"
enum  {
  OS_ADC_CC_RSSI_PORT = 0,
  OS_ADC_VOLTAGE_PORT = 7,
  OS_ADC_BANDGAP_PORT = 10,
  OS_ADC_GND_PORT = 11
};
enum  {
  OSH_ACTUAL_CC_RSSI_PORT = 0,
  OSH_ACTUAL_BANDGAP_PORT = 30,
  OSH_ACTUAL_GND_PORT = 31
};
enum  {
  OSH_ADC_PORTMAPSIZE = 12
};
enum  {
  OSH_ACTUAL_PHOTO_PORT = 1,
  OSH_ACTUAL_TEMP_PORT = 1,
  OSH_ACTUAL_MIC_PORT = 2,
  OSH_ACTUAL_ACCEL_X_PORT = 3,
  OSH_ACTUAL_ACCEL_Y_PORT = 4,
  OSH_ACTUAL_MAG_X_PORT = 6,
  OSH_ACTUAL_MAG_Y_PORT = 5
};
enum  {
  OS_ADC_PHOTO_PORT = 1,
  OS_ADC_TEMP_PORT = 2,
  OS_ADC_MIC_PORT = 3,
  OS_ADC_ACCEL_X_PORT = 4,
  OS_ADC_ACCEL_Y_PORT = 5,
  OS_ADC_MAG_X_PORT = 6,
  OS_ADC_MAG_Y_PORT = 8
};
enum  {
```

```
  OS_MAG_POT_ADDR = 0,
  OS_MIC_POT_ADDR = 1
};
enum  {
  ADCM_IDLE = 0,
  ADCM_SINGLE_CONVERSION = 1,
  ADCM_CONTINUOUS_CONVERSION = 2
};
result_t ADCControlInit(void);                              //初始化
result_t ADCBindPort(uint8_t port, uint8_t adcPort);   //绑定
result_t ADCGetData(uint8_t port);                          //开始数据采集
result_t ADCDataReady(uint8_t port, uint16_t value);
//加入对应 port 的数据接收处理调用
result_t ADCHPLDataReady(uint16_t data);
result_t ADCStartGet(uint8_t newState, uint8_t port);
void   ADCHPLInitPortmap(void);
result_t ADCHPLInit(void);
result_t ADCHPLSamplePort(uint8_t port);
#endif
```

在数据采集过程中，涉及的函数之间调用关系如图 12.20 所示。

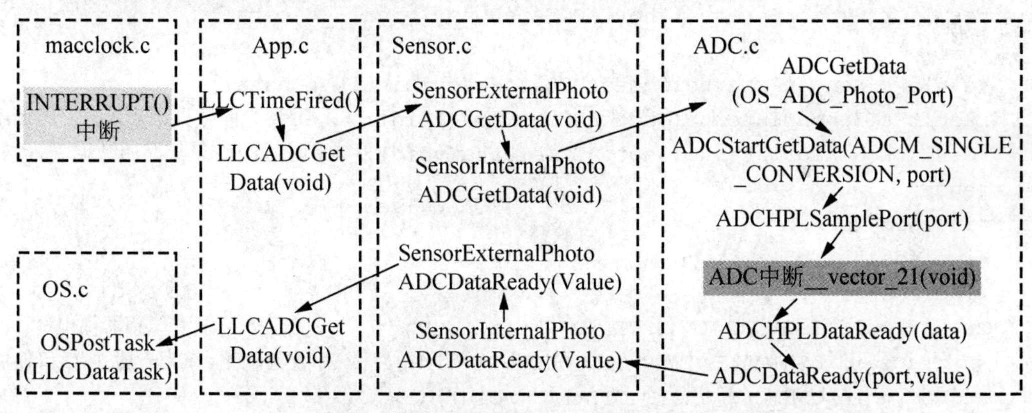

图 12.20　数据采集过程的函数调用关系

下面是光传感器和温度传感器进行数据采集的程序代码。注意在这里 INT1 和 INT2 不是作为外部中断源，而是用于硬件电路中拉高和拉低电平。在采集温度传感器的数据时，将 INT1 拉低，从而光传感器短路，同时将 INT2 拉高，将温度变化电压提供给 ADC 通道。在采集光传感器的数据时，将 INT2 拉低，从而温度传感器短路，同时将 INT1 拉高，将光强度变化电压提供给 ADC 通道。

```
/*********************************************************************
*   光传感器采集数据所调用的函数如下：
*   SensorPhoOStdControlInit();
*   SensorPhoOStdControlStart();
*   SensorExternalPhotoADCGetData();
*   温度传感器采集数据所调用的函数如下：
```

```
*   SensorTempStdControlInit();
*   SensorTempStdControlStart();
*   SensorExternalTempADCGetData();
*****************************************************************************/
#ifndef _SENSOR_H
#define _SENSOR_H
#include "type.h"
#include "app.h"
result_t SensorTempStdControlInit(void);    //温度传感器初始化
result_t SensorTempStdControlStart(void);   //启动温度传感器
//接收温度传感器数据，ADC 调用
result_t SensorInternalTempADCDataReady(uint16_t data);
//调用上层温度数据接收函数
result_t SensorExternalTempADCDataReady(uint16_t data);
result_t SensorExternalTempADCGetData(void);    //准备温度数据采集，由上层调用
result_t SensorInternalTempADCGetData(void);    //调用 ADC 采集温度数据
result_t SensorPhoOStdControlInit(void);        //光传感器初始化
result_t SensorPhoOStdControlStart(void);       //启动光传感器
//接收光传感器数据，ADC 调用
result_t SensorInternalPhotoADCDataReady(uint16_t data);
//调用上层光照数据接收函数
result_t SensorExternalPhotoADCDataReady(uint16_t data);
result_t SensorExternalPhotoADCGetData(void);  //准备光照数据采集，由上层调用
result_t SensorInternalPhotoADCGetData(void);  //调用 ADC 采集光照数据
#endif
#include "sensor.h"
#include "os.h"
#include "adc.h"
static void OSH_SET_TEMP_CTL_PIN(void);           //置位，给温度传感器供电
static void OSH_MAKE_TEMP_CTL_OUTPUT(void);       //置为输出,作为一般 I/O 口使用
static void OSH_CLR_PHOTO_CTL_PIN(void);
static void OSH_MAKE_PHOTO_CTL_INPUT(void);       //设置引脚为输入
static void OSH_SET_PHOTO_CTL_PIN(void);          //置位，给光传感器供电
static void OSH_MAKE_PHOTO_CTL_OUTPUT(void);      //置为输出,作为一般 I/O 口使用
static void OSH_CLR_TEMP_CTL_PIN(void);
static void OSH_MAKE_TEMP_CTL_INPUT(void);        //设置引脚为输入
static int PhotoTempM_state;
enum PhotoTempM_state {
  PhotoTempM_IDLE = 1,
  PhotoTempM_BUSY = 2,
  PhotoTempM_CONTINUOUS = 3
};
result_t SensorTempStdControlInit(void)           //初始化 ADC
{
    ADCBindPort(OS_ADC_TEMP_PORT, OSH_ACTUAL_TEMP_PORT);
```

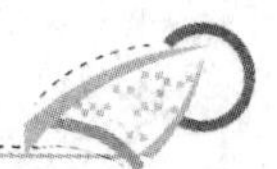

```
    { uint8_t atomicState = AtomicStart();
    {
        PhotoTempM_state = PhotoTempM_IDLE;
    }
    AtomicEnd(atomicState); }
    return ADCControlInit();
}

void OSH_MAKE_INT1_OUTPUT(void)          //提供参考电压
{
    * (volatile unsigned char *)(0x02 + 0x20) |= 1 << 5;
}

void OSH_MAKE_PHOTO_CTL_OUTPUT(void)     //置为输出，作为一般 I/O 口使用
{
    OSH_MAKE_INT1_OUTPUT();
}

void OSH_SET_INT1_PIN(void)              //置位 INT1
{
    * (volatile unsigned char *)(0x03 + 0x20) |= 1 << 5;
}

void OSH_SET_PHOTO_CTL_PIN(void)         //置位 INT1，给光传感器供电
{
    OSH_SET_INT1_PIN();
}

void OSH_MAKE_INT2_OUTPUT(void)          //置为输出，作为一般 I/O 口使用
{
    * (volatile unsigned char *)(0x02 + 0x20) |= 1 << 6;
}

void OSH_MAKE_TEMP_CTL_OUTPUT(void)
{
    OSH_MAKE_INT2_OUTPUT();
}

void OSH_SET_INT2_PIN(void)              //置位 INT2
{
    * (volatile unsigned char *)(0x03 + 0x20) |= 1 << 6;
}

void OSH_SET_TEMP_CTL_PIN(void)          //置位 INT2，给温度传感器供电
{
```

```
    OSH_SET_INT2_PIN();
}

result_t SensorTempStdControlStart(void)        //启动温度传感器
{
    { uint8_t atomicState = AtomicStart();
    {
        OSH_SET_TEMP_CTL_PIN();
        OSH_MAKE_TEMP_CTL_OUTPUT();
    }
    AtomicEnd(atomicState); }
    return SUCCESS;
}

result_t SensorInternalTempADCGetData(void)     //返回温度采集结果
{
    unsigned char result;
    result = ADCGetData(OS_ADC_TEMP_PORT);
    return result;
}

void OSH_MAKE_INT2_INPUT(void)          //置为输入，作为外部中断使用
{
    * (volatile unsigned char *)(0x02 + 0x20) &= ~(1 << 6);
}

void OSH_MAKE_TEMP_CTL_INPUT(void)      //置为输入，作为一般I/O口使用
{
    OSH_MAKE_INT2_INPUT();
}

void OSH_CLR_INT2_PIN(void)             //置位INT2
{
    * (volatile unsigned char *)(0x03 + 0x20) &= ~(1 << 6);
}

void OSH_CLR_TEMP_CTL_PIN(void)
{
    OSH_CLR_INT2_PIN();
}

void OSH_MAKE_INT1_INPUT(void)          //置为输入，作为一般I/O口使用
{
    * (volatile unsigned char *)(0x02 + 0x20) &= ~(1 << 5);
}
```

```
void OSH_MAKE_PHOTO_CTL_INPUT(void)     //置位 INT1
{
   OSH_MAKE_INT1_INPUT();
}

void OSH_CLR_INT1_PIN(void)
{
   * (volatile unsigned char *)(0x03 + 0x20) &= ~(1 << 5);
}

void OSH_CLR_PHOTO_CTL_PIN(void)        //设置 PE5 引脚输出低电平
{
   OSH_CLR_INT1_PIN();
}

result_t SensorExternalTempADCGetData(void) //开始 A/D 转换，读取 A/D 转换值
{
   uint8_t oldState;
   { uint8_t atomicState = AtomicStart();
   {
      oldState = PhotoTempM_state;
      if (PhotoTempM_state == PhotoTempM_IDLE) {
         PhotoTempM_state = PhotoTempM_BUSY;
     }
   }
   AtomicEnd(atomicState); }
   if (oldState == PhotoTempM_IDLE) {
      OSH_CLR_PHOTO_CTL_PIN();
      OSH_MAKE_PHOTO_CTL_INPUT();
      OSH_SET_TEMP_CTL_PIN();
      OSH_MAKE_TEMP_CTL_OUTPUT();
      return SensorInternalTempADCGetData();
   }
   return FAIL;
}

result_t PhotoTempM_ExternalTempADC_default_dataReady(uint16_t data)
{
   return SUCCESS;
}

//温度传感器采集的数据，类型是无符号整数
result_t SensorExternalTempADCDataReady(uint16_t data)
{
```

```
    unsigned char result;
    result =  SensordataReady(data);
    return SUCCESS;
}

//接收采集到的温度数据，供 ADC 调用
result_t SensorInternalTempADCDataReady(uint16_t data)
{
    uint8_t oldState;

    { uint8_t atomicState = AtomicStart();
    {
        oldState = PhotoTempM_state;
        if (PhotoTempM_state == PhotoTempM_BUSY) {
            PhotoTempM_state = PhotoTempM_IDLE;
        }
    }
    AtomicEnd(atomicState); }
    if (oldState == PhotoTempM_BUSY) {
        return SensorExternalTempADCDataReady(data);
    }
    else {
        if (oldState == PhotoTempM_CONTINUOUS) {
            int ret;

            ret = SensorExternalTempADCDataReady(data);
            if (ret == FAIL) {

                { uint8_t atomicState = AtomicStart();
                {
                    PhotoTempM_state = PhotoTempM_IDLE;
                }
                AtomicEnd(atomicState); }
            }
            return ret;
        }
    }
    return FAIL;
}
//光传感器采集的数据，其类型是无符号整数
result_t SensorExternalPhotoADCDataReady(uint16_t data)
{
    unsigned char result;
    result =  SensordataReady(data);
    return result;
}
```

```
//初始化光传感器(绑定端口，设置传感器状态为 IDLE)
result_t SensorPhotoStdControlInit(void)
{
    ADCBindPort(OS_ADC_PHOTO_PORT, OSH_ACTUAL_PHOTO_PORT);
    { uint8_t atomicState = AtomicStart();
    {
        PhotoTempM_state = PhotoTempM_IDLE;
    }
    AtomicEnd(atomicState); }
    return ADCControlInit();
}

//启动光传感器，PE5 引脚设置为输出高电平，供上层调用
result_t SensorPhotoStdControlStart(void)
{
    { uint8_t atomicState = AtomicStart();
    {
        OSH_SET_PHOTO_CTL_PIN();
        OSH_MAKE_PHOTO_CTL_OUTPUT();
    }
    AtomicEnd(atomicState); }
    return SUCCESS;
}

//准备采集，由上层 APP.c 的 LLCADCDataReady(void)调用
result_t SensorExternalPhotoADCGetData(void)
{
    uint8_t oldState;

    { uint8_t atomicState = AtomicStart();
    {
        oldState = PhotoTempM_state;
        if (PhotoTempM_state == PhotoTempM_IDLE) {
            PhotoTempM_state = PhotoTempM_BUSY;
        }
    }
    AtomicEnd(atomicState); }
    if (oldState == PhotoTempM_IDLE) {
        OSH_CLR_TEMP_CTL_PIN();
        OSH_MAKE_TEMP_CTL_INPUT();
        OSH_SET_PHOTO_CTL_PIN();
        OSH_MAKE_PHOTO_CTL_OUTPUT();
        return SensorInternalPhotoADCGetData();
    }
    return FAIL;
}

//接收采集到的数据，供 ADC 调用
result_t SensorInternalPhotoADCDataReady(uint16_t data)
```

```
{
   uint8_t oldState;

   { uint8_t atomicState = AtomicStart();
   {
      oldState = PhotoTempM_state;
      if (PhotoTempM_state == PhotoTempM_BUSY) {
         PhotoTempM_state = PhotoTempM_IDLE;
      }
   }
   AtomicEnd(atomicState); }
   if (oldState == PhotoTempM_BUSY) {

      return SensorExternalPhotoADCDataReady(data);
   }
   else {
      if (oldState == PhotoTempM_CONTINUOUS) {
         int ret;
         ret = SensorExternalPhotoADCDataReady(data);
         if (ret == FAIL) {
            { uint8_t atomicState = AtomicStart();
            {
               PhotoTempM_state = PhotoTempM_IDLE;
            }
            AtomicEnd(atomicState); }
         }
         return ret;
      }
   }
   return FAIL;
}

result_t SensorInternalPhotoADCGetData(void)    //传感器进行数据采集
{
   unsigned char result;
   result = ADCGetData(OS_ADC_PHOTO_PORT);
   return result;
}
```

12.3.4 组网通信实验

1. MAC 库的基本功能

通过前两个实验，对 AVR 集成开发环境可以有一定的了解，并且可以掌握程序下载烧录的必备知识。下面在此基础上，实现无线节点组网实验。首先介绍支持底层通信的 MAC 协议，在 MAC 协议的基础上实现一个星形网络，然后以这个 MAC 协议为基础，实现简单的网络路由算法。通过完成本次实验，我们可以清楚地体会和理解传感器网络的无线传输机制。

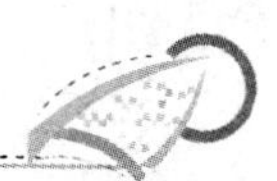

这里的 MAC 协议栈主要实现半双工的无线通信，提供 ACK 机制、射频睡眠机制和透明的传输数据包能力，采用了 CSMA 技术，利用 CRC-16 算法进行校验，还附带提供了一些辅助的功能库和模块。这些功能库和模块包括控制 0 号计数器、射频驱动、控制传感器、控制 ADC、控制 LED 和任务调度功能库，以及功能函数、串口驱动模块，可以满足我们大部分开发的需要。

整个网络协议栈采用下面的架构：各层定义独立的数据访问接口与管理访问接口，层与层之间通过接口互连。其中数据访问接口提供高层发送和接收数据，管理访问接口提供高层管理和设置物理层属性。物理层定义了物理无线信道和 MAC 子层之间的接口，提供物理层数据服务和管理服务。物理层数据服务从无线物理信道上收发数据；物理层管理服务维护一个由物理层相关状态数据组成的数据表。

MAC 子层使用物理层提供的服务，实现设备之间的数据帧传输。MAC 子层提供两种服务：MAC 层数据服务和 MAC 层管理服务，前者保证 MAC 协议数据单元在物理层数据服务中的正确收发，后者维护一个存储 MAC 子层协议状态相关信息的数据表。

组网通信所需的程序文件清单如表 12-2 所示。

表 12-2　组网通信实验所需的程序文件清单

<table>
<tr><td rowspan="14">硬件驱动</td><td rowspan="12">其余驱动</td><td>led.h</td><td rowspan="2">实现对 LED 的控制</td><td rowspan="12">辅助模块</td></tr>
<tr><td>led.c</td></tr>
<tr><td>adc.h</td><td rowspan="2">实现对 128 单片机 ADC 转换器的控制</td></tr>
<tr><td>adc.c</td></tr>
<tr><td>sensor.h</td><td rowspan="2">实现对外部传感器的控制，包括电源管理和数据提取</td></tr>
<tr><td>sensor.c</td></tr>
<tr><td>os.h</td><td rowspan="2">提供基本的任务调度，可以看做是一个小型操作系统</td></tr>
<tr><td>os.c</td></tr>
<tr><td>fun.h</td><td rowspan="2">实现对 128 单片机一些寄存器的配置和访问</td></tr>
<tr><td>fun.c</td></tr>
<tr><td>timer.h</td><td rowspan="2">实现对 128 单片机中 0 号计数器的控制，并且虚拟出两个计数器</td></tr>
<tr><td>timer.c</td></tr>
<tr><td rowspan="2">射频驱动</td><td>CC1000.h</td><td rowspan="2">提供射频芯片的底层驱动和配置，以及 128 单片机与 CC1000 芯片之间的通信</td><td rowspan="10">MAC 库</td></tr>
<tr><td>CC1000.c</td></tr>
<tr><td rowspan="4">PHY 程序</td><td rowspan="4">物理层</td><td>radiocontrol.h</td><td rowspan="2">调用 CC1000 实现数据传输的功能模块，可以实现 RF 的睡眠</td></tr>
<tr><td>radiocontrol.c</td></tr>
<tr><td>physical.h</td><td rowspan="2">负责将数据帧以字节为单位提供给 radiocontrol，并且负责将收到的数据打包发送给 MAC 层</td></tr>
<tr><td>physical.c</td></tr>
<tr><td rowspan="4">MAC 程序</td><td rowspan="4">MAC 层</td><td>macClock.h</td><td rowspan="2">1 号计数器的控制模块，主要用于 MAC 层的超时计数</td></tr>
<tr><td>macClock.c</td></tr>
<tr><td>mac.h</td><td rowspan="2">MAC 层模块负责 MAC 层的功能和调度，包括 RTS-CTS 机制、ACK 机制和透明的数据包传输功能</td></tr>
<tr><td>mac.c</td></tr>
</table>

在表 12-2 中，涉及硬件驱动的函数较多，图 12.21 所示为各硬件驱动函数之间的调用关系，可以清楚地反映出它们之间的逻辑结构和调用关系。

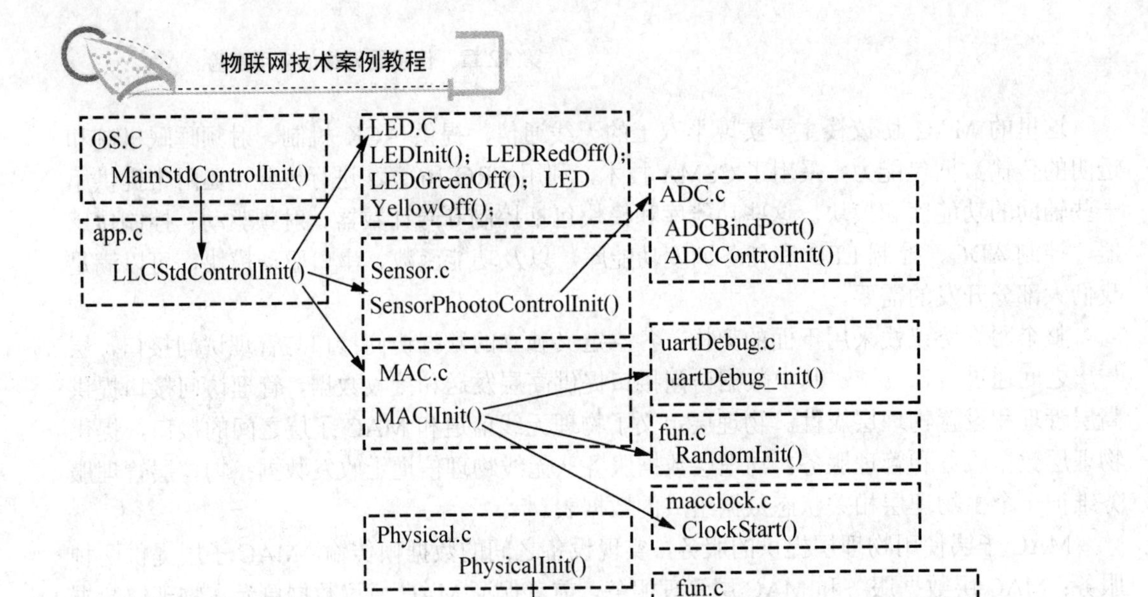

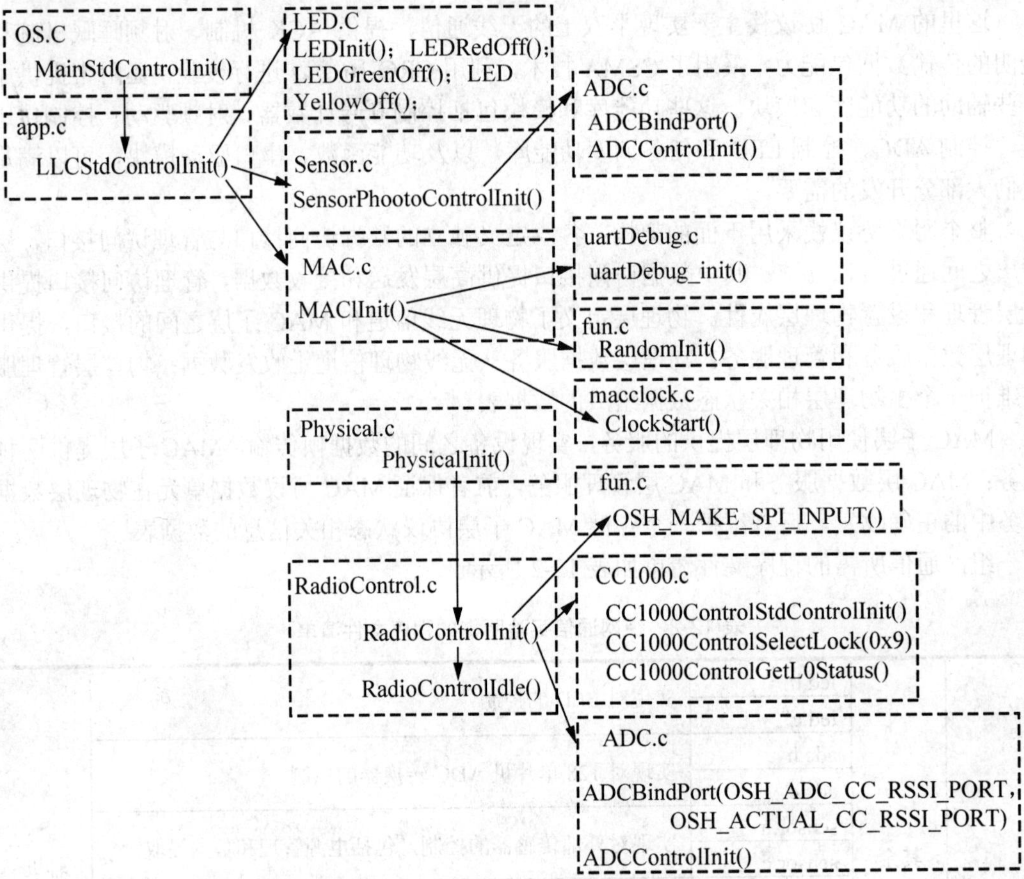

图 12.21　硬件驱动函数之间的逻辑结构和调用关系

组网通信程序代码在库函数中的位置如图 12.22 所示。

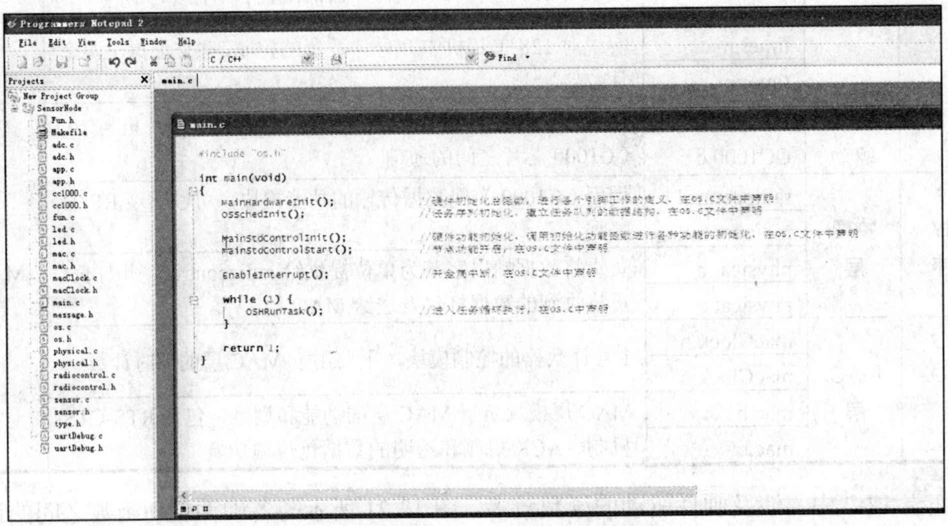

```
#include "os.h"

int main(void)
{
    MainHardwareInit();          //硬件初始化总函数，进行各个引脚工作的定义，在os.c文件中声明
    OSSchedInit();               //任务序列初始化，建立任务队列的数据结构，在os.c文件中声明

    MainStdControlInit();        //硬件功能初始化，调用初始化功能函数进行各种功能的初始化，在os.c文件中声明
    MainStdControlStart();       //节点功能开启，在os.c文件中声明

    EnableInterrupt();           //开全局中断，在os.c文件中声明

    while (1) {
        OSHRunTask();            //进入任务循环执行，在os.c中声明
    }

    return 1;
}
```

图 12.22　库函数中的组网通信程序文件

2. MAC 数据包的格式

下面是 message.h 中的部分代码，这个文件定义了相关的数据包格式。

```
*******************************************************************
#define MAX_PKT_LEN 100
#define MIN_PKT_LEN  7
#define MAC_HEADER_LEN  7
#define OS_DEFAULT_GROUP  1

typedef struct{
   uint8_t length;                                   // 包总长度
   uint8_t type;                                     // 包类型
   uint8_t toAddr;                                   // 目的地址
   uint8_t fromAddr;                                 // 源地址
   uint8_t group;                                    // 群号
   int8_t data[MAX_PKT_LEN-MAC_HEADER_LEN];          // MAC 包数据部分
   int16_t crc;                                      // CRC16
}OSMACMsg;

typedef OSMACMsg* OSMACMsgPtr;                       // 无线通信数据帧结构
*******************************************************************
```

Length、type、toAddr、fromAddr、group 和 crc 这几个字节是数据包 MAC 头，length 表示包的长度，对于 length 的计算需要说明一下 data 数组。data[MAX_PKT_LEN-MAC_HEADER_LEN]才是用户可以操作的部分，在这里用户可以定义数据包格式，MAC 库对数据包是透明的，数据包的解析和填充过程是在外部完成的，不过数据包要放在 data 数组中。

下面给出一种数据包的格式定义作为本实验的数据包格式：

```
*******************************************************************
#define BUFFER_LEN    10
typedef struct{        //通过数据转换后的传输数据结构
   uint8_t seqNo;
   int16_t data[BUFFER_LEN];
}SensorMsg;            //总长为 APP_PKT_LEN
*******************************************************************
```

对这个数据包来说，length 长度应该是 sizeof(SensorMsg)+MAC_HEADER_LEN，这里需要强调的是，length 不是一次就可以计算出来的，只有在 MAC 层中才会加入 MAC_HEADER_LEN。

3. MAC 库的关键函数

1) MAC 时钟函数定义

MAC 时钟函数定义(MacClock.h)涉及以下几个函数。

(1) ClockStart(void)

参数：无。

返回值：无。

功能：启动 MAC 时钟。

(2) ClockSet(uint8_t interval)

参数：时间间隔。

返回值：无。

功能：设置时间间隔。

(3) INTERRUPT(SIG_OUTPUT_COMPARE1A)

参数：定时器 A。

返回值：无。

功能：中断服务程序，定时采集数据，调用应用接口 LLCTimerFired( )函数进入采集过程。

(4) TimeStampGetTime32(uint32_t *timePtr)

参数：无。

返回值：无。

功能：得到当前时钟计数器中的值，用于时间戳。

2) 传感器函数说明

传感器函数说明(Sensor.h, Sensor.c)涉及以下几个函数。

(1) OSH_MAKE_PHOTO_CTL_INPUT(void)

参数：无。

返回值：无。

功能：设置 PE5 引脚为输入。

备注：通过调用 OSH_MAKE_INT1_INPUT( )函数实现。

(2) OSH_MAKE_ PHOTO _CTL_OUTPUT(void)

参数：无。

返回值：无。

功能：设置 PE5 引脚为输出。

备注：通过调用 OSH_MAKE_INT1_OUTPUT(void)函数实现。

(3) OSH_CLR_PHOTO_CTL_PIN(void)

参数：无。

返回值：无。

功能：设置 PE5 引脚输出低电平。

备注：调用 OSH_CLR_INT1_PIN( )函数。

(4) OSH_SET_PHOTO_CTL_PIN(void)

参数：无。

返回值：无。

功能：设置 PE5 引脚输出高电平。

备注：通过调用 OSH_SET_INT1_PIN(void)函数实现。

(5) SensorPhotoStdControlInit (void)

参数：无。

返回值：result_t　//操作状态。

功能：对光敏传感器初始化(绑定端口，设置传感器状态为 IDLE)。

备注：由上层调用(被 app.c 中的 LLCStdControlInit( )调用)调用了 ADCBindPort (OS_ADC_PHOTO_PORT, OSH_ACTUAL_PHOTO_PORT)实现。

(6) SensorPhotoStdControlStart(void)

参数：无。

返回值：result_t。

功能：启动光传感器，通过设置 PE5 引脚为输出并输出高电平来实现，由上层调用。

备注：调用 OSH_SET_PHOTO_CTL_PIN( )和 OSH_MAKE_PHOTO_CTL_OUTPUT( )两个函数实现。

(7) SensorInternalPhotoADCDataReady(uint16_t data)

参数：光敏传感器采集的数据，其类型是无符号整数。

返回值：result_t

功能： 对采集到的数据进行接收，供 ADC 调用。

备注：该函数调用了 SensorExternalPhotoADCDataReady(uint16_t data)函数。

(8) SensorExternalPhotoADCDataReady(uint16_t data)

参数：光传感器采集的数据，其类型是无符号整数。

返回值：result_t。

功能：通知上层接收数据。

备注：调用上层数据接收函数 LLCADCDataReady(data)实现。

(9) SensorExternalPhotoADCGetData(void)

参数：无。

返回值：result_t。

功能：准备数据采集，由上层 aPP.c 的 LLCADCDataReady(void)调用。

(10) SensorInternalPhotoADCGetData(void)

参数：无。

返回值：result_t。

功能：传感器进行数据采集。

备注：调用了 ADCGetData(OS_ADC_PHOTO_PORT)函数。

3) ADC 转换函数说明

ADC 转换函数说明(adc.h，adc.c)涉及以下几个函数。

(1) ADCControlInit(void)

参数：无。

返回值：result_t。

功能：初始化 ADC 模块(包括端口数组的初始化；设置 ADC 的控制和状态寄存器 A 设置 ADC 的多工选择寄存器)。

备注：调用了 ADCHPLInitPortmap( )函数，该函数的作用是初始化端口数组。

(2) ADCBindPort(uint8_t port, uint8_t adcPort)

参数：ATMEGA128L 定义的端口号，adc 所用端口号。

返回值：result_t。

功能：将 port 和 adcPort 进行绑定。

(3) ADCHPLDataReady(uint16_t data)

参数：ADC 的数据寄存器中的值，即待转换的数据。

返回值：result_t。

功能：由 ADC(21 号)中断调用。

备注：调用了 ADCDataReady(donePort, doneValue)函数。

(4) ADCDataReady(uint8_t port, uint16_t value)

参数：端口，从 port 端口接收到的数据。

返回值：result_t。

功能：通过对 port 的判断，调用相应的传感器数据接收处理调用，在此调用了 SensorInternalPhotoADCDataReady(value)。

(5) ADCGetData(uint8_t port)

参数：adc 所用端口。

返回值：result_t。

功能：开始从 port 端口采集数据。

备注：只是调用下面的 ADCStartGet(uint8_t newState, uint8_t port)函数实现。

(6) ADCStartGet(uint8_t newState, uint8_t port)

参数：ADC 转换类型(单次/连续)，端口。

返回值：result_t。

功能：开始从 Port 端口采集数据，并启动 ADC，进行一次 ADC 转换。

备注：调用 ADCHPLSamplePort(uint8_t port)函数。

(7) ADCHPLInitPortmap(void)

参数：无。

返回值：void。

功能：初始化端口数组的值。

(8) ADCHPLInit(void)

参数：无。

返回值：result_t。

功能：设置 ADC 的状态寄存器和控制寄存器 A 和设置 ADC 的多工选择寄存器。

(9) ADCHPLSamplePort(uint8_t port)

参数：端口。

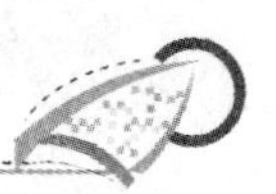

返回值：result_t。

功能：启动 ADC，并启动一次 ADC 转换。

4) MAC 层函数说明

MAC 层函数说明(mac.h，mac.c)涉及以下几个函数。

(1) MACInit(void)

参数：无。

返回值：result_t。

功能：初始化通信栈协议层 MAC 层。

备注：该函数又调用了物理层 physical 和射频控制层 radiocontrol 的初始化函数。

(2) MACBroadcastMsg(void* data, uint8_t length)

参数：数据包地址，应用层数据包数据部分长度。

返回：result_t。

功能：发送广播数据包的接口函数，为数据包做包头，并调用 tryToSend( )函数，判断是否允许发送该数据包。

(3) MACUnicastMsg(void* data, uint8_t length, uint16_t toAddr)

参数：包地址，包总长度，目的地址。

返回：result_t。

功能：发送单播数据包的接口函数(实际上没有实现任何功能)。

(4) MACTxReset(void)

参数：无。

返回值：result_t。

功能：强行取消所有正在发送的任务。

(5) MACPhysicalTxPktDone(void* packet)

参数：发送包地址。

返回值：result_t。

功能：物理层通知 MAC 层发送完成。

(6) MACChannelBusy(void)

参数：无。

返回值：result_t。

功能：供物理层调用，通知 MAC 层信道忙，使 MAC 转入空闲态，可以接收数据。

(7) MACChannelIdle(void)

参数：无。

返回值：result_t。

功能：供物理层调用，通知 MAC 层信道闲，可以根据发送方式发送数据包。

(8) MACStartSymDetected(void* pkt)

参数：包地址。

返回值：result_t。

功能：供物理层调用，检测到起始字符，通知 MAC 准备接收数据包。

(9) MACPhysicalRxPktDone(void* packet, char error)

参数：包地址，接收出错标志。

返回值：包地址。

功能：供物理层调用，对于已经接收到的数据包，根据包类型调用相应的处理函数，在此只实现了对数据包的处理函数 handleDATA(void* pkt)。

(10) MACClockFire(void)

参数：无。

返回值：无。

功能：MAC 定时维护，周期为每毫秒一次，对超时事件进行处理。

(11) tryToSend( )

参数：无。

返回值：无。

功能：开始发送数据包，判断是否允许发送广播或者 RTS 数据包。

备注：供 MACBroadcastMsg(void* data, uint8_t length)函数调用。

(12) tryToResend(uint8_t delay)

参数：包地址。

返回值：无。

功能：CTS 或 ACK 超时后尝试重发，调用 tryToSend( )实现。

(13) startBcast( )

参数：无。

返回值：无。

功能：发送广播包，通过调用物理层发送接口 PhysicalTxPkt(dataPkt, txPktLen)进行发送。

(14) handleErrPkt(void)

参数：无。

返回值：执行结果。

功能：处理错误数据包，进入睡眠。

(15) handleDATA(void* pkt)

参数：包地址。

返回值：包地址。

功能：对接收到的 DATA 数据包进行处理。

5) 物理层调度控制

物理层调度控制(Physical.c)需要完成数据的发送和接收任务，数据发送过程涉及的函数之间的调用关系如图 12.23 所示，数据接收过程涉及的函数之间的调用关系如图 12.24 所示。

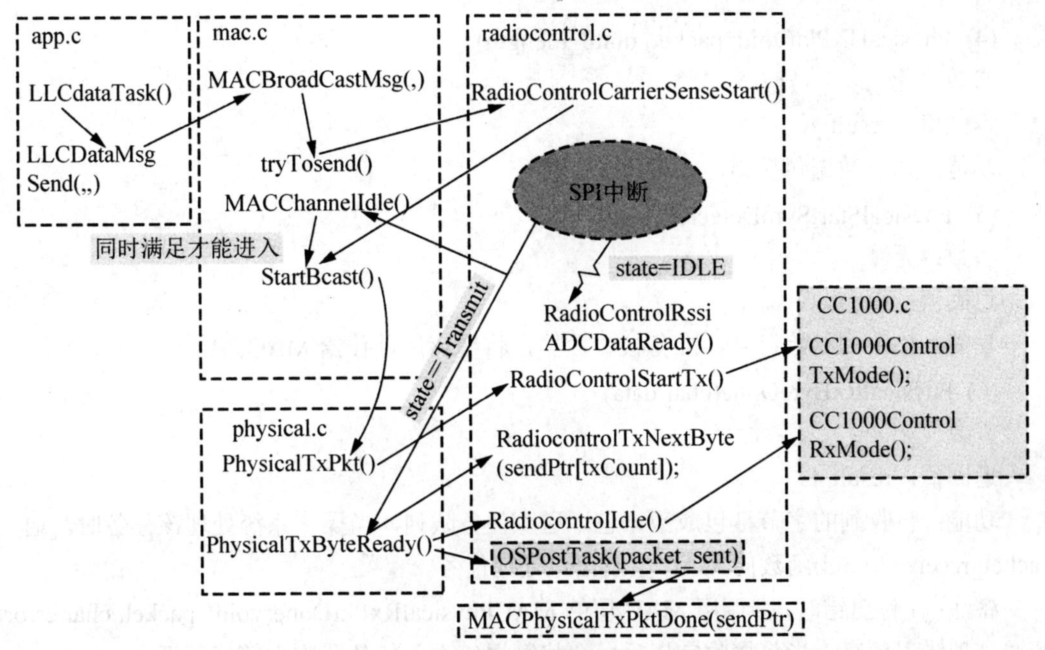

图 12.23　数据发送过程中的函数调用关系

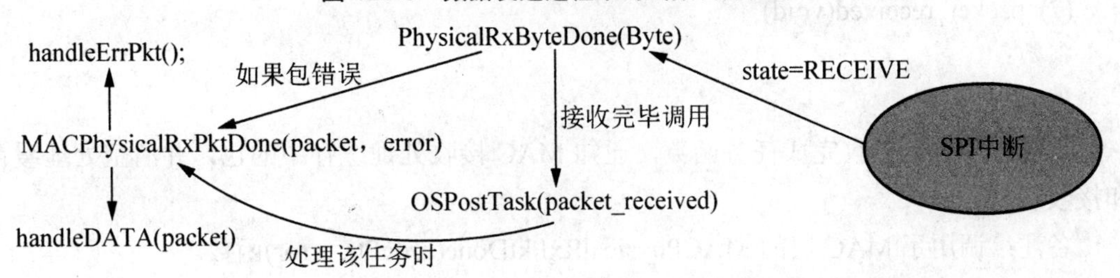

图 12.24　数据接收过程中的函数调用关系

物理层调度控制所涉及的主要函数如下。

(1) PhysicalInit(void)

参数：无。

返回值：操作结果。

功能：物理层初始化，调用了射频层控制模块初始化 RadiocontrolInit( )。

(2) PhysicalIdle(void)

参数：无。

返回值：操作结构。

功能：进入空闲状态。

(3) PhysicalSleep(void)

参数：无。

返回值：result_t。

功能：进入睡眠状态。

(4) PhysicalTxPkt(void*packet, uint8_t length)

参数：无。

返回值：result_t。

功能：发送数据包接口。

(5) PhysicalStartSymDetected(void)

参数：无。

返回值：result_t。

功能：检测到起始符号，准备接收数据，将缓存地址传给 MAC。

(6) PhysicalRxByteDone(char data)

参数：无。

返回值：result_t。

功能：将收到的字节打包成数据包，送入任务队列，当操作系统处理该任务时，通过 packet_received(void)函数向 MAC 层发出包处理任务。

备注：在包出错时，会调用 MAC 层的 MACPhysicalRxPktDone(void* packet, char error)函数处理错误信息；当包接收完毕后，会将数据包送入任务队列中等待处理。

(7) packet_received(void)

参数：无。

返回值：无。

功能：数据包接收完成任务函数，通知 MAC 接收处理缓存中的包，并清空处理缓存和接收缓存。

备注：调用了 MAC 层的 MACPhysicalRxPktDone(procPtr, error)函数。

(8) packet_sent(void)

参数：无。

返回值：无。

功能：数据包发送完成任务函数，通知 MAC 数据包已经发送。

备注：调用了 MAC 层的 MACPhysicalTxPktDone(sendPtr)函数。

(9) PhysicalTxPkt(void* packet, uint8_t length)

参数：packet 是数据包地址 length 是物理层要发送的字节数。

返回值：result_t。

功能：物理层发送数据包接口函数，进入发送状态，启动整个发送流程。

备注：供 MAC 层的 StartCast( )调用，该函数又调用了 RadioContral 的 RadiocontrolStartTx( )函数。

(10) PhysicalTxByteReady(void)

参数：无。

返回值：result_t。

功能：在发送未完成时，准备下一个要发送的字节，发送完成时进入空闲状态并通知

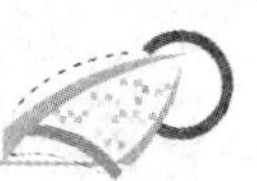

上层 MAC 层，通过 packet_sent( )函数调用 MAC 层的 MACPhysicalTxPktDone(sendPtr)实现。

6) 射频通信物理层控制函数定义(Radiocontrol.h，Radiocontrol.c)如下。

(1) RadioControlInit(void)

参数：无。

返回值：result_t。

功能：射频控制层的初始化，被物理层初始化函数所调用。

(2) RadioControlIdle(void)

参数：无。

返回值：result_t。

功能：使射频控制层处于空闲状态，CC1000、SPI 进入接收状态。

(3) RadioControlSleep(void)

参数：无。

返回值：result_t。

功能：使射频控制层处于睡眠状态，CC1000、SPI 进入关闭状态。

(4) RadioControlCarrierSenseStart(uint16_t numBits)

参数：要监听的位数。

返回值：result_t。

功能：设置载波监听的比特数(实际监听为字节数，因为每次监听的 ADC 调用由一次 SPI 中断调用引发，所以一次监听为一个字节的 RSSI)。

(5) RadioControlRSSIADCDataReady(uint16_t data)

参数：ADC 采集到的数据。

返回值：result_t。

功能：ADC 中断调用，表明 RSSI 数据到达，通过对该数据的分析，判断信道空闲与否。

(6) RadioControlStartTx( )

参数：无。

返回值：result_t。

功能：启动发送数据包的流程，并准备要发送的导频字节，CC1000、SPI 进入发送状态。

(7) RadioControlTxNextByte(char data)

参数：要发送的字节。

返回值：result_t。

功能：准备下一个要发送的字节，通过物理层的 PhysicalTxByteReady( )函数调用，把下一个要发送的字节存入发送缓存。

(8) void _attribute((signal))　_vector_17(void)

参数：无。

返回值：无。

功能：SPI 中断服务程序，由 CC1000 的时钟信号引发，与 CC1000 同步，即数据率相同。根据本地状态进行相应的处理，为上层提供服务，SPI 串行传输结束就会自动引发 SPI 中断。

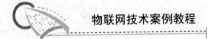

当射频控制层处于不同的状态时，SPI 中断处理的过程也不相同。如图 12.25 所示，具体的处理过程如下。

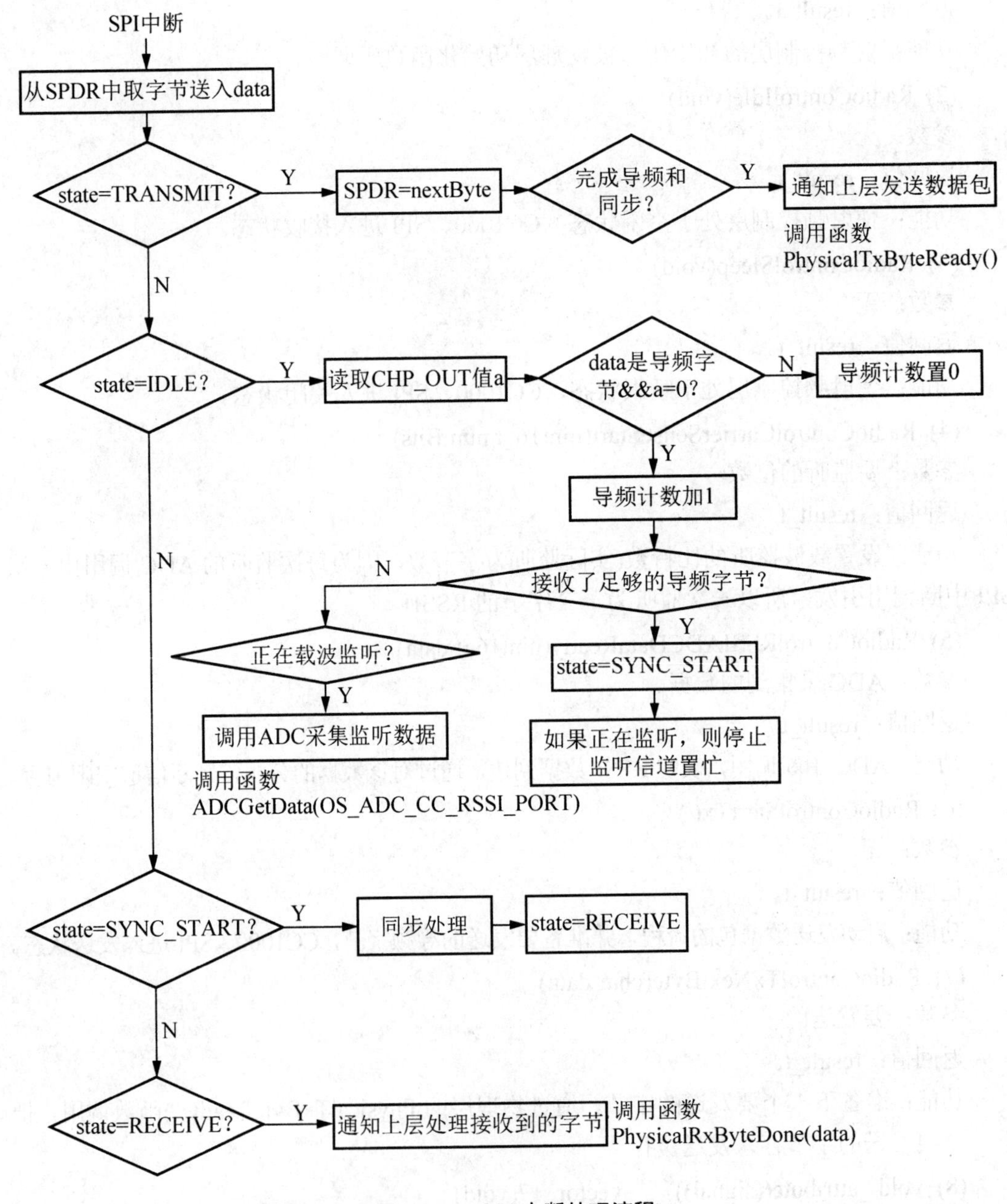

图 12.25　SPI 中断处理流程

① 当 state══TRANSMIT 时

第一步：将发送缓存中的下一个字节送入 SPDR。

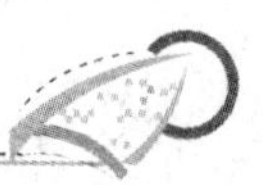

第二步：根据当前已经发送字节数(txCount 变量)是否小于导频长度(PREAMBLE_LEN 变量)，判断是否需要继续发送导频字节 0xaa。

第三步：导频发送完毕，再继续发两个同步字节。

第四步：调用上层函数 PhysicalTxByteReady( )，目的是通知物理层发送数据包。

② 当 state ══ IDLE 时

第一步：当 CHP_OUT 引脚的值为低电平，而且 SPDR 中的字节为导频字节时，导频计数加 1，当接收到足够的导频字节时，则射频控制状态被赋值为“state=SYNC_START”；另外，判断 MAC 层是否正在进行载波监听，如果是，则停止载波监听，并置信道忙。

第二步：否则导频计数置 0。

第三步：如果当前状态不是“SYNC_START”，并且 MAC 层正在进行载波监听，则调用 ADC 模块里的 ADCGetData(OS_ADC_CC_RSSI_PORT)函数，对 RSSI 的数据进行采集。

③ 当 state ══ SYNC_START 时

进行同步处理，并通知上层即物理层检测到起始符号且同步完成。

④ 当 state ══ RECEIVE 时

第一步：将移位缓存(RxShiftBuf)中的高 8 位移出，并将刚刚收到的字节存入到该缓存的低 8 位。

第二步：取出该缓存中的字节，并通知上层处理接收到的这个字节，调用物理层的 PhysicalRxByteDone(Byte)函数实现。

7) app.c 文件中的函数定义

该模块的作用是定时采集数据，并通过 CC1000 发送数据，所包括的主要函数如下。

(1) LLCStdControlInit(void)

参数：无。

返回值：result_t。

功能：调用 LED、传感器和 MAC 的初始化函数，进行系统初始化。

(2) LLCStdControlStart(void)

参数：无。

返回值：result_t。

功能：启动传感器和 Timer 时钟。

(3) LLCTimerStart(uint8_t interval)

参数：时钟间隔。

返回值：result_t。

功能：设置 1 号定时器的定时类型和间隔，并启动定时器。

(4) LLCTimerFired(void)

参数：无。

返回值：操作结果。

功能：由设定的定时器时钟到达触发，调用采集函数 LLCADCGetData(void)，进入数据采集过程。

(5) LLCdataTask(void)

参数：无。

返回值：无。

功能：发送任务处理，当操作系统处理发送任务时，从该函数进入。

(6) LLCADCDataReady(uint16_t data)

参数：传感器采集到的数据。

返回值：result_t。

功能：将从 ADC 获得的数据送往数据包的数据区，并进行缓存。当缓存满时，将一个发送任务送往任务队列等待操作系统处理。另外，LED 灯的变化指示了 data 值的范围。

(7) LLCDataMsgSend(uint8_t addr, uint8_t length, OSMACMsgPtr data)

参数：目的节点号，数据长度，数据包地址。

返回值：result_t。

功能：打包数据，进行广播发送，调用 MAC 层的 MACBroadcastMsg(data, length)函数实现。

(8) LLCADCGetData(void)

参数：无。

返回值：result_t。

功能：调用 SensorExternalPhotoADCGetData(void)函数，准备数据采集。

(9) LLCDataMsgSendDone(OSMACMsgPtr sent, result_t success)

参数：发送数据包地址，发送完成状态。

返回值：result_t。

功能：发送完成处理，由 MAC 层调用。

(10) LLCResetCounterMsgReceive(OSMACMsgPtr m)

参数：数据包地址。

返回值：OSMACMsgPtr。

功能：接收数据处理函数，由 MAC 层调用。

8) LED 模块中的函数定义

这个模块的作用是控制 LED 灯的操作，主要包括如下函数。

(1) LedInit(void)

参数：无。

返回值：result_t。

功能：初始化 LED，熄灭三种颜色的 LED 灯。

(2) LedRedOn(void)

参数：无。

返回值：result_t。

功能：点亮红色 LED 灯。

(3) LedRedOff(void)

参数：无。

返回值：result_t。

功能：熄灭红色 LED 灯。

(4) LedRedToggle(void)

参数：无。

返回值：result_t。

功能：使红色 LED 灯闪烁一次，由亮到熄灭或者由熄灭变亮。

备注：同样对于绿色 LED 灯和黄色 LED 灯，也具有与上述(2)～(4)相同功能的函数，在此不一一解释。

9) 操作系统的函数定义

操作系统(OS)所涉及的主要函数如下。

(1) OSH_wait(void)

参数：无。

返回值：无。

功能：等待，通过执行两条空转指令实现。

(2) OSH_sleep(void)

参数：无。

返回值：无。

功能：执行睡眠。

(3) OSH_uwait(int u_sec)

参数：等待时间。

返回值：无。

功能：通过参数可以设置等待时间。

(4) OSH_SET_PIN_DIRECTIONS(void)

参数：无。

返回值：无。

功能：设置 I/O 数据方向，实现 ATMEGA128L 和其他芯片之间的引脚连接。

(5) AtomicStart(void)

参数：无。

返回值：标志寄存器的值。

功能：原子操作，与 AtomicEnd 配合使用，标志原子操作开始。

备注：原子操作的含义是指在处理该操作过程中，不允许系统响应其他中断，直到原子操作结束，即原子操作不能被其他操作所打断。AtomicStart(void)和 AtomicEnd(uint8_t oldSreg)如同一对大括号，把原子操作括在其中。

(6) void AtomicEnd(uint8_t oldSreg)

参数：标志寄存器的值，该值正是 AtomicStart(void)的返回值。

返回值：无。

功能：恢复标志寄存器的值，使用方法见 AtomicStart(void)的解释。

(7) EnableInterrupt(void)

参数：无。

返回值：无。

功能：开全局中断。

(8) OSSchedInit(void)

参数：无。

返回值：无。

功能：调度变量初始化。

(9) OSPostTask(void (*tp)(void))

参数：任务函数的入口地址。

返回值：操作结果，任务是否被送入任务队列。

功能：任务进入队列。

(10) OSHRunNextTask(void)

参数：无。

返回值：执行结果，确定是否有任务。

功能：扫描任务队列，依次执行任务。

(11) OSHRunTask(void)

参数：无。

返回值：无。

功能：间断性地进行任务扫描，调用 OSHRunNextTask( )实现。

(12) MainHardwareInit(void)

参数：无。

返回值：操作结果。

功能：由 main( )函数调用，实现硬件初始化，调用 OSH_SET_PIN_DIRECTIONS( )函数。

(13) result_t MainStdControlInit(void)

参数：无。

返回值：操作结果。

功能：由 main( )函数调用，应用程序各模块初始化。该函数调用 APP.c 中的 LLCStdControlInit( )函数实现。

(14) MainStdControlStart(void)

参数：无。

返回值：操作结果。

功能：由 main( )函数调用，应用程序各模块启动，调用 APP.c 的 LLCStdControlStart( )函数实现。

4. CC1000 芯片的变量配置

双击“SmartRF Studio”图标，打开 TEXAS 射频芯片的参数设置对话框，如图 12.26 所示，选择“CC1000”选项，然后单击“Start”按钮。

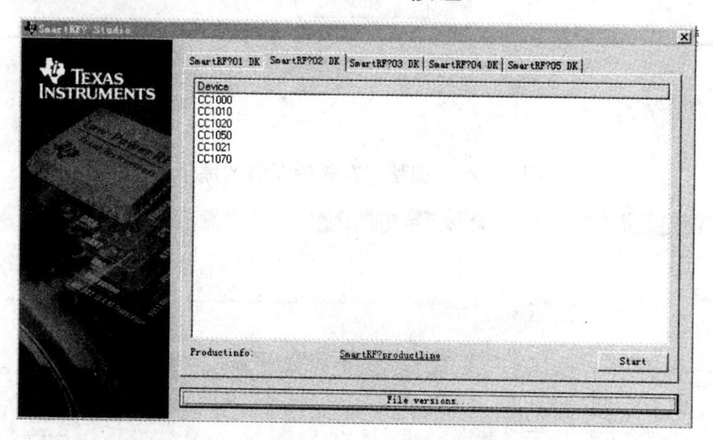

图 12.26 启动 SmartRF 的设备设置项

在图 12.27 所示的窗口中，可以设置 CC1000 系统参数，在“info”选项中可以查看总体参数设置。选择“View”命令，或者直接按 F3 键，可以打开寄存器设置窗口。在单击“确定”按钮后，打开英文提示的对话框，如图 12.28 所示，表示对寄存器设置值的任何调整可能导致无效的配置或引起错误的操作，所以应尽量使用推荐的值来设置寄存器，单击“确定”按钮后完成设置，如图 12.29 所示。

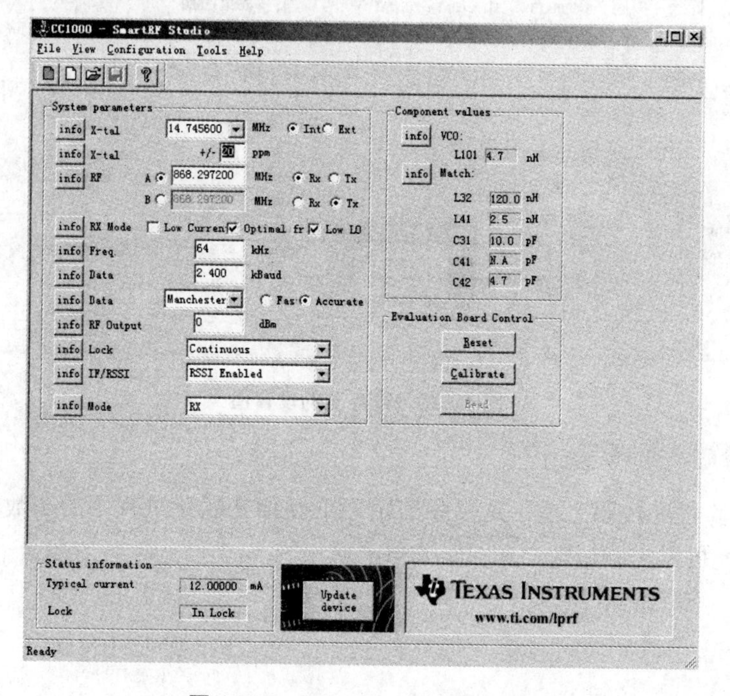

图 12.27 CC1000 系统参数设置

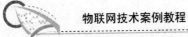

图 12.28 调整寄存器设置值的提示

图 12.29 寄存器的设置值

5. 本实验的参考程序

在提供实验程序代码之前，这里先演示一下硬件初始化过程中的函数调用关系，如图 12.30 所示，可以先清楚函数之间的关系。

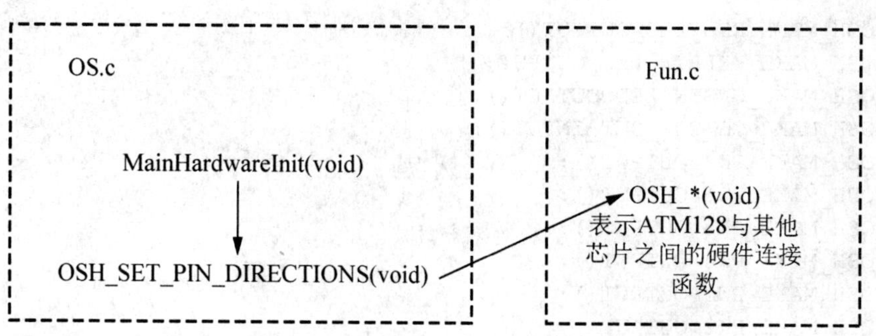

图 12.30 硬件初始化过程中的函数调用关系

```
/***********************************************************************
*  主函数程序
***********************************************************************/
int main(void)
{
   MainHardwareInit();            //物理层硬件初始化
   OSSchedInit();                 //操作系统初始化

   MainStdControlInit();          //初始化应用程序的各个模块
   MainStdControlStart();         //应用程序各模块启动

   EnableInterrupt();             //中断使能

   while (1) {
      OSHRunTask();               //循环，等待触发
   }
   return 1;
}

/***********************************************************************
*  操作系统内核调度的程序
***********************************************************************/
#include "os.h"
#include "fun.h"
typedef struct SchedUnit{
   void (*tp)(void);
} OSSchedUnit;
enum  {
   OSH_MAX_TASKS = 16,
   OSH_TASK_BITMASK = OSH_MAX_TASKS - 1
};
OSSchedUnit OSH_queue[OSH_MAX_TASKS];
static uint8_t OSH_sched_full;
static uint8_t OSH_sched_free;

void OSH_SET_PIN_DIRECTIONS(void)  //设置 I/O 数据方向
{
```

```
    OSH_MAKE_RED_LED_OUTPUT();
    OSH_MAKE_YELLOW_LED_OUTPUT();
    OSH_MAKE_GREEN_LED_OUTPUT();
    OSH_MAKE_CC_CHP_OUT_INPUT();
    OSH_MAKE_PW7_OUTPUT();
    OSH_MAKE_PW6_OUTPUT();
    OSH_MAKE_PW5_OUTPUT();
    OSH_MAKE_PW4_OUTPUT();
    OSH_MAKE_PW3_OUTPUT();
    OSH_MAKE_PW2_OUTPUT();
    OSH_MAKE_PW1_OUTPUT();
    OSH_MAKE_PW0_OUTPUT();
    OSH_MAKE_CC_PALE_OUTPUT();
    OSH_MAKE_CC_PDATA_OUTPUT();
    OSH_MAKE_CC_PCLK_OUTPUT();
    OSH_MAKE_MISO_INPUT();
    OSH_MAKE_SPI_OC1C_INPUT();
    OSH_MAKE_SERIAL_ID_INPUT();
    OSH_CLR_SERIAL_ID_PIN();
    OSH_MAKE_FLASH_SELECT_OUTPUT();
    OSH_MAKE_FLASH_OUT_OUTPUT();
    OSH_MAKE_FLASH_CLK_OUTPUT();
    OSH_SET_FLASH_SELECT_PIN();
    OSH_SET_RED_LED_PIN();
    OSH_SET_YELLOW_LED_PIN();
    OSH_SET_GREEN_LED_PIN();
}

result_t MainHardwareInit(void)      //硬件初始化
{
    OSH_SET_PIN_DIRECTIONS();
    return SUCCESS;
}

void OSSchedInit(void)               //调度变量初始化
{
    OSH_sched_free = 0;
    OSH_sched_full = 0;
}

void OSH_uwait(int u_sec)            //设置等待时间
{
    while (u_sec > 0) {
        _asm volatile ("nop");
        _asm volatile ("nop");
        _asm volatile ("nop");
        _asm volatile ("nop");
        _asm volatile ("nop");
        _asm volatile ("nop");
```

```
        _asm volatile ("nop");
        _asm volatile ("nop");
        u_sec--;
    }
}

result_t MainStdControlInit(void)  //应用程序各模拟初始化
{
    unsigned char result;
    result = Init();
    return result;
}

result_t MainStdControlStart(void) //启动应用程序的各个模块
{
    unsigned char result;
    result = Start();
    return result;
}

void EnableInterrupt(void)         //开全局中断
{
    _asm volatile ("sei");
}

void OSH_wait(void)                //等待
{
    _asm volatile ("nop");
    _asm volatile ("nop");
}

void OSH_sleep(void)               //睡眠
{
    * (volatile unsigned char *)(0x35 + 0x20) |= 1 << 5;
    _asm volatile ("sleep");
}

uint8_t  AtomicStart(void)         //原子操作开始
{
    uint8_t result = * (volatile unsigned char *)(0x3F + 0x20);
    _asm volatile ("cli");
    return result;
}

void  AtomicEnd(uint8_t oldSreg)   //原子操作结束
{
    * (volatile unsigned char *)(0x3F + 0x20) = oldSreg;
}
```

```
bool OSHRunNextTask(void)              //扫描任务队列，依次执行任务
{
    uint8_t fInterruptFlags;
    uint8_t old_full;
    void (*func)(void);
    if (OSH_sched_full == OSH_sched_free) {
        return 0;
    }
    else {
        fInterruptFlags = AtomicStart();
        old_full = OSH_sched_full;
        OSH_sched_full++;
        OSH_sched_full &= OSH_TASK_BITMASK;
        func = OSH_queue[(int)old_full].tp;
        OSH_queue[(int)old_full].tp = 0;
        AtomicEnd(fInterruptFlags);
        func();
        return 1;
    }
}

void OSHRunTask(void)                         //间断性地进行任务扫描
{
    while (OSHRunNextTask());
    OSH_sleep();
    OSH_wait();
}

bool  OSPostTask(void (*tp)(void))       //任务进入队列
{
    uint8_t fInterruptFlags;
    uint8_t tmp;
    fInterruptFlags = AtomicStart();
    tmp = OSH_sched_free;
    OSH_sched_free++;
    OSH_sched_free &= OSH_TASK_BITMASK;
    if (OSH_sched_free != OSH_sched_full) {
        AtomicEnd(fInterruptFlags);
        OSH_queue[tmp].tp = tp;
        return TRUE;
    }
    else {
        OSH_sched_free = tmp;
        AtomicEnd(fInterruptFlags);
        return FALSE;
    }
}
```

```
/*********************************************************************
*  操作定时器的程序
*********************************************************************/
#include "timer.h"
#include "fun.h"
#include "os.h"
static result_t TimerTimerFired(uint8_t id);        //加入定时要触发的程序
static void     TimerAdjustInterval(void);
static result_t TimerDefaultFired(uint8_t id);
static void     TimerEnqueue(uint8_t value);
static uint8_t  TimerDequeue(void);
static void     TimerSignalOneTimer(void);
static void     TimerHandleFire(void);
static result_t TimerClockFire(void);
static void     TimerHPLClockSetInterval(uint8_t value);
static result_t TimerHPLClockSetRate(char interval, char scale);
static uint32_t TimerM_mState;
static uint8_t  TimerM_setIntervalFlag;
static uint8_t  TimerM_mScale;
static uint8_t  TimerM_mInterval;
static int8_t   TimerM_queue_head;
static int8_t   TimerM_queue_tail;
static uint8_t  TimerM_queue_size;
static uint8_t  TimerM_queue[NUM_TIMERS];
static uint8_t HPLClock_set_flag;
static uint8_t HPLClock_mscale;
static uint8_t HPLClock_nextScale;
static uint8_t HPLClock_minterval;

struct TimerM_timer_s {
   uint8_t type;
   int32_t ticks;
   int32_t ticksLeft;
} TimerM_mTimerList[NUM_TIMERS];

static result_t TimerHPLClockSetRate(char interval, char scale)
{
   scale &= 0x7;
   scale |= 0x8;
   { uint8_t atomicState = AtomicStart();
   {
      * (volatile unsigned char *)(0x37 + 0x20)  &= ~(1 << 0);
      * (volatile unsigned char *)(0x37 + 0x20)  &= ~(1 << 1);
      * (volatile unsigned char *)(0x30 + 0x20)  |= 1 << 3;
      * (volatile unsigned char *)(0x33 + 0x20)  = scale;
      * (volatile unsigned char *)(0x32 + 0x20)  = 0;
      * (volatile unsigned char *)(0x31 + 0x20)  = interval;
      * (volatile unsigned char *)(0x37 + 0x20)  |= 1 << 1;
```

```
    }
    AtomicEnd(atomicState); }
    return SUCCESS;
}

static void TimerHPLClockSetInterval(uint8_t value)
{
    * (volatile unsigned char *)(0x31 + 0x20) = value;
}

static void TimerAdjustInterval(void)
{
    uint8_t i;
    uint8_t val = TimerM_maxTimerInterval;

    if (TimerM_mState) {
        for (i = 0; i < NUM_TIMERS; i++) {
            if (TimerM_mState & (0x1 << i) && TimerM_mTimerList[i].ticksLeft < val) {
                val = TimerM_mTimerList[i].ticksLeft;
            }
        }
        { uint8_t atomicState = AtomicStart();
        {
            TimerM_mInterval = val;
            TimerHPLClockSetInterval(TimerM_mInterval);
            TimerM_setIntervalFlag = 0;
        }
        AtomicEnd(atomicState); }
    }
    else {
        { uint8_t atomicState = AtomicStart();
        {
            TimerM_mInterval = TimerM_maxTimerInterval;
            TimerHPLClockSetInterval(TimerM_mInterval);
            TimerM_setIntervalFlag = 0;
        }
        AtomicEnd(atomicState); }
    }
    PowerManagementAdjust();
}

result_t TimerTimerStop(uint8_t id)
{
    if (id >= NUM_TIMERS)
    {
        return FAIL;
    }
    if (TimerM_mState & (0x1 << id)) {
        { uint8_t atomicState = AtomicStart();
```

```
        TimerM_mState &= ~(0x1 << id);
        AtomicEnd(atomicState); }
        if (!TimerM_mState) {
           TimerM_setIntervalFlag = 1;
        }
        return SUCCESS;
    }
    return FAIL;
}

static result_t TimerDefaultFired(uint8_t id)
{
    return SUCCESS;
}

static result_t TimerTimerFired(uint8_t id)    //定时触发程序
{
    unsigned char result;
    switch (id) {
    case 1:
        result = Timer0_1_Fired();
        break;

    case 0:
        result = Timer0_0_Fired() ;
        break;

    default:
        result = TimerDefaultFired(id);
    }
    return result;
}

static uint8_t TimerDequeue(void)
{
    if (TimerM_queue_size == 0) {
        return NUM_TIMERS;
    }
    if (TimerM_queue_head == NUM_TIMERS - 1) {
        TimerM_queue_head = -1;
    }
    TimerM_queue_head++;
    TimerM_queue_size--;
    return TimerM_queue[(uint8_t)TimerM_queue_head];
}

static void TimerSignalOneTimer(void)
{
    uint8_t itimer = TimerDequeue();
```

```
        if (itimer < NUM_TIMERS) {
            TimerTimerFired(itimer);
        }
    }

    static void TimerEnqueue(uint8_t value)
    {
        if (TimerM_queue_tail == NUM_TIMERS - 1) {
            TimerM_queue_tail = -1;
        }
        TimerM_queue_tail++;
        TimerM_queue_size++;
        TimerM_queue[(uint8_t)TimerM_queue_tail] = value;
    }

    static void TimerHandleFire(void)
    {
        uint8_t i;
        TimerM_setIntervalFlag = 1;
        if (TimerM_mState)
        {
            for (i = 0; i < NUM_TIMERS; i++)
            {
                if (TimerM_mState & (0x1 << i))
                {
                    TimerM_mTimerList[i].ticksLeft -= TimerM_mInterval + 1;
                    if (TimerM_mTimerList[i].ticksLeft <= 2)
                    {
                        if (TimerM_mTimerList[i].type == TIMER_REPEAT)
                        {
                            TimerM_mTimerList[i].ticksLeft += TimerM_mTimerList[i].ticks;
                        }
                        else
                        {
                            TimerM_mState &= ~(0x1 << i);
                        }
                        TimerEnqueue(i);
                        OSPostTask(TimerSignalOneTimer);
                    }
                }
            }
        }
        TimerAdjustInterval();
    }

    static result_t TimerClockFire(void)
    {
        OSPostTask(TimerHandleFire);
        return SUCCESS;
```

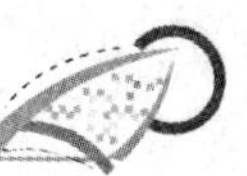

```
}

result_t TimerStdControlInit(void)
{
    TimerM_mState = 0;
    TimerM_setIntervalFlag = 0;
    TimerM_queue_head = TimerM_queue_tail = -1;
    TimerM_queue_size = 0;
    TimerM_mScale = 3;
    TimerM_mInterval = TimerM_maxTimerInterval;
    return TimerHPLClockSetRate(TimerM_mInterval, TimerM_mScale);
}

result_t TimerTimerStart(uint8_t id, char type, uint32_t interval)
{
    uint8_t diff;
    if (id >= NUM_TIMERS) {
        return FAIL;
    }
    if (type > 1) {
        return FAIL;
    }
    TimerM_mTimerList[id].ticks = interval;
    TimerM_mTimerList[id].type = type;

    { uint8_t atomicState = AtomicStart();
    {
        diff = * (volatile unsigned char *)(0x32 + 0x20);
        interval += diff;
        TimerM_mTimerList[id].ticksLeft = interval;
        TimerM_mState |= 0x1 << id;
        if (interval < TimerM_mInterval) {
            TimerM_mInterval = interval;
            TimerHPLClockSetInterval(TimerM_mInterval);
            TimerM_setIntervalFlag = 0;
            PowerManagementAdjust();
        }
    }
    AtomicEnd(atomicState); }
    return SUCCESS;
}

void __attribute((signal))  __vector_15(void)
{
    { uint8_t atomicState = AtomicStart();
    {
        if (HPLClock_set_flag) {
            HPLClock_mscale = HPLClock_nextScale;
            HPLClock_nextScale |= 0x8;
```

```
            * (volatile unsigned char *)(0x33 + 0x20) = HPLClock_nextScale;
            * (volatile unsigned char *)(0x31 + 0x20) = HPLClock_minterval;
            HPLClock_set_flag = 0;
        }
    }
    AtomicEnd(atomicState); }
    TimerClockFire();
}

/*********************************************************************
*  常用的一些函数程序
*********************************************************************/
#include "type.h"
#include "uartDebug.h"
#include "message.h"
#define DBG_BUF_LEN 60
#define UART_IDLE 0
#define UART_BUSY 1
char UARTState;
char dbgBuf[DBG_BUF_LEN];
uint8_t dbgHead;
uint8_t dbgTail;
uint8_t dbgBufCount;
uint8_t appendByte;

void uartDebug_init()
{
   UARTState = UART_IDLE;
   dbgBufCount = 0;
* (volatile unsigned char *)0x90 = 0;                        // UBRR0H = 0
   * (volatile unsigned char *)(0x09 + 0x20) = 15;          // UBRR0L = 15
   // UCSR0A 中的 U2X0 = 1，即传输速率倍数
   * (volatile unsigned char *)(0x0B + 0x20) = 1 << 1;
   * (volatile unsigned char *)0x95 = (1 << 2) | (1 << 1);
         // UCSR0C 中 UCSZ1 = 1，UCSZ0 = 1，即传送或接收字符长为 8bit
   * (volatile unsigned char *)(0x0A + 0x20) = (((1 << 7) | (1 << 6)) | (1
<< 4)) | (1 << 3);
         // UCSR0B 中的 RXCIE、TXCIE、RXEN 和 TXEN 都置为 1
}

void uartDebug_txPacket(OSMACMsgPtr pMsg)
{
    int i;
    if (UARTState == UART_IDLE)
    {
       UARTState = UART_BUSY;
       dbgBuf[0] = 0x8E;
       dbgBuf[1] = 0x42;
       dbgBuf[2] = pMsg->length;//
       dbgBuf[3] = pMsg->type;
```

```
        dbgBuf[4] = pMsg->toAddr;
        dbgBuf[5] = pMsg->fromAddr;
        dbgBuf[6] = pMsg->group;
    /*
```

需要注意语句 i < pMsg->length-7，通常只有网关汇聚节点 sink 才会用到 UART。对于 sink 节点来说，pMsg->length 包括了 MAC 头和数据部分的长度。如果希望 UART 传送本地产生的数据，由于没有经过 MAC 层，pMsg->length 只包含数据部分的长度。如果使用 pMsg->length-7 就会产生错误。

```
    */
        for (i = 0; i < pMsg->length-7; i++)        dbgBuf[7+i] = pMsg->data[i];
        dbgBuf[pMsg->length] = pMsg->crc >> 8 & 0xFF;
        dbgBuf[1+pMsg->length] = pMsg->crc & 0xFF;
        dbgBuf[2+pMsg->length] = 0x7E;
        //将 data 写入数据寄存器 UDR0
        * (volatile unsigned char *)(0x0C + 0x20) = dbgBuf[0];
        //向 TXC 位写逻辑 1，该位清零
        * (volatile unsigned char *)(0x0B + 0x20) |= 1 << 6;
        dbgBufCount = 1;
        dbgTail = 2 + pMsg->length;
        appendByte = 0;
      }
    }

    /*****************************************************************
    *   __vector_20(void)
    *  功能描述：UART 发送完成中断
    *  参数说明：无
    *  返回值：无
    *****************************************************************/
    void __attribute((signal))  __vector_20(void)
    {
       char byte;
       if(dbgBufCount > 0 && dbgBufCount < dbgTail) {
          if (appendByte == 0)     //不是发送附加字节
          {
             byte = dbgBuf[dbgBufCount++];
             if (byte == 0x7E)
             {
                appendByte = 0x5E;
                                                       //将 data 写入数据寄存器 UDR0
                *(volatile unsigned char *)(0x0C + 0x20) = 0x7D;
                                                       //向 TXC 位写逻辑 1，该位清零
                *(volatile unsigned char *)(0x0B + 0x20) |= 1 << 6;
            return;
             }
             if (byte == 0x7D)
             {
               appendByte = 0x5D;
               * (volatile unsigned char *)(0x0C + 0x20) = 0x7D;
```

```
                * (volatile unsigned char *)(0x0B + 0x20) |= 1 << 6;
                return;
            }
            if (byte == 0x8E)
            {
                appendByte = 0x6E;
                * (volatile unsigned char *)(0x0C + 0x20) = 0x8D;
                * (volatile unsigned char *)(0x0B + 0x20) |= 1 << 6;
                return;
            }
            if (byte == 0x8D)
            {
                appendByte = 0x6D;
                * (volatile unsigned char *)(0x0C + 0x20) = 0x8D;
                * (volatile unsigned char *)(0x0B + 0x20) |= 1 << 6;
                return;
            }
            * (volatile unsigned char *)(0x0C + 0x20) = byte;
            * (volatile unsigned char *)(0x0B + 0x20) |= 1 << 6;
        }
        else                //发送附加字节
        {
            * (volatile unsigned char *)(0x0C + 0x20) = appendByte;
            * (volatile unsigned char *)(0x0B + 0x20) |= 1 << 6;
            appendByte = 0;
        }
    } else if (dbgBufCount == dbgTail){
        * (volatile unsigned char *)(0x0C + 0x20) = dbgBuf[dbgTail];
        * (volatile unsigned char *)(0x0B + 0x20) |= 1 << 6;
        dbgBufCount = 0;
    }
    else{
     UARTState = UART_IDLE;
    }
}
```

小　　结

本章介绍了如何设计和开发传感器网络系统的实验内容，以 CC1000 为典型的通信芯片、以 ATmega128L 为典型的处理器芯片，并以 AVR 为集成开发环境，介绍了这两种芯片的特点和结构，详细介绍了如何建立开发环境，以及完成程序烧录、数据采集和组网通信功能的实验步骤，并附以重要的参考程序以便于理解和分析。通过本章实验内容的学习和操作，应初步具备设计传感器网络的动手实践能力，对开发物联网系统具有一定的感性认识。

习　题　12

1．上机完成 WinAVR 工具的安装。

2．在 WinAVR 集成开发环境下编写自己的 C 语言程序代码。

3．上机使用向导来安装 AVRStudio 工具。

4．实现并验证开发板与个人计算机的连接。

5．根据实验设备的不同，正确设置 JTAG ICE 的参数，完成程序烧录实验。

6．上机使用中断方式实现 AD 采样，并观察光传感器的采样结果。

7．在 SmartRF Studio 环境下对 CC1000 芯片的变量进行配置。

8．上机调试 MAC 库函数的程序。

附录 A

部分习题参考答案

习题 1

一、选择题

1. B　2. B　3. B　4. D　5. C　6. C　7. A　8. C　9. C

二、填空题

1. 接入　承载网络　应用控制　用户
2. 全面感知　可靠传送
3. 感知识别　网络构建　管理服务
4. M2M
5. 设备终端　网络传输
6. 计算机资源
7. 公共云　私有云
8. 云客户端　服务目录
9. MapReduce

习题 2

一、选择题

1. A　2. D　3. A　4. D　5. A　6. A　7. C　8. B　9. C　10. A

二、填空题

1. 磁卡　IC 卡
2. 数据采集　特征提取
3. 条　空
4. 浅　深　黑　白
5. 码制
6. 国际物品编码协会　中国内地
7. 被动式标签　主动式标签
8. 存储器卡　微处理器卡
9. 双向连接　识别

习题 3

一、选择题

1. A　2. D　3. B　4. C

二、填空题

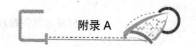

1. 敏感元件　传感元件
2. 数字型
3. 精度
4. 漂移

习题 4

一、选择题

1. A　2. C　3. A　4. A; D　5. C　6. A　7. D　8. C　9. B　10. A

二、填空题

1. 电磁波
2. 幅度调制　频率调制
3. 载波侦听多路访问
4. 空闲监听　数据冲突　串扰　控制开销
5. 源　目的
6. 兴趣扩散　梯度建立　路径加强
7. 传感器　感知对象　用户
8. 传感器　汇聚　管理
9. 信息采集　路由
10. 传感　计算　通信　存储　电源　嵌入式软件系统
11. 平面　分级
12. 簇　簇头　簇成员
13. 声响　枪口爆炸　震动冲击
14. 有基础设施　无基础设施　无线 Ad hoc 网络

习题 5

一、选择题

1. C　2. C　3. C　4. D

二、填空题

1. 物理时间　逻辑时间
2. 层次发现　同步

3．无损失融合　有损失融合
4．动态电源管理　动态电压调节
5．状态信息融合　特性融合
6．$\bar{S}=\dfrac{\sum_{i=1}^{k}W_iS_i}{\sum_{i=1}^{k}W_i}$

习题 6

一、选择题

1. D　2. B　3. C　4. A　5. D　6. C　7. B　8. B　9. D

二、填空题

1．物理　符号
2．锚点
3．连接度
4．跳数
5．双曲线相交
6．无线电波

习题 7

一、选择题

1. B　2. A　3. C　4. B　5. A　6. C　7. B　8. C

二、填空题

1．通信　数据
2．复制
3．物理　基于密码学的
4．哈希锁
5．位置隐私
6．数据混杂

习题 8

一、选择题

1. A　2. C　3. C　4. B　5. A　6. B　7. B　8. A　9. B

二、填空题

1．变送器

2．无线射频电路　　天线
3．发射功率　　灵敏度
4．dBm　　0
5．天线增益　　天线效率　　电压驻波比
6．电池
7．数据库　　数据处理引擎　　图形用户界面　　后台组件
8．星形　　网状　　簇树形

习题 9

一、选择题

1．D　　2．A　　3．A　　4．B　　5．B

二、填空题

1．数学方法　　物理测试　　计算机仿真
2．流量　　协议　　拓扑
3．模拟引擎
4．OPNET
5．OTcl 脚本
6．工程测试床

习题 10

一、选择题

1．D　　2．A　　3．D　　4．A　　5．A　　6．C　　7．A　　8．B　　9．A
10．C　　11．C

参 考 文 献

[1] 刘云浩. 物联网导论[M]. 北京：科学出版社，2010.
[2] 刘化君，刘传清，胡修林. 物联网技术[M]. 北京：电子工业出版社，2010.
[3] 张春红，裘晓峰，夏海轮，等. 物联网技术与应用[M]. 北京：人民邮电出版社，2011.
[4] 朱晓荣，齐丽娜，孙君. 物联网与泛在通信技术[M]. 北京：人民邮电出版社，2010.
[5] 彭扬，蒋长兵. 物联网技术与应用基础[M]. 北京：中国物资出版社，2011.
[6] 李蔚田. 物联网基础与应用[M]. 北京：北京大学出版社，2012.
[7] 王晓敏，王志敏. 传感器检测技术及应用[M]. 北京：北京大学出版社，2011.
[8] 马秀峰，亓小涛. 计算机网络技术基础与应用[M]. 北京：北京大学出版社，2010.
[9] 王殊，阎毓杰，胡富平，等. 无线传感器网络的理论及应用[M]. 北京：北京航空航天大学出版社，2007.
[10] Holger Karl, Andreas Willing. 无线传感器网络协议与体系结构[M]. 邱天爽，唐洪，李婷，等译. 北京：电子工业出版社，2007.
[11] 孙利民，李建中，陈渝，等. 无线传感器网络[M]. 北京：清华大学出版社，2005.
[12] 胡耀东，申兴发，戴国骏. 基于 Sun SPOT 无线传感器网络实验教程[M]. 北京：电子工业出版社，2008.
[13] 崔逊学，赵湛，王成. 无线传感器网络的领域应用与设计技术[M]. 北京：国防工业出版社，2009.
[14] 宋文，王兵，周应宾. 无线传感器网络技术与应用[M]. 北京：电子工业出版社，2007.
[15] 于海斌，曾鹏. 智能无线传感器网络系统[M]. 北京：科学出版社，2006.
[16] 徐勇军，安竹林，蒋文丰，等. 无线传感器网络实验教程[M]. 北京：北京理工大学出版社，2007.
[17] 于宏毅，李鸥，张效义. 无线传感器网络理论、技术与实现[M]. 北京：国防工业出版社，2008.
[18] 王辉. NS2 网络模拟器的原理和应用[M]. 西安：西北工业大学出版社，2008.
[19] 李晓维，徐勇军，任丰原. 无线传感器网络技术[M]. 北京：北京理工大学出版社，2007.
[20] 高飞，薛艳明，王爱华. 物联网核心技术——RFID 原理与应用[M]. 北京：人民邮电出版社，2010.
[21] 徐勇军，任勇，徐朝农，等. 物联网实验教程[M]. 北京：机械工业出版社，2011.
[22] 张西红，周顺，陈立云. 无线传感器网络技术及其军事应用[M]. 北京：国防工业出版社，2010.
[23] 郑和喜，陈湘国，郭泽荣，等. WSN RFID 物联网原理与应用[M]. 北京：电子工业出版社，2010.
[24] 李文仲，段朝玉. ZigBee 无线网络技术入门与实战[M]. 北京：北京航空航天大学出版社，2007.
[25] 罗军舟，金嘉晖，宋爱波，等. 云计算：体系架构与关键技术[J]. 通信学报，2011，32(7)：3-21.
[26] 王东，张金荣. 利用 ZigBee 技术构建无线传感器网络[J]. 重庆大学学报，2006，29(8)：95-110.
[27] 王中杰，谢璐璐. 信息物理融合系统研究综述[J]. 自动化学报，2011，37(10)：1157-1166.
[28] 崔逊学. 传感网/物联网本科课程建设的实践与思考[C]. 全国计算机新科技与计算机教育论文集，中国上海，2010：517-522.
[29] 史其信. 物联网在智能交通中的应用[J]. 高工物联网，2011(7)：26-31.
[30] Kegen Yu, Ian Sharp, Jay Guo. 地面无线定位技术[M]. 崔逊学，汪涛，译. 北京：电子工业出版社，2012.
[31] 汪涛. 无线网络技术导论[M]. 北京：清华大学出版社，2008.

北京大学出版社本科计算机系列实用规划教材

序号	标准书号	书　名	主　编	定价	序号	标准书号	书　名	主　编	定价
1	7-301-10511-5	离散数学	段禅伦	28	38	7-301-13684-3	单片机原理及应用	王新颖	25
2	7-301-10457-X	线性代数	陈付贵	20	39	7-301-14505-0	Visual C++程序设计案例教程	张荣梅	30
3	7-301-10510-X	概率论与数理统计	陈荣江	26	40	7-301-14259-2	多媒体技术应用案例教程	李　建	30
4	7-301-10503-0	Visual Basic 程序设计	闵联营	22	41	7-301-14503-6	ASP .NET 动态网页设计案例教程(Visual Basic .NET 版)	江　红	35
5	7-301-21752-8	多媒体技术及其应用(第 2 版)	张　明	39	42	7-301-14504-3	C++面向对象与 Visual C++程序设计案例教程	黄贤英	35
6	7-301-10466-8	C++程序设计	刘天印	33	43	7-301-14506-7	Photoshop CS3 案例教程	李建芳	34
7	7-301-10467-5	C++程序设计实验指导与习题解答	李　兰	20	44	7-301-14510-4	C++程序设计基础案例教程	于永彦	33
8	7-301-10505-4	Visual C++程序设计教程与上机指导	高志伟	25	45	7-301-14942-3	ASP .NET 网络应用案例教程(C# .NET 版)	张登辉	33
9	7-301-10462-0	XML 实用教程	丁跃潮	26	46	7-301-12377-5	计算机硬件技术基础	石　磊	26
10	7-301-10463-7	计算机网络系统集成	斯桃枝	22	47	7-301-15208-9	计算机组成原理	娄国焕	24
11	7-301-22437-3	单片机原理及应用教程(第 2 版)	范立南	43	48	7-301-15463-2	网页设计与制作案例教程	房爱莲	36
12	7-5038-4421-3	ASP .NET 网络编程实用教程(C#版)	崔良海	31	49	7-301-04852-8	线性代数	姚喜妍	22
13	7-5038-4427-2	C 语言程序设计	赵建锋	25	50	7-301-15461-8	计算机网络技术	陈代武	33
14	7-5038-4420-5	Delphi 程序设计基础教程	张世明	37	51	7-301-15697-1	计算机辅助设计二次开发案例教程	谢安俊	26
15	7-5038-4417-5	SQL Server 数据库设计与管理	姜　力	31	52	7-301-15740-4	Visual C# 程序开发案例教程	韩朝阳	30
16	7-5038-4424-9	大学计算机基础	贾丽娟	34	53	7-301-16597-3	Visual C++程序设计实用案例教程	于永彦	32
17	7-5038-4430-0	计算机科学与技术导论	王昆仑	30	54	7-301-16850-9	Java 程序设计案例教程	胡巧多	32
18	7-5038-4418-3	计算机网络应用实例教程	魏　峥	25	55	7-301-16842-4	数据库原理与应用(SQL Server 版)	毛一梅	36
19	7-5038-4415-9	面向对象程序设计	冷英男	28	56	7-301-16910-0	计算机网络技术基础与应用	马秀峰	33
20	7-5038-4429-4	软件工程	赵春刚	22	57	7-301-15063-4	计算机网络基础与应用	刘远生	32
21	7-5038-4431-0	数据结构(C++版)	秦　锋	28	58	7-301-15250-8	汇编语言程序设计	张光长	28
22	7-5038-4423-2	微机应用基础	吕晓燕	33	59	7-301-15064-1	网络安全技术	骆耀祖	30
23	7-5038-4426-4	微型计算机原理与接口技术	刘彦文	26	60	7-301-15584-4	数据结构与算法	佟伟光	32
24	7-5038-4425-6	办公自动化教程	钱　俊	30	61	7-301-17087-8	操作系统实用教程	范立南	36
25	7-5038-4419-1	Java 语言程序设计实用教程	董迎红	33	62	7-301-16631-4	Visual Basic 2008 程序设计教程	隋晓红	34
26	7-5038-4428-0	计算机图形技术	龚声蓉	28	63	7-301-17537-8	C 语言基础案例教程	汪新民	31
27	7-301-11501-5	计算机软件技术基础	高　巍	25	64	7-301-17397-8	C++程序设计基础教程	郗亚辉	30
28	7-301-11500-8	计算机组装与维护实用教程	崔明远	33	65	7-301-17578-1	图论算法理论、实现及应用	王桂平	54
29	7-301-12174-0	Visual FoxPro 实用教程	马秀峰	29	66	7-301-17964-2	PHP 动态网页设计与制作案例教程	房爱莲	42
30	7-301-11500-8	管理信息系统实用教程	杨月江	27	67	7-301-18514-8	多媒体开发与编程	于永彦	35
31	7-301-11445-2	Photoshop CS 实用教程	张　瑾	28	68	7-301-18538-4	实用计算方法	徐亚平	24
32	7-301-12378-2	ASP .NET 课程设计指导	潘志红	35	69	7-301-18539-1	Visual FoxPro 数据库设计案例教程	谭红杨	35
33	7-301-12394-2	C# .NET 课程设计指导	龚自霞	32	70	7-301-19313-6	Java 程序设计案例教程与实训	董迎红	45
34	7-301-13259-3	VisualBasic .NET 课程设计指导	潘志红	30	71	7-301-19389-1	Visual FoxPro 实用教程与上机指导（第 2 版）	马秀峰	40
35	7-301-12371-3	网络工程实用教程	汪新民	34	72	7-301-19435-5	计算方法	尹景本	28
36	7-301-14132-8	J2EE 课程设计指导	王立丰	32	73	7-301-19388-4	Java 程序设计教程	张剑飞	35
37	7-301-21088-8	计算机专业英语(第 2 版)	张　勇	42	74	7-301-19386-0	计算机图形技术(第 2 版)	许承东	44

序号	标准书号	书　　名	主　编	定价	序号	标准书号	书　　名	主　编	定价
75	7-301-15689-6	Photoshop CS5 案例教程(第 2 版)	李建芳	39	84	7-301-16824-0	软件测试案例教程	丁宋涛	28
76	7-301-18395-3	概率论与数理统计	姚喜妍	29	85	7-301-20328-6	ASP. NET 动态网页案例教程(C#.NET 版)	江　红	45
77	7-301-19980-0	3ds Max 2011 案例教程	李建芳	44	86	7-301-16528-7	C#程序设计	胡艳菊	40
78	7-301-20052-0	数据结构与算法应用实践教程	李文书	36	87	7-301-21271-4	C#面向对象程序设计及实践教程	唐　燕	45
79	7-301-12375-1	汇编语言程序设计	张宝剑	36	88	7-301-21295-0	计算机专业英语	吴丽君	34
80	7-301-20523-5	Visual C++程序设计教程与上机指导(第 2 版)	牛江川	40	89	7-301-21341-4	计算机组成与结构教程	姚玉霞	42
81	7-301-20630-0	C#程序开发案例教程	李挥剑	39	90	7-301-21367-4	计算机组成与结构实验实训教程	姚玉霞	22
82	7-301-20898-4	SQL Server 2008 数据库应用案例教程	钱哨	38	91	7-301-22119-8	UML 实用基础教程	赵春刚	36
83	7-301-21052-9	ASP.NET 程序设计与开发	张绍兵	39					

北京大学出版社电气信息类教材书目(已出版)

欢迎选订

序号	标准书号	书名	主编	定价	序号	标准书号	书名	主编	定价
1	7-301-10759-1	DSP 技术及应用	吴冬梅	26	38	7-5038-4400-3	工厂供配电	王玉华	34
2	7-301-10760-7	单片机原理与应用技术	魏立峰	25	39	7-5038-4410-2	控制系统仿真	郑恩让	26
3	7-301-10765-2	电工学	蒋　中	29	40	7-5038-4398-3	数字电子技术	李　元	27
4	7-301-19183-5	电工与电子技术(上册)(第2版)	吴舒辞	30	41	7-5038-4412-6	现代控制理论	刘永信	22
5	7-301-19229-0	电工与电子技术(下册)(第2版)	徐卓农	32	42	7-5038-4401-0	自动化仪表	齐志才	27
6	7-301-10699-0	电子工艺实习	周春阳	19	43	7-5038-4408-9	自动化专业英语	李国厚	32
7	7-301-10744-7	电子工艺学教程	张立毅	32	44	7-5038-4406-5	集散控制系统	刘翠玲	25
8	7-301-10915-6	电子线路 CAD	吕建平	34	45	7-301-19174-3	传感器基础(第 2 版)	赵玉刚	30
9	7-301-10764-1	数据通信技术教程	吴延海	29	46	7-5038-4396-9	自动控制原理	潘　丰	32
10	7-301-18784-5	数字信号处理(第 2 版)	阎　毅	32	47	7-301-10512-2	现代控制理论基础(国家级十一五规划教材)	侯媛彬	20
11	7-301-18889-7	现代交换技术(第 2 版)	姚　军	36	48	7-301-11151-2	电路基础学习指导与典型题解	公茂法	32
12	7-301-10761-4	信号与系统	华　容	33	49	7-301-12326-3	过程控制与自动化仪表	张井岗	36
13	7-301-19318-1	信息与通信工程专业英语（第 2 版）	韩定定	32	50	7-301-12327-0	计算机控制系统	徐文尚	28
14	7-301-10757-7	自动控制原理	袁德成	29	51	7-5038-4414-0	微机原理及接口技术	赵志诚	38
15	7-301-16520-1	高频电子线路(第 2 版)	宋树祥	35	52	7-301-10465-1	单片机原理及应用教程	范立南	30
16	7-301-11507-7	微机原理与接口技术	陈光军	34	53	7-5038-4426-4	微型计算机原理与接口技术	刘彦文	26
17	7-301-11442-1	MATLAB 基础及其应用教程	周开利	24	54	7-301-12562-5	嵌入式基础实践教程	杨　刚	30
18	7-301-11508-4	计算机网络	郭银景	31	55	7-301-12530-4	嵌入式 ARM 系统原理与实例开发	杨宗德	25
19	7-301-12178-8	通信原理	隋晓红	32	56	7-301-13676-8	单片机原理与应用及 C51 程序设计	唐　颖	30
20	7-301-12175-7	电子系统综合设计	郭　勇	25	57	7-301-13577-8	电力电子技术及应用	张润和	38
21	7-301-11503-9	EDA 技术基础	赵明富	22	58	7-301-20508-2	电磁场与电磁波（第 2 版）	邬春明	30
22	7-301-12176-4	数字图像处理	曹茂永	23	59	7-301-12179-5	电路分析	王艳红	38
23	7-301-12177-1	现代通信系统	李白萍	27	60	7-301-12380-5	电子测量与传感技术	杨　雷	35
24	7-301-12340-9	模拟电子技术	陆秀令	28	61	7-301-14461-9	高电压技术	马永翔	28
25	7-301-13121-3	模拟电子技术实验教程	谭海曙	24	62	7-301-14472-5	生物医学数据分析及其 MATLAB 实现	尚志刚	25
26	7-301-11502-2	移动通信	郭俊强	22	63	7-301-14460-2	电力系统分析	曹　娜	35
27	7-301-11504-6	数字电子技术	梅开乡	30	64	7-301-14459-6	DSP 技术与应用基础	俞一彪	34
28	7-301-18860-6	运筹学(第 2 版)	吴亚丽	28	65	7-301-14994-2	综合布线系统基础教程	吴达金	24
29	7-5038-4407-2	传感器与检测技术	祝诗平	30	66	7-301-15168-6	信号处理 MATLAB 实验教程	李　杰	20
30	7-5038-4413-3	单片机原理及应用	刘　刚	24	67	7-301-15440-3	电工电子实验教程	魏　伟	26
31	7-5038-4409-6	电机与拖动	杨天明	27	68	7-301-15445-8	检测与控制实验教程	魏　伟	24
32	7-5038-4411-9	电力电子技术	樊立萍	25	69	7-301-04595-4	电路与模拟电子技术	张绪光	35
33	7-5038-4399-0	电力市场原理与实践	邹　斌	24	70	7-301-15458-8	信号、系统与控制理论(上、下册)	邱德润	70
34	7-5038-4405-8	电力系统继电保护	马永翔	27	71	7-301-15786-2	通信网的信令系统	张云麟	24
35	7-5038-4397-6	电力系统自动化	孟祥忠	25	72	7-301-16493-8	发电厂变电所电气部分	马永翔	35
36	7-5038-4404-1	电气控制技术	韩顺杰	22	73	7-301-16076-3	数字信号处理	王震宇	32
37	7-5038-4403-4	电器与 PLC 控制技术	陈志新	38	74	7-301-16931-5	微机原理及接口技术	肖洪兵	32

序号	标准书号	书　名	主　编	定价	序号	标准书号	书　名	主　编	定价
75	7-301-16932-2	数字电子技术	刘金华	30	105	7-301-20340-8	信号与系统	李云红	29
76	7-301-16933-9	自动控制原理	丁　红	32	106	7-301-20505-1	电路分析基础	吴舒辞	38
77	7-301-17540-8	单片机原理及应用教程	周广兴	40	107	7-301-20506-8	编码调制技术	黄　平	26
78	7-301-17614-6	微机原理及接口技术实验指导书	李干林	22	108	7-301-20763-5	网络工程与管理	谢　慧	39
79	7-301-12379-9	光纤通信	卢志茂	28	109	7-301-20845-8	单片机原理与接口技术实验与课程设计	徐懂理	26
80	7-301-17382-4	离散信息论基础	范九伦	25	110	301-20725-3	模拟电子线路	宋树祥	38
81	7-301-17677-1	新能源与分布式发电技术	朱永强	32	111	7-301-21058-1	单片机原理与应用及其实验指导书	邵发森	44
82	7-301-17683-2	光纤通信	李丽君	26	112	7-301-20918-9	Mathcad 在信号与系统中的应用	郭仁春	30
83	7-301-17700-6	模拟电子技术	张绪光	36	113	7-301-20327-9	电工学实验教程	王士军	34
84	7-301-17318-3	ARM 嵌入式系统基础与开发教程	丁文龙	36	114	7-301-16367-2	供配电技术	王玉华	49
85	7-301-17797-6	PLC 原理及应用	缪志农	26	115	7-301-20351-4	电路与模拟电子技术实验指导书	唐　颖	26
86	7-301-17986-4	数字信号处理	王玉德	32	116	7-301-21247-9	MATLAB 基础与应用教程	王月明	32
87	7-301-18131-7	集散控制系统	周荣富	36	117	7-301-21235-6	集成电路版图设计	陆学斌	36
88	7-301-18285-7	电子线路 CAD	周荣富	41	118	7-301-21304-9	数字电子技术	秦长海	49
89	7-301-16739-7	MATLAB 基础及应用	李国朝	39	119	7-301-21366-7	电力系统继电保护(第 2 版)	马永翔	42
90	7-301-18352-6	信息论与编码	隋晓红	24	120	7-301-21450-3	模拟电子与数字逻辑	邬春明	39
91	7-301-18260-4	控制电机与特种电机及其控制系统	孙冠群	42	121	7-301-21439-8	物联网概论	王金甫	42
92	7-301-18493-6	电工技术	张　莉	26	122	7-301-21849-5	微波技术基础及其应用	李泽民	49
93	7-301-18496-7	现代电子系统设计教程	宋晓梅	36	123	7-301-21688-0	电子信息与通信工程专业英语	孙桂芝	36
94	7-301-18672-5	太阳能电池原理与应用	靳瑞敏	25	124	7-301-22110-5	传感器技术及应用电路项目化教程	钱裕禄	30
95	7-301-18314-4	通信电子线路及仿真设计	王鲜芳	29	125	7-301-21672-9	单片机系统设计与实例开发（MSP430）	顾　涛	44
96	7-301-19175-0	单片机原理与接口技术	李　升	46	126	7-301-22112-9	自动控制原理	许丽佳	30
97	7-301-19320-4	移动通信	刘维超	39	127	7-301-22109-9	DSP 技术及应用	董　胜	39
98	7-301-19447-8	电气信息类专业英语	缪志农	40	128	7-301-21607-1	数字图像处理算法及应用	李文书	48
99	7-301-19451-5	嵌入式系统设计及应用	邢吉生	44	129	7-301-22111-2	平板显示技术基础	王丽娟	52
100	7-301-19452-2	电子信息类专业 MATLAB 实验教程	李明明	42	130	7-301-22448-9	自动控制原理	谭功全	44
101	7-301-16914-8	物理光学理论与应用	宋贵才	32	131	7-301-22474-8	电子电路基础实验与课程设计	武　林	36
102	7-301-16598-0	综合布线系统管理教程	吴达金	39	132	7-301-22484-7	电文化——电气信息学科概论	高　心	30
103	7-301-20394-1	物联网基础与应用	李蔚田	44	133	7-301-22436-6	物联网技术案例教程	崔逊学	40
104	7-301-20339-2	数字图像处理	李云红	36					

相关教学资源如电子课件、电子教材、习题答案等可以登录 www.pup6.com 下载或在线阅读。

扑六知识网(www.pup6.com)有海量的相关教学资源和电子教材供阅读及下载(包括北京大学出版社第六事业部的相关资源)，同时欢迎您将教学课件、视频、教案、素材、习题、试卷、辅导材料、课改成果、设计作品、论文等教学资源上传到 pup6.com，与全国高校师生分享您的教学成就与经验，并可自由设定价格，知识也能创造财富。具体情况请登录网站查询。

如您需要免费纸质样书用于教学，欢迎登陆第六事业部门户网(www.pup6.com)填表申请，并欢迎在线登记选题以到北京大学出版社来出版您的大作，也可下载相关表格填写后发到我们的邮箱，我们将及时与您取得联系并做好全方位的服务。

扑六知识网将打造成全国最大的教育资源共享平台，欢迎您的加入——让知识有价值，让教学无界限，让学习更轻松。